江淮粮食作物高效抗逆丰产理论与技术

程备久 等 著

科学出版社

北京

内 容 简 介

本书是在总结作者对江淮区域粮食作物生产多年研究成果的基础上，结合国内外相关理论与技术成果编写而成的。全书共 5 章，第一章和第二章分别论述了粮食作物光温水资源和水肥药高效利用理论与技术；第三章论述了粮食作物抗逆丰产增效理论与技术；第四章介绍了粮食作物轻简复合种植与周年抗逆丰产增效技术模式；最后一章介绍了粮食作物生产结构调整、产业融合与固碳减排增效技术模式。

全书结构完整、内容丰富、重点突出、特色鲜明，学术性与实用性兼顾，适合农业科技工作者、农业管理与农业技术推广工作者阅读参考，也可作为农业院校师生的参考资料。

审图号：皖 S（2023）3 号

图书在版编目（CIP）数据

江淮粮食作物高效抗逆丰产理论与技术/程备久等著. —北京：科学出版社，2023.6
ISBN 978-7-03-075038-9

Ⅰ.①江… Ⅱ.①程… Ⅲ.①粮食作物–抗逆品种–栽培技术 Ⅳ.①S51

中国国家版本馆 CIP 数据核字（2023）第 037391 号

责任编辑：蒋　芳　沈　旭/责任校对：郝璐璐
责任印制：师艳茹/封面设计：许　瑞

科学出版社 出版
北京东黄城根北街 16 号
邮政编码：100717
http://www.sciencep.com

北京九天鸿程印刷有限责任公司 印刷
科学出版社发行　各地新华书店经销
*
2023 年 6 月第 一 版　开本：720×1000　1/16
2023 年 6 月第一次印刷　印张：22 1/4
字数：449 000
定价：199.00 元
（如有印装质量问题，我社负责调换）

主　编：程备久　（安徽农业大学）

副主编：李金才　（安徽农业大学）

　　　　马　庆　（安徽农业大学）

　　　　杨书运　（安徽农业大学）

　　　　何海兵　（安徽农业大学）

　　　　陈　莉　（安徽农业大学）

　　　　谈应权　（安徽农业大学）

序 一

随着科技进步和现代农业的发展，转变生产方式，提高光温水肥药资源利用率，实现资源节约、环境友好、抗逆丰产、提质增效，是粮食作物绿色生产和高质量发展的必然趋势和要求。

江淮区域是典型的多元两熟区。粮食作物周年两熟主要种植模式有水稻-水稻、水稻-小麦、小麦-玉米，是我国重要的商品粮生产基地，在国家粮食安全中具有重要的地位。该区域处于南北过渡带，生态类型多样，气候多变，虽然光温水资源总量充足，但时空分布严重不均，与两熟粮食作物生产实际需求的匹配性较差，利用率较低；水稻、小麦、玉米生长期非生物逆境和病虫害生物逆境突出，灾害频发重发；土壤水肥协同和农机农艺农信融合不够，水肥药资源利用率低，抗逆节本高效技术及模式缺乏，严重影响了粮食作物产量、品质和效益，制约着粮食作物提质增效与高质量发展。因此，探明光、温、水、肥、药资源作物需求利用特征，优化配置，创新高效抗逆绿色优质丰产关键技术是江淮区域粮食作物高质量生产的迫切需求。

在发展现代农业，保障国家粮食安全，实现粮食作物高质量发展的关键时期，我十分高兴地看到安徽农业大学程备久教授带领团队在"十二五"国家科技支撑计划和"十三五"国家重点研发计划等项目的支持下，组织编写了《江淮粮食作物高效抗逆丰产理论与技术》一书。这部著作以江淮区域安徽为主体，围绕周年丰产、资源高效、轻简精准、抗逆减损、节本高效和绿色发展的目标，系统总结了江淮区域水稻、小麦、玉米粮食作物光、温、水、肥、药资源高效利用和抗逆丰产增效的理论与关键技术，集成创新了粮食作物轻简复合种植与周年高效抗逆丰产技术模式，建立了结构优化、产业融合与固碳减排高效绿色生产技术体系。该书的出版标志我国粮食作物生产在现代农业的道路上迈出了新步伐，必将为区域粮食作物高效抗逆绿色丰产栽培和高质量发展发挥重要作用。

该书作者都是长期从事粮食作物生产理论与技术研究的优秀中青年专家、学者，是粮食作物高效抗逆丰产生产的践行者。在该书中，作者始终围绕区域粮食作物生产关键问题和资源高效、抗逆丰产的理论、技术、产品与模式的主线，突出现代农业作物生产的机械化、信息化、标准化和绿色化的特征，较好地处理了继承与发展、创新与引用的关系。全书结构新颖、内容丰富、创新性强、理论知识与生产实际结合紧密，是一部极具科学性、实践性和学科特色的优秀专著，相信定会为我国粮食作物高效抗逆丰产优质生产提供有力的理论和技术支撑。

中国工程院院士　于振文

2023 年 5 月 10 日

序　二

转变生产方式，调整种植结构，促进产业融合，实现绿色高质量发展已成为现代农业的重要特征，以机械化、信息化、标准化和适度规模化为先导，通过良种、良法、良机、良田、良制来提高资源利用率、劳动生产率和土地产出率，实现提质增效、可持续发展，是粮食作物生产的必然趋势和要求。

江淮区域涉及安徽、江苏中北部、河南南部，是我国重要的商品粮生产基地，在保障国家粮食安全中具有重要的地位和作用。该区域处于南北过渡带，气候多样，主要有沿江平原、江淮丘陵、沿淮洼地和淮北平原生态区，是典型的多元两熟区。粮食作物周年两熟主要种植模式有水稻-水稻、水稻-小麦、小麦-玉米，虽然光温水资源总量充足，但时空分布严重不均，与两熟粮食作物生产实际需求的匹配性较差，农机农艺农信融合不够，水肥药投入量大，资源利用率较低。同时粮食作物生产过程中高低温、干旱涝渍和病虫害等生物与非生物逆境频发重发，严重制约着粮食作物高质量发展。

针对江淮区域水稻、小麦、玉米三大粮食作物生产光、温、水、肥、药资源利用率不高，抗逆减灾、提质增效与绿色发展等关键技术模式缺乏等难题，程备久教授率领安徽等地区粮食作物生产的科技工作者在国家及省级重大项目支持下，经过多年研究攻关，突破和创制了一批关键技术与产品，编写了《江淮粮食作物高效抗逆丰产理论与技术》一书。该专著全面总结了三大粮食作物品种周年优化配置、双早双晚及塘库水资源优化调控等光温水资源高效利用技术；大田粮食作物周年优化施肥、固定管网式智能水肥一体化、智能热雾飞防等水肥药高效利用技术，以及改土培肥、高畦降渍、降密均氮等抗逆减损丰产增效技术，集成创新了水稻一种两收、节水抗旱稻和玉-豆复合种植等粮食作物轻简复合种植与周年高效抗逆丰产技术模式，建立了结构优化、产业融合与固碳减排高效绿色生产技术体系。该书为发展现代农业，实现粮食作物提质增效和高质量发展提供了有力的理论和技术支撑。

该书突出粮食作物生产全程机械化、信息化、标准化和绿色化的现代农业发展方向，理论、技术、产品与模式具有很强的针对性和创新性，并注重理论基础与应用技术相结合、农艺与农机农信相结合、资源高效与抗逆减损相结合、提质增效与可持续发展相结合，是一本具有科学性、实践性和前瞻性的学术专著。该专著的出版必将对我国江淮及相关区域粮食作物高效抗逆丰产、优质生产和农业科技人才培养起到重要作用。

中国工程院院士

2023 年 5 月 10 日

前　　言

　　水稻、小麦和玉米三大粮食作物生产是保障国家粮食安全的基石。随着科技进步、社会发展和人们生活水平提高，农业生产已从传统农业进入现代农业发展时期，转变生产方式，实现资源节约、环境友好、提质增效、绿色高质量发展是现代农业发展的主题，也是粮食作物生产的必然趋势和要求。粮食作物高效生产是指以机械化、信息化、标准化和适度规模化为先导，通过良种、良法、良机、良田、良制来提高资源利用率、劳动生产率和土地产出率，实现作物生产提质增效，可持续发展。

　　江淮区域指长江淮河一带，广义上含安徽全境、江苏中北部、河南南部，是典型的多元两熟区，主要种植模式有水稻-水稻、水稻-小麦、小麦-玉米，是我国重要的商品粮生产基地，在国家粮食安全中具有重要的地位。该区域处于南北过渡带，气候多变，主要有沿江平原、江淮丘陵、沿淮地区和淮北平原四个生态区。安徽全境横跨四个生态区，是江淮区域的典型代表。该区域虽然光热水资源总量充足，但时空分布严重不均，与两熟粮食作物生产的实际需求匹配性较差，利用率较低。水稻、玉米高温热害，小麦倒春寒，水稻穗低温及干旱与病虫害等非生物逆境和生物逆境频发、重发，水肥药资源利用率低，土壤水肥协同和农机农艺融合不够，抗逆节本高效技术及模式缺乏，严重影响粮食作物产量和品质，制约着粮食作物机械化、信息化、标准化和绿色化生产与提质增效。因此，围绕江淮区域水稻、小麦、玉米三大粮食作物生产光、温、水、肥、药资源高效利用，以及抗逆减灾、提质增效与绿色发展等关键问题，在"十二五"国家科技支撑计划、"十三五"国家重点研发计划和安徽省科技重大专项及产业竞争力提升科技行动等项目的支持下，突出该区域粮食作物生产全程机械化、信息化、标准化和绿色化现代农业发展方向，围绕周年丰产、资源高效、轻简精准、抗逆减损、节本增效和绿色发展的目标，以江淮区域安徽为主体，系统研究总结了该区域玉米、小麦、水稻粮食作物光、温、水、肥、药资源高效利用和抗逆丰产增效的理论与关键技术，集成创新了粮食作物轻简复合种植与周年高效抗逆丰产技术模式，建立了结构优化、产业融合与固碳减排、高效绿色生产技术模式，为江淮区域粮食作物高效抗逆绿色丰产栽培提供了重要的理论与技术支撑。

一、粮食作物光温水资源高效利用

　　光温水是作物生长的必需要素。江淮区域虽然光温水资源总量充足，但时空分布严重不均，与两熟制粮食作物生产实际需求的匹配性较差，利用率较低。因此，该区域光温水资源利用率与粮食作物产量和品质提升空间及潜力较大。针对江淮区域光温水资源高效利用存在的问题，研究揭示了江淮区域粮食作物两熟区光温水资源演变与分布特征，明确了淮北地区麦-玉两熟区玉米季至少有450℃多余积温未被利用；稻-麦两熟区主要是光温水资源分布不均，其降水与作物需求存在稳定时间差，旱涝两极分化，尤其稻茬麦播种期雨水多，播种难；稻-稻两熟区则是光温资源供给不足，双季晚稻齐穗积温不足。通过光温水资源精细化 1 km 插值建模，构建了江淮区域粮食作物生产潜力模型，提出了江淮区域周年粮食作物品种配置模式，即沿淮淮北地区抗逆中熟型玉米+抗逆半冬性强筋小麦，沿淮麦-稻区中迟熟籼稻或中熟粳糯稻+半冬性或弱春性中强筋小麦，江淮丘陵麦-稻区中长生育期水稻+春性或弱春性弱筋小麦及沿江稻区早中熟型早籼+中熟型晚粳。构建了江淮区域粮食作物品种资源数据库，开发了农业气候资源与作物品种库二者融为一体的品种筛选与配置可视化操作系统，为江淮区域两熟作物周年光温水资源高效利用及品种合理配置提供了信息化平台和技术支撑。

江淮区域不同生态区周年两季粮食作物生产光温资源存在供给不足和利用不充分两方面的问题。针对沿江、江淮丘陵双季晚稻光温资源不足，早晚稻茬口时间较紧，晚稻高温期适期秧龄短，缓苗期长，育出适合机插的秧苗比较难，农机农艺融合不紧密等问题，建立了早稻早熟中籼毯苗+中熟优质晚粳钵苗的机育机插壮苗优群技术，延长了秧龄期，缩短了缓苗期，显著提高了稻-稻光温资源利用率、产量与品质。针对沿淮稻-麦空茬期长、水稻光温资源利用不足等问题，建立了水稻晚播、小麦晚播的稻-麦"双晚"茬口优化的周年光温资源高效利用丰产技术，显著提高了水稻光温利用率和周年产量。针对沿淮淮北地区玉米早收、麦-玉光温资源利用不充分等问题，建立了玉米晚收、小麦晚播的麦-玉"双晚"机收机播周年光温资源高效利用增产技术，显著提高了小麦-玉米周年产量和效益。

江淮丘陵区是易旱区，粮食作物以库塘灌溉为主，水资源利用效率低下问题突出，研究明确了水稻、小麦、玉米水分需求规律，构建了三大粮食作物全生育期精准灌溉模式，建立了库塘灌区水量分配仿真模拟模型及智能调控管理信息系统与调控技术。该调控技术的应用使灌区缺水率下降 16.8%，水资源利用率从 66.4%提高到 83.3%，增效 127.9 元/亩[①]，有效解决了库塘水资源精准调配和利用率不高的问题。

二、粮食作物水肥药高效利用

肥料可为作物生长提供必需的营养元素，化肥应用显著提高了作物产量和品

---

① 1 亩≈666.67 m^2。

质。然而大量施用氮、磷肥虽然在一定范围内提高了作物产量，但由于淋溶、径流、挥发和固定等因素，以及肥水耦合不够，作物对肥料的吸收率低，导致氮肥当季利用率仅为 30%～50%，磷肥利用率仅为 10%～25%。流失和过量使用氮、磷肥带来了土壤板结、酸化和水土气污染等严重的环境问题。水资源不足是全球性问题，然而，农业用水特别是作物生产传统的漫灌等灌溉方式利用率低，导致大量水资源被浪费。同时，长期开采地下水灌溉也带来了严重的生态环境问题。此外，化学农药的使用对粮食作物病虫害防控、减少作物产量损失和提高品质具有重要作用，然而大量施用化学农药和农药残留不仅增加了作物生产成本，也带来了生态环境和食品安全等问题。因此，开发新型肥料、农药产品，创新施肥施药和灌溉新技术，提高水肥药利用率和生产效率，节水、节肥、节药、节工是现代农业和粮食作物绿色高效安全生产、提质增效的发展方向与重大需求。

针对江淮区域粮食作物常规肥料和施肥技术带来的肥料损失率高、作物后期脱肥，作物缺肥快速诊断及肥水一体化技术缺乏，施肥人工成本高等关键问题，创建新型载体缓释肥料新产品和轻简化丰产增效施肥技术，揭示了新载体絮凝团聚+网捕吸附的缓释机理及减少养分损失、协调作物生长和优化产量性状的丰产机理，新型缓释肥氮素淋溶降低 19%，氮素氨挥发降低 28%，并建立了新型缓释肥玉米、水稻、小麦三大粮食作物应用模式，从而减少肥料用量和施肥次数，显著提高了经济和生态效益。同时，基于稻-麦叶片氮素营养的光谱特征，创建了水稻氮素营养指数(NNI)光谱诊断模型和小麦叶片归一化植被指数(NDVI)光谱诊断模型，建立了水稻、小麦氮素营养光谱诊断标准，为稻-麦精准施肥提供了技术支撑。

现有大田粮食作物灌溉主要为漫灌和地表管带移动喷灌，追肥多为撒施和沟施，存在灌溉施肥成本高、精准性差、肥水耦合及利用率低和管控效率低等问题，也是影响大田粮食生产全程机械化、信息化的技术瓶颈所在。为进一步提高粮食作物周年肥水利用率，节水节肥增效，首先明确了江淮区域玉米、水稻、小麦周年两熟的需肥规律及季节间施肥运筹和季节内基追比的调节效应，确立周年协同的技术组装方式，建立了麦-玉"冬小麦减氮增磷补钾，夏玉米增氮减磷补钾"的二增两减两补、稻-麦减氮调比、稻-稻复合控释肥单次侧深施等周年优化施肥技术。创新设计了旱粮玉米-小麦大田固定管网式智能水肥一体化技术，该技术由首部系统、田间管网系统、智能化系统三部分组成。田间管网系统为 20 m 大跨度管距，管沟一体、灌排结合，不影响耕、种、管、收机械作业。研制的雾化增压喷头和开发的水肥一体化智能监控系统平台，实现了大田粮食作物精准灌溉施肥与全生育期随时、随地、随情补水补肥，可节水 25%、节肥 15%、节工 150 元/a以上，是现代高标准农田建设新方向和新模式，具有良好的推广应用前景。

粮食作物病虫害防治常规施药人工投入大，特别是玉米等高秆作物中后期施药难度大、农药损失大、施药效率低及防效差。为解决这些技术难题，率先将热雾技术引入粮食作物病虫害防治，揭示了凝结核形成的热雾沉降稳定机理，创造性地研制了热雾沉降增效剂，创新热雾机施药技术。为进一步提高施药效率，解决玉米等高秆作物中后期人工施药难题，研发了履带式智能热雾植保机器人，作业效率可达 80 亩/h，减少用药量 10%以上，热雾机与常规无人机相比，防效显著提高。

无人机飞防技术具有效率高及智能化的特点，近年来在作物病虫害防治上得到快速应用。然而，在玉米等高秆作物上，病虫害发生的穗部位于植株中下部，无人机施药时药滴易飘移，难以到达玉米中部果穗区，使得防效差、土壤农药沉降量大。将热雾机与无人机相结合，发明了热雾无人机，开发了热雾沉降稳定剂并建立了基于卫星 CORS 基站，实现高精度北斗定位导航，从而创建了作物病虫害智能热雾飞防新技术。该技术解决了药滴飘移、防效不佳、喷药停留在上部叶面难达中下部的难题，突显了三大优势：①效率高。热雾施药喷幅为 12～14 m（常规无人机为 3.5 m），施药速度≥2 亩/min，每天施药 1000 亩以上，可实现自主飞行和智能化施药管控。②防效好。热雾施药药滴直径为 40～60 μm，在玉米冠层内逐渐下沉，穿透性强，玉米植株穗上下部药量有效附着高，防效提高 5%～8%；土壤沉积药量降低 84.55%，环境友好。③适用性强。与无人机连接方便，不仅适用玉米等中高秆作物的热雾施药，也适用于小麦、水稻等大田作物，易于推广应用。该技术在江淮区域等地玉米病虫害防治工作中已得到广泛应用，并拓展到小麦、水稻病虫害防治。

三、粮食作物抗逆丰产增效

江淮区域地处南北过渡带，高温、低温、干旱、涝渍等非生物逆境和病虫害等生物逆境突出，灾害频发，严重制约着该区域粮食产量和品质。针对江淮区域逆境灾害突出的问题，围绕品种、土壤、技术、产品装备和信息化等要素提出了"生物抗灾，技术减灾，结构避灾，综合防控"的抗逆减灾丰产增效思路，建立了抗逆品种鉴定、筛选评价方法与标准，筛选了一批江淮区域抗逆丰产适应性水稻、小麦、玉米新品种，建立了抗逆品种优选应用技术。分析了江淮区域砂姜黑土、水稻土和潮土障碍因子，建立了不同类型土壤障碍因子消除和培肥抗逆丰产技术，为粮食作物抗逆丰产绿色高效生产提供了品种和健康土壤支撑。

江淮区域沿淮丘陵区稻-麦两熟种植区光温水资源分布不均，稻茬麦适期播种难，生育期渍害频发。针对这一问题，创建了稻茬小麦高畦降渍机播一体化壮苗健群技术，围绕该技术研制了高茬还田施肥开沟高畦播种一体机，实现灭茬、耕地、施肥、开沟、做畦、播种一体化；揭示了高畦降渍、壮苗、促蘖、健群、延衰的机理，建立了技术规程，优化了稻麦茬口，有效解决了稻茬麦适期播种难题，提高了壮苗优群抗逆丰产能力。

　　沿淮淮北低洼地小麦生长期易涝，常规播种量大、密度高，以及氮肥"一炮轰"施肥法导致苗弱、抗逆性差。针对这一问题，揭示了小麦涝渍致灾机理和抗涝渍机理，创建了小麦降密均氮抗涝渍技术，即减少播种量、降低基本苗数，有利于促蘖促根健群；改革氮肥运筹方式，基追 5 : 5，促进了壮株防衰。该技术减少播种量 75 kg/hm² 以上，基本苗由 375 万苗/hm² 左右降至 240 万～300 万苗/hm²，成苗率提高 22.5%。越冬期早生低位三叶大蘖增加 0.5～0.8 个，次生根数量增加 1.0～1.5 条，涝渍产量损失率(YRIR)降低 15.2%。针对玉米苗期耐渍性差，小麦秸秆全量还田播种质量差，整齐度、均匀度低的问题，研发了立式带状清秸装置和悬浮仿生播种装置，开发了清秸、开沟、施肥、播种、覆土、镇压六位一体玉米精量播种机，建立了玉米免耕精量机直播壮苗抗逆技术，实现了防堵、防漏种、防架种，一播全苗，使苗均匀度提高 15.8%，整齐度提高 16.9%，综合抗性指数提高 24.6%。该技术实现了玉米大苗壮苗抗逆丰产，有效解决了玉米苗期抗渍难题，已成为江淮区域玉米抗逆丰产主推技术。

　　江淮区域玉米高温干旱、小麦倒春寒干旱、水稻高低温干旱等逆境和病虫害多发频发，玉米、水稻、小麦收获期雨水多、温度高，机收损失率高，高水分粮食易霉变，严重影响粮食产量和品质。针对这些问题，揭示了主要粮食作物逆境响应机制，创制了多种非生物逆境抗逆生长调节剂，建立了水稻干湿交替灌溉抗旱、小麦磷肥基追并重御寒抗旱、玉米苗期抗旱和品种混种抗高温等三大作物抗高低温干旱技术。开发了小麦赤霉病、白粉病、水稻稻瘟病等多种病虫害预测预警模型和监测预警平台，建立了病虫害种子包衣苗期防治、中后期高效热雾飞防等防控技术体系，其应用显著提高了病虫害预测预报的准确性和防治效果，有效提升了粮食作物病虫害防控的信息化水平。

　　通过分析粮食作物机收损失成因和高水分粮食霉变的霉菌类型，研究构建了机收减损和烘干关键技术；研制了新型防霉剂，揭示了防霉剂的防霉机理，为区域粮食作物机收贮藏减损提供了技术支撑。

四、粮食作物轻简复合种植与周年抗逆丰产增效

　　江淮区域不仅是我国粮食生产主产区，也是土地资源紧张和劳动力资源大量输出地区。因此，推进粮食作物生产全程机械化、信息化和标准化，发展轻简复合高效种植技术和周年光温水肥药资源高效利用技术，构建并应用周年抗逆丰产增效技术模式，提高劳动生产率、土地产出率和资源利用率，是江淮区域现代粮食作物生产的重大战略需求。针对江淮沿江双季稻的北缘区，光温资源紧张、双育双插劳动力和成本投入较大、效益低的问题，筛选了再生稻优质高产品种，分析了再生稻生长特性，建立了全程机械化的"一种两收"轻简化种植技术模式，

为沿江双季稻区水稻节本高效生产提供了新的技术途径。

江淮区域沿淮低洼地易涝易旱，旱粮玉米、大豆产量低而不稳，丘陵区易旱田水稻种植产量也低而不稳。为解决这一难题，率先将节水抗旱稻引入沿淮低洼地，充分利用节水抗旱稻节水性、抗旱性和易栽培等特性，提出"节水抗旱稻替代玉米、大豆"的结构调整避灾策略，培育适宜节水抗旱稻优质高产新品种，开发了旱直播机械和轻简化旱直播技术，解决了沿淮低洼地夏播作物适应性差的难题。同时，进一步创建了旱直播旱管、水直播旱管、麦套免耕直播、覆膜栽培等节水抗旱稻轻简化高效绿色栽培技术模式，相对于传统水稻种植模式，该模式降低了种植成本和劳动强度，可节约水资源 50%以上，减施化肥 30%左右，减少甲烷排放 90%以上，减少了面源污染。近年来，节水抗旱稻及其轻简高效栽培技术模式在江淮区域安徽、江苏年推广近 400 万亩，并在全国适宜地区大面积推广应用。

近年来，我国玉米、大豆需求量不断增加，玉米、大豆供需缺口巨大，2020 年大豆进口量占需求量的 83%，巨大的大豆供需缺口是困扰国家粮油安全的"卡脖子"难题。根据目前我国玉米、大豆单产水平，要实现玉米、大豆自给，单作生产方式需要近 1 亿 hm^2 耕地，这在我国耕地资源有限的情况下难以做到。大豆为低产作物，而且与玉米同季，因此争地矛盾十分突出。为保证玉米自给水平，有效提高大豆产能，减少大豆进口量，必须在提高土地产出率上下工夫，玉米-大豆带状复合种植为减少这一矛盾提供了可行路径。针对江淮区域玉米、大豆种植实际和玉米保产增豆的目标，研究示范了品种选配、扩间增光、缩株保密和全程机械化关键技术，构建了 2 行玉米 4 行大豆和 4 行玉米 6 行大豆的玉米-大豆复合种植模式，并在安徽推广应用。

针对江淮沿江稻-稻周年生产茬口衔接紧张，导致光温资源不足、农机农艺农信融合不够、水肥利用率不高、效益低的问题，集成品种配置、双早播插、壮秧培育与周年清洁施肥优质丰产等关键技术与配套技术，构建了全程机械化条件下稻-稻周年抗逆优质高效丰产技术模式。该模式周年每公顷产量可实现 21600 kg，较双季稻常规生产的光能利用效率提高 17%以上，生产效率提高 22%以上，已成为沿江双季稻生产主推模式。

针对江淮区域沿淮和丘陵区稻-麦周年生产中水稻光能利用不足，冬小麦不能适期播种，小麦生长期渍害、倒春寒，水稻穗期高温与病虫害频发重发，以及周年肥料施用不合理、生产机械化和信息化水平较低的问题，集成该区域全程机械化条件下稻-麦周年品种配置、稻茬麦高畦降渍一体化机播、水稻钵苗壮秧机育机插、周年优化施肥和灾害绿色防控等关键与配套技术，构建了稻-麦周年抗逆丰产增效技术模式。该模式在沿淮和江淮稻-麦种植区示范，周年每公顷产量为 20032.5 kg，水肥利用效率提高 11.4%，生产效率提高 20.3%，节本增效 15.5%，已成为沿淮和江淮丘陵区稻-麦生产的主推模式。

针对沿淮淮北小麦-玉米周年生产光温水资源利用率不高、逆境灾害频发重发、肥药利用率低及农机农艺农信融合度不高等问题，集成小麦-玉米周年"双晚"与品种配置、水肥周年优化与一体化高效施用、逆境灾害绿色高效防控及全程机械化等关键技术与配套技术，构建了小麦-玉米周年高效抗逆丰产技术模式。该模式实现周年每公顷产量 20853 kg，光能、热量和水分利用效率分别提高 12.01%、12.99%和15.20%，已成为沿淮淮北小麦-玉米生产的主推模式。

五、粮食作物结构优化与产业融合增效

目前我国粮食作物生产主要关注产量，对品质、效益和功能性关注不够，特别是随着人们生活水平的提高和食品加工业的需求不断提升，供需矛盾突显。优质产品少、产品结构不合理、产业融合和产业链延伸不够、农民种粮效益低、积极性不高，已成为江淮区域粮食作物生产的突出问题。因此，调整粮食作物种植结构、发展优质专用型市场需求新品种、强化产业链延伸和产业联动融合、提质增效、提高农民收入是粮食高效生产的迫切需求。

玉米作为重要的粮食、饲料和工业原料作物，品种类型和用途多样，产业链长，产业融合范围广。江淮区域地处长三角经济区，该区域是经济发达的高消费区，也是畜牧养殖业和旅游业的重要基地及玉米生物基材料重要加工基地。因此，高淀粉、青贮和鲜食等专用玉米具有广阔的市场潜力。针对玉米产业高质量发展需求，提出了玉米结构调整优化的思路，研发了青贮玉米全产业链发展关键技术，构建了玉米种植青贮公司+养殖场、养殖场+玉米种植青贮、种养加一体化等产业融合模式。研发了甜糯鲜食玉米绿色生产、秸秆等副产物食用菌基料综合利用技术和鲜食玉米鲜棒加工技术；构建了"公司+合作社+农户"种加结合、"种植+休闲观光采摘"种旅结合和"农户+村集体+龙头企业+营销平台"一二三产业联动等产业融合模式，带动了玉米结构调整，促进了玉米产业融合、农民增收和企业增效。

随着生活水平提高，人们对主粮水稻的品质要求进一步提升。为推动水稻优质高效生产，在结构上积极推进籼改粳糯，发展优质粳稻和糯稻，建立糯稻优质高产生产技术和新型糯米加工技术；在产业融合上加强种加和种养结合，研发建立了糯稻产业融合增效模式及稻田稻-鱼(鳖、虾、鳅、蟹)共生综合种养模式，显著提高了水稻生产效益。

同时，江淮区域具有发展优质强筋、弱筋专用小麦的区位优势。从种植结构优化上，淮北北部、中部重点发展优质专用强筋和中强筋小麦；沿淮和江淮地区重点发展优质专用弱筋和中筋小麦，可形成"北强南弱"的专用小麦生产布局，并适度发展酒用小麦和糯小麦。为此，建立了不同类型优质专用小麦高产高效栽

培技术，推行"按图索粮"和订单化生产；在产业融合增效模式上，重点在强筋、弱筋小麦产业带上建立专用面粉和主食加工及精深加工等产业集群，延长产业链，促进产业深度融合，推动小麦产业高质量发展。

针对沿淮和江淮丘陵岗地与农田土壤结构差、肥力水平低、种粮效益差的问题，创新玉-羊-草农牧耦合培肥增效技术模式。该模式采用粮草轮作的方式，热季种玉米，冷季种饲草，通过肉羊养殖利用玉米秸秆，提高土地生产效益；同时通过羊粪肥田，减少化肥农药施用，提高土壤有机质，激活土壤微生物活性，改善土壤结构，提高土壤的生态效益。该模式研究建立了以羊定种的适宜玉-草轮作种养单元、新型移动式羊舍、自动化饲喂系统、划区轮牧放羊方式和改土培肥等技术，先后在江淮区域安徽定远、六安、颍上、怀远等多地进行推广应用，是江淮区域粮食作物结构调整和产业融合与土壤培肥增效新模式，产生了显著的社会、经济和生态效益。

粮食作物生产在保障国家粮食和生态安全中均具有重要作用。气候变暖是当代世界面临的重大科学问题之一，造成全球气候变暖的原因 90% 以上来自人类活动导致的温室气体——二氧化碳（CO_2）、甲烷（CH_4）和氧化亚氮（N_2O）排放。粮食作物生产中水稻田主要排放 CH_4，而麦、玉旱地农田则主要排放 N_2O；同时，农田土壤也是碳的固定地。因此，作物生长农田不仅是温室气体的重要排放源，也是固碳增汇的关键贡献者。在粮食作物丰产稳产的基础上，增加耕地土壤碳储存量、减少温室气体排放是加快农业绿色低碳发展和生态文明建设的需要，也是实现碳达峰、碳中和的有效途径。针对江淮区域粮食作物绿色生产需求，研究建立了以耕作管理、圩田控水减排等为关键技术的稻-麦轮作稻田甲烷减排技术模式；以粪肥等低 C/N 有机物料与无机肥配施、秸秆等高 C/N 有机物料与无机肥配施等为关键技术的麦-玉系统有机与无机肥配施固碳减排技术模式；以增加外源碳、改善土壤结构、激活微生物转化有机碳等为关键技术的秸秆还田固碳技术；以稻虾共作、一稻三虾绿色生产、有机肥+超级杂交稻+小龙虾生产等为关键技术的稻田综合种养固碳增效技术模式，这些模式为粮食作物绿色低碳高效生产提供了重要技术支撑。

六、结束语

本书是在总结作者及其团队对江淮区域粮食作物生产多年研究成果的基础上，结合国内外相关理论与技术成果编写而成的。由程备久设计和统稿，程备久、李金才、杨书运、马庆、何海兵和谈应权审校。全书共 5 章，第一章论述了江淮区域光温水资源分布特征、粮食作物品种优化配置、周年"双早""双晚"光温资源和塘库水资源高效利用理论与技术，由杨书运、李金才、何海兵、马庆、李培金和安徽省·水利部淮河水利委员会水利科学研究院蒋尚明编写；第二章论述了粮食作物生产水肥药高效新产品创制、高效利用理论、装备与技术，由程备久、何海兵、陈莉、李金才、马尚宇、孟浩、陈黎卿、刘飞、刘立超、柯健，中国科学院合肥物质科学研究院智能机械研究所杨阳、吴跃进和安徽农业科学院苏贤岩编写；第三章论述了粮食作物抗非生物和生物逆境丰产增效理论与技术，由程备久、李金才、马庆、何海兵、张友华、陈莉、马尚宇、刘飞、李科、王韦韦、柴如山、陶芳、王擎运、王成雨、李晓玉、孟浩、江海洋、黄正来编写；第四章介绍了粮食作物轻简复合高效种植与周年高效抗逆丰产技术模式，由李金才、程备久、马庆、何海兵、马尚宇、柯健和上海市农业生物基因中心毕俊国、罗利军编写；第五章介绍了粮食作物生产结构调整、产业融合与固碳减排增效技术模式，由谈应权、叶新新、宋贺、熊启中、董萧、杨书运、郑文寅、张子军、程啸、程备久、董召荣、李金才编写。未注明的作者单位均为安徽农业大学。全书内容体现了江淮区域水稻、小麦和玉米三大粮食作物生产机械化、信息化、绿色化和高质量发展的现代农业特征，贯穿于高效抗逆丰产理论与技术的主线。

本书中的研究工作得到国家重点研发计划项目(2016YFD03003006-04、2017YFD0301300)、国家科技支撑计划项目(2009BADA6B、2012BAD20B02-02)、安徽省产业竞争力提升行动项目(2018FACN4331)和中国工程院院地合作项目(2020-05)等的支持；研究工作得到了于振文院士、罗锡文院士、张洪程院士、张佳宝院士、赵春江院士、中国农业科学院作物科学研究所赵明研究员、河南师范大学李春喜教授和安徽农业大学蔡德军研究员的支持和指导，在此深表谢意。

江淮区域粮食作物抗逆丰产高效生产涉及面广，是一项长期且不断发展的系统工程，本书以安徽为重点对现阶段作者及其团队的科研成果进行了总结和论述，全面性和系统性有限，加之时间仓促，著者水平有限，书中不妥之处在所难免，敬请广大读者批评指正。

程备久

2022 年 8 月 31 日

目　　录

第一章 粮食作物光温水资源高效利用理论与技术

光、温、水是农业气候三大基础要素。在一定的土壤、作物品种等条件下，光温水供给与作物需求的匹配是产量高低、品质优劣的决定要素。与作物生长过程需求高度匹配的光温水供给，可以最大限度满足作物生长需求，从而提高光能利用率和干物质积累量，获得高产优质的农产品。因此，在雨养农业区，通过选择适宜品种、微调种植模式，使作物需求与光温水资源的变化同步，从而实现光温水高效利用、农业低碳增收具有理论依据。对光温水资源的时空变化进行精细化分析，对作物耕、种、管、收全生产链条的光温水需求进行精确定量，是筛选和配置适宜品种、研发农业生产技术与设备的基础。

第一节 江淮区域光温水分布特征

光温水资源分布特征是粮食作物资源高效利用和抗逆防灾减灾理论与技术的基础。本节利用 1961 年以来的气象数据进行系统分析，确定江淮区域光热水资源时空分布及主要农业气象灾害变化特征。

一、光能资源分布特征

(一)光能资源总量空间分布

利用日照百分率对光能资源总量进行重建(图 1-1)(周勇等，2022)。结果表明，江淮地区多年平均地面获得的光能资源总量介于 4000～4750 MJ/m²，整体由北向南递减，具有强烈的纬向地带性特征，其中淮北地区为安徽省光能资源最丰富区域，太阳总辐射量介于 4600～4750 MJ/m² 之间，沿淮地区为 4500～4600 MJ/m²，沿江、江南地区光能资源量偏低，通常不超过 4300 MJ/m²，最低区域出现在黄山地区，年太阳总辐射约 4200 MJ/m²。根据全安徽省粮食作物平均产量测算，全年平均光能利用率约为 0.8%～1.5%；根据田间光合作用监测结果，在作物生长旺季光能利用率短时间可达 3.5%以上，与 6.0%～8.0%的理论值仍然存在较大差距，光能资源能完全满足粮食作物高产需要，短期内不会成为农业生产的制约因素。

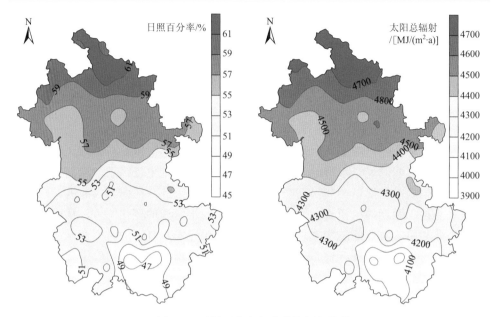

图 1-1　日照百分率与光能资源年总量

审图号：皖 S (2017) 23 号，来源：安徽省标准地图网

(二) 光能资源年际变化

受大气气溶胶和水分浓度上升的共同影响，全球太阳辐射强度、辐射总量呈下降趋势。江淮区域作为气候敏感区、污染较严重区域，太阳辐射总量下降趋势显著 (图 1-2)。淮北平原、沿淮低地、江淮丘陵、沿江平原的辐射年总量变化气候倾向率分别为 -133.98 MJ/(m²·10a)、-85.511 MJ/(m²·10a)、-112.51 MJ/(m²·10a) 和 -62.155 MJ/(m²·10a)，其中淮北平原减少幅度最大，1955 年以来，太阳辐射年总量累计减少约 740 MJ/m²，约占该地区多年平均太阳辐射年总量的 16%。

太阳辐射总量减少从另一个方面提高了光能资源利用率，尽管随着农业生产技术提升，农作物光能利用率也不断提升，但在可预见的未来仍不会对农业产量造成负面影响。应注意的是，太阳辐射并不是等比例减少的，不同波段太阳辐射的减少幅度不同，这对农作物品质可能产生不可忽视的影响。同时，随着全球变暖，大气层水汽含量上升，天空云量将同步增加，大气透明度趋于进一步下降，这将导致太阳辐射继续减少，对农业生产的负面影响可能会逐渐显现。

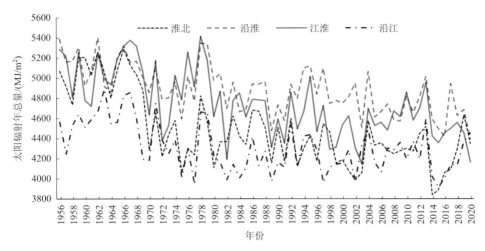

图 1-2　江淮区域太阳辐射年总量变化(1956～2020 年)

二、热量资源分布特征

(一)热量资源年际变化与突变

1. 年际变化

在全球变暖背景下,江淮地区年平均温度显著上升。1960 年以来多年年平均增温率约为 0.19℃/10a(图 1-3),明显高于同期全球平均值 0.13℃/10a,而略低于全国平均值 0.22℃/10a(王芳等,2017)。

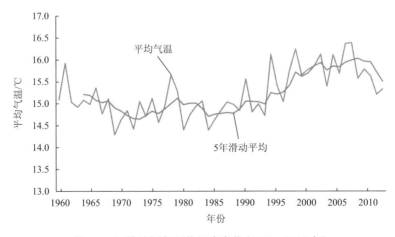

图 1-3　江淮地区年平均温度变化(1960～2012 年)

在季节上，春季、夏季、秋季、冬季的气温倾向率分别为0.29℃/10a、0.03℃/10a、0.20℃/10a、0.26℃/10a(图 1-4)，春季、冬季气温上升趋势更显著，大大高于年平均气温倾向率，秋季与年变化基本持平，而夏季增温速率则显著低于年平均，表明江淮地区的变暖主要体现在冬、春两季。气候变暖导致的热量资源改善主要表现在春季、冬季和秋季，冬季的增温表现尤其强烈，在某种程度上，这有利于延长两熟作物的安全生育期，对江淮地区的两熟粮食作物生产体系具有一定的正效应。

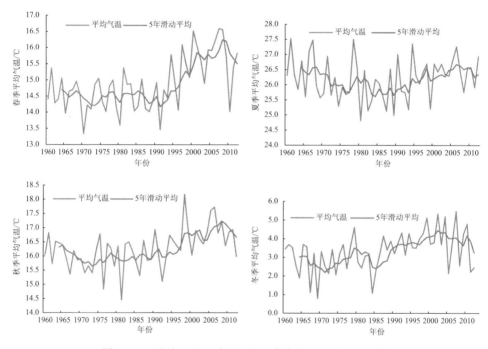

图 1-4　江淮地区不同季节平均温度变化(1960～2012 年)

2. 年平均温度变化突变

采用 Mann-Kendall(M-K)法对图 1-3 的年平均温度进行突变检验(图 1-5)，UF 曲线变化表明年平均气温的增暖存在突变现象，1993 年是自 1960 年以来的温度变化突变年份，1994 年以后江淮地区增暖趋势强烈，尤其以 1999 年后最为显著，均大大超过 0.05 信度水平($u_{0.05}=1.96$)，且 2002 年后均超过 0.001 显著性水平($u_{0.001}=2.56$)。

从北向南选择砀山、蒙城、寿县、合肥、铜陵、屯溪进行热量资源时间变化的小波分析(图 1-6)和 M-K 突变检验(图 1-7)。

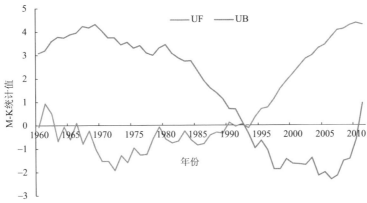

图 1-5　江淮地区年平均温度变化突变检验（1960～2012 年）

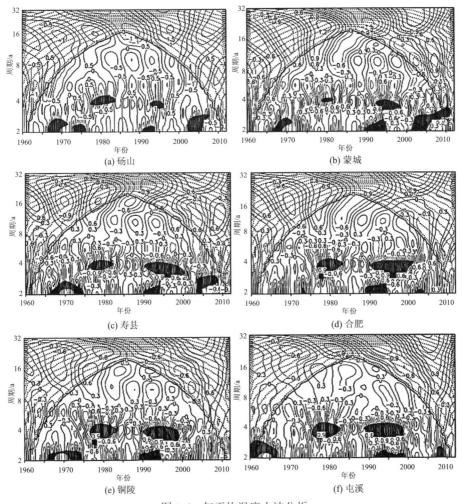

图 1-6　年平均温度小波分析

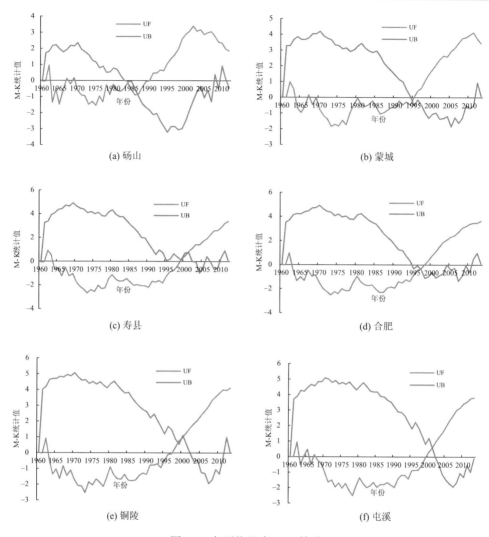

(a) 砀山

(b) 蒙城

(c) 寿县

(d) 合肥

(e) 铜陵

(f) 屯溪

图 1-7　年平均温度 M-K 检验

图 1-6 表明，江淮地区的年平均温度变化存在较强的 4 年期、10 年期的振荡，尤其在 20 世纪 70 年代中后期到 80 年代中期、90 年代周期表现强烈，且由南向北，4 年期、10 年期振荡趋于强烈。

图 1-7 的分区域结果与图 1-5 的全区域平均变化相似，江淮地区不同区域都存在显著的温度突变，但南北之间存在位相差异。北部地区的砀山在 20 世纪 80 年代中后期出现突变，南部的屯溪则推迟到 2000 年前后，整体上由北向南呈滞后效应。北部的砀山在 2005 年、蒙城在 2010 年已经出现 UF 曲线掉头、进入下一突变期的态势，同期南方地区 UF 曲线仍处于上升状态，这表明江淮地区南北之

间的年平均温度的长期变化可能存在"跷跷板"现象,这与江淮地区的气候过渡带特征较为吻合。

(二)热量资源空间分布

采用逐步回归的方法构建江淮地区热量资源要素空间分布模型(表 1-1),各模型方程均通过了 $\alpha=0.01$ 的显著性检验。表 1-1 表明,江淮地区的年平均温度、≥0℃积温、≥5℃积温、≥10℃积温、≥15℃积温、≥20℃积温、≥25℃积温等热量资源指标与海拔、经纬度等因子关系密切。

表 1-1　安徽省热量资源要素空间分布模型

区划指标因子	模型表达式	相关系数	F 值
年平均温度/℃	$T=-0.454\varphi-0.069\lambda-0.005h+22.348$	0.991	287.334
≥0℃积温/℃	$\Sigma T\geqslant0=-160.129\varphi-12.710\lambda-1.706h+12353.490$	0.991	278.177
≥5℃积温/℃	$\Sigma T\geqslant5=-165.105\varphi-0.932\lambda-1.579h+10828.564$	0.982	142.647
≥10℃积温/℃	$\Sigma T\geqslant10=-107.7\varphi+33.016\lambda-1.66h+4606.994$	0.979	120.055
≥15℃积温/℃	$\Sigma T\geqslant15=-105.365\varphi+65.772\lambda-1.857h+90.858$	0.991	279.539
≥20℃积温/℃	$\Sigma T\geqslant20=-53.583\varphi+20.005\lambda-2.809h+2791.677$	0.646	3.107
≥25℃积温/℃	$\Sigma T\geqslant25=-117.601\varphi+55.313\lambda-3.024h-1119.302$	0.891	16.715

注:T、$\Sigma T\geqslant0$、$\Sigma T\geqslant5$、$\Sigma T\geqslant10$、$\Sigma T\geqslant15$、$\Sigma T\geqslant20$、$\Sigma T\geqslant25$ 分别代表年平均温度、≥0℃积温、≥5℃积温、≥10℃积温、≥15℃积温、≥20℃积温、≥25℃积温,φ、λ、h 分别代表各站点的纬度、经度、海拔。

利用表 1-1 的模型和 250 m×250 m 栅格点纬度、经度、海拔等地理数据,采用克里金插值法得到江淮中部地区 7 个热量资源指标的空间分布(图 1-8)。

由图 1-8 可知,在平原、丘陵等低海拔地区,热量资源呈较强的纬向地带性分布,由南向北逐渐递减,其中热量资源最为丰富的是沿江平原地区,≥0℃积温、≥10℃积温分别可达 6000℃·d 和 5500℃·d,在一定程度上可以满足三熟的需要。皖南、皖西山区则受海拔影响强烈,纬向地带性较弱,垂直地带性较强,河谷低地热量资源能够完全满足两熟需要。

对砀山、蒙城、寿县、合肥、铜陵、屯溪 6 个站点的积温进行小波分析(图 1-9),结果表明,沿淮淮北地区(砀山、蒙城、寿县)普遍存在 5 年振荡周期,更北的砀山存在 8 年周期,偏南的蒙城、寿县则存在与南部地区接近的 2 年周期;江淮分水岭及其以南地区(合肥、铜陵、屯溪)则普遍存在 2 年周期,铜陵与屯溪则存在 4 年周期。振荡周期的南北差异表明,江淮地区热量资源的年际变化存在不同步问题,这可能与江淮地区的过渡气候有关。

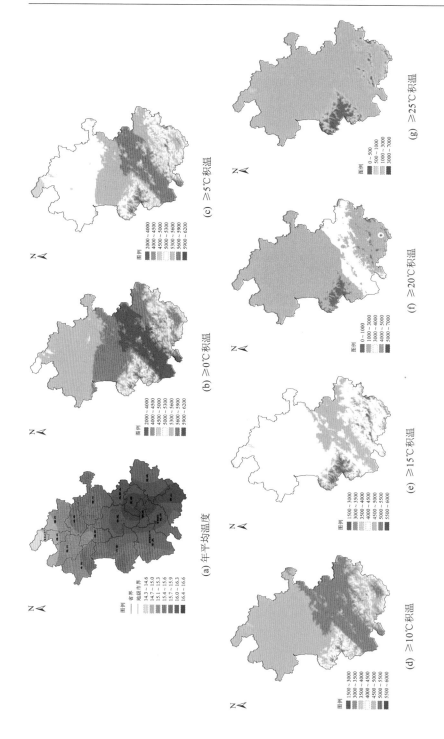

图 1-8　安徽省主要热量指标分布图 (单位：℃)
审图号：皖 S (2017) 23 号，来源：安徽省标准地图网

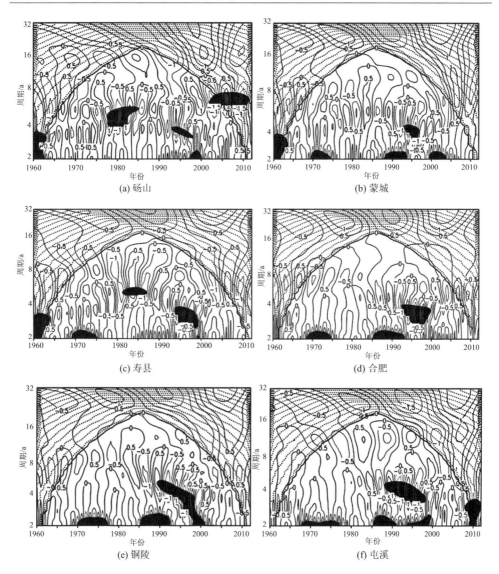

图 1-9 ≥10℃积温小波分析(1960~2012 年)

(三)热量资源区划

利用年平均温度、≥0℃、≥5℃、≥10℃、≥15℃积温平均持续日数和≥0℃、≥5℃、≥10℃、≥15℃活动积温,采用系统聚类的方法进行江淮地区热量资源区划划分(图 1-10)。根据聚类结果,可将江淮地区海拔 400 m 以下区域分为北、中、南三个热量资源区,其中南部地区为主体区域,南部区域为江淮分水岭以南的区域,包括巢湖、马鞍山、桐城、铜陵、六安、合肥、祁门、屯溪等站点;中部区域为江淮分水岭以北、淮北平原区大部，包括蒙城、阜阳、寿县、定远、亳州、宿州、蚌埠、滁州、霍山等站点；仅砀山一地因热量资源明显弱于其他地区，被排除在安徽省其他区域之外。

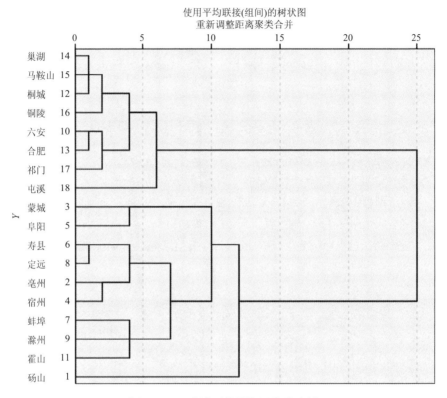

图1-10　江淮地区热量资源聚类分析

三、降水资源分布特征

(一)降水资源的年际变化

通常认为江淮地区是气候变化敏感区，随着温度上升降水稳定性下降，不利于农业生产。1960年以来的逐年降水量变化基本支持这一观点(图1-11)，即降水量年际波动剧烈，气候倾向率仅13.75 mm/10a，保持微弱上升趋势。但季节上存在较大差异(图1-12)，春、秋两季趋于减少，而夏、冬两季趋于增加，春、秋两季气候倾向率分别为-9.05 mm/10a、-9.09 mm/10a，夏、冬两季分别为22.23 mm/10a、9.72 mm/10a。其中，仅夏季的降水气候倾向率超过年平均，表明江淮地区秋、冬、春三季降水相比正常偏少，未来秋-冬-春连旱胁迫可能增强；夏季降水增加较显著，极端降水可能增加。整体上，江淮地区四季降水的变化不利于粮食作物生产。

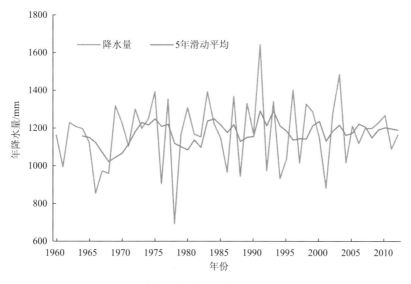

图 1-11　江淮地区年降水量变化（1960～2012 年）

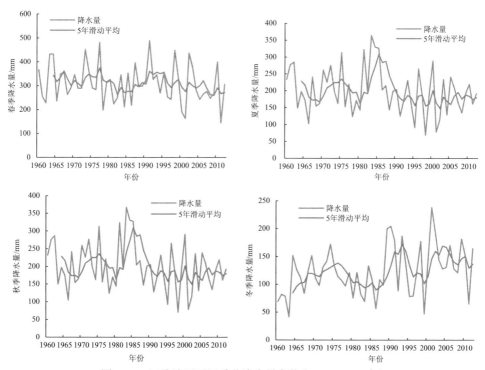

图 1-12　江淮地区不同季节降水量变化（1960～2012 年）

(二)降水空间分布

由图 1-13 可知,剔除地形作用,江淮地区多年平均降水量具有强烈的纬度地带性,由南向北逐渐递减,且差异巨大。南部的祁门多年平均降水量达 1748.5 mm,是降水量最大的区域,北部的砀山为 755.6 mm,仅相当于祁门的 43%,多年平均1000 mm 雨量线大致位于江淮分水岭岭脊地区。这充分体现了江淮地区由湿润气候向半干旱气候过渡的特征。

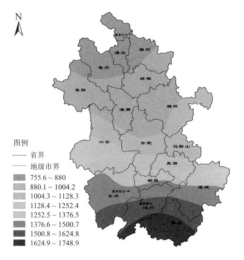

图 1-13　多年平均降水量分布(1960~2012 年)(单位:mm)

审图号:皖 S(2017)23 号,来源:安徽省标准地图网

在季节上,江淮分水岭以南地区春雨丰富,相应的春、夏两季降水量较为接近[图 1-14(a)和(b)],尤其是祁门等地,春季降水量仅比夏季略少 10%。淮河以北地区降水以夏季为主,存在较为明显的春旱,对冬小麦的返青、拔节生长具有较大的不利影响。全区域秋、冬两季降水较少,占全年降水量的四分之一到三分之一,尤其是淮河以北地区,两季降水占比可低至五分之一以下。沿淮淮北地区是冬小麦主产区,越冬条件下,冬小麦生长缓慢,对水分需求较低,正常情况下降水对冬小麦的越冬不会造成严重不利影响,但随着全球变暖,江淮地区冬季温度快速上升,可能从根本上改变冬小麦的水分平衡状况,未来对冬小麦的安全生产不确定性增强。江淮区域光温水资源的分布特征为粮食作物周年光温水资源高效利用和抗逆减灾提供了重要的理论依据。

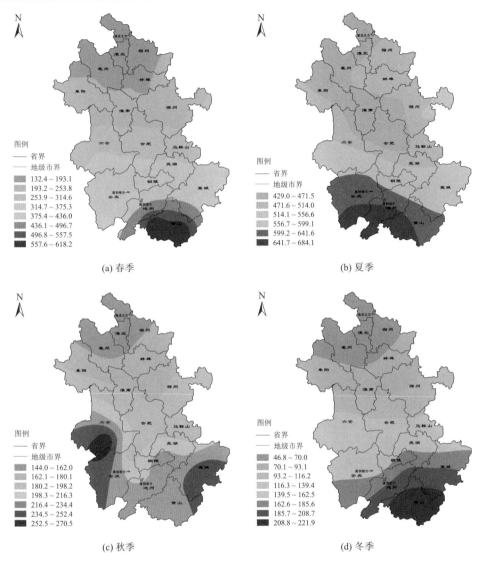

图 1-14 多年平均降水量的季节变化(单位：mm)

审图号：皖 S(2017)23 号，来源：安徽省标准地图网

第二节 粮食作物生产力潜力模型与制约因素

粮食作物生产潜力是指光温水资源与作物需求之间处于理想状态时，单位面积耕地的农作物产量，是在某一农业生产力水平下农作物产量的上限。确定一个区域的粮食作物生产潜力对于基于作物发育过程需求进行光温水资源调配，指导

粮食生产、降低农业投入品使用强度、稳定和提高粮食产量，实现绿色丰产、节本增效具有重要意义。精确的光温水资源量和适宜的本地化模型是提高生产潜力估算精度的前提。

一、光温水资源精细化建模

光温水是基本的农业气候要素，特定区域的光温水资源量及其在周年内随时间的稳定变化既保障了农作物生长所需的基本生态环境，也提供了农作物生长所需的能量和物质(水分)，因此光温水资源既是农业生产条件和环境因子，也是农业生产的能量和物质基础(胡刚元，2012；岳伟等，2019；杜祥备等，2021)，具有有限性和无限循环性、周期性和随机波动性、区域差异性和相互依存性、相互制约性和不可代替性、多宜性和二重性等多种特性，准确地定量光温水资源量对于确定种植制度、农作物种类与品种配置具有重要意义。

根据光温水分布研究成果，江淮区域光温水资源分布主要受地理经纬度、地形地貌、海拔等因子影响。利用国家基础地理信息中心 DEM 和 GlobeLand30 数据获取各气象站点地形因子和土地利用类型信息，取经度、纬度、海拔、坡度、坡向、起伏度、粗糙度 7 个指标作为影响因子，基于安徽省 78 个气象站的多年气象资料，首先采用相关分析的方法筛选光温水资源影响因子，得到光温水与地理、地形等空间植保的相关关系，在此基础上，进一步采用多元逐步回归方法构建光温水资源空间分布模型。

积温是热量资源的基本指标，其中≥10℃积温是最能反映两熟地区热量资源状况的标志性指标，相关研究多以≥10℃积温为代表。积温受海拔影响较大，由图 1-15 可知，海拔超过 400 m 时积温随海拔增加呈线性减小趋势，但在 400 m 以下时变化关系不显著。因此在利用多元回归法建模时需要区分高山站和非高山站。

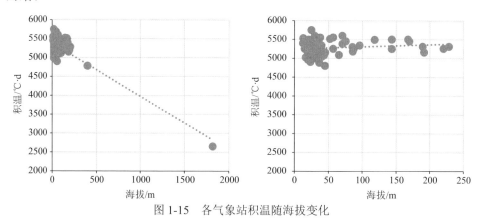

图 1-15　各气象站积温随海拔变化

左图含高山站，右图不含高山站，圈为各站 30 年均值，直线为线性变化趋势以积温为因变量，经度、纬度、海拔、坡度、坡向、起伏度和粗糙度为协变量，首先对所有因子除以它们的中位数，获得归一化数据，处理后因变量记为 y，协变量记为 x_1（经度）、x_2（纬度）、x_3（海拔）、x_4（坡度）、x_5（坡向）、x_6（起伏度）和 x_7（粗糙度），然后采用逐步回归方法建立 ≥10℃ 积温空间变化的多元线性方程 $y=-152.967x_2^{-1.607}x_3+10223.6$。

与 ≥10℃ 积温的处理类似，将日照时数、降水量、蒸发量等反映光温水资源的指标分别与归一化处理的 7 个协变量因子进行逐步回归，建立对应的精细化空间分布模型：

日照时数　　$y= 94.196x_2-1087.2$

降水量　　　$y= -204.686x_2+0.424x_3+7685.6$

蒸发量　　　$y= -9.079x_1^{-0.132}x_3+2004.7$

基于以上模型，采用克里金插值法，将多年平均光温水数据插值到 1 km×1 km 的格点，得到光温水精细化格点值（图 1-16）。

二、粮食作物周年生产力潜力模型

（一）净初级生产力空间变化

净初级生产力（net primary productivity, NPP）是指绿色植物在光合作用中净干物质固定量，是单位时间、单位面积上的植物光合作用产生的有机物质总量中扣除自身呼吸消耗后的剩余部分，反映一个区域的实际光合固定能力，通常利用生态过程模型估算或者遥感数据估算。利用 1961～2010 年光温水空间数据，基于生态系统过程模型估算安徽省逐年的净初级生产力和蒸散量（ET）、水分利用效率的变化（图 1-17），并利用克里金插值得到相应的空间分布（图 1-18）。

结果表明，在升温驱动下，1961～2010 年的净初级生产力和农田蒸散量年均值均呈现上升趋势，净初级生产力气候倾向率为 20.06 g C/(m²·10a)，农田蒸散量的气候倾向率则为 24.40 mm/(m²·10a)，农田蒸散量的升高趋势显著高于净初级生产力，也高于同期降水的变化倾向率（图 1-17）。降水量是影响净初级生产力和农田蒸散量的关键因素，但在 1961～2010 年，无论是降水的水分利用率还是蒸散的水分利用率均无显著变化，由于其间农田蒸散量的升高速率显著高于净初级生产力，即在生产相同的干物质情况下，水资源的消耗更多，农田蒸散量的水分利用率下降，使得降水的利用率反而有所提高。这反映出在气候变暖背景下，对农业生产而言，安徽省的水资源供给整体趋于紧张，光温水三大资源中，水资源的制约作用趋于强化趋势。

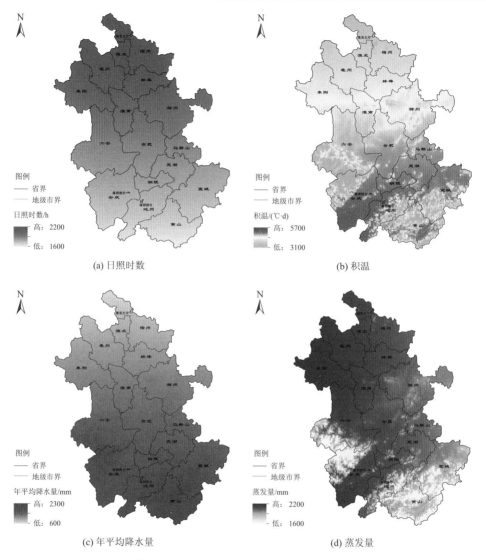

图 1-16　安徽省主要气候资源精细化分布

审图号：皖 S(2017)23 号，来源：安徽省标准地图网

　　在空间上，净初级生产力、农田蒸散量及蒸散的水分利用率均是沿江区域最高、南北较低，但降水的水分利用率则受降水空间格局影响，从南至北呈逐渐降低趋势(图 1-18)，这也反映出安徽省北部的水资源状况较为紧张，水资源对农业生产的约束性作用更强。

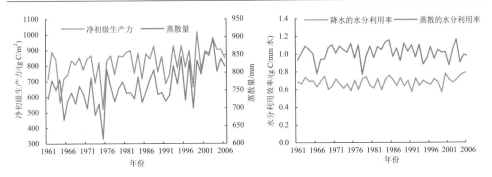

图 1-17　1961~2010 年安徽省净初级生产力、蒸散量和水分利用率的变化

(二)粮食作物周年生产力潜力模型

利用沿江、江淮、沿淮及淮北四大农业区 53 年的粮食产量、水热资源，参考 Thornthwaite Memorial 模型，采用多元统计方法确定模型参数，建立基于有效降水和农田蒸散的粮食作物阶段生产潜力模型：

$$\mathrm{Pv} = \sum \mathrm{Pv}_i \tag{1-1}$$

$$\mathrm{Pv}_i = 41f(1-\mathrm{e}^{-0.4v}) \tag{1-2}$$

$$v = 2.1\left[\sum(r_{有效}+R)-\sum v_{前}\right]\Big/\left(1+\left\{2.1\left[\sum(r_{有效}+R)-\sum v_{前}\right]/L\right\}^2\right)^{1/2} \tag{1-3}$$

$$L = 0.15+0.07t+0.00015t^3 \tag{1-4}$$

式中，Pv_i 为逐日粮食作物生产力模型；f 为光能利用率目标值；某一生产阶段的累加值即为该阶段的作物生产潜力 Pv；v 为逐日的农田蒸散量；$r_{有效}$ 为 15 日逐日有效降水量；R 为同期灌溉深度；L 为水面蒸发量；t 为日平均温度；$v_{前}$ 为当前日向前 15 天的逐日农田蒸散量，求和所得为这 15 天的总蒸散量。

其中，逐日蒸散量 v 是模型的核心，为了提高蒸散量估算的精度，将应用较广泛的 FAO 24 Penman(FAO 24)、FAO 56 Penman-Monteith(FAO 56)、1963 Penman(Pen 63)、FAO 79 Penman(FAO 79)、Hargreaves-Samani(H-S)、Mcloud(Mcl)、Priestley-Taylor(P-T)、DeBruin-Keijman(D-K)、Makkink(Mak)、Turc 法 10 种计算农田蒸散的模型计算值和实测值进行了比较研究。初步结果表明，这些经验模型在部分时段均存在不同程度的"低值高估，高值低估"现象，而本模型采用的农田蒸散量估算整体表现良好。如何提高蒸散量估算值的准确性需要进一步研究。

基于本书构建的模型，利用新马桥实验站 2016 年、2017 年、2018 年的气象站温度、降水资料，对玉米生产进行模拟，模拟时间段为 2018 年夏玉米播种、收获的时间，得到对应的产量积累过程(图 1-19)。结果表明，水分是影响夏玉米

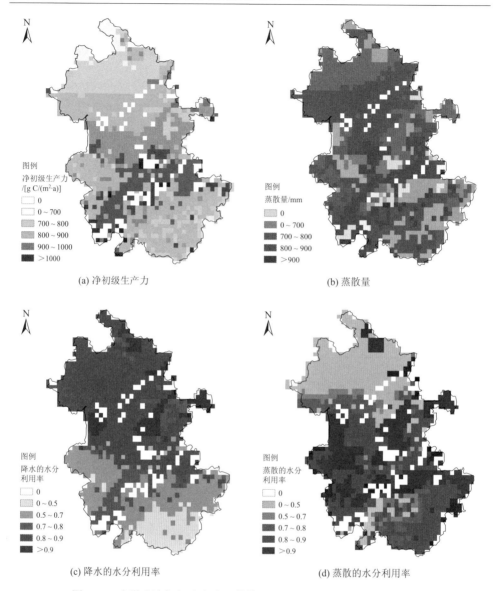

图 1-18　安徽省净初级生产力、蒸散量和水分利用率的空间格点变化

审图号：皖 S（2017）23 号，来源：安徽省标准地图网

产量的关键因素，在不同年份固镇地区夏玉米均呈不同程度的缺水状态，但缺水的时间段则存在很大的不同，其中 2016 年几乎全生育期缺水，自然条件下玉米产量仅为 3000 kg/hm²。在充分灌溉条件下，同一品种不同年份的产量差异不大，其中京农科 729、隆平 206、浚单 509 等产量优于其他 70% 的品种，是适宜于沿淮地区的高产玉米品种（图 1-20）。

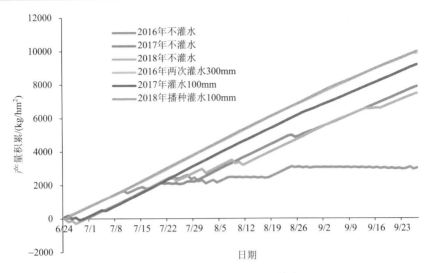

图 1-19　不同年份产量形成效应

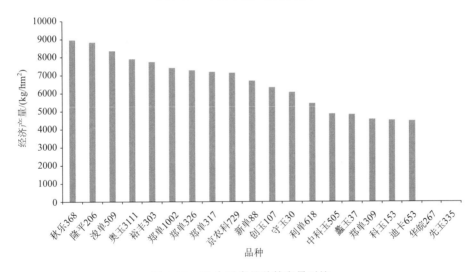

图 1-20　20 个玉米品种的产量对比

　　利用固镇、亳州、宿州 2017～2018 年度小麦-玉米生长期光温水资料对"小麦-玉米"两熟模式进行模拟，得到对应的产量积累过程(图 1-21)，模拟结果与该地区的小麦、玉米平均单产较为接近，表明该模型在该地区具有较好的适用性。

　　图 1-21 中亳州夏玉米的产量形成过程表明，阶段生产潜力模型除了能够模拟农作物生物量的积累外，其变化拐点能够指示是否需要进行灌水，如果利用 7～15 天天气预报信息，则具有进一步判断灌溉水量的作用。

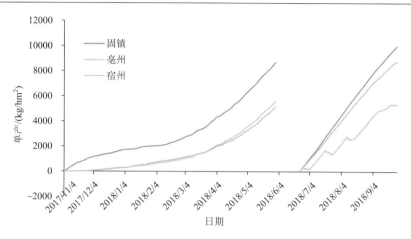

图 1-21　不同光能利用水平产量形成效应(2017～2018 年小麦实验期)

三、粮食作物不同种植模式光温水资源制约因素

(一)安徽省种植结构空间格局及其变化

整体上,安徽省农作物总播种面积自 20 世纪 80 年代至 2000 年保持较快增长,2000 年之后则基本稳定,但粮食作物播种面积则在 20 世纪 80 年代至 2000 年期间小幅波动下降,2000 年短暂快速增长,至 2006 年基本保持稳定波动状态。同期种植结构也发生了深刻变化,主要是随着农业轻简化的发展和水稻单产的增加,水稻种植效益突出,旱改水面积趋于扩大。

县级单元主要粮食作物单产的空间分布如图 1-22 所示,冬小麦、玉米、中稻和一季晚稻在安徽大部分县市均有种植,但淮北地区的冬小麦单产最高,玉米的高产区主要分布在江淮地区的东部,中稻和一季晚稻的高产地区也主要分布在江淮地区的东部。早稻和双季晚稻主要种植在沿江和江南地区,而沿江地区是早稻和双季晚稻高产的地区。

(二)安徽省粮食作物两熟种植模式约束条件

1. 水资源约束

水资源约束是江淮区域两熟模式分异的基础(褚荣浩等,2021)。根据水分资源约束,农作物两熟模式可分为两季旱作、水旱两季轮作、两季水稻三类。淮北地区水资源紧缺,粮食作物为冬小麦+夏玉米两熟;沿淮地区光热水条件与淮北接近,全区域可满足冬小麦+夏玉米两熟,降水或地表来水丰沛区域则为冬小麦+单季稻两熟;江淮丘岗地区自然降水丰沛,虽然因地势起伏存水困难,但在塘坝

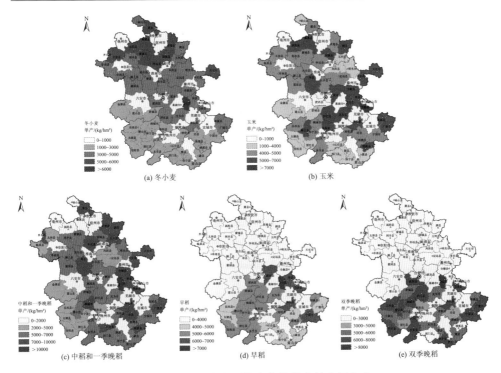

图 1-22　安徽省主要粮食作物单产的空间分布

审图号：皖 S (2017) 23 号，来源：安徽省标准地图网

灌溉系统支持下，主体仍为冬小麦+单季稻两熟；沿江地区水热资源充沛，可满足双季稻两熟。

2. 热量资源约束

温度对农作物生产的约束包括两方面：一方面是制约农作物的萌发(播种)和结实，另一方面是制约农作物生长期的长短，这两方面的约束又相互影响，互为一体(吴兰云等，2010；沈学善等，2009)。

壮苗越冬是冬小麦稳产高产的保障。冬小麦作为跨年生长作物，需要在冬前获得充足的热量环境以培育壮苗，秋季日平均温度在 16～18℃时播种可得到较为理想的壮苗，≥16℃界限温度终日是冬小麦的临界适播期(图 1-23)。

玉米和水稻作为喜热作物，适宜播种温度为 10～12℃，如果早春播种，则存在适播期问题，≥10℃界限温度初日即为其临界适播期(图 1-24)，在日平均温度稳定高于 10℃后均可播种；如果是接续冬小麦或早稻的单季稻或晚稻，则由于处于全年最热的阶段，温度环境对播种不会产生制约作用。

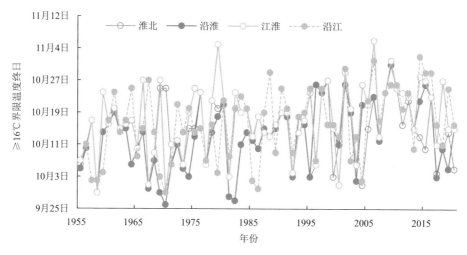

图 1-23　≥16℃界限温度终日变化

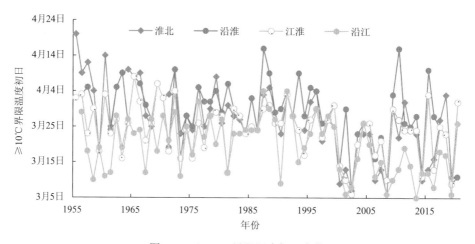

图 1-24　≥10℃界限温度初日变化

对于晚稻，还有扬花期的温度制约，即温度要达到 20℃(粳稻)或 22℃(籼稻)。

作物能够安全生长、发育的时期都可以称为生长期，不同类型的农作物对热量环境的要求不同，将不同热量环境要求的农作物组合起来，可以将不适宜某一种作物生长的时段变成适宜另一种农作物生长的时段，从而将一年内的适宜生长期适度延长。淮北地区如果选择春季种植玉米，从≥10℃界限温度初日 3 月 27 日播种计算(图 1-25)，到 9 月 30 日，其理论生长期有 188 天，但实际上，即使选用生长期较长的品种先玉 335，其年度实际生长期也只持续到玉米收获，其他时段的光温水资源被浪费。因此，在淮北选择喜温凉的冬小麦与喜热的夏玉米组合，一方面充分利用了冬前日平均温度的热量资源，另一方面也利用了开春之后 3～

16℃阶段的热量资源，使淮北地区周年处于农作物生长期，大大提高了光温水资源的利用效率。

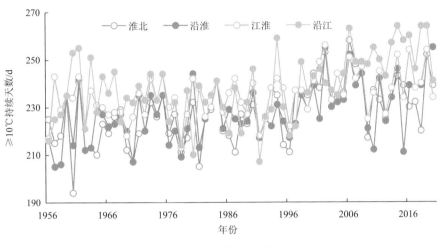

图 1-25　≥10℃界限温度持续时间

(三)安徽省粮食作物两熟种植模式

根据水热资源约束与水稻、小麦、玉米生长发育需求，江淮区域可划分为淮北平原、沿淮低地、江淮丘陵、沿江平原四个农业区，其代表性两熟轮作模式分别为冬小麦+夏玉米、冬小麦+夏玉米/单季稻、冬小麦+单季稻、双季稻，各季作物生长期如图 1-26 所示。

淮北平原、沿淮低地与江淮丘陵区三个区域首先受热量资源约束，夏半年不能支持粮食作物高产两熟，跨年生长的冬小麦是延长生长期、实现一年两熟高产的必要条件；其次受水资源约束，淮北平原只适宜种植夏玉米，沿淮低地水资源充沛区域可以配置水稻、水资源不足区域配置玉米(汪宗立等，1987；杜祥备等，2021)，江淮丘陵区域则因灌溉历史悠久、设施较健全，地表水资源能够有效保障水稻生长需求。

由图 1-23 可知，江淮区域 16℃界限温度终日出现在 10 月 10～20 日，由南向北，5 月 22 日～6 月 5 日先后达到冬小麦 2400～2700℃·d 积温。南部江淮丘陵区从 6 月 15 日～9 月 30 日有 108 天生长期，考虑到 5 月 25 日～6 月 15 日有 20 天左右的空闲期，10 月上旬温度仍在 20℃及以上，能满足玉米、水稻灌浆成熟需要，因此该地区玉米可使用生育期 110 天以上的品种类型，水稻可使用生育期 135 天以上的品种类型，冬小麦播期推迟至 10 月 20 日以后、11 月 1 日之前。沿淮及淮北地区冬小麦收获期在 5 月 31 日～6 月 10 日，6 月 15 日抢种玉米或水稻，到 9 月 30 日收获，尽管生长期仍为 108 天，但受前茬作物收获和后茬小麦播种影响显著，生长期弹性较小，沿淮区域玉米品种生育期不应超过 110 天、水稻不应超过 135 天；淮北区域玉米品种生育期应控制在 108 天以内。

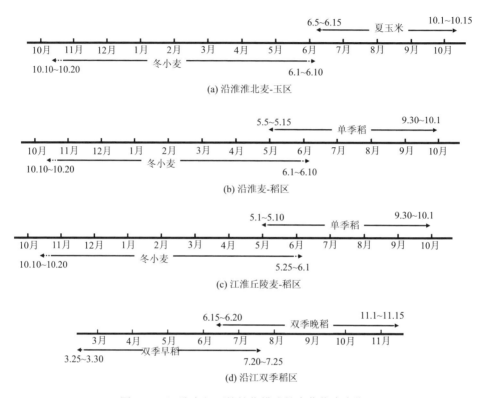

图 1-26　江淮中部两熟轮作模式粮食作物生育期

　　沿江地区冬小麦+单季稻的两熟条件较江淮丘陵区更优越，冬小麦播种期可迟至 11 月中上旬，收获期可提前至 5 月 22～25 日，泡田插秧 10 天左右，单季稻生长期可达 150 天以上，加上育秧时间，可满足生长期 175 天的水稻品种需要。但由于 7、8 月为高温伏旱期，35℃以上高温期持续时间较长，水稻生命力衰竭严重，产量与生长期不成正比，从光温水资源利用效率考虑，在沿江地区实施冬小麦+单季稻两熟轮作不经济。如图 1-24 所示，沿江地区 3 月 25 日即可满足水稻播种条件，水稻至 7 月 20 日成熟收获，生长期为 117 天；早稻、晚稻茬口衔接期 3 天完成抢收、抢种，至 11 月 5 日乃至更迟收获，加上育秧期，满足生长期 130 天水稻品种生长需要。

（四）影响两熟粮食作物生产的制约因素

1961 年以来，安徽全省平均温度呈不断上升趋势，温度变化倾向率约为每 10 年 0.247℃（图 1-27），1961 年以来全省平均温度上升约 1.5℃。伴随温度上升，积温增加（图 1-28）、生长期延长（图 1-25），在传统粮食两熟轮作种植制度不变的情况下，热量资源对粮食作物生产限制性作用趋弱。

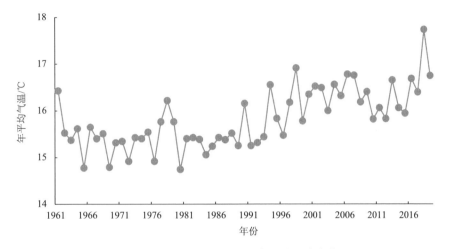

图 1-27　1961 年以来安徽省年平均温度变化

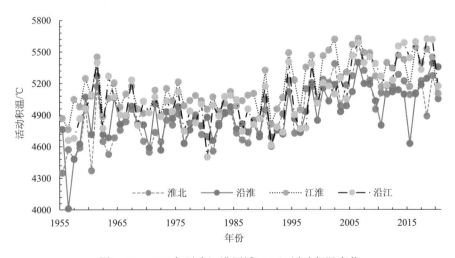

图 1-28　1955 年以来江淮区域≥10℃活动积温变化

与温度稳定上升不同，安徽全省降水变化趋势不明显（图 1-29）。虽然温度上升会增加农田的蒸散量，但基于蒸散模型估算的农田蒸散量并没有表现出同步增加趋势,降水总量保持基本稳定,农业生产的水资源供应大环境没有根本性变化。

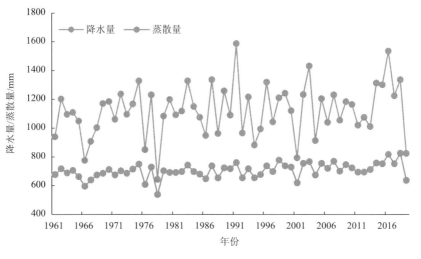

图 1-29 1961 年以来安徽省年降水量变化

综合光温水资源的变化与利用,在目前的经济技术水平下,光能资源能够较为充分地满足两熟粮食作物周年需求,中短期内光能资源不是粮食作物生产的限制性因子,所以水热条件是决定粮食作物种植模式的关键。

20 世纪 50 年代中期以来,淮北地区≥10℃活动积温由 4600℃·d 增加到5200℃·d,气候倾向率为 101.62℃·d/10a(图 1-28),≥10℃持续时间由不足 210 d增加到 240 d 左右,气候倾向率为 6.55 d/10a,是江淮区域热量资源增加最多的区域;降水总量不足且集中在 6 月下旬到 7 月下旬约 40 d 的玉米生长前期(图 1-30)。春季回温快、10 月底到次年 6 月初平均温度为 9.6℃(图 1-31),适宜喜温凉的冬小麦;5 月中旬温度达到 20℃,持续约 145 d,到 9 月 30 日前后,这一高温期可满足玉米、水稻生长的热量需求,但降水不能满足蒸散且缺乏地表灌溉水源,只能旱作玉米,是我国麦-玉两熟轮作的南界。10 月中旬前后日平均温度仍在 15~20℃,满足玉米后期生长和小麦播种的需要,这为玉米晚收、小麦晚播创造了条件。整体上,该地区热量资源可充分满足小麦、玉米两熟需求,小麦可使用生长期 230 d 左右的中晚熟品种,玉米可使用生长期 110 d 左右的中晚熟品种。该地区一年中降水总量不足、时间分布与作物需求匹配较差。

沿淮、江淮地区热量资源与淮北地区相似,降水资源与农作物蒸散需求基本相等,处于盈亏平衡点,但降水时间分布与作物需求不匹配,水资源仍然是主要的制约因素。

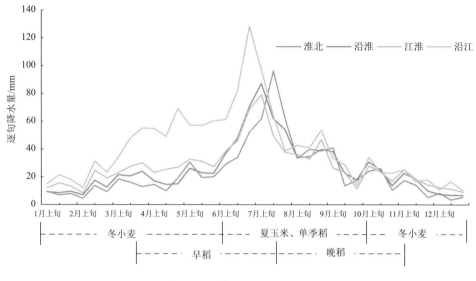

图 1-30　多年平均逐旬降水量

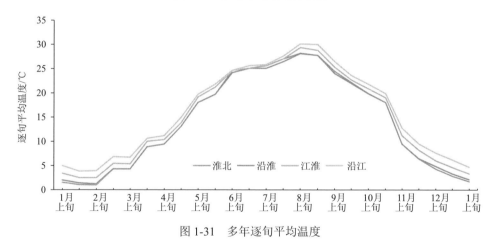

图 1-31　多年逐旬平均温度

　　沿江地区≥10℃活动积温由 4700℃·d 增加到 5600℃·d，≥10℃持续时间由不足 220 d 增加到 250 d，气候倾向率分别为 88.13℃·d/10a、6.58 d/10a，日平均温度 20℃终日推迟至 10 月 1～5 日，80%保证率 20℃终日稳定在 9 月 23～25 日，在传统的双季稻栽培模式下，热量资源的增加使该地区由双季稻北界变成双季稻适宜区。但全程机械化导致水稻育秧期由 40 d 缩短至 25 d 以内，水稻大田生长时间较传统手插秧延长 15 d 左右；直播稻的推广又将育秧转入大田，大田生长时间较传统手插秧延长 40 d 左右，茬口的衔接造成水稻齐穗期推迟，导致热量资源仍然是该地区晚稻生产的主要制约因素。

第三节 粮食作物周年资源高效与品种优化配置

热量资源是熟制的决定因素。江淮区域热量资源较为丰富，沿淮、淮北日平均温度稳定≥10℃持续时间平均约228 d，≥10℃活动积温平均在4900℃·d以上，沿江地区则分别可达236 d以上和5200℃·d以上，适当的作物种类、品种配置可满足一年两熟。数千年的农耕文明发展，使江淮丘陵、沿淮、淮北形成了稳定的越冬作物+夏季作物两熟的种植模式。越冬粮食作物主要是小麦，夏季大宗粮食作物则因区域水资源不同而有水稻、玉米等选择；沿江地区则因热量资源更为优越，形成了两季水稻种植模式。

传统自然农业中，人们对光温水资源变化及作物需求的掌握不准确，更缺乏调控能力，加上完全依赖人力、畜力的劳作方式，所以两季作物之间的收种与休闲期长、光温水资源利用率低。在良种良法、全程机械化的支持下，现代农业生产劳动强度下降、效率提升，两季之间收种期大幅缩短，尤其是在全球变暖背景下，一年中的作物可用生育期显著延长，具备了栽培生长期更长、光温水资源利用率更高的作物品种的可行性。基于区域光温水资源的精细化分析，筛选适宜的品种类型、研发相应的生产模式也成为可能。

一、粮食作物适应性品种特征特性

（一）冬小麦

小麦是禾本科小麦属植物，喜温凉、光照充足的气候环境，是世界分布最广、种植面积最大的禾谷类作物，有冬小麦和春小麦之分。江淮区域为冬小麦栽培区，常年栽培面积保持在280万hm^2，其中淮河以北地区更为集中，占区域播种面积的80%左右。

江淮区域冬小麦适宜生长期≥0℃活动积温约2100～2200℃·d，由南向北，对应的生长期为200～230 d，播种期为10月中旬到11月初、收获期为5月下旬到6月初。在气候变暖背景下，自1961年以来冬小麦生长期的活动积温增加了约200℃·d，适播期推迟、收获期提前，全生育期光能资源利用率下降，不利于小麦稳产高产。

温度是限制江淮区域冬小麦生产的首要因素。温度的限制作用主要体现在播种期、孕穗期两个阶段，收获期的高温对最终的产量形成也有重大影响。

壮苗越冬有利于冬小麦优质高产，播种既要保证冬前有足够热量培育壮苗，又要减少热量资源浪费，增加前茬作物可用热量。江淮区域北部沿淮、淮北以半冬性品种为主，淮河以南则以春性品种为主，温度在3～5℃时种子萌芽，适宜生长温度为14～18℃。冬前活动积温在600℃·d左右有利于形成壮苗，低于400℃·d

则苗势偏弱，高于 800℃·d 则容易苗势过旺。沿淮淮北 1955～2020 年平均 16℃ 界限温度终日为 10 月 13 日前后，在气候变暖背景下，自 2000 年以来终日推迟 5～7 d，10 月中旬旬平均温度约 17℃。10 月 15 日播种至 12 月 15 日日平均温度下降至 3℃，活动积温约 630℃·d；满足壮苗热量需求，积温不低于 400℃·d 的临界期为 10 月 30 日。

小麦孕穗要求日平均气温在 10～15℃，且日最低气温不低于 4℃。3 月 29 日～4 月 20 日，沿淮淮北地区多年平均日平均气温由 10℃缓慢上升至 15℃，日平均温度满足小麦孕穗热量条件。但该时段日最低温度低于 4℃ 的发生频率高达 87.0%，低于 4℃ 最迟可出现在 4 月 24 日；低于 1℃ 且持续 1 d 以上的频率高达 26.1%，持续 2 d 以上的频率也有 8.7%。这表明沿淮淮北冬小麦孕穗期倒春寒是大概率事件，严重倒春寒风险也非常高，冬小麦品种需要具有较强的孕穗期抗寒能力。

小麦灌浆适宜的温度是 20～22℃，超过 23℃灌浆时间缩短、灌浆速度下降、干物质积累减少，≥25℃会明显影响灌浆，日最高气温≥30℃时灌浆将处于停止状态，连续出现最高气温≥30℃将进一步加重高温影响，可能形成高温逼熟。沿淮淮北地区 5 月上、中、下旬连续 3 d 最高温度≥30℃的频率分别为 39.1%、13.0%、47.8%，尤其是 5 月下旬最高温度≥30℃持续时间最长可达 8 d，干热风、高温逼熟风险高，是影响产量形成的关键因素。

综合江淮区域热量资源与小麦赤霉病发生特征，适宜江淮区域的冬小麦品种应具有孕穗期抗低温冻害、抗灌浆期高温、赤霉病达到中抗以上、抗倒伏、抗早衰等特征特性；在品种类型上，淮北中北部适宜半冬性品种，沿淮淮北适宜半冬性或春性品种，淮河以南适宜春性或半春性品种，生育期为 200～220 d，冬前 400～600℃·d 活动积温可形成壮苗。

(二) 玉米

玉米是江淮区域接茬越冬作物最适宜的旱作主粮。淮北、沿淮的冬小麦区是玉米栽培的集中区，栽培面积常年保持在 120 万 hm² 左右。

玉米喜高温、强光，全生育期要求较高的温度。15℃适宜播种，15～20℃发芽较旺盛，苗期、拔节-抽雄、抽雄-开花、拔节-吐丝、灌浆-成熟要求的适宜温度分别为 18～20℃、24～27℃、25～27℃、24～32℃、20～24℃。江淮区域小麦收获期在 6 月 1～10 日，该时段温度稳定≥22℃，满足玉米播种所需温度条件，即小麦收获后可随时播种玉米，如沿淮地区小麦收获早，玉米播种可提前至 6 月 10 日之前。20℃界限温度终日出现在 9 月 27 日前后，6～9 月的热量条件均满足玉米各生育期需求。从 6 月 16 日到 9 月 27 日持续 104 d，活动积温约 2700℃·d，生长期、积温均满足中熟玉米品种的生长需求。

沿淮与淮北热量资源接近，但降水资源有较大差异。沿淮处于梅雨区边缘，在 6 月中下旬到 7 月上旬受梅雨影响，降水集中、量大，容易形成农田涝渍。玉米播种至三叶期对涝渍敏感(武文明等，2016)，如果在 6 月 16 日前后播种，则出苗到三叶期的 10 d 时间处于 6 月下旬的梅雨期，渍害风险高。因此沿淮梅雨影响区域的玉米播种期应尽可能提前，以规避梅雨造成的苗期渍害。播期提前也延长了玉米适宜生长期，提高了热量资源利用率。

花期是玉米对温度最敏感的时期，32~35℃可使玉米花粉活力降低、授粉困难，甚至出现高温杀雄(谷登瑞和王立华，2018；杨国虎，2005；陈朝辉等，2008；郭然，2018)。江淮区域夏玉米在 7 月下旬到 8 月上旬进入抽雄吐丝期，这是该地区温度最高的时期，高温、干旱往往相伴发生，且持续时间较长，轻中度干旱频繁发生(13%~50%)，重度干旱时有发生(0.5%~13%)，极端情况偶尔发生(0.5%)。随着气候变暖，该地区玉米花期高温热害发生频率和强度均有增加趋势。

江淮两熟区地处南北气候过渡带，土地耕作强度大，玉米茎腐病、南方锈病等危害严重。综合光温水资源高效利用、全程机械化、病虫害绿色防控等多重因素，适宜江淮区域的夏玉米以生育期 100 d 的左右品种为宜，南部沿淮从规避出苗到 3 叶期渍害考虑，可以选用更长生育期的品种，以充分利用 8 月中下旬到 9 月温度高、昼夜温差大、日照强的资源优势；基于抽穗扬花期高温热害发生频率较高、农业全程机械化等因素，适宜品种还应具备耐高温、抗倒伏、抗茎腐病与南方锈病、穗位整齐适中、籽粒脱水快等特征特性。

(三)水稻

北到沿淮、南到沿江的广大地区是江淮区域水稻主产区，其中北部的沿淮平原、江淮丘陵为中稻和一季晚稻，南部的沿江平原为中稻和双季稻共同分布区，常年栽培面积约 253 万 hm^2，产量约 1600 万 t。

水稻原产于南方地区，是喜热短日植物，有籼稻、粳稻之分。温度是控制水稻生长发育的关键因子，种子适宜萌发温度为 28~32℃，最低不低于 10℃；分蘖要求日平均温度在 20℃以上;穗分化适宜温度为 30℃左右;抽穗温度为 25~35℃；开花温度为 30℃，通常把籼稻 22℃、粳稻 20℃作为安全齐穗临界温度。

江淮区域的中稻和一季晚稻通常都接茬冬小麦、冬油菜等越冬作物，5 月中下旬育秧、6 月中下旬插秧、8 月中下旬抽穗开花。江淮区域从 5 月中旬日平均气温稳定通过 22℃，温度持续上升，7 月下旬、8 月上旬的旬平均温度达到全年最高，到 9 月中旬临近收获，日平均气温均稳定维持在 22℃以上，完全满足水稻安全齐穗对温度的要求。因此，热量资源不是江淮区域中稻和一季晚稻的限制因子。从减少梅雨期氮磷流失污染，充分利用江淮区域 9 月份和 10 月中上旬天气晴好、光照充足、昼夜温差大、有利于干物质积累的农业气候资源优势考虑，水稻插秧工作应在 6 月 10 日前后完成，收获期可推迟至 10 月上旬，沿江地区甚至可推迟至 10 月下旬，全生育期为 140～145 d。

江淮区域双季稻集中在沿江平原热量资源丰富区。但该地区临近双季稻北界，两季水稻茬口衔接期通常只有 3～5 d，时间过长将压缩晚稻生长期，存在因低温无法齐穗的风险。因此双季早稻的适时早播是晚稻安全生产的保障，而安全育秧、插秧则是早稻安全生产的关键。沿江地区满足育秧最低条件的 ≥10℃界限温度初日出现在 3 月中旬，80%保证率连续 5 d 温度不低于 13℃的安全插秧条件出现在 4 月 15 日前后，因此该地区热量条件满足早稻 3 月 25 日前后育秧、4 月 20 日前后插秧，在 7 月 15～20 日完成收获，对应的适宜早稻品种生长期应在 105 d 左右。

温度对双季晚稻的影响主要是安全齐穗。6 月 25 日播种水稻的齐穗期约在 9 月 20 日前后，这时沿江地区日平均气温已经降至 22℃，存在不能安全齐穗的风险。从保障晚稻安全生产角度，应早稻早收、晚稻早播，晚稻收获期可适当推迟至 10 月下旬，全生长期为 130～140 d。

水稻抽穗扬花期对高温也敏感，连续 3 d 日平均温度高于 30℃或连续 3 d 日最高温度高于 35℃都会产生高温热害(商兆堂等，2007)。江淮区域中稻和一季晚稻抽穗扬花期在 8 月中下旬，这一时段是高温热害高发期，发生频率高达 34.8%。沿江地区早稻抽穗扬花期在 6 月中上旬，处于刚入夏时期，基本不会受到高温热害影响；晚稻抽穗扬花期在 8 月下旬到 9 月上中旬，8 月下旬、9 月上旬高温热害发生概率分别达 17.4%、8.7%，处于较高风险水平。

整体上，江淮区域中稻和一季晚稻主要受高温热害威胁，适宜较耐抽穗扬花期高温热害、抗早衰的中晚熟籼稻；沿江地区受早稻播种插秧、晚稻安全齐穗温度约束，早稻适宜苗期抗低温、耐寡照的早籼稻品种，生长期在 105 d 以内，晚稻适宜耐抽穗扬花期高温热害、安全齐穗界限温度较低的中晚熟粳稻品种。

二、粮食作物品种资源信息库的构建

不同粮食种类、品种类型，其适播期、生长期、光温水需求等存在一定差异，筛选光温水需求特征与江淮区域气候资源协同程度高的品种，建立品种信息库，对于指导品种筛选与配置、提高光温水资源利用率、减少农业投入品使用量、实现节本增效有实用价值。

(一)作物品种信息

筛选与配置粮食作物品种，首先要确认作物的光温水资源需求与供给之间的协同性，其次是作物的抗逆性。

太阳辐射是粮食作物光合作用唯一的能量来源。目前农业技术条件下，粮食作物光能利用率平均在 1%水平。20 世纪 50 年代以来，虽然江淮区域太阳辐射总量呈下降趋势，但仍然能够充分满足粮食作物光合作用的需要，其不是制约因素，只是不同阶段光能资源存在较大差异，通过合理调配作物生长期，可以提高光能利用率。温度是热量资源的度量指标。热量资源不是植物可以直接转化为干物质的能量来源，而是维持植物生理活性、保障光合作用正常进行的环境资源，是农作物生长的约束性环境条件。一个区域能否一年两熟或三熟，热量资源是决定因素。自然条件下，降水偶发性强、稳定性差。不同于光温资源的无后效性，水资源具有可存蓄性，降水通过土壤存蓄有效提高了供应的持续性、稳定性。江淮区域年平均降水量在 800～1500 mm，年平均降雨日数超过 90 d，虽然每年均有旱涝发生、旱涝急转呈常态化分布，但降水整体满足农作物需求，属于农业生产条件优渥的雨养农业区。

根据光温水资源的供给与作物需求，适宜品种筛选与配置首先需要明确的品种信息有适播温度、生长期、抽穗扬花等关键生育期热量水分限制、全生育期所需积温、高影响自然灾害抗性等，其次是生物逆境抗性，最后是作物品种类型、用途等。另外，产量、穗粒数、千(百)粒重、容重、蛋白质含量、硬度、颜色、株型、株高等产量、品质指标，也是选择与配置品种时重点参考的品种信息。小麦、玉米、水稻因物种及生长环境等差异，品种信息的构成也略有不同(图 1-32)。

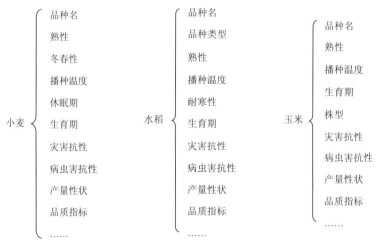

图 1-32　不同作物品种信息构成

(二)构建品种资源库

基于图 1-32 中的指标，收集、整理冬小麦、玉米、水稻品种信息，根据江淮区域粮食作物生产实际需求，建立品种资源信息库。以小麦为例(图 1-33)，江淮区域冬小麦品种主要包括弱冬性、春性、弱春性三种类型；抽穗扬花期倒春寒成灾概率高，5 月灌浆期达到干热风指标的高温、低湿天气较多，灌浆乳熟期大风倒伏风险较大，因此需要明确倒春寒、干热风、大风倒伏等抗性指标；赤霉病、白粉病发病率较高，适宜中抗以上的品种。作为服务江淮区域的资源信息库，需要明确以上品种信息指标。

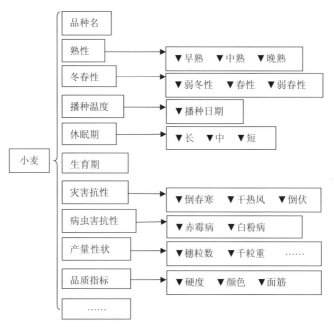

图 1-33　小麦品种资源信息

利用田间试验，结合品种审定等工作，按照图 1-32、图 1-33 中的信息要素构成，收集适宜江淮区域的小麦、玉米、水稻品种资源信息，并基于 WebGIS 在 B/S 体系结构，采用前后端分离开发方式，结合 Python 脚本建立区域粮食作物品种资源库(图 1-34)，通过输入指标要求或者地理位置，由系统在资源库中查询品种信息、筛选配置适宜品种。

图 1-34　粮食作物品种资源库

三、粮食两熟作物品种优化配置

(一) 江淮两熟区粮食作物增长空间

根据立地条件、农业气候资源不同，江淮区域各农业区均有系统性的高产创建生产技术模式，但不同两熟粮食作物组合，其光能利用率存在较为显著的差异（图 1-35）。

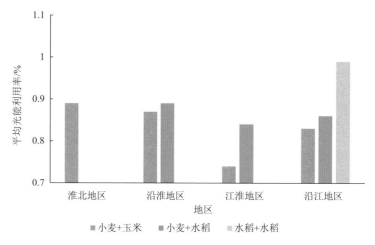

图 1-35　不同粮食作物组合光能利用率差异(2018 年)

淮北两熟区因为夏季水资源限制，只适宜"小麦-玉米"两熟轮作，该地区 2018 年"小麦-玉米"两熟轮作的光能利用率约为 0.89%，是四个农业区"小麦-玉米"两熟轮作模式中光能利用率最高的区域。这也表明，该地区是江淮区域最适宜的"小麦-玉米"两熟轮作区，长期形成的两熟轮作习惯有其必然性。

沿淮两熟区因水资源不均衡，兼有"小麦-玉米""小麦-水稻"两种两熟轮作模式，其光能利用率分别约为 0.87% 和 0.89%。整体上，"小麦-水稻"两熟轮作光能利用率高于"小麦-玉米"，从光资源利用效率考虑，该地区更适于"小麦-水稻"两熟轮作。在地表灌溉水源充足的地方应发展旱改水，以水稻替代玉米具有 2.3% 的增产空间。

江淮丘陵两熟区也兼有"小麦-玉米""小麦-水稻"两熟轮作模式，但以"小麦-水稻"为主，其光能利用率分别约为 0.74%、0.84%。与其他三个农业区相比，江淮丘陵区的光能利用率最低，但该地区"小麦-水稻"两熟轮作的光能利用率仍然显著高于"小麦-玉米"，显示该地区更适于"小麦-水稻"两熟轮作。但江淮分水岭受地形影响灌溉水源缺乏，在地表灌溉水源有保障的情况下，应推广旱改水，其增长空间可达 13.5%，如果其光能利用率提升到沿淮"小麦-水稻"两熟区域水平，其增产空间可高达 20% 以上，是增产潜力最大的区域。

沿江两熟区拥有"小麦-玉米""小麦-水稻""水稻-水稻"三种两熟模式，是江淮区域双季稻集中区。三种两熟模式的光能利用率分别约为 0.83%、0.86% 和 0.99%，双季稻光能利用率最高，表明该地区更适宜于双季稻两熟模式。沿江两熟区是江淮区域水热资源最丰富的区域，尤其在气候变暖的背景下，其热量资源提升、晚稻安全齐穗期推迟，双季稻生产条件改善，推广双季稻具有 15% 以上的产量上升空间。

(二)粮食作物的适应品种配置可有效提升产量

在固镇新马桥农水试验站对江淮地区主推的 20 个小麦品种、20 个玉米品种进行品种配置实验，剔除受灾绝产品种，获得小麦、玉米各 18 个品种的产量。

两年平均产量表明，在立地条件、管理措施完全一致的情况下，不同品种的农业气候适应性存在较大差异，其中小麦、玉米各有 2 个品种至少一年出现绝产；有 10 个小麦品种产量超过平均值，其中安农 0711、周麦 23、烟农 19、百农 207、徐麦 35 这 5 个品种的两年平均产量超过平均产量加一倍标准差，产量具有显著优势；8 个玉米品种产量超过平均值，其中隆平 206、浚单 509、郑单 1002 这 3 个品种的两年平均产量超过平均产量加一倍标准差，产量稳定且具有显著优势（表 1-2）。将产量最高的小麦(安农 0711)与玉米(隆平 206)品种组合，其两熟总产量较产量最低的组合高约 52%。因此，从光温水与农业投入品资源高效、绿色利用的角度，结合某一区域的农业气候资源状况，筛选合适的两熟作物品种进行配置，有利于提高产量、光温水资源利用率和农药化肥利用率，实现低碳、清洁生产。

表 1-2　供试品种两年平均产量

小麦品种	平均产量/(kg/hm²)	玉米品种	平均产量/(kg/hm²)
安农 0711	7684.5	隆平 206	7578.0
周麦 23	7674.0	浚单 509	7452.0
烟农 19	7570.5	郑单 1002	7144.5
百农 207	7528.5	奥玉 3111	6672.0
徐麦 35	7492.5	裕丰 303	6550.2
济麦 22	7384.5	郑单 958	6459.0
华成 3366	7324.5	秋乐 368	6297.0
安农 1589	7105.5	京农科 729	6051.0
淮麦 33	7011.0	新单 88	5968.5
周麦 18	6781.5	郑单 317	5920.5
良星 99	6574.5	中科玉 202	5767.5

小麦品种	平均产量/(kg/hm²)	玉米品种	平均产量/(kg/hm²)
乐麦 598	6181.5	利单 618	5655.0
新麦 26	6153.0	蠡玉 37	5590.5
郑麦 366	6016.5	守玉 30	5527.5
涡麦 9 号	6003.0	创玉 107	5146.5
淮麦 28	5929.5	科玉 153	5004.0
安科 157	5806.5	郑单 309	4948.5
泛麦 5 号	5238.0	迪卡 653	4830.0

(三)粮食作物品种配置

根据光温水资源时空变化精细化分析,结合本地化的作物生产潜力模型模拟和区域大田实验,研究、筛选得到适宜江淮中部四大农作区的粮食作物两熟组合模式为淮北及沿淮"冬小麦+夏玉米"模式、沿淮平原及江淮丘陵"冬小麦+单季稻"模式、沿江双季稻模式,其生长期与品种类型配置如下。

1. 淮北及沿淮"冬小麦+夏玉米"品种配置

淮北及沿淮"冬小麦+夏玉米"两熟的品种类型配置原则为"半冬性小麦+抗逆中熟型玉米",其中玉米晚收 5~15 d、冬小麦晚播 10 d 左右。

冬小麦播种界限温度为 16℃,淮北及沿淮地区多年平均≥16℃界限温度终日为 10 月 13 日,10 月中旬播种(图 1-36),5 月 30 日~6 月 5 日收获,生长期约230 d。冬小麦收获后温度处于上升状态,玉米播种无低温制约,以 10 d 作为农耗时间,6 月 15 日之前播种,延迟至 9 月下旬收获,生长期不短于 100 d。延迟收获可充分利用 9 月份光照充足、昼夜温差大的优势提高产量和质量。比如采用生长期 230 d 的半冬性安农 0711 配置生长期 100 d 的隆平 206,在满足冬小麦生长期需求的同时,充分利用玉米适宜生长期,组合产量可达 15262.5 kg/hm²。

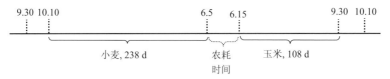

图 1-36　淮北及沿淮"冬小麦+夏玉米"两熟配置

图中数字为日期,下同

未来随着温度的上升,冬小麦的生育期可能进一步缩短,主要表现为收获期提前,选用生长期更长、产量更高的夏玉米是提高该地区光温水利用率的有效途径。

2. 沿淮平原及江淮丘陵"冬小麦+单季稻"品种配置

沿淮地势低平、水资源丰富地区宜采用"冬小麦+单季稻"模式(图 1-37)，其品种类型配置原则为"半冬弱春性小麦+中迟熟型籼稻或中熟型粳糯稻"；江淮丘陵以"冬小麦+单季稻"为主，品种类型配置原则为"春性或弱春性小麦+中长生育期水稻"。

采用生长期 210 d 左右的弱春性、春性小麦品种，沿淮地区播种时间可迟至 10 月 15～20 日，收获期提前至 5 月 30 日，江淮地区收获期可提前至 5 月 25 日前后。以 10 d 作为整地农耗时间，收获时间延至 9 月下旬，水稻生长期可达 130 d 以上，最长可达 150 d，品种可采用生育期 150 d 左右的粳稻品种或 130 d 左右的籼稻品种。

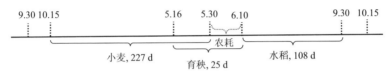

图 1-37　沿淮平原及江淮丘陵"冬小麦+单季稻"两熟配置

3. 沿江双季稻品种配置

沿江地区临近双季稻北界，水稻安全生育期平均约 180 d，晚稻存在因低温不能安全齐穗的风险，茬口衔接上应尽可能提前晚稻的播种期，选择安全齐穗后灌浆成熟期较长的品种，在确保安全齐穗的前提下，充分利用 9、10 月份日照强和昼夜温差大的特点提高光热水资源利用率。

根据沿江热量时间变化与水稻热量资源需求，早稻宜配置生长期较短、适宜温度范围大的籼稻，晚稻则宜配置安全齐穗界限温度低、生长期长的粳稻，因此沿江两季水稻适宜的品种配置原则为"早中熟型早籼+中晚熟型晚粳"(图 1-38)，早稻生长期控制在 110 d 以内，晚稻生长期 130 d 以上，早稻早播早收，晚稻早播晚收。

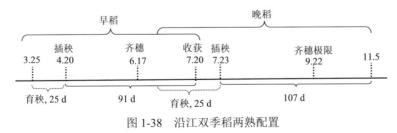

图 1-38　沿江双季稻两熟配置

水稻插秧在事实上延长了水稻的生长期，有利于提高光热资源的利用率，同等农业投入品使用量可获得更高产量，并降低农业面源污染排放。采用工厂化育秩，改毯苗为钵苗，可以将机插秧秧龄进一步延长，有助于配置生长期更长、产量更高的品种类型。但在生产实践中，近年来直播稻占比快速增加，使水稻育秧期转移到大田，挤压了大田安全生育时间。以"早中熟型早籼+中晚熟型晚粳"双季稻配置模式为例，如果全部采用直播，生长期 110 d 的早籼稻配置生长期 130 d 的晚粳稻，两者合计需要的安全生育期达 240 d，而沿江地区实际安全生育期仅 180 d，无法保障安全生产。从粮食安全生产、推动低碳生态农业考虑，充分利用育秧期以延长水稻生长期仍然十分必要，研发适宜机械，使机插秧秧龄能够达到手插秧水平，将可进一步提升江淮区域水稻的资源利用率。

(四)粮食作物品种配置系统

以图 1-34 区域粮食作物品种资源库为基础，使用 MySQL 分别建立农业气象信息、作物品种信息数据库，基于精细化光温水时空分布模型和 PostGIS 数据库，获取格点光温水资源特征，进一步得到格点尺度播种界限温度、生长期起止日与持续日数、温度与降水变化、高影响灾害及其风险等光温水供给特征，将供给特征与农作物阶段性需求比对，获得适宜该格点农业气候资源特征的作物品种及其对应的播种、收获、灾害防控等生产信息。在区域粮食作物品种资源库的基础上，基于 Python 脚本开发出两熟粮食作物品种资源筛选与匹配系统(图 1-39)。通过输入生产所需的品种参数，或者目标格点所在位置地理信息，即可获得匹配度最高的作物品种，或者目标格点适宜的两熟模式、推荐品种配置。

图 1-39　两熟粮食作物品种资源筛选与匹配系统
审图号：皖 S(2017)23 号，来源：安徽省标准地图网

第四节　稻-稻光温资源高效利用双早机育机插技术

水稻是长江中下游地区乃至全国的主要粮食作物，以稻米为主食的人口占全国人口的 2/3。为满足日益增长的粮食需求，从少熟到多熟将是我国农业发展的必经之路，双季稻通过增加种植强度，挖掘复种指数增加粮食总量，对保障我国的粮食生产安全具有重要意义。双季稻是我国南方典型的水稻种植模式，较单季稻可实现周年水稻增产 59%左右，在当前可耕地面积急剧下降的背景下，是保证我国粮食安全的重要稻作方式。长江流域的双季稻生产在中国占有重要地位，其中江淮区域沿江地区作为我国双季稻主要种植区域，由于双抢模式下用工紧张导致双季稻种植面积较 20 世纪严重萎缩。近年来，随着农机农艺技术的改进、集中育秧及专业合作社的发展，双季稻主要的种植方式得到优化，极大地提高了种植效率、降低了劳动力成本，对促进双季稻稳面积高产具有重要意义。但在全球气候变化大背景下，双季稻周年生育期平均每年大约缩短 0.63 d，生产中现有品种类型与搭配及其配套栽插方式较难适应当前气候条件，导致光温资源利用率较低；此外，机械化栽培模式下农机农艺融合度低和高效精准栽培技术缺乏在一定程度上也限制了光温资源的高效利用。因此，亟须阐明光温资源周年优化配置规律与高效利用技术途径，对稳定和发展江淮区域乃至我国双季稻量质协同提升的绿色生产方式具有重要意义。

一、早毯晚钵双早机育壮秧技术

稻-稻双早机育机插光温高效利用技术是针对双季稻北缘的江淮区域沿江地区，稻-稻茬口衔接紧张，光温资源不足的问题，通过调优品种配置，实施早稻毯苗晚稻钵苗机育机插延长秧龄，培育壮秧健群，实现早稻早收晚稻早播，从而提高光温资源利用率，增产增效。主要技术如下：

(一)品种调优配置技术

安徽省沿江地区双季稻生长季太阳总辐射和积温分别为 3860 MJ/m^2 和 4800～5400℃(岳伟等，2019)，其中早稻季太阳总辐射和积累分别较晚稻季低约 400 MJ/m^2 和 700～780℃。根据区域品种类型，籼稻生育期相对粳稻更短，适合于作为早稻布局，生育期长，大约 105～110 d，而生育期长的粳稻作为晚稻种植，大田生长时期长度大约为 120～125 d。高产早稻品种的共性群体特征为日产量高[80.8～83.7 kg/(hm^2·d)]，较高的每穗粒数(124～132 粒)和总颖花量(45.2×10^3～47.9×10^3 m^{-2})，千粒重大(25.8～27.0 g)，更高的穗分化期和抽穗期的叶面积指数(5.6～6.0，7.1～7.3)，粒叶比高。以此筛选适合沿江双季稻北缘机插超高产早稻品种 4 种，分别为株两优 2013、陆两优 35、浙辐 203、株两优 829。高产晚粳大穗型(每穗粒数 102.3～112.0 粒)和小穗型(每穗粒数 52.0～99.7 粒)粳稻品种应分别具有较强的分蘖能力和适宜的抽穗期分蘖数及单茎干重，进而增加总干物质积累、群体颖花量和产量。推荐沿江地区种植的高产晚粳稻包括大穗型嘉 58、甬优 2640、武育粳 6571 和常优 5 号，以及小穗型宁粳 7 号、武育粳 5745 和沪香粳 151，群体颖花量为 $33.8 \times 10^3 \sim 41.0 \times 10^3 \ m^{-2}$，成熟期干物质积累为 15.2～16.6 t/hm²，日产量为 58.9～64.3 kg/(hm²·d) (朱铁忠等，2021)。

(二)早毯晚钵双早机育技术

种植方式显著影响水稻生育进程和群体结构，进而影响生育期和茬口配置，尤其对提高双季稻温光资源利用率和周年产量具有重要意义。早稻适度早播可以延长早稻生育期，同时可为早稻早收提供几天窗口期，为晚稻早播延长生育期提供有利条件，通过早晚稻双早播，延长周年生育期，进而提高周年产量，合理利用了早稻收和晚稻播过渡阶段温光条件，以此显著提高周年光温资源效率。对于早稻来说，可以由目前的 4 月上旬播种提前，但考虑到前期温度相对较低，最多提前至 3 月下旬至连续 5 d 平均环境温度稳定在 12℃以上时，晚稻由目前的 6 月下旬播种提前到 6 月中旬。早稻季用种量较大，需控制机育秧投入成本，且前期温度不高，苗的旺长性相对较弱，宜考虑低成本的毯状秧盘机械育秧[图 1-40(b)]；对于晚稻而言，后期温度高，长势过快，为给双抢预备充裕时间，应选择秧龄弹性较大的机械育秧方式，钵盘育秧方式较为适宜[图 1-40(a)]。此外，晚稻移栽时期温度高，采用毯状机插方式伤根现象较重，且秧苗素质相对钵苗更差(表 1-3)，移栽后不利于缓苗，进而阻碍了晚稻早发高产群体的建立。因此，早毯晚钵双早机育是充分利用温光资源及高产低成本高效协同的关键技术之一。

(三)壮秧培育技术

俗话说"苗好一半产"，壮秧培育好坏对于培育健康个体和高产群体至关重要。在早稻和晚稻季，气候条件相对严峻，比如早稻季低温和晚稻季的高温都极不利于缓苗，因此，早晚稻壮秧培育对于促进水稻早发特性就尤为重要。壮秧培育技术主要包括：

(1)精量播种。早稻毯状每盘常规籼稻播量控制在 90～120 g 干种子，杂交籼稻播量控制在 70～90 g/盘，如果品种的千粒重较重，可以考虑在秧盘底部放置盘根纸。晚稻钵孔播种常规稻 3～4 粒，杂交稻每孔放置 2～3 粒。

(2)以水调温，以水促根。早稻秧盘应置于塑料大棚或温室大棚内，以维持发芽至 2 叶期处于相对较高的温度，如突然遭受低温或倒春寒，采用灌深水方式护苗；对于晚稻而言，一般置于开放式育秧田，注意苗生长前期温度高，育秧田保

图 1-40　钵盘和毯状秧盘实物图

表 1-3　晚稻不同育秧方式对秧苗素质的影响

品种	育秧方式	总根数/(个/株)	叶龄	生物量/(g/株)	根冠比
甬优 1540	钵苗	13.8 a	5.2 a	9.7 a	0.22 a
	毯状	10.8 b	4.0 b	5.1 b	0.27 a
镇稻 18	钵苗	19.8 a	4.1 a	10.8 a	0.37 a
	毯状	12.0 b	3.0 b	3.9 b	0.38 a

注：同列不同字母表示同一品种下不同育秧方式在 5%水平差异显著。

持湿润状态。其他时期一般采用旱育秧的方式管理秧苗，促进根系生长，特别是在 2 叶以后，当叶片开始略微卷曲时喷灌 1 次或者灌 1 次跑马水。移栽前 1 d 灌溉至湿润状态，以备起秧。

(3)精确控肥。1 叶 1 心或 2 叶喷施断奶肥，尿素 150 kg/hm^2+KCl 75 kg/hm^{2}配成 1%肥液。3 叶期如秧苗弱，酌情喷送嫁肥，特别是对于晚稻而言，旺长性强，应慎重喷施送嫁肥，以免株高徒长不利于控制株高。

(4)精准控药。机插壮秧的壮苗标准之一是控制株高，通过 15%多效唑矮壮素控制株高，一般在 1 叶 1 心期以 6 g 兑水喷施 100 盘进行喷施；对于晚稻品种，如果长势过旺，可考虑在 2 叶 1 心再次防控 1 次。

二、机插健群调控技术

(一) 适宜群体起点技术

对于早稻而言，毯状秧机插株距一般为 10～13 cm，行距采用 23～25 cm 的等行距[图 1-41(b)]，每穴栽插 5～6 株；晚稻钵苗机插的株行距为 27～33 cm×12.4 cm[图 1-41(a)]，每穴 2～4 株。

(a) 钵苗机插　　　　　　　　　　　　　　(b) 毯状机插

图 1-41　钵苗机插和毯状机插

(二) 控制灌溉技术

生育期内以干湿交替灌溉为主的控制灌溉技术，群体茎蘖数达到预期穗数的 75%～80% 时晒田。早稻收割前 10 d 断水催熟早收促晚稻早栽，晚稻收割前 7 d 断水延缓衰老提高稻米产量和质量。

(三) 肥料高效管理技术

参照本书第二章第三节双季稻周年优化施肥技术。

三、双早机育机插技术应用

2019 年在庐江县郭河镇广寒村实施建立了双早机育机插技术示范田 7.33 hm²，早稻品种为籼稻浙辐 203，采用毯状育秧方式，7 月 20 日收获，平均每公顷产量为 10413.0 kg；晚稻品种为杂交粳稻甬优 2640，采用钵苗机插方式，11 月 23 日收获，平均每公顷产量为 11298.0 kg，每公顷周年产量达 21711.0 kg，显著高于常规双季稻田产量水平。经折算，双早机育机插技术较双季稻常规生产的光能利用效率提高 17.4%，生产效率提高 22.0%，具有显著的节本增效潜力。该技术已在江淮区域双季稻区大面积应用。

第五节　稻-麦光温资源高效利用双迟机械种植技术

稻-麦轮作是指在同一田块上一年种植一季水稻搭配一季小麦，是提高土壤复种指数的重要生产方式。稻-麦轮作也是江淮区域安徽的主要种植方式，常年种植面积维持在 120 万 hm² 左右，约占全国稻-麦轮作面积的 25% 以上。缩短前后茬口衔接阶段的窗口期是稻-麦周年温光资源高效利用的关键，也是全国稻-麦轮作提高光温资源利用率的着力点，对实现稻-麦轮作区高产高效生产具有重要意义。

一、稻-麦双迟机械种植光温资源高效利用原理

江淮区域是重要的稻-麦轮作两熟区。江淮地区水稻、小麦及周年实际生产水平与高产攻关田存在显著的产量差，分别达到 7.50 t/hm²、3.98 t/hm² 和 9.84 t/hm²，实际产量与气候产量潜力大约还有 104.5%、77.0% 和 79.0% 的增产潜力（杜祥备等，2021），说明充分利用江淮稻-麦轮作区光温资源是进一步提升周年产量的重要途径，通过增加水稻产量的方式来提高光温资源效率的潜力更大，且实现途径可能相对容易。以安徽稻-麦区为例，江淮丘陵和沿淮稻区主要以籼稻种植为主，一般 9 月下旬至 10 月上旬收获，小麦种植在 10 月中下旬，甚至部分麦区推迟至 11 月上旬，稻麦茬口的空档期在部分田间可高达 20 多天，严重浪费了该段时期的光温资源。因此，可通过解决稻麦茬口衔接的措施来提高稻-麦轮作田间的光温资源利用率。

稻-麦双迟机械种植光温资源高效利用技术是针对江淮稻-麦轮作区光温资源充裕，但光温资源浪费较为明显，通过优化周年品种布局和茬口衔接，推迟水稻播期 10～15 d，延长灌浆期，使成熟期推迟 15～25 d，以充分利用 10 月中下旬高光效生长期，提高水稻产量和品质。同时，小麦采用板茬旋耕施肥播种开沟一体化机械迟播技术补偿水稻季生育期延长占用的时间，并实施水稻季氮肥后移及小麦增密增氮优质高产栽培技术，防早衰延长小麦灌浆结实期 3～5 d，减少稻-麦周年空茬期 10～20 d，提高光温资源利用率，进而提高周年产量，实现增产增效目的。

二、稻-麦双迟机械种植光温资源高效利用关键技术

（一）品种优化布局技术

江淮区域稻-麦轮作制度下的水稻品种基本属于中熟中籼杂交稻品种，生育期

主要介于 130～145 d，4 月底至 5 月初播种，9 月底至 10 月初收获。基于此，可以选择一些生育期偏长至 10～15 d 的水稻品种（延长至 150～155 d），10 月中旬至下旬初收获，生育期延长，能充分利用 10 月上中旬的光温资源，而该阶段的光温资源有利于提高稻米品质，进而获得优质高产稻米。因水稻生育期延长，小麦季应该选用适于晚播耐密植品种，如烟农 19、华成 3366、济麦 22、淮麦 30 和皖垦麦 102。

(二)板茬旋耕施肥播种开沟一体机播技术

水稻生育期延长，预留给小麦的播种时间大幅缩减 10～15 d，因此，为了补偿水稻生育期延长所占用的小麦播种时间，除了在品种上选择搭配迟播耐密植品种外，在耕种方式上需要减少农事操作环节和流程。采用板茬旋耕施肥播种开沟一体机具(图 1-42)可大幅缩短播种时间，与传统手扶拖拉机+人工撒肥相比，小麦各生育期均表现出更高的生理活性及更优的品质性状(表 1-4)，而与当前生产上

图 1-42　板茬旋耕施肥播种开沟一体机播

表 1-4　不同机播方式对小麦不同生育期叶绿素含量的影响

机播方式	拔节期	孕穗期	开花期
收播一体机+人工撒肥+手扶拖拉机开沟	36.15 b	47.13 b	51.33 b
人工撒肥+旋耕+人工撒种+手扶拖拉机开沟	36.40 b	48.56 a	51.58 b
板茬旋耕施肥播种开沟一体机	38.07 a	49.01 a	53.22 a

注：表中同列不同小写字母表示在 5%水平差异显著。

常采用的多次农事环节(人工撒肥、机械旋耕、机械开沟和机械播种)的生产方式相比，小麦长势、产量和品质并未下降，甚至呈现增加趋势。一体机播能显著提高劳动生产效率，缩短播种时间 7 d 以上，为延长水稻生育期增产增效提供保障。

(三)稻麦匀氮增密技术

水稻生育期延长，为了保障籽粒充实期有充裕的氮源及高光合生产能力，获得优质高产水稻，将穗肥适度后移，籼稻基肥：分蘖肥：穗肥由常规的 4:3:3 变为 3:3:4 运筹，粳稻基肥：分蘖肥：促花肥：保花肥由常规的 3:3:2:2 变为 3:2:3:2 运筹，氮肥用量在本章节稻-麦肥料需求规律章节的基础上增加 30～45 kg 纯氮。关于氮肥的运筹方案，除了参照本书高产栽培的水稻需肥规律外，特别对于穗肥，可以利用光谱诊断与决策方法建立的施肥制度进行精确定量补施(参照本书氮肥需求规律章节)。

对于部分 11 月初播种的晚播小麦，基本苗应该增加至 375～450 万株/hm^2，且适宜的氮肥用量为 300 kg/hm^2，氮肥运筹参照本书氮肥需求规律章节。

三、稻-麦光温资源高效利用双迟机械种植技术应用

2019～2020 年在庐江县郭河镇北圩村建立了稻-麦双晚机械种植示范田 14.13 hm^2，水稻季在钵苗机插条件下以晚熟水稻品种甬优 1540(生育期 155 d)为材料，5 月初育秧，10 月下旬收获，实现吨粮田目标。后茬小麦品种为烟农 19，11 月上旬采用板茬旋耕施肥播种开沟一体机播技术，5 月下旬测产平均每公顷产量为 7573.95 kg，每公顷周年产量达 22930.95 kg，与常规生产方式相比，光温资源利用效率显著提高，生产效率提高 20%以上。

第六节　麦-玉光温资源高效利用双晚丰产技术

江淮区域沿淮、淮北地区位于黄淮海平原南端，淮河以北为辽阔平原，是黄淮海平原的一部分，海拔 20～40 m。该地区光温水资源充足、耕地面积大，属麦-玉旱作两熟区，是我国重要的粮食生产基地。该地区地处暖温带的南缘，年平均气温 14～15℃，其中≥0℃积温为 5100～5500℃，≥10℃积温为 4500～4800℃，无霜期 200～220 d，光温水资源等条件较好，适合农业的综合发展，是小麦、玉米重要的生产基地。

一、麦-玉光温资源高效利用双晚丰产理论

该地区在全国太阳能区划中，位于光能资源较富带的南缘，太阳辐射年总量达 5200～5400 MJ/m^2，年日照时数在 2300 h 以上，均高于沿江江南地区，居江淮区域安徽省首位。但淮北、沿淮平原光能利用率仅为 0.89%，低于全省平均水平，淮北、沿淮地区光合增产潜力巨大。沿淮、淮北平原平均年降水量在 850 mm 以上，为小麦、玉米生长提供了丰富的降水资源，但 70% 以上的降水集中在夏季(6～9 月)，小麦季降水量较少且分布不均。在安徽省沿淮、淮北平原地区小麦-玉米周年轮作制度是该地区主要的作物生产模式，麦-玉周年轮作系统中，生育期降雨分布不均和茬口衔接不佳是影响麦-玉周年产量和区域光温水资源利用率的主要因素。该区域光温水资源的周年时空分布特点为冬小麦-夏玉米光温水资源高效利用提供了有利条件。目前，淮北地区麦-玉周年存在茬口衔接不佳导致光温水资源利用不充分问题，可以通过麦-玉"适当双晚"丰产技术实现周年光温水资源的高效利用。

"麦-玉双晚"是指以两季积温分配率 45%∶55% 为标准对冬小麦-夏玉米模式积温分配进行调整，小麦适当晚播 5～10 d，玉米适当晚收 10～15 d。在保证小麦产量的情况下，将更多的资源分配给玉米，玉米可以充分利用 9 月底至 10 月初的高效光热资源提高产量，从而最大程度利用周年的光温水资源，提高资源利用率。

传统小麦栽培理论认为，安徽沿淮淮北麦区半冬性品种所需冬前积温指标为 570～645℃，冬前壮苗指标为 6 叶至 6 叶 1 心。近年来，随气候变化、品种特性改变及"麦-玉双晚技术"的推广，小麦冬前壮苗所需积温指标下调到 490～570℃，冬前壮苗指标为主茎 5～6 叶。实现节约冬前积温 75～80℃，可以推迟播期 5～6 d，从而为夏玉米高产让出空间，并有利于提高小麦抗逆能力。

全球气候变化对作物生长产生了深刻影响，随着气候变暖，冬小麦冬前积温持续偏高。"麦-玉双晚技术"的理论基础来自气候变暖与小麦品种特性的改变两个因素，尤其目前小麦品种光温特性的改变是更重要的因素。采用良种良法配套，鉴定筛选能够适当晚播的小麦丰产高效品种，是充分发挥双晚技术丰产增效的关键技术措施。

二、小麦适当晚播光温资源高效丰产技术

随着全球气候变暖，冬小麦冬前积温持续偏高，播种期偏早会造成小麦冬前旺长。另外，在保证小麦产量的情况下，将更多的光温水资源分配给玉米，以最大程度利用周年的光温水资源，提高资源利用率。加之秋播期间常常遇到不同程度的干旱或雨涝灾害，导致小麦不能适期播种。由于播种晚、气温低，生产上难以培育壮苗，各生育阶段不能充分有效利用当地的最佳光温资源，成为大面积小麦均衡增产的限制因子。因此，了解晚茬麦生育特点、推广晚茬麦高产栽培技术，是提高晚茬麦单产的关键。由于天气墒情不足或播期遭遇阴雨连绵天气等，有时会导致小麦无法适期播种，播期延迟，造成小麦晚播，然而，在适当晚播条件下，

采用合理的良种良法配套栽培管理技术也同样可实现小麦丰产优质高效栽培。

(一)晚播小麦生育特点及产量形成特点

(1)冬前有效积温低,苗小、苗弱,分蘖少或无分蘖,分蘖成穗少。

适期播种小麦冬前有效积温为 600～700℃,而晚茬小麦冬前有效积温仅为 300～400℃(11 月上中旬→11 月下旬、12 月上旬)。冬前有效积温降低导致出苗推迟,分蘖少或无分蘖,次生根少,吸收肥水能力减弱,麦苗素质差,养分积累不足,晚茬麦到越冬期难以形成壮苗越冬。由于麦苗光合能力较弱,分蘖节贮存养分不足,冬季也常遭受冻害,最终成穗数少。单位面积有效成穗数减少是晚茬小麦减产的主要原因。

(2)晚播小麦开始幼穗分化较晚,春季幼穗分化进程虽加快,但历经时间短,使不孕小穗数增加,单穗结实粒数减少。

晚播小麦在春季气温回升后,幼穗分化进程明显加快,需在较短时间内赶上适期播种小麦。但由于其穗分化起步时间晚,幼穗分化时间缩短,幼穗发育不良。因此,退化小穗、小花数显著增加,导致每穗结实数下降(表 1-5)。

表 1-5　不同播期对小麦生育时期和穗部结实特性的影响

播种期 (月/日)	出苗期 (月/日)	单棱期 (月/日)	拔节期 (月/日)	孕穗期 (月/日)	成熟期 (月/日)	结实 小穗数	退化 小穗数	穗粒数/ 粒	千粒重/g
10/15	10/22	11/20	03/07	04/08	06/01	18.5	2.2	37.6	42.4
11/15	12/03	12/14	03/18	04/15	06/04	15.4	3.4	30.1	38.2

注:2019～2020 年,安徽蒙城,品种:烟农 999。

(二)晚播小麦丰产优质高效栽培技术——"四补一促"栽培技术

1. 技术内容

"四补一促"是在总结小麦传统栽培经验的基础上,根据晚茬麦的生育规律和生育特点,经过组装配套和试验示范而形成的一套综合性的栽培技术。其主要内容是:选用良种,以种补晚;加大播量,以密补晚;精细整播,以好补晚;增施肥料,以肥补晚。同时在小麦苗期及时进行精细管理,促弱转壮多成穗、成大穗。它是一套以主茎成穗为主的综合性配套栽培技术。

2. "四补一促"栽培技术要点

根据晚茬麦冬前积温少、根少、叶少、叶小、苗小、苗弱、冬季发育进程快等特点,要保证晚茬麦高产稳产,在措施上必须坚持以增施肥料、选用适于晚播早熟的小麦良种和加大播种量为重点的综合栽培技术。重点抓好以下六项技术措施。

(1)选用良种，以种补晚。

晚播小麦总生育期往往会缩短，选好品种是实现晚播小麦丰产高产的前提条件。晚播小麦生产上应选用丰产性好、增产潜力大、抗逆性强、抗病性好、耐迟播的高产优质品种。实践证明，目前江淮区域晚茬麦种植的适宜品种类型为半冬性偏春性品种或半冬性品种。由于这类品种阶段发育进程较快，营养生长时间较短，可弥补播期推迟和积温不足带来的不利影响，容易形成大穗，灌浆强度大，达到粒多粒重，早熟丰产，这与晚茬麦生育特点基本吻合。

推广使用包衣种子或药剂拌种省时、省工、成本低、成苗率高，有利于培育壮苗，增产效果显著。每 50 kg 麦种用 40%辛硫磷乳油 50 mL 或 40%甲基异柳磷乳油 50 mL 加 20%三唑酮乳油 50 mL 或 10%戊唑醇 15 g，放入喷雾器内，加水2 kg 搅匀边喷边拌，拌后堆闷 3～4 h，待麦种晾干即可播种。对地下害虫发生较重的田块，应在土壤处理的基础上，结合药剂拌种综合防治苗期病虫害。

(2)加大播量，以密补晚。

晚茬麦由于播种晚，冬前积温不足，年前有效分蘖少；春季分蘖虽然成穗率高，但单株分蘖显著减少，用常规播种量必然造成成穗数不足，影响单位面积产量的提高。从播种试验看，随着播期推迟，产量也随之降低。因此，加大播种量，依靠主茎成穗是晚茬麦增产的关键。

根据各地经验，晚茬麦在 10 月下旬，每公顷播量以 150.0～225.0 kg 为宜(表 1-6)，11 月份每晚播 2 d，每公顷播种量增加 112.5～225.0 kg，11 月份播种的小麦，每公顷播量以 225.0～262.5 kg 较为适宜。

表 1-6 不同播期、播量与产量的关系

播种期 （月/日）	播种量 /(kg/hm²)	穗数 /(万穗/hm²)	穗粒数 /粒	千粒重 /g	产量 /(kg/hm²)
10/20	150.0	642.0	33.8	42.5	9222.0
	225.0	652.5	32.4	43.2	9133.5
	262.5	604.5	31.9	41.6	8022.0
10/30	150.0	603.0	29.8	42.4	7618.5
	187.5	631.5	28.5	42.0	7558.5
	225.0	625.5	28.2	40.6	7161.0
	262.5	609.0	28.1	40.5	6930.0

注：2019～2020 年，安徽蒙城，品种：烟农 999。

(3)提高秸秆还田、整地与播种质量，以好补晚。

一抓早腾茬，抢时早播。据多年试验，10月25日以后播种小麦，每晚播1 d，每公顷减产112.5 kg。因此，要在不影响秋季作物产量的情况下，尽力做到早腾茬、早整地、早播种，加快播种进度，减少有效生长积温的损失。

二抓玉米机收籽粒与秸秆粉碎全量还田一体化。秸秆还田质量对小麦播种及出苗有重要的影响，因此需要科学地进行秸秆还田，提高秸秆还田质量。小麦播种前，采用玉米机收籽粒与秸秆粉碎全量还田一体化技术，尽量将玉米秸秆粉碎长度低于10 cm，最好在5 cm左右。

三抓精细整地，足墒下种。精细整地为小麦创造一个适宜的生长发育环境，秸秆还田地块要做到深耕或深旋20 cm以上。精细整地与足墒播种，有利于培育"早、全、齐、匀、壮"苗，而且还可以消灭杂草。

四抓提高播种质量，适当浅播或浸种催芽后播种。采用旋耕、施肥、播种、覆土、镇压"五位一体"播种机精量播种。力争避免"三籽"（缺籽、丛籽、露籽）现象。适当浅播(3～4 cm)是充分利用前期积温，减少种子养分消耗，达到早出苗、多发根、早生长、早分蘖的有效措施，同时，为促使晚茬麦早出苗，播种前用20～30℃温水浸种5～6 h，捞出晾干播种，也可提早出苗2～3 d。

(4)增施肥料，以肥补晚。

由于晚茬麦冬前苗小、苗弱、根少，没有分蘖或分蘖少，以及春季起身后生育发育速度快、幼穗分化时间短等特点，晚播小麦冬前和早春苗小，不宜过早进行肥水管理等原因，必须对晚播小麦加大基肥施肥量，以补充土壤中有效态养分的不足，促进小麦多分蘖、多成穗、成大穗、夺高产。据试验结果，增施肥料、平衡施肥是提高晚茬麦产量，降低生产成本，增加经济效益的重要途径。

坚持增施有机肥，氮、磷、钾、微配合，基肥为主原则。每公顷施纯N 210.0～240.0 kg、P_2O_5 75.0～90.0 kg、K_2O 75.0～90.0 kg、$ZnSO_4$ 15.0 kg。有机肥、磷肥、钾肥及锌肥一次性全部用作基肥；氮肥60%～70%做基肥，30%～40%用于拔节期追施。对于秸秆还田地块，基肥每公顷应增施尿素45.0～75.0 kg。晚播小麦幼苗相对较弱，抗寒抗冻能力差，在施足底肥的前提下，适当增施磷肥，可促进根系生长，增加分蘖，提高幼苗的抗寒能力，预防冬季发生冻害。

(5)视苗情、天情、墒情及时肥水齐攻促弱转壮。

坚持促控结合、以促为主原则，抓好晚播麦田间管理。早春促进小麦早发快长。小麦起身后，营养生长和生殖生长并进，生长迅速，对肥水的要求极为敏感，肥水充足有利于促分蘖，多成穗，成大穗，增加穗粒数。抓住晚茬麦促蘖增穗的关键时期及时进行肥水齐攻是重要的增产措施。只要春季管理得当，晚茬麦"冬前一根针，年后一大墩，亩产一千斤"是完全可能的。对于苗情较弱麦田，加强返青期肥水管理，促进分蘖成穗。对基本苗和底肥充足的麦田，肥水管理应推迟到拔节期。在小麦拔节期，田间土壤最大持水量低于70%时，应及时浇水同时追施氮肥，每公顷追施纯氮75.0~105.0 kg。

(6)加强病虫草害绿色防控。

在整地阶段，尽量增加秸秆粉碎细度并且深翻、耙匀，增加地下害虫的死亡率，减少镰孢菌等根茎病原菌的侵染概率、防止秸秆过大导致种苗根系悬空而加重根腐病、胞囊线虫的危害。做好播种田间规划，预留出大型植保机械的作业道，以便于后期实施防治。

在小麦出苗后、杂草3叶期前趁小实施茎叶喷雾处理，提前施药窗口期，提高杂草防治效果。若春季仍有草害发生，应在小麦返青后至拔节前，适苗(叶龄不低于3.5)、适时(平均温度不低于6℃)开展化学除草，严防化学除草导致小麦二次伤害。

早春季注意防控条锈病早发麦田，及早控制发病中心。当田间条锈病平均病叶率达到0.5%~1.0%时，白粉病病叶率达到10%时，及时组织开展大面积应急防治，防止病害流行危害。小麦纹枯病病株率达10%时，选用井冈霉素、噻呋酰胺、三唑类等杀菌剂喷施麦苗茎基部，每7~10 d喷药一次，根据病情连喷2~3次。

小麦孕穗至扬花期根据病虫害的发生种类、特点和防治指标，当多种病虫混合发生危害时，大力推行"一喷三防"技术。当田间发生单一病虫时，进行针对性防治。当田间百穗蚜量达到800头以上，天敌与麦蚜比例小于1∶150时，可用选择性杀虫剂如抗蚜威、新烟碱类、菊酯类等药剂喷雾防治。小麦抽穗初期每10块黄板或白板(120 mm板)有1头以上吸浆虫成虫，或在小麦抽穗期，吸浆虫每10复网次有10头以上成虫，或者用两手扒开麦垄，一眼能看到2~3头成虫时，可用高效氯氰菊酯或毒死蜱进行喷雾防治，并可兼治麦蚜、黏虫等害虫。平均33 cm行长有红蜘蛛200头或每株有红蜘蛛6头时，可选用阿维菌素、联苯菊酯等喷雾防治。当白粉病病叶率达10%或条锈病病叶率在0.5%~1%时，可选用三唑类等杀菌剂及时喷药防治，若病情重，持续时间长，间隔15 d后可再施用1次。

小麦抽穗至扬花期，若遇阴雨、露水和大雾天气且持续3 d以上或10 d内有5 d以上阴雨天气时，要全面开展赤霉病的预防工作，可选用氰烯菌酯、戊唑醇、咪鲜胺、多菌灵、甲基硫菌灵等杀菌剂。施药后6 h遇雨，应在雨后及时补喷。同时注意保护利用自然天敌，注意掌握化学防治指标和天敌利用指标，大力推广应用选择性农药和对天敌杀伤力较小的农药品种与剂型，如抗蚜威、菊酯类等。

三、玉米适时晚收光温资源高效丰产技术

(一)玉米适时晚收的意义

玉米推迟收获增产技术是一项不需要增加任何物质、劳动力投入的增产增效技术。根据玉米籽粒灌浆成熟规律，江淮区域玉米生产过早收获问题非常突出。早收玉米籽粒不饱满，含水量较高，容重低，商品品质差。每年因玉米提早收获至少造成玉米减产10%，相当于中产田块每公顷少收玉米750 kg、高产田块少收玉米1125 kg。适当晚收，籽粒灌浆饱满，可最大限度地挖掘籽粒库容潜力；同时未成熟的玉米籽粒含水量高，机械化收获时破碎多、损失大。因此，适时晚收是实现夏玉米优质高产的一项重要措施。大力推广玉米晚收增产技术，可以提高玉米产量，改善玉米品质，增加农民收入。

(二)玉米籽粒灌浆及成熟过程

从吐丝受精后，玉米籽粒灌浆就缓慢开始，随着时间的推移逐渐加快，授粉后30 d左右灌浆速度达到最快，之后逐步下降，直到授粉后55～60 d，灌浆才趋于停滞。在灌浆过程中，玉米籽粒重量持续增加。

玉米籽粒成熟三个阶段，即乳熟期、蜡熟期和完熟期。

(1)乳熟期：指玉米籽粒从胚乳呈乳状开始到变为糊状结束，历经15 d。相当于授粉后的15～30 d。玉米授粉后30 d左右，籽粒顶部胚乳组织开始硬化，与下面的乳状部分形成一个横向的界面，表面呈现一条明显的分界线。这条分界线是玉米灌浆进程的标志，即灌浆线。灌浆线开始形成的时候，籽粒含水量为51%～55%，籽粒干重达到最大干重的55%～65%，苞叶为绿色。玉米灌浆速度由开始达到最快(表1-7、表1-8)。

(2)蜡熟期：从籽粒顶部胚乳组织开始硬化到蜡状结束，历经15 d。相当于授粉后的30～45 d。灌浆线向下移动到籽粒中部，果穗苞叶开始变黄。籽粒含水量从50%下降到40%，籽粒干重相当于最大干重的90%。

(3)完熟期：籽粒从蜡熟末期到玉米完全成熟，粒重增加基本停止。历经10 d，相当于玉米授粉后的50～55 d。玉米完全成熟时籽粒变硬，灌浆线下移到籽粒的基部并完全消失，黑色层形成，籽粒呈现品种固有的颜色和特征。此时，籽粒含水量下降到30%，籽粒干重达到最大干重的98%。果穗苞叶变干、蓬松，呈白色。此时玉米才真正完全成熟(表1-7、表1-8)。

表 1-7 玉米授粉后天数千粒重变化表

品种	指标	授粉后天数/d						
		30	35	40	45	50	55	60
郑单 958	千粒重/g	178	225	265	290	306	316	322
	占最终千粒重/%	55.3	69.9	83.2	90.1	95	98.1	100
金秋 119	千粒重/g	180	226	276	297	315	326	334
	占最终千粒重/%	53.9	67.7	82.6	88.9	94.3	97.6	100

注：2018 年，蒙城县，播种期 6/8。

表 1-8 麦茬夏玉米千粒重(千粒重/最终千粒重×100%)变化表

品种	测定日期(月/日)						
	9/7	9/14	9/21	9/28	10/5	10/12	10/19
	抽雄扬花后天数/d						
	30	37	44	51	58	65	72
郑单 958/%	64.5	83.6	94.8	99.6	99.7	99.9	100
先玉 335/%	57.2	94.9	95.6	96.5	98.5	99.6	100
隆平 206/%	55.2	72.8	88.6	94.1	100	100	100
蠡玉 16/%	66.6	84.4	93.5	99.1	100	100	100

注：2019 年，蒙城县，播种期 6/10。

(三)玉米适时晚收技术

江淮区域在玉米生产中，由于传统习惯和劳动力、季节与收获农机装备数量不足等因素，玉米早收问题十分严重。在 9 月 15 日左右苞叶变黄时就开始收获，此时一般是玉米开花授粉后的 40 d 左右。玉米苞叶开始变黄并未达到完全成熟，此时粒重只相当于最终产量的 80%～85%，千粒重仍在以 2.2～4.69 g/d 的速度增加，直到开花授粉后 55 d 左右，籽粒灌浆线基本消失时，灌浆才趋于停止。玉米开花授粉后 40～45 d 收获会造成 10%～15%以上的籽粒产量损失(吴兰云等，2010；武文明等，2016)。

1. 玉米完全成熟的标志

玉米推迟收获技术的核心即在玉米完全成熟时收获。玉米完全成熟的标志即籽粒变硬，籽粒灌浆线下移到籽粒的基部并完全消失；籽粒根部黑色层形成；籽粒呈现品种固有的颜色和特征；果穗苞叶变干、蓬松，呈白色(图 1-43)。

图 1-43　完全成熟玉米苞叶松动灌浆线消失

2. 玉米推迟收获的技术要点

玉米推迟收获技术是在不影响适期播种小麦的前提下，尽量晚收，充分延长玉米灌浆时间，增加和稳定粒重，提高玉米产量，改善玉米品质（沈学善等，2009）。改变目前苞叶变黄就开始收获的习惯，严格把握玉米完全成熟的标志。推迟 10 d 收获，改变习惯上的玉米开花授粉后 40～45 d 收获为开花授粉后 55 d 收获。充分利用玉米生育后期秋高气爽、利于干物质积累的光温资源，尽量延长玉米灌浆时间，充分发挥玉米粒重潜力。

准确掌握当地玉米完全成熟的日期，推广机收粒灭茬一体化技术。安徽省夏玉米因播种期不同，各地玉米进入完全成熟期的时间也各不相同。沿淮地区一般在 9 月下旬，淮北地区要到 9 月底、10 月初玉米才完全成熟。因此，安徽省沿淮地区麦茬夏玉米应在 9 月底收获，淮北地区麦茬夏玉米适宜在 10 上旬收获。夏玉米适时晚收增产提质技术不影响沿淮淮北小麦 10 月中旬的适宜播种期。

(四)夏玉米完熟机收粒灭茬一体化技术

1. 机收粒与秸秆粉碎还田一体化技术

创建玉米收获机械脱粒与秸秆粉碎还田联合一体化技术（图 1-44）。玉米联合机械收获适合在等行距、最低结穗高度 35 cm、倒伏程度＜5%、果穗下垂率＜15% 的地块作业。沿淮淮北地区大部分夏玉米多在蜡熟末期收获，玉米籽粒含水率偏高（30%～40%），机收籽粒损失率偏高。若直接完成脱粒作业和增产提质增效，需推迟收获期，让玉米在田间自然脱水到含水量为 25% 左右。玉米机械收获要求籽粒损失率≤2%、果穗损失率≤3%、籽粒破碎率≤1%、苞叶剥净率≥85%、果穗含杂率≤3%；留茬高度（带秸秆还田作业的机型）≤10 cm、还田茎秆切碎合格率≥85%。

图 1-44 玉米机收粒灭茬一体化

2. 及时晾晒或烘干，防止霉变

玉米收获后的籽粒集中到场院后要及时晾晒或通风降水，场地较小较集中的隔几天翻倒 1 次，籽粒收获尽量采用烘干方式及时烘干，防止捂堆霉变，影响籽粒品质。

籽粒入仓前，采用自然通风、自然低温或籽粒烘干，把籽粒水分降至 14%安全含水量以内。

小麦-玉米"适期双晚"光温资源高效利用增产增效技术已成为沿淮淮北地区小麦、玉米生产的主推技术。

第七节　塘库水资源粮食作物高效利用技术

江淮分水岭地区以丘岗地为主，地势起伏但海拔低、落差小，具有优渥的光温水资源条件，适宜发展农业生产，是重要的粮食产区。地势起伏也造成分水岭地区虽然降水总量充足，但因存蓄困难、时间上与农作物生长需求匹配度低等问题，严重制约该地区的粮食生产。为了解决这一问题，该地区从战国时期就开始建立塘坝灌溉模式。中华人民共和国成立后，党和政府高度重视塘坝建设，并根据该地区岗冲交错、无法兴建大型水库的特征，因地制宜，以岭脊为分界线，形成以小流域为单元的塘坝灌区(图 1-45)。如何留住水、用好水，是库塘灌区水资源运筹需要解决的关键问题。

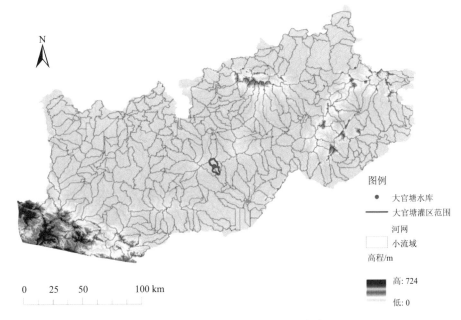

图 1-45　江淮分水岭地区的小流域

审图号：皖 S（2017）23 号，来源：安徽省标准地图网

一、塘库灌区两熟粮食作物需水规律

(一)冬小麦需水规律

小麦田的蒸散受到多种因素的影响。将冬小麦生育期分为 6 个阶段：播种-出苗、出苗-分蘖、分蘖-拔节、拔节-抽穗、抽穗-灌浆、灌浆-收获。

从 10 月中旬播种到 5 月 25 日收获(图 1-46)，冬小麦总生育期约为 220 d，累积蒸散量为 546.3 mm，日均 2.6 mm/d。在播种后至出苗阶段前，由于小麦刚播种，无蒸腾作用，需水主要体现为土壤蒸发。出苗后蒸散值有小幅度上升，出现一个小的需水峰值。在越冬期仅维持基本的生理活动，实测需水量在 0~2 mm/d，即使温度较高，需水量最高也仅有 2.8 mm/d。2 月中旬开始至拔节期，冬小麦田的蒸散逐渐缓慢上升，实测值上升至 4 mm/d 水平。全生育期间，小麦的需水量最低值仅 0.33 mm/d，最高值在小麦抽雄吐穗的高速生长期，可达到 8.26 mm/d。

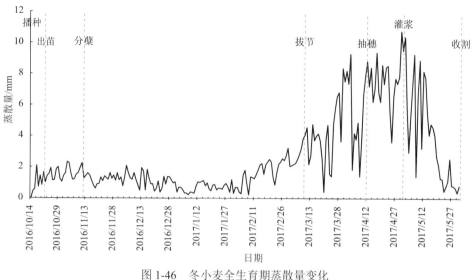

图 1-46　冬小麦全生育期蒸散量变化

由表 1-9 可以看出，播种-出苗、出苗-分蘖阶段的总需水量、日均需水量均较小，这是因为此期间小麦叶片刚萌发，产生的蒸腾作用有限，且 10 月中旬至 11 月上旬，土地蒸发量较少；分蘖-拔节期间的需水量最大，占全生育期总蒸散量的 32.43%，但这也是历时最长的一个生育阶段(约 120 d)，中间很长时间都处于小麦越冬期，生长缓慢，近乎停滞，蒸腾作用几乎可以忽略不计，且土地蒸发量小，因此这期间日均需水量不大(1.57 mm/d)；拔节-抽穗与抽穗-灌浆期的需水量占比相对于分蘖-拔节期较小，但周期短，日均需水量较大：拔节-抽穗期日均需水量为 3.90 mm/d；抽穗-灌浆期，17 d 的需水量占总需水量的 21.64%，日均需水量为 7.50 mm/d；灌浆-收获期的日均需水量也较大(4.26 mm/d)。

表 1-9　冬小麦不同生育阶段需水量

生育阶段	阶段需水量/mm	阶段占比/%	日均需水量/(mm/d)
播种-出苗	6.65	1.13	1.11
出苗-分蘖	32.59	5.54	1.63
分蘖-拔节	190.94	32.43	1.57
拔节-抽穗	124.76	21.19	3.90
抽穗-灌浆	127.43	21.64	7.50
灌浆-收获	106.48	18.08	4.26

(二)夏玉米需水规律

根据生长特点，将江淮地区夏玉米全生育期划分为 4 个生育阶段，即播种-

拔节期(6月17日~7月15日)、拔节-抽雄期(7月16日~8月12日)、抽雄-灌浆期(8月13日~9月9日)、灌浆-成熟期(9月10日~10月8日)。

如图1-47所示，从6月中旬播种开始，夏玉米共计生育时长最约114 d，累积蒸散量634.5 mm，日均蒸散量5.57 mm/d，不同生育阶段的蒸散需水存在明显差异。在播种-拔节阶段蒸散需水相对较低，日均3.04 mm/d，且变化波动较小。拔节-抽雄期玉米生长迅速，需水量较大且呈快速增长趋势，日平均蒸散值为6.86 mm，至8月初蒸散需水可超过9 mm/d水平。抽雄-灌浆期玉米植株形态稳定，由营养生长转为生殖生长，蒸散需水保持在高位，且稳定少变，日均达到7.06 mm/d，需水峰值虽然低于拔节-抽雄期，但均值则显著高于拔节-抽雄期。在灌浆-成熟期，玉米生命活力逐渐下降，蒸散量由高位单调下降，日平均蒸散量在各阶段中为最低(4.96 mm/d)。

图1-47　夏玉米全生育期内蒸散量变化

(三)水稻需水规律

水稻需水由育秧需水、泡田需水、渗漏需水、灌溉需水等组成，其中水稻育秧平均耗水约343 mm，按秧田与本田1∶15计，单位面积稻田需水量折合约23 mm。江淮分水岭地区中稻或单季晚稻的泡田耗水量约为130 mm，水稻全生育期渗漏量平均为1.3 mm/d。结合作物需水量、有效降水量及水稻育秧、水稻泡田、水稻渗漏等，可得到江淮分水岭水稻生长期逐月灌溉需水量(表1-10)。

表 1-10　水稻逐月需水量

月份	作物需水量/mm			有效降水量/mm			育苗/mm	泡田/mm	渗漏/mm	灌溉需水量/mm		
	P=50%	P=75%	P=95%	P=50%	P=75%	P=95%				P=50%	P=75%	P=95%
5	77.4	73.8	71.3	75.8	48.8	58.3	23			24.6	48.0	36.0
6	54.6	74.5	74.1	151.7	90.1	69.5		130	26.0	58.9	140.4	160.6
7	105.6	116.2	142.0	29.1	112.0	45.2			40.3	116.8	44.5	137.1
8	118.4	140.0	177.2	119.2	48.1	2.0			40.3	39.5	132.2	215.5
9	60.9	55.8	76.9	33.4	75.7	15.0			32.5	60.0	12.6	94.4
总计	416.9	460.3	541.5							299.8	377.7	643.6

注：其中育苗、泡田、渗漏的固定水分月需求为 292 mm，水稻全生育期 50%保证率需水量约 416.9 mm，对应的灌溉需水量约 300 mm，5、6、7、8、9 月份的灌溉需水量分别约 24.6 mm、58.9 mm、116.8 mm、39.5 mm 和 60.0 mm。

二、塘库灌区粮食作物高效灌溉模式与需水量

(一)粮食作物高效灌溉模式

农作物从土壤获得水分，土壤相对含水量变化决定了作物的基本生长环境。农作物对水资源需求稳定且有相当的弹性，在土壤水分发生变化的情况下，农作物本身具有较强的自我调节作用。根据农作物的这些生物学特点和需水特征，通过专项试验，确定冬小麦、玉米、水稻的全生育期适宜土壤水分控制范围，确定作物全生育期灌溉制度与灌溉定额，量化冬小麦、玉米全生育期灌溉精准控制和水稻全生育期田面水深精量控制，优选适宜江淮中部粮食主产区的三大主粮高效节水灌溉模式(图 1-48)。

(二)粮食作物高效灌溉需水量

根据冬小麦、玉米全生育期水资源需求及该地区降水特征，经统计分析、数值模拟与智能优化，发现 Jensen "作物-水模型"适宜于江淮地区旱作物生产，其相关系数高(R=0.97)，且水分敏感指标变化规律完全符合本区作物的需水特性和气象条件，小麦、玉米 Jensen 模型如下(马海燕和缴锡云，2006；张泉，2021)。

小麦：

$$Y_a/Y_m=(ET_a/ET_m)_1^{0.0634} \cdot (ET_a/ET_m)_2^{0.1513} \cdot (ET_a/ET_m)_3^{0.4911} \cdot (ET_a/ET_m)_4^{0.0593} \quad (1-5)$$

玉米：

$$Y_a/Y_m=(ET_a/ET_m)_1^{0.1771} \cdot (ET_a/ET_m)_2^{0.5741} \cdot (ET_a/ET_m)_3^{0.6156} \cdot (ET_a/ET_m)_4^{0.1797} \quad (1-6)$$

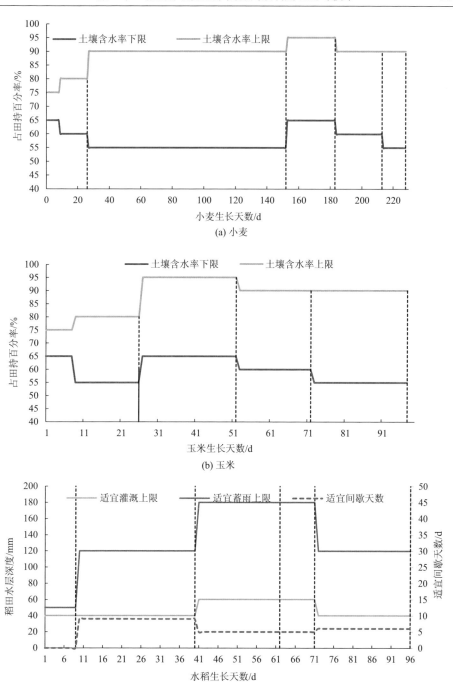

图 1-48　三大主粮全生育期灌溉精准控制过程图

式中，Y_a、Y_m 分别为单位面积实际产量与最高产量；ET_a、ET_m 分别对应最大蒸散量和实际蒸散量；式(1-5)中下角 1、2、3、4 分别代表小麦苗期、拔节期、抽穗扬花期、灌浆成熟期；式(1-6)中下角 1、2、3、4 分别代表玉米苗期、拔节期、抽雄吐丝期、灌浆成熟期。

利用 Jensen 模型，采用动态规划法和智能优化算法可获得优化的灌溉制度及灌溉定额(表 1-11)。在通常状况(50%保证率)下，江淮分水岭地区的自然降水基本能够满足小麦、玉米两熟生产需求，仅夏玉米在苗期需要灌溉 45 mm 水分；如果提高供水的保证率，则需要结合降水特征、水分需求，进行次数不等的补充灌溉。如将保证率提高到 95%，则玉米灌水需要在苗期 1 次、拔节 3 次、抽雄 2 次，总灌溉量达 270 mm，冬小麦也需要在分蘖期灌溉 1 次、拔节期 2 次，总灌溉量为 135 mm。

表 1-11 江淮地区小麦、玉米不同供水保证率优化灌溉制度 (单位：mm)

作物	指标	保证率/%			
		50	75	90	95
小麦	灌水次数	0	1	2	3
	灌水阶段		拔节 1 水	分蘖 1 水，拔节 1 水	分蘖 1 水，拔节 2 水
	灌水定额	45	45	45	45
	灌溉定额	0	45	90	135
玉米	灌水次数	1	2	5	6
	灌水阶段	苗期 1 水	苗期 1 水，拔节 1 水	苗期 2 水，拔节 2 水，抽雄 1 水	苗期 1 水，拔节 3 水，抽雄 2 水
	灌水定额	45	45	45	45
	灌溉定额	45	90	225	270

三、库塘水资源优化调控技术和分配模型

(一)灌区概况

大官塘灌区(图 1-49)是以大官塘水库为主力灌溉保障水源、以灌渠连接农田、当家塘坝的典型灌区，农田是最主要的耗水单元，灌区主要水源来自于降雨。灌区总面积约 30.8 km²，耕地总面积约 20.7 km²，其运行模式就是以大官塘水库作为主力灌溉水源、当家塘坝作为日常灌溉水源，在远端稻田田面水干涸、当家塘坝无法保障灌溉水供应后，调用水库水对由下游向上游进行全流域灌溉。

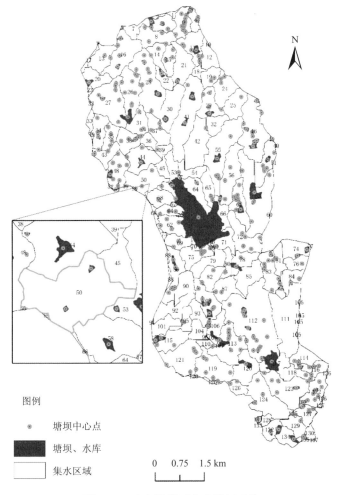

图例

● 塘坝中心点

■ 塘坝、水库

□ 集水区域

0 0.75 1.5 km

图 1-49 大官塘灌区水库塘坝系统

审图号：皖 S (2017) 23 号，来源：安徽省标准地图网

(二)水资源需求与调配模型

江淮分水岭地区较高的地形导致自然降水径流损失比例较高，引水灌溉一方面水源困难，另一方面能源消耗大、成本高，与目前的低碳绿色农业发展趋势不符，严重影响该地区的粮食安全生产。

以丘岗形成的封闭性地形小流域为单位，通过截留自然降水，以骨干水库为主力水源、当家塘坝为调节节点建立灌区，建立库塘水资源调配模型，基于模式预测与监测结果进行灌区层面水资源调控，通过灌区内水资源的内循环，解决区域农业灌溉水源问题，在节本增效的前提下实现粮食安全生产。

根据水资源的供给、需求及调配条件要求等，水资源需求与调配模型由多个子模型组成。

1. 水库(塘坝)水资源调配模型

灌区主力水库大官塘水库的水资源调配模型如图1-50所示，其水分平衡模型如式(1-7)(马海燕和缴锡云，2006)，灌区内各塘坝的水分调配与此类似。

$$V_r(j) = V_r(j-1) + W_r(j) + P_r(j) - E_r(j) - S_r(j) - Wf_r(j) - Wq_r(j) \qquad (1-7)$$

式中，$V_r(j-1)$、$V_r(j)$分别为水库初、末时段有效蓄水量，m^3；$W_r(j)$为r处水库(塘坝)时段来水量，等于时段汇入水库(塘坝)的地表径流量与干渠引水量之和；$P_r(j)$为水库(塘坝)时段库面降水量；$E_r(j)$为水库(塘坝)时段库面蒸发量；$S_r(j)$是水库(塘坝)时段渗漏量；$Wf_r(j)$为水库(塘坝)时段放水量，等于时段水库(塘坝)向城镇供水量与向塘坝(上下游塘坝)调水量之和；$Wq_r(j)$为水库时段弃水量。

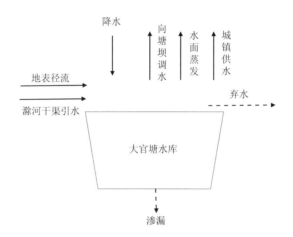

图1-50　骨干水库水资源调配模型

2. 稻田灌溉需水量模型

水稻生长过程的需水量是其自身生长发育时的腾发量及形成植株体的水分之和，而该灌区的水分主要来源于自然降雨和流域内的地表水灌溉，根据稻田田面水蒸发、作物蒸腾及其与降水的关系，得到稻田灌溉需水量模型(马海燕和缴锡云，2006)：

$$Wg_k(j) = \begin{cases} 0, & ET_{ci} \leqslant P_e(j) + S(j) \\ ET_{ci} - P_e(j) - S(j), & ET_{ci} > P_e(j) + S(j) \end{cases} \qquad (1-8)$$

式中，ET_{ci} 为 k 种农田时段净灌溉用水量，mm；$P_e(j)$ 为时段有效降水量，mm；$S(j)$ 为时段土壤含水量，mm。

3. 库塘调水量模型

库塘调水包括由水库向当家塘坝调水和当家塘坝向农田灌溉两部分。

水库向塘坝调水，补足塘坝的灌溉缺水量，保障及时为农田提供灌溉水源。以塘坝为灌溉水中转点，当塘坝水量不足以供应作物需求时，由水库向塘坝调水，其调水量为当前时段塘坝辐射范围内农田灌溉需水量总和与塘坝蓄水量之差；若塘坝水量能够供应作物需水，则不用进行调水。水库向塘坝调水模型如下（张泉，2021）：

$$Wd_t(j) = \begin{cases} 0, & Wg_t(j) \leqslant V_t(j-1) \\ Wg_t(j) - V_t(j-1), & Wg_t(j) > V_t(j-1) \end{cases} \quad (1-9)$$

式中，Wd_t 为水库向灌区内编号为 t 的塘坝时段调水量，m^3。

某一塘坝辐射范围内的作物总需水量是水库向该塘坝调水的依据，灌区内某一时段所有塘坝的调水需求之和，即为该时段水库向塘坝的调水量。根据各塘坝辐射范围内稻田的蒸散、渗漏等需水量及降水状况，得到灌区某一时段内水库需向塘坝的补水模型：

$$Wg_t(j) = \sum_{k=1}^{4} 10^{-3} a_k Wg_k(j) \quad (1-10)$$

式中，Wg_t 为编号为 t 的塘坝辐射范围内农田时段灌溉水量，m^3。

4. 农田灌溉需水量预报模型

农田水量平衡模型中水资源的来源包括降水、灌溉、地下水补充，水分损失途径包括农田弃水、入渗和作物需水。江淮丘陵地区由丘岗地形形成的封闭性灌区，其地下水补充、入渗量可忽略不计，农田弃水量也基本可以忽略，其水量平衡模型如下（张泉，2021）：

$$V_k(j) = V_k(j-1) + Wg_k(j) + P_k(j) - ET_{ci} \quad (1-11)$$

在模型中，时段前土壤含水量可通过实测获得，有效降水量和作物需水量通过天气预报信息定量化后，再由有效降雨系数、VA_3 模型计算得到。VA_3 模型是灌区参考作物蒸散量估算模型，是 PMF-56 模型在江淮地区的最佳替代方案，其模型方程如下（周羽和冯明，2009）：

$$ET_0 = 0.0393 R_s \sqrt{T_a + 9.5} - 0.19 R_s^{0.6} \varphi^{0.15} + 0.048(T_a + 20)\left(1 - \frac{RH}{100}\right) u_2^{0.7} \quad (1-12)$$

式中，ET_0 为参考作物蒸散量，mm/d；R_s 为太阳辐射，MJ/(m²·d)；T_a 为平均温度，℃；φ 为纬度，rad；RH 为相对湿度，%；u_2 为 2 m 高风速，m/s。

基于水量平衡模型，得到农田灌溉需水量预报模型，计算式如下：

$$Wg_k(j)=\begin{cases} 0, & V_k(j) \geqslant V_{k,\min}(j) \\ V_{k,\min}(j)-V_k(j), & V_k(j) < V_{k,\min}(j) \end{cases} \tag{1-13}$$

式中，$Wg_k(j)$ 为 j 时段农田灌溉水量预报值；$V_{k,\min}(j)$ 为 k 种作物在 j 时段适宜土壤含水率下限值；$V_k(j)$ 为 k 种作物时段末土壤含水量预报值。

5. 库塘联合灌溉信息系统

根据水库(塘坝)水资源调配模型、稻田灌溉需水量模型、库塘调水量模型、农田灌溉需水量预报模型，利用实时气象数据、水稻播种插秧信息与田间管理模式、塘坝蓄水量信息等，基于 WebGIS 在 B/S 体系结构下，采用前后端分离开发方式，前端采用 Umi+Dva+Antd+OL 框架，后端使用 SpringBoot+SpringDataJPA 框架，采用 MySQL 和 PostGIS 数据库，结合 Python 脚本开发实现了库塘联合灌溉信息系统(图 1-51)。

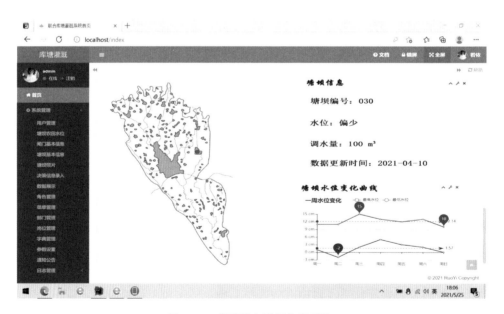

图 1-51 库塘联合灌溉信息系统

四、塘库水资源粮食作物高效利用技术应用

通过建立和应用水资源需求与调配模型及大官塘灌区库塘联合灌溉信息系

统,使枯水年的供水量达到 764.1 万 m³,增加 44.9%;枯水年的供水量也达到 596.5 万 m³, 增加 20.8%, 灌区水稻栽培面积占比提高到 74.1%, 灌区灌溉总需水量降低了 426.8 万 m³, 降幅达 37.6%, 减少取水量 239.3 万 m³, 降幅达 73.7%, 平均总灌溉缺水量减少了 196.7 万 m³, 灌区农田用水缺水率由 18.0%降低至 1.0%, 提升了灌区塘坝系统供水合理性,灌区的农业生产效益和粮食产量均得到有效提升, 耕地多年平均灌溉效益增加 1171 元/hm²。

参 考 文 献

陈朝辉, 王安乐, 王娇娟, 等. 2008. 高温对玉米生产的危害及防御措施. 作物杂志, (4): 90-92.

褚荣浩, 李萌, 沙修竹, 等. 2021. 13 种典型参考作物蒸散量估算模型在安徽省的适用性评价. 节水灌溉, 46(9): 61-70.

杜祥备, 习敏, 孔令聪, 等. 2021. 江淮地区稻–麦周年产量差及其与资源利用关系. 作物学报, 47(2): 351-358.

谷登瑞, 王立华. 2018. 黄淮地区夏玉米抽雄吐丝期高温热害的发生及应对策略. 乡村科技, (4): 85-87.

郭然. 2018. 皖北地区夏玉米生产存在问题及品种选择. 种业导刊, 42(8): 26-27.

胡刚元. 2012. 温度对冬小麦灌浆时间和灌浆速度的影响. 安徽农业科学, 40(26): 12836-12837.

马海燕, 缴锡云. 2006. 作物需水量计算研究进展. 水科学与工程技术, (5): 5-7.

商兆堂, 贾云河, 徐亚年, 等. 2007. 稻田水温与气温间关系及其应用. 中国农业气象, 28(增): 126-127.

沈学善, 李金才, 屈会娟, 等. 2009. 淮北地区不同夏玉米品种的产量性状和适应性分析. 河北科技师范学院学报, 23(4): 12-15.

汪宗立, 刘晓忠, 王志霞. 1987. 夏玉米不同株龄对土壤涝渍的敏感度. 江苏农业学报, (4): 14-20.

王芳, 刘宏举, 邬定荣, 等. 2017. 近 30 年华北平原冬小麦有效积温的变化. 气象与环境科学, 40(2): 20-27.

吴兰云, 徐茂林, 周得宝, 等. 2010. 淮北地区夏玉米高产的适宜收获期研究. 中国农学通报, 26(7): 103-107.

武文明, 王世济, 陈洪俭, 等. 2016. 氮肥运筹对苗期受渍夏玉米子粒灌浆特性和产量的影响. 玉米科学, 24(6): 120-125.

杨国虎. 2005. 玉米花粉花丝耐热性研究进展. 种子, 24(2): 47-51.

岳伟, 陈金华, 阮新民, 等. 2019. 安徽省沿江地区双季稻光热资源利用效率变化特征及对气象产量的影响. 中国生态农业学报, 27(6): 929-940.

张泉. 2021. 作物需水量及灌溉需水量趋势性分析及方法. 河南水利与南水北调, 50(6): 81-83.

周勇, 刘艳峰, 王登甲, 等. 2022. 中国不同气候区日总太阳辐射计算模型适用性分析及通用计算模型优化. 太阳能学报, 43(9): 1-7.

周羽, 冯明. 2009. 利用自动站逐日降水量实时估测土壤墒情. 中国农业气象, 30(S2): 230-234.

朱铁忠, 柯健, 姚波, 等. 2021. 沿江双季稻北缘区机插早稻的超高产群体特征. 中国农业科学, 54(7): 1553-1564.

第二章　粮食作物水肥药高效利用理论与技术

水、肥、药是作物生长的重要资源，也是粮食作物生产的重要投入品。水肥直接关系到作物产量高低和品质优劣，农药直接与作物病虫害防控相关，是作物高产稳产优质的重要保障。由于灌溉、施肥和施药产品与技术的限制及不合理应用，使粮食作物生产水肥药用量过大、利用率较低、大量的水资源和肥药被浪费，不仅增加了作物生产的成本，还带来了对土壤、水体、大气等环境的污染，严重影响了农业可持续发展。因此，节水、节肥、节药是实现现代农业生产方式转变、绿色发展和提质增效的必然要求。研究和创新粮食作物生产水肥药高效利用的新理论、新产品和施用新技术、新方法，是江淮区域粮食作物现代生产的重大战略需求，对实现粮食作物节本增效和高质量发展具有重要意义。

第一节　新型缓释肥料创制与利用

合理的肥料投入是实现作物丰产、保障粮食安全的重要基础。常规肥料的养分释放速率快，养分释放与作物需求不同步，在施入农田后易通过氨挥发、淋溶、径流等途径损失，造成肥料资源浪费和环境污染。研发应用新型缓释肥料是实现养分高效利用、促进作物丰产和农业生态保护的重要途径。

当前新型缓释肥料的主要机理有：物理阻隔(包膜肥料)、化学聚合(脲甲醛等)、生物抑制(含脲酶抑制剂、硝化抑制剂等成分的稳定性肥料)等(Naz and Sulaiman，2017；Santos et al.，2021)。新型缓释肥料的研发应用为农业绿色高效生产提供了重要的产品技术支撑。然而，合成缓释材料难降解、材料分解产物二次污染、生产工艺复杂、生产成本高、肥效不稳定等问题对新型缓释肥料的应用形成很大制约。创制环境友好、工艺简单、成本合理、肥效稳定的新型缓释肥料，符合现代农业绿色发展需求(吴跃进和余增亮，2009)。

国内外研究发现，部分天然黏土矿物在经过物理化学改性修饰后具有丰富的吸附位点，对溶液中的离子具有高吸附容量，可以减少溶液离子浓度；将改性黏土矿物添加到肥料中，可以减缓肥料养分释放。Aksakal 等(2012)研究发现基质载体材料硅藻土可作为土壤调理剂，提高土壤团聚体稳定性。Riley 等(2002)研究发现将基质载体材料膨润土添加到硫肥中以后，硫素溶出速率显著降低。Entry 和 Sojka(2008)研究发现将基质载体材料添加到肥料中，可减少氮素和磷素的淋出。张晓冬等(2009)比较了几种基质载体材料在控制养分流失方面的效果，发现以膨润土效果最好，氧化淀粉和木质素效果也较佳。Qin 等（2012）和 Ni 等（2013）以改性膨润土和聚丙烯酰胺等为基质材料研发出新型缓释尿素，表现出良好的缓释性能。Yang 等（2017）研究发现基质载体材料具有絮凝团聚特性，可在施肥微区形成较稳定的团聚结构，从而减缓施肥区域养分释放，降低淋溶和挥发损失风险。

基于上述基质载体缓释原理，逐渐发展出一类新型缓释肥料——基质载体型缓释肥料。改性黏土矿物材料由于可以减缓养分释放、维持肥料肥效，也称为肥效保持剂；而添加了改性黏土矿物材料的基质载体型缓释肥料也称为含肥效保持剂肥料（行业标准 HG/T 5519—2019）。目前，该类新型缓释肥料在理论研究和物化应用方面的成果日趋丰硕，并通过载体功能负载等方式不断创新，在现代农业绿色发展中表现出良好的应用前景。

一、新型缓释肥料的缓释控流机理

基质载体型缓释肥料减缓养分释放、控制养分流失的机理包括两个方面。

（一）絮凝团聚效应

改性黏土矿物载体材料在经过有机聚合物复配后表现出良好的絮凝特性，在与土壤和水分接触后发生分子链扩展和网状结构重新组装过程，促进施肥微区土壤颗粒形成团聚结构（图 2-1），减少土壤颗粒间的养分溶出路径，降低肥料养分向土壤溶液的释放速率，提高土壤保肥能力。

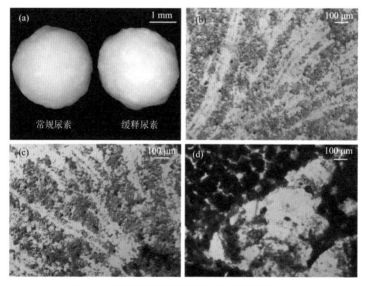

图 2-1　基质载体型缓释肥料的絮凝团聚效应

(a)常规尿素和基质载体型缓释尿素的颗粒形貌；(b)土壤颗粒在水浸泡环境下的分散状态；(c)土壤颗粒和常规尿素在水浸泡环境下的分散状态；(d)土壤颗粒和基质载体型缓释尿素在水浸泡环境下的絮凝团聚状态

（二）网捕吸附效应

改性黏土矿物载体材料能够利用有机聚合物构建纳米网络支撑结构，使载体矿物材料在网络结构中形成稳定的吸附体系，通过具有高吸附容量的矿物载体层状晶格结构高效吸附养分离子，减缓肥料养分向土壤溶液的释放，控制养分流失。

基于絮凝团聚和网捕吸附的双重机制，基质载体型缓释肥料在减缓养分释放、控制养分流失方面表现出显著效果。室内量化评价结果表明，基质载体型缓释肥料的氨挥发损失率和淋溶损失率显著低于常规肥料，降低幅度分别达 40%和35%（图 2-2）。

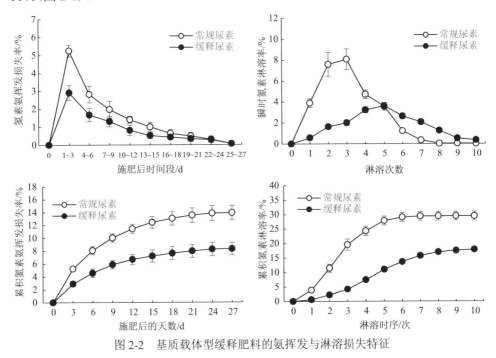

图 2-2　基质载体型缓释肥料的氨挥发与淋溶损失特征

二、新型缓释肥料创制

（一）基质载体型缓释肥料的创制核心技术

（1）载体材料优选与吸附容量优化：从蒙脱石、硅藻土、坡缕石等天然矿物载体中优选出层状结构稳定、吸附位点丰富的备选材料，通过钠化等化学改性技术、球磨粉体细化等物理改性工艺，提高载体材料层状晶格结构的离子吸附性能，研制出具有高吸附容量的改性载体材料。

（2）矿物载体与有机聚合材料复配：根据载体材料的微观晶格特征和分散特

性，筛选适配有机聚合物，利用聚合物构建纳米网络支撑结构，在潮湿条件下可以与土壤颗粒形成絮凝团聚体，在肥料颗粒及施肥微区形成结构稳定的高性能离子吸附体系，减少肥料养分向土壤溶液的释放，实现肥料养分缓释目的。

(二)基质载体型缓释肥料的生产工艺流程

基质载体型缓释肥料的生产工艺涉及物料混匀、物料造粒、颗粒表面改性修饰等。其中，物料混匀工艺主要有熔融混匀(高塔造粒)、物理掺混(滚筒造粒)等；颗粒表面改性修饰工艺主要有疏水改性、防结块等。以基质载体型缓释尿素高塔造粒为例，其主要生产工艺流程为：尿素熔融 → 基质材料粉体传输(混合到尿素料浆中) → 搅拌混合、气体分离 →混合料浆高塔喷洒冷却造粒 → 颗粒表面疏水防结块改性修饰 → 颗粒过筛与粒径分级 → 包装。

(三)基质载体型缓释肥料技术优势

(1)基质载体型缓释肥料所采用的改性矿物载体材料和有机聚合物主要基于天然材料优选制备，易于获取、成本合理(每吨肥料的缓释材料添加成本在60元以下)、无二次污染风险。

(2)缓释材料可通过简单的料浆掺混工艺添加到肥料中，然后利用现有造粒技术完成肥料生产，不需要对生产设备进行大幅改造，易于在肥料企业应用。

(3)研制的新型肥料具有较强的颗粒强度(新型肥料的平均颗粒强度比常规肥料提高92%)(图2-3)，抗压性能好，适合现代农业机械化施肥需求。

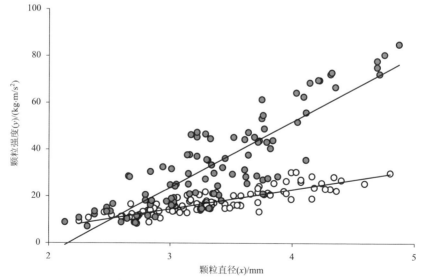

图2-3　基质载体型缓释肥料的颗粒强度

黑点为基质载体型缓释肥料；白点为常规肥料

（4）前期养分溶出率在 70%左右，避免过度缓释影响作物前期养分需求；中后期维持 30%的养分溶出率，为作物生殖生长提供养分。通过分阶段养分释放，满足作物养分需求、发挥丰产稳产肥效。

目前，已创制出不同剂型(缓释材料添加比例)、不同功能负载(生物刺激素、生物质材料)的新型缓释肥料(吴振宇等，2017；岳艳军等，2019；周子军等，2019a，2019b；Yang et al.，2021)，验证优选出多种新型尿素和新型复合肥配方，并根据小麦、水稻、玉米等作物的养分需求特点研发出专用型缓释肥料产品，相关肥料产品在主要粮食作物生产中得到应用。

三、新型缓释肥料增产机理及效果

通过多年多点田间试验示范，阐明了基质载体型缓释肥料对养分损失过程和作物生长的调控机理及应用效果。试验示范结果表明，通过调整载体材料组成、改变缓释材料添加比例等方法，可优化肥料缓释性能，减少氨挥发和养分淋溶等损失，提高施肥微区的土壤有效养分含量(图 2-4)，改善粮食作物营养状况，提高植株同化生理活性，这是基质载体型缓释肥料促进作物增产的关键机理。

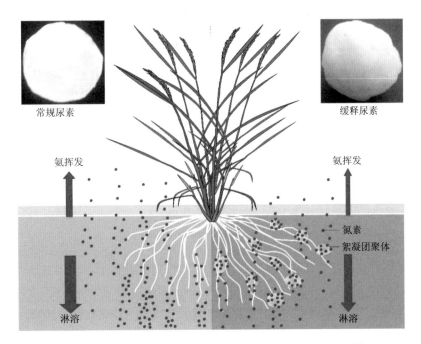

图 2-4　基质载体型缓释肥料调控土壤有效养分含量示意图

（1）施用新型缓释肥料可减少氨挥发 28%以上，降低氮素淋溶 19%以上，提高耕层土壤速效氮含量 6%以上。

(2) 施用新型缓释肥料可提高作物株高,还有提高作物叶面积和根系表面积的趋势(图 2-5),有利于作物植株对光照的利用及对土壤水分、养分的吸收。

(3) 施用新型缓释肥料可显著提高作物叶片总叶绿素含量、叶片类胡萝卜素含量($P<0.05$),有利于植株光合同化中的有效光照辐射捕获和电子传递。

(4) 施用新型缓释肥料具有提高叶片硝酸还原酶活性的趋势,可显著提高叶片谷氨酰胺合成酶活性($P<0.05$),有利于植株的氮素同化积累。

(5) 施用新型缓释肥料可改善氮肥农学效率 22% 以上,玉米增产 5%~15%,小麦增产 6%~14%,水稻增产 10% 以上。

图 2-5　基质载体型缓释肥料对水稻、小麦和玉米植株形态特征的影响

小写字母表示数值的差异显著性,同一列之内不带相同字母的数值之间具有显著差异($P<0.05$)

四、新型缓释肥料应用模式

根据基质载体型缓释肥料产品特点和作物生长特性,开展关键产品技术集成,构建新型缓释肥料的高效应用模式如下。

(一) 水稻肥料高效应用模式

根据新型肥料养分释放特点和稻田淹水环境条件,通过优化灌溉量调节土壤和地表水矿质氮含量,减少稻田养分损失,改善水稻生长期间的养分供应。通过多年试验示范,形成"合理灌溉(水深约 5 cm)+新型缓释化肥"的高效应用模式,在提高水分生产率和氮肥利用率、促进水稻丰产方面效果明显(表 2-1)(Yang et al., 2020)。水稻基肥施用新型缓释复合肥 600~750 kg/hm²,分蘖期追肥(常规尿素)150~225 kg/hm²,正常年份水稻产量可达 8250~9750 kg/hm²。

表 2-1　合理灌溉配合新型缓释肥料对水稻水分和氮肥利用率的影响

处理	灌溉量 /mm		水分生产率 /(kg grain/mm)		氮肥表观利用率 /%		籽粒产量 /(kg/hm²)	
	2017 年	2018 年	2017 年	2018 年	2017 年	2018 年	2017 年	2018 年
合理灌溉+无氮对照	823.5 f	843.5 f	4.68 d	4.36 e	—	—	3852.0 f	3679.5 g
中等灌溉+无氮对照	844.7 ef	876.4 e	5.07 cd	4.79 e	—	—	4279.5 f	4198.5 f
浅水灌溉+无氮对照	857.5 de	887.9 de	5.62 c	5.41 d	—	—	4818.0 e	4803.0 e
合理灌溉+常规尿素	954.7 b	978.5 b	9.10 a	9.03 ab	44.7 b	41.7 b	8683.5 ab	8838.0 b
中等灌溉+常规尿素	913.2 c	943.3 c	8.69 a	8.63 bc	26.5 f	29.6 c	7936.5 c	8137.5 c
浅水灌溉+常规尿素	878.5 d	898.7 d	7.86 b	8.38 c	14.3 e	22.1 d	6907.5 d	7528.5 d
合理灌溉+缓释尿素	988.8 a	996.7 a	9.28 a	9.40 a	56.9 a	47.0 a	9172.5 a	9367.5 a
中等灌溉+缓释尿素	962.4 ab	976.3 b	9.00 a	9.30 a	33.3 c	37.2 b	8668.5 b	9076.5 ab
浅水灌溉+缓释尿素	921.4 c	903.2 d	7.97 b	8.51 c	16.2 e	25.6 cd	7342.5 d	7686.0 cd

注：小写字母表示数值的差异显著性，同一列内不带相同字母的数值之间具有显著差异($P<0.05$)。

（二）小麦肥料高效应用模式

根据新型肥料养分缓释特征和小麦养分需求规律，合理减少前期施肥量，降低肥料损失风险；同时，利用废弃生物质资源(蓝藻、秸秆等)设计生产有机肥，与新型肥料配合，构建有机无机复配技术，促进农田养分平衡。通过多年试验示范，形成"新型缓释化肥减施 20%+有机肥(1500 kg/hm²)"的高效应用模式，在减少化肥投入的前提下实现作物节本丰产。小麦基肥施用新型缓释复合肥 450～600 kg/hm²+有机肥 1500 kg/hm²，分蘖-拔节期追肥(常规尿素)180～225 kg/hm²，正常年份小麦产量可达 6000～7500 kg/hm²。

（三）玉米肥料高效应用模式

根据新型肥料养分供应特征和玉米养分需求特点，通过种肥同播深施肥技术，实现一次性施肥满足玉米全生育期养分需求的目标。通过多年试验示范，形成"新型缓释化肥一次性基施"的高效应用模式，消除追肥人力及机械成本，促进玉米生产节本增效。玉米基肥施用新型缓释复合肥 750～825 kg/hm²，无追肥，正常年份玉米产量可达 7500～9000 kg/hm²。

基质载体型缓释肥料的养分释放过程受降水、土壤性质、作物生长期等因素影响，需要根据区域自然条件和作物类型灵活确定合理的应用模式。基质载体型缓释肥料对施肥方法、施肥机械等没有特殊要求，可参照本地习惯方法施用。但是，为了充分发挥基质载体型缓释肥料的肥效，建议尽量采用深施方法，使肥料与土壤充分接触，发挥基质载体材料的絮凝团聚效应；水田需要避免将肥料直接撒施在淹水的地表，应将肥料撒施在没有水层的地表，然后翻耕到耕层土壤中，之后可进行灌溉。

第二节　粮食作物氮素营养亏缺快速诊断技术

一、粮食作物氮素营养理论

氮素被人们誉为"生命元素"，其直接或者间接地参与植物各种生命活动。在农业生产中，氮素亏缺将导致作物地上部和根系生长发育和形态建成受到抑制，植株生育期缩短，果实和种子小而不充实；氮素过量并未明显提高作物产量，反而对农田生态环境造成严重污染。氮素不仅参与植物叶绿素的组成，也是蛋白质、核酸和植物体内许多酶的重要组成成分。因此，氮素作为作物高产潜力和作物优良品质形成的重要决定因素之一，在作物生长时期通过作物氮素营养精确诊断技术对氮素进行有效的调控和管理，对于作物高效生产及提高作物的产量和品质至关重要，也是实现作物绿色生产和农业可持续发展的需要。

(一)作物氮素营养诊断的模型构建原理与技术

作物在整个生长发育时期其体内的氮浓度随着生物量的升高而降低的规律已被广泛认可。作物临界氮浓度稀释理论的建立提高了我们对作物氮素积累和生长的认识，临界氮浓度即满足作物最大生长所需的最低氮浓度，通常使用幂函数稀释曲线描述作物氮浓度随生物量增加的下降过程。通过临界氮浓度模型的建立，可较为精准地评估作物的氮素营养状态，进而为氮素实时实地高效管理提供重要依据。临界氮浓度模型为

$$N_C = a \times DM^{-b} \qquad (2-1)$$

式中，N_C 为作物地上部干物质量对应的临界氮浓度，%；DM 为作物地上部干物质量，t/hm^2；a 为作物地上部干物质量为 1t/hm^2 时的临界氮浓度；b 为控制模型曲线斜率的数学参数。Greenwood 等(1990)基于地上部生物量构建了 C3 和 C4 植物的通用临界氮浓度模型：

$$C3：N_C = 5.7 DM^{-0.5}，C4：N_C = 4.1 DM^{-0.5} \qquad (2-2)$$

随着临界氮浓度模型的研究逐渐深入与发展，我们对作物氮素积累和生长的认识不断提高，研究者不再满足于基础的理论研究，开始探索是否可以通过某一特定指标精确诊断作物氮素的盈亏状态。Gabrielle 等(1998)率先提出一个能够评估油菜氮素营养状态的指标(F)，计算公式为：$F = N_a / N_c$，模型中 N_c 为油菜临界氮浓度，N_a 为相应的油菜实际氮浓度，F 被称作氮营养指数。随后 Lemaire 和 Salette(1984)明确了氮营养指数(nitrogen nutrition index，NNI)的概念，定义为植

株实际氮浓度与相应临界氮浓度的比值。NNI 能够准确判断作物氮素营养状态，当 NNI=1 时，表明作物处于最佳氮素营养状态；当 NNI＞1 时，表明作物氮素营养处于过量状态，过多的氮素无法继续促进作物生长；当 NNI＜1 时，表明作物氮素营养处于缺乏状态，会限制作物继续生长。

NNI 作为作物氮营养诊断的重要指标之一，与作物氮素需求、产量和品质间均有良好相关关系，因此，NNI 能准确实时预测作物以天为时间步长的优质高产的氮素需求量，并能准确诊断出作物氮素盈亏状态和氮素需求量，从而有效指导田间施肥。在长江中下游地区的中籼稻区，课题团队通过多年多点田间试验，构建了机插中籼杂交稻的临界氮浓度及氮营养指数精准预测模型，其中在分蘖-孕穗期应选择基于叶面积指数的临界氮浓度模型 ($N_c = 3.35 \ LAI^{-0.33}$，$R^2 = 0.85$) 来构建氮营养指数，而在抽穗期应选择基于干物质的临界氮浓度模型 ($N_c = 3.46DM^{-0.35}$，$R^2 = 0.98$) 构建氮营养指数 (Xu et al.，2022)。

(二) 作物氮素营养诊断的监测理论与技术

通过作物表型来直接判断作物的氮营养状态，可以准确及时地了解作物的氮素状况。因此提出了一些快速监测方法，其中包括外观诊断、化学诊断与现代氮素营养诊断。外观诊断是早期科学家根据植株的颜色和长势长相进行诊断。其主要代表有植株叶色诊断，明崇祯末年《沈氏农书》中开始尝试根据中籼稻植株颜色诊断并追肥。20 世纪 50 年代末陈永康通过"三黄三黑"对晚稻氮肥状态进行诊断。近代，研究者发明了标准叶色卡运用于中籼稻营养状况诊断，因受品种及土壤等环境因素影响干扰较大，其应用未得到广泛普及。化学诊断是对作物各器官进行氮素估算，并根据氮素营养状况与产量的相关性，对植株氮素营养状况进行诊断。化学诊断方法需要破坏性采样且耗费大量时间，阻碍了其在作物氮素营养诊断上的大规模应用。基于此，研究者提出了现代氮素营养诊断方法，主要是利用光学仪器，包括叶绿素仪、高光谱、多光谱无人机对作物进行快速无损精确诊断。

叶绿素仪的波段较为单一，仅根据叶片的叶绿素对不同波段光各自的吸收特性展开研究。目前，研究者们利用高光谱仪器对作物栽培精确诊断提供技术指导，高光谱仪器具有信息量大、光谱分辨率高的优势，且可以识别作物化学、形态学特征。这是由于氮素能促进作物色素的合成，作物体内氮含量与色素含量具有密切关系。同时，植株体内色素在高光谱仪器中可见光波段有明显的吸收峰，其反射峰可以较为准确地反映作物氮素营养状况和生长状况。但冠层反射光谱易受测量环境等因素的干扰，如水汽、土壤背景、水面反射及不同太阳光角度等，加之光照不稳定的天气状况，严重制约了高光谱技术的快速应用。

此外，作物的生长发育受品种特性、区域土壤和气候等因素的影响，如何在作物生长的动态变化过程中适时了解作物的氮素营养状况，并在各个时期作物氮营养亏缺的状态下及时适量地补充氮肥，是目前精确定量施氮研究中的热点和难点。目前国内外对作物氮素营养的研究很多，大多集中于作物氮素的快速无损监测上，对作物氮营养指数的预测研究较少。而氮素的快速无损监测无法直接运用于生产实际中，植株氮含量的多少并不能直接指导大田生产。氮营养指数(NNI)为作物实际氮浓度与临界氮浓度的比值，常作为作物体内氮营养状况的诊断指标，即可预测氮素盈亏状态并提供氮素管理方案。

二、水稻氮营养指数 NNI 光谱快速诊断技术

(一)水稻冠层水平的 NNI 监测模型构建

1. 水稻冠层光谱的变化规律

随着施氮量的增加，中籼稻冠层反射光谱在可见光波段范围(350~700 nm)内明显下降，而在近红外波段范围(740~1200 nm)内冠层光谱反射率明显提高，其中近红外波段反射光谱差异明显高于可见光波段反射值，因此近红外波段比可见光波段对施氮水平的响应更敏感。在可见光区域，高施氮量的中籼稻冠层反射值低于低施氮量中籼稻冠层反射光谱，而近红外区域则呈相反趋势，高施氮量中籼稻冠层在近红外区域反射光谱高于低施氮量中籼稻冠层反射值。

2. 中籼稻 NNI 与冠层反射光谱的关系

在小于 730 nm 时，中籼稻 NNI 和冠层原始反射光谱呈负相关关系，其中在绿光 536 nm 左右和红边 695 nm 左右波段负相关达到较高水平；在大于 730 nm 左右时，中籼稻 NNI 和冠层原始反射光谱呈正相关关系，其中 756~1200 nm 均存在一个正相关平台。就总体相关性而言，可见光的相关性明显大于近红外区的相关性，但原始冠层光谱整体相关性较低(R_{max}=0.38)。

3. 基于现有典型光谱指数构建中籼稻 NNI 估测模型

各光谱指数中 RVI II、VOG、RI-1dB 在中籼稻全生育期的模型精度相对较好(R^2=0.268、0.221、0.223)，REP_{LI} 在中籼稻全生育期的均方根误差和相对误差较低(RMSE=0.191；RE=169)。RVI II、VOG、RI-1dB、REP_{LI} 四种植被指数都是基于红边波段构建的光谱指数。

基于现有典型光谱构建的冠层模型可用于预测中籼稻 NNI，但其模型精度较低；另外，红边位置(red edge position，REP)作为作物农业遥感监测的一个重要指标，其提出的光谱指数与中籼稻氮营养指数具有较其他波段更好的相关性。

为检验模型的可靠性和普适性，选择模型精度较高的现有光谱指数，利用2018年冠层数据对由上述现有光谱构建的模型进行验证。结果表明，冠层条件下，线性内插法红边位置光谱指数（REP_{LI}）预测精度最好（R^2=0.651），Vogelmann 红边光谱指数（VOG）的预测精度较好（R^2=0.579）。在冠层条件下利用 REP_{LI} 和 VOG 估算中籼稻氮营养指数并构建 1：1 图（图 2-6），显示实测值与预测值的均方根误差较好（RMSE=0.191；RMSE=0.222）。综合考虑模型精度和预测能力，在冠层条件下由 VOG 构建的冠层光谱指数能较好地预测中籼稻 NNI。

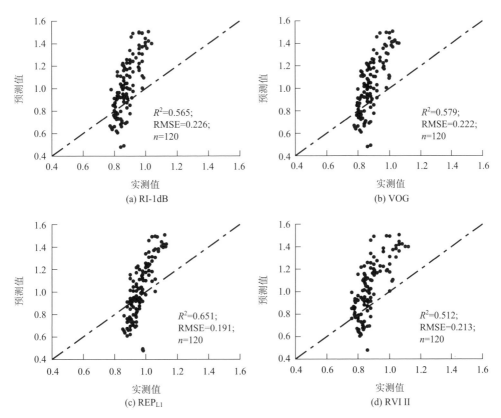

图 2-6　冠层尺度下中籼稻氮营养指数预测值与实测值的比较

（二）水稻单叶水平的 NNI 监测模型构建

1. 中籼稻 NNI 与不同叶位叶片反射光谱的关系

随着施氮量的增加，即氮营养指数的上升，叶片反射光谱在可见光波段逐渐降低，而在近红外波段（NIR）逐渐增加。叶片反射光谱与氮营养指数的相关性受波长和叶位以及叶位组合共同影响。说明在小于 730 nm 左右时，中籼稻 NNI 和不同叶位原始反射光谱呈负相关关系，其中在绿光 540 nm 左右和红边 700 nm 左右波段负相关达到较高水平；在大于 730 nm 左右时，NNI 和不同叶位原始反射光谱呈正相关关系，其中 756～1000 nm 均存在一个正相关平台。在 1000～1200 nm 之后叶片光谱相关性出现明显的偏差，这可能是由于 1000 nm 左右存在水的强吸收谷点，各叶片含水量不同，造成在 1000 nm 左右的原始反射光谱相关性变化不同。就总体相关性而言，可见光的相关性明显大于近红外区的相关性。从波段来看，绿光波段(540 nm)的负相关系数均为最高，而波长大于近红外波段(730 nm)时均为正相关。从叶位和叶位组合来看，相关性大体表现为顶二叶和顶三叶平均光谱(L_{23})≥顶二叶(L_2)＞顶三叶(L_3)＞顶一叶(L_1)。顶二叶和顶三叶平均光谱(L_{23})和顶二叶(L_2)光谱的相关系数在绿光波段分别达到–0.568 和–0.559。

2. 叶片水平下中籼稻 NNI 与典型光谱指数的关系

各光谱指数在分蘖期较其他生育期整体表现较差且不一致，MSR705、RVI II 在顶二叶表现相对较好，DCNI 在顶三叶相对较高，其他光谱指数在顶一叶相关系数更高，这可能是由于分蘖期中籼稻叶片生理结构尚不稳定，大田环境下，各叶位叶片氮素营养情况受环境因素影响波动大。在拔节-抽穗期，叶片氮素营养处于稳定状态，单叶水平下顶二叶和顶三叶的相关性优于顶一叶，顶二叶和顶三叶的平均光谱(L_{23})较顶二叶和顶三叶相关性有所提高，不同光谱指数表现规律基本一致。当汇总各生育期数据进行相关分析时，发现各典型光谱指数整体相关系数较分蘖期有所提高，较其他生育期的叶片相关规律保持一致且未明显下降，其中比值光谱指数 RVI II、VOG、RI-1dB 以及归一化光谱指数 ND705 较其他形式的光谱指数表现更好，L_2、L_{23} 的相关性最高，分别达到了 0.798 和 0.781。因此，考虑到分蘖期是中籼稻氮素营养监测诊断的重要时期，为了提高该时期的监测精度，在不明显降低拔节-抽穗期监测精准度的情况下，应考虑汇总各生育期光谱数据进行建模分析。

3. 中籼稻 NNI 的估测与光谱指数的适宜波段宽度的筛选

典型光谱指数是基于生物量等其他农艺指标构建的，为探索适用于中籼稻氮营养指数估算的新型光谱指数，系统分析了 350～2500 nm 范围内任意两波段的比值植被指数(SR)和归一化光谱指数(ND)与中籼稻 NNI 的关系(图 2-7)。模型精度较好的两波段组合基本集中于 400～1200 nm 波段区域。从总体模型精度来看，不同叶位的 SR 与中籼稻 NNI 的模型精度(R^2)明显高于归一化光谱指数与氮营养指数，因此我们着重分析 SR 下不同叶位和叶位组合的估算情况。在 SR 中，各叶位较好的两波段组合均在近红外(NIR)与黄绿光(520～580 nm)波段组合中，其中双波段比值指数 SR(R_{900}, R_{540})的模型精度优于典型光谱指数 RVI II。具体

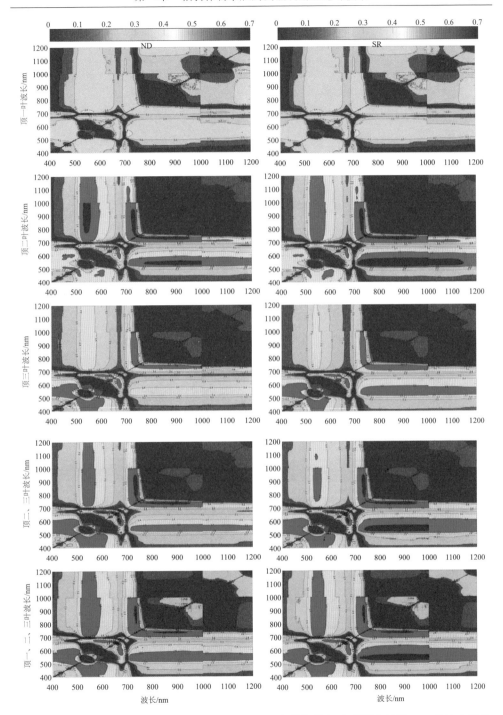

图 2-7　两波段组合的归一化光谱指数(ND)和比值光谱指数(SR)预测中籼稻 NNI 的决定系数
(R^2)等势图

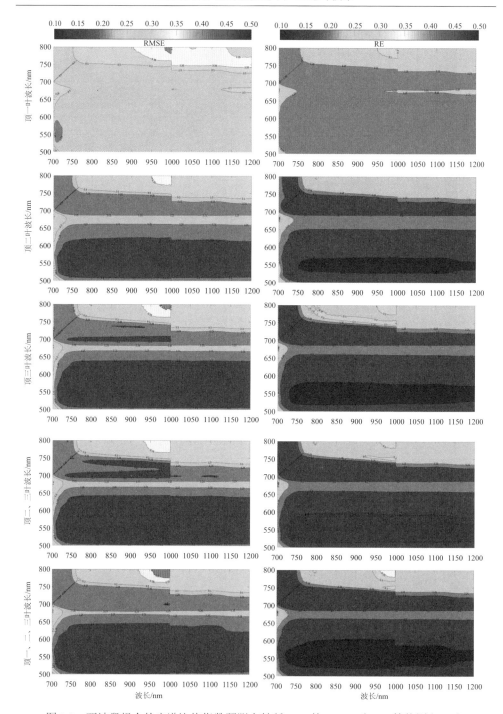

图 2-8　两波段组合的光谱比值指数预测中籼稻 NNI 的 RMSE 和 RE 等势图(n=90)

而言，在单叶水平下，L_2 模型精度最高 ($R^2=0.657$)，L_3 次之，L_1 最小；多叶位组合下，顶二叶和顶三叶的平均光谱 (L_{23}) 模型精度最优 ($R^2=0.625$)。

无人机和便携式光谱仪器中多利用宽波段传感器来获取光谱数据。因此，基于特征波段 (900 nm 和 540 nm) 增大波段宽度，发现近红外 (850~950 nm) 与绿光 (530~550 nm) 内各双波段组合均达到 1% 显著水平 (图 2-8)，同时此区域内 RMSE 和 RE 均具有较低水平。近红外、绿光区域波段宽度分别达到 100 nm 和 20 nm，将两个矩形区域内波段反射值取均值，进而提出宽波段比值光谱指数 SR[$AR_{(900\pm50)}$，$AR_{(540\pm10)}$] 用于中籼稻氮营养指数的估测。在 L_{23} 水平下，宽波段光谱指数 SR[$AR_{(900\pm50)}$，$AR_{(540\pm10)}$] 与窄波段光谱指数 SR(R_{900}，R_{540}) 的模型精度类似，分别为 0.614 和 0.612。

4. 模型的测试与检验

单叶水平下，顶二叶 (L_2) 模型精度最好，预测精度较好 ($R^2=0.657$；$R^2=0.707$)，顶三叶 (L_3) 模型精度较好，预测精度最好 ($R^2=0.557$；$R^2=0.731$)，顶一叶 (L_1) 模型精度和预测精度均最低；叶位组合中顶二、顶三叶光谱平均 (L_{23}) 模型精度和预测精度最好 ($R^2=0.625$，$R^2=0.740$)。L_{23} 较 L_1 和 L_3 模型精度显著提高 ($P<0.05$)，预测精度较单叶 (L_1、L_2、L_3) 均显著提高 ($P<0.05$)。

宽波段光谱指数 SR[$AR_{(900\pm50)}$，$AR_{(540\pm10)}$] 较窄波段光谱指数 SR(R_{900}，R_{540}) 预测精度未明显下降。在 L_{23} 水平下利用两种光谱指数估算中籼稻 NNI 并构建 1∶1 图 (图 2-9)，显示实测值与预测值相关性良好 (R^2 均为 0.740)。

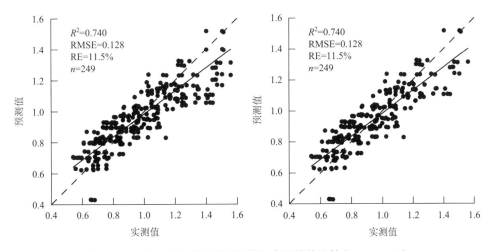

图 2-9　中籼稻氮营养指数预测值与实测值的比较 (L_{23}；$n=249$)

5. 中籼杂交稻 NNI 与产量的关系

产量随 NNI 呈先增加后平衡的趋势，将产量与各生育时期 NNI 建立关系，发现分蘖期、拔节期、孕穗期和抽穗期模型精度分别为 0.7871、0.8797、0.8913 和 0.7821；当氮营养状况均趋于平衡后，中籼稻产量达到最大值。这表明 NNI 可用于预测中籼稻产量，且过量施氮并不能使产量提高(图 2-10)。

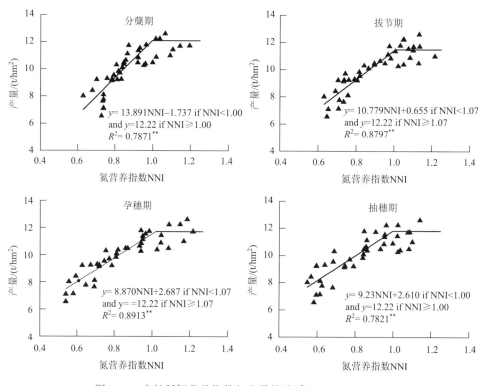

图 2-10　中籼稻氮营养指数与产量的关系(2018～2019 年)

综上所述，①NNI 可以较好地反映不同施氮水平下中籼稻氮素营养情况，其中施氮量在 225 kg/hm² 水平下中籼稻氮素营养状态适宜。NNI 与产量具有较好的相关性(R^2 的范围为 0.78～0.89)，说明 NNI 可以较为准确地诊断中籼稻氮素营养状态和评估产量，为中籼稻大田精确管理提供了技术指导。②基于冠层光谱估测中籼稻 NNI，线性内插法红边位置光谱指数(REP_{LI})在选定的光谱指数中预测精度最高(R^2=0.651；RMSE=0.191)，表明该模型可以在分蘖期至抽穗期对中籼稻 NNI 实现快速无损预测。③基于叶片高光谱指数可有效监测中籼稻 NNI。其中顶二叶(L_2)模型精度最好且预测精度较好(R^2=0.657；R^2=0.707)，顶三叶(L_3)预测精度最好(R^2=0.557；R^2=0.731)，而顶二叶和顶三叶组合平均光谱

(L_{23})有助于提高单个叶片的模型精度和预测精度($R^2=0.625$；$R^2=0.740$)，弥补了单个叶片在模型精度和预测精度上某一部分的不足。绿光波段(540 nm)为基于不同叶片叶位原始反射光谱估测水稻 NNI 的敏感波段，SR(R_{900}，R_{540})与 SR[$AR_{(900\pm50)}$，$AR_{(540\pm10)}$]构建的水稻 NNI 估测模型精度类似(R^2 均为 0.740)，且在 L_{23} 水平下优于典型光谱指数 RVI II，这为确定不同波段传感器的适宜带宽提供了理论依据。

三、小麦氮素营养植被指数 NDVI 光谱快速诊断技术

植株氮积累量既能反映作物的营养状况，又能反映作物群体大小，实时、准确了解作物氮积累量状况，对于指导氮肥精确管理具有重要意义。作物生长过程中群体光谱反射特性会由于叶片生理及形态结构的变化而发生相应变化，因而可根据不同栽培管理的光谱差异来监测作物生长状况。通过光谱监测可实时、快速、无损地获取农作物的生长情况，以便及时采取栽培管理措施，确保作物高产的实现。光谱辐射仪是快速监测作物氮素状况的有力工具，大量研究表明，光谱遥感可以快速评价作物的长势和氮素营养状况，实现作物生长状况的动态监测。

宽波段光谱植被指数用于监测水稻叶面积指数的变化情况效果较好。高光谱窄波段数据用于植被和农作物分类的精度要远远高于宽波段数据。相对于宽波段，高光谱窄波段在定量生物理化参数(LAI、生物量)建模中可以提高 10%～30%的监测能力。特定的窄波段提高了作物分类精度，也提高了作物生物物理模型的监测能力，而且能够更好地区分作物类型。由窄波段计算得到的光谱植被指数(HVIS)能够很好地用于一系列农作物及其生物理化特性的表征、分类和建模及其制图。

养分含量与高光谱数据的光谱特征及反射率指数密切相关。氮是与叶绿体活动密切相关的元素之一，同时该元素也参与促进光合作用的蛋白质合成。因为叶绿体决定了植物吸收可见光的波谱特征，所以可见光的吸收特征与氮浓度高度相关。农作物的生理参数和冠层反射率伴随着环境条件的变化而不同，但是生理参数和冠层反射率两者之间的固有关系是基本稳定的。545 nm 和 660 nm 可以不受氮肥水平限制预测小麦氮含量。基于归一化植被指数(NDVI)可以监测冬小麦氮素状况。双峰冠层氮素营养指数(DCNI)能较好地估算小麦叶片氮含量。高光谱指数-微分归一化氮指数(FD-NDNI)能很好地估测冬小麦氮含量。还有研究表明，归一化光谱指数(NDSI)、差值光谱指数(DSI)和比值光谱指数(RSI)对沙土、壤土和黏土上小麦叶片氮含量的预测效果较好。光谱参数 FD742 可较好地评估不同条件下冬小麦叶片氮素积累状况。转化叶绿素吸收反射指数(TCARI)和吸收谷深度(VD672)用于评价和监测小麦生育后期冠层氮素状况的准确率均超过80%。此外，

冠层多光谱和高光谱反射率与小麦植株氮素状况指标的相关性均低于叶片。使用 SAVI(R_{722}, R_{812}) 和 RVI(R_{722}, R_{812}) 的最优观测模型对于水稻和小麦不同生长季仍然需要不同的线性方程，因为生长状态和背景都在发生变化。比值植被指数 RVI(R_{870}, R_{660}) 与小麦叶片氮含量(LNA)的相关性最高。植被指数和小麦、水稻叶片氮含量 LNA 之间的关系比单波段和 LNA 之间的关系效果更优。

(一)小麦营养状况的线性模型构建

将双波段光谱仪 CGMD-402 和高光谱仪 UniSpec 的植被指数与小麦农学参数进行线性回归分析，结果表明，归一化植被指数(NDVI)和比值植被指数(RVI)与农学参数叶面积指数(LAI)、叶片干重、地上部生物量干重和叶片氮积累量之间的相关性均较好，决定系数都超过了 0.80。高光谱仪 UniSpec 的植被指数比双波段光谱仪 CGMD-402 构建模型的决定系数高，归一化植被指数(NDVI)比比值植被指数(RVI)构建的模型决定系数高。同时，叶片干重模型的决定系数>地上部生物量干重>叶片氮积累量>叶面积指数(LAI)(图 2-11)。

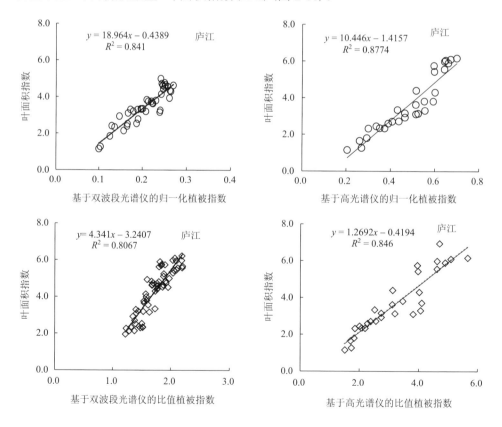

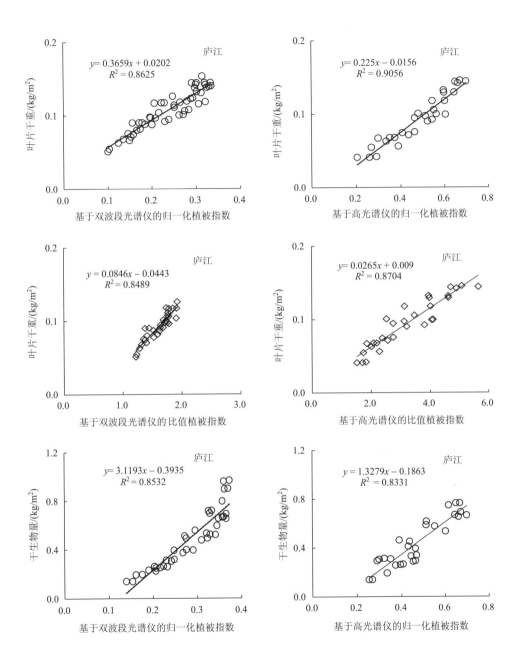

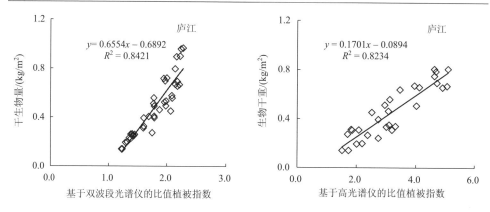

图 2-11　NDVI 和 RVI 与农学相关参数的拟合关系

(二)小麦营养诊断模型和诊断指标

将双波段光谱仪 CGMD-402 的植被指数与小麦农学参数进行拟合,并在此基础上进行营养诊断模型的预测,筛选叶片干重和叶片氮积累量等农学参数作为小麦营养诊断的相关农学指标(表 2-2)。

表 2-2　植被指数监测模型的验证

长势指标	植被指数	回归方程	模拟 R^2	预测 R^2	均方根误差	相对误差
叶面积指数	CGMD-NDVI	$y=18.96x-0.438$	0.8410	0.7657	0.82	0.203
	CGMD-RVI	$y=4.341x-3.240$	0.8060	0.7477	0.77	0.209
叶片干物质累量	CGMD-NDVI	$y=0.365x+0.02$	0.8820	0.8057	0.01	0.13
	CGMD-RVI	$y=0.088x-0.049$	0.8590	0.7956	0.02	0.158
植株干物质累量	CGMD-NDVI	$y=3.119x-0.393$	0.8530	0.8493	0.16	0.368
	CGMD-RVI	$y=0.655x-0.689$	0.8420	0.8295	0.14	0.195
叶片氮积累量	CGMD-NDVI	$y=17.951x-1.3177$	0.8204	0.7930	0.69	0.219
	CGMD-RVI	$y=4.2307x-4.1883$	0.8041	0.7750	0.68	0.188

基于以上研究结果,建立了基于叶面积指数的小麦氮素营养调控模型:

$$FNR=(LAI_{max}-LAI)\times LND_{\Delta LAI} \tag{2-3}$$

式中,$LAI=f(VI)$;$LND_{\Delta LAI}=TFD/LAI_{max}$。模型中各参数的含义:VI 指将光谱检测仪测得的归一化植被指数与 LAI 进行拟合,代表的意思是归一化植被指数 NDVI 与 LAI 的相关方程,经检验模拟后,LAI 可以由机器直接输出;LAI 为拔节期叶面积指数,由作物生长监测仪获取;LAI_{max} 为目标产量下获得的最大叶面积指数,由用户输入,$(0\sim X)$;TFD 为获得目标产量所需的氮肥总量,kg/hm^2,

由用户输入，$(0 \sim X)$；$LND_{\Delta LAI}$ 为目标产量下获得单位叶面积指数所需的氮肥用量，kg/hm^2；FNR 为氮肥推荐量，kg/hm^2。

将该模型应用于本地区的小麦诊断调控，对其中的关键参数进行赋值，即最大叶面积指数 $LAI_{max}=6.0$，目标产量 $GYT=7500~kg/hm^2$，单位籽粒吸氮量 $ND=0.017~kg/kg$，则获得目标产量的吸氮量：

$$TFD=GYT \times ND=127.5~kg/hm^2 \tag{2-4}$$

单位叶面积吸氮量：

$$LND_{\Delta LAI}=TFD/LAI_{max}=127.5~kg/hm^2/6.0=21.25~kg/hm^2 \tag{2-5}$$

由前述诊断模型叶面积指数 $LAI=18.96 \times NDVI-0.44$ 可得拔节期施氮量的调控模型，从而获得拔节期追氮量：

$$FNR=(LAI_{max}-LAI) \times LND_{\Delta LAI}=[6.0-(18.96 \times NDVI-0.44)] \times 21.25$$
$$=136.85-402.9 \times NDVI \tag{2-6}$$

根据诊断模型和光谱指数可快速诊断推荐的小麦拔节期追氮量(表 2-3)。这为小麦精准施肥提供了新的技术方法。

表 2-3　小麦氮素营养诊断调控模型的应用

处理	815 nm	730 nm	NDVI	估测 LAI	FNR/(kg/hm^2)
扬麦 18N0	17.18	13.82	0.11	1.613	93.39
扬麦 18N1	21.64	15.88	0.15	2.473	75.06
扬麦 18N2	26.2	17.88	0.19	3.138	60.90
扬麦 18N3	28.88	19.46	0.19	3.255	58.40
扬麦 18N4	31.32	21.54	0.18	3.067	62.42
安农 1124N0	15.14	13.93	0.04	0.351	120.25
安农 1124N1	21.51	16.89	0.12	1.84	88.55
安农 1124N2	28.67	19.65	0.19	3.098	61.76
安农 1124N3	29.74	19.65	0.20	3.434	54.60
安农 1124N4	31.41	20.25	0.22	3.655	49.89

注：N0，施氮量为 0 kg/hm^2；N1，施氮量为 90 kg/hm^2；N2，施氮量为 180 kg/hm^2；N3，施氮量为 270 kg/hm^2；N4，施氮量为 360 kg/hm^2。

第三节　粮食作物周年优化施肥技术

一、稻-稻周年优化施肥技术

沿江平原区位于安徽省南方沿长江两岸，全年≥12℃的有效积温为 4800～5200℃，适宜水稻生长天数为 210～220 d，适宜于短生育期的双季稻品种类型种植,因此,该区是稻-稻两熟制的主要种植区域。但近50年来气候变暖趋势明显,加之规模化、机械化和轻简化种植方式的转变,导致生产农机农艺融合度低,加之高效精准栽培技术缺乏,特别是周年优化施肥技术欠缺,制约了稻-稻周年优质高产潜力的发挥。

(一)机插早-晚稻氮肥需求规律

机插早-晚稻移栽至穗分化期和穗分化至抽穗期是双季稻氮素吸收的主要时期。对于早稻而言,移栽至穗分化期和穗分化至抽穗期阶段氮素积累量分别占早稻总氮素吸收的38.5%和39.7%,晚稻在这两个生育阶段的氮素累积量占总生育期吸收量的39.2%和41.5%。早-晚稻为获得优质高产高效,早稻的氮素需求量为150～180 kg/hm²,氮肥的基肥、分蘖肥与穗肥比例按6∶2∶2运筹较为适宜;晚稻的氮素需求量为180～225 kg/hm²,氮肥的基肥、分蘖肥与穗肥比例按5∶2∶3运筹较为适宜。其中早稻NPK肥的优化配比为1∶0.45∶0.7～0.8,晚稻NPK肥的优化配比为1∶0.45∶0.8～0.9。

(二)机插早-晚稻新型肥料精准匹配的包膜材料筛选

随着包膜材料厚度的增加,肥料释放周期显著延长,当包膜材料为3.5%时,释放理论肥料的80%大约需要150 d,且随着温度的升高,膜内肥料释放速率显著加快。因此,对于不同类型的水稻品种,应结合水稻生育期和生产环境温度,有针对性地选择膜包衣材料。结合早-晚稻区域生产特点,采用2.1%和3.0%包膜肥料(分别计作CRUA和CRUB)作为供试靶向控释氮肥,其在水培后的0～30 d理论释放量分别为70.1%和9.4%,30～70 d理论释放量分别为10.8%和44.8%,CRUA和CRUB的氮素含量分别为44.3%和43.2%。在实际的早-晚稻田中,施肥后的0～30 d,早稻季CRUA和CRUB的两年阶段平均释放量分别为62.8%和7.6%,晚稻季分别为77.8%和13.6%,晚稻累计释放量显著高于早稻。在施肥后的30～70 d,早稻季CRUA和CRUB的两年阶段平均释放量分别为20.2%和66.8%,晚稻季分别为8.0%和62.6%,肥料释放量表现为早稻季显著高于晚稻季。这说明2.1%和3.0%包膜材料的释放特性符合早-晚稻两个生育阶段的氮素需求规律。

(三)早-晚稻高产高效新型肥料组配及一次侧深施肥技术

(1)技术要求:2.1%(CRUA)和3.0%(CRUB)包膜肥料控释氮肥,早稻和晚稻周年氮肥占比约4∶6,早稻季氮肥用量为150 kg/hm²,晚稻季氮肥用量为210 kg/hm²。早稻季CRUA∶CRUB采用7∶3的配比混合,晚稻季CRUA∶CRUB采用5∶5的配比混合,所有混合肥采用机插侧深施肥技术施用,在机插秧的同时将肥料一次性施入秧苗根际土壤。其他管理同高产田栽培。

(2)技术效果：早-晚稻一次施肥技术的平均产量均可达 9000.6 kg/hm^2，与常规多次追施相比，产量并无显著性差异。早稻增产是由于促进了水稻移栽至颖花分化期氮素吸收，从而增加了有效穗数，并稳定了结实率；晚稻增产是由于增加了水稻穗分化至颖花分化期氮素积累，从而增加了每穗粒数。总的来说，在早稻和晚稻分别采用混合控释肥，可以有效取代常规分次施肥，保证水稻产量和氮肥利用率，同时减少稻田氨挥发损失，减少施肥人工投入，实现节本增效的目的。

二、稻-麦周年优化施肥技术

江淮地区常年稻-麦轮作面积约 400 万 hm^2，占全国稻-麦轮作面积的 70%以上，粮食总产约在 3800 万 t，其粮食稳产丰产对保障国家粮食安全有着极其重要的意义。该区域小麦以弱冬性和春性为主，搭配水稻类型包括籼稻和粳稻，在实际生产过程中，生产管理相对粗放，特别是氮肥投入量较大，施肥方式不科学，导致氮肥高投入低吸收，氮肥利用率较低，尤其在机械化栽培条件下，稻-麦的需肥规律与传统种植方式发生较大改变，因此，明确全程机械化条件下稻-麦周年氮肥的需求规律，优化周年氮素施用方案和技术，对提高肥料尤其是氮肥利用率、减少化肥投入、丰产增效等方面具有重要意义。

(一)稻-麦高产高效优质需肥规律

1. 机插粳稻氮肥需求规律

全程机械化种植条件下，粳稻品种的氮肥用量在 0~255 kg/hm^2 范围内，产量均随着施氮量增加显著增加，而当施氮量大于 255 kg/hm^2 时，产量增幅不明显。对氮肥用量与产量进行二次函数拟合后，求得区域机插粳稻潜在最高产量可达 8000.9~10000.8 kg/hm^2，对应的最大施氮量为 320~330 kg/hm^2，但其产量并未较 255 kg/hm^2 施氮量有显著提升。增加施氮量会显著降低氮肥利用率，如氮肥偏生产力和农学利用率($P<0.05$)，且当施氮量高于 255 kg/hm^2 后，氮肥利用率降幅明显高于较低氮处理(<255 kg/hm^2)。对于食味品质而言，增加氮肥用量不利于食味品质的提高，但增施氮肥对蛋白质和直链淀粉的含量影响不显著($P>0.05$)。

在相同施氮量情况下，随着穗肥比例的提高，水稻产量先增大后减小，产量均以基肥：蘖肥：穗肥=4：2：4 下最高(8000.4~10000.7 kg/hm^2)。从光合物质生产来看，在适宜的氮肥基追比处理下，水稻有较高的光合速率和较高的光合同化面积，从而具有较高的干物质积累量，确保高产形成所需要的较大群体颖花数。此外，基肥：蘖肥：穗肥=4：2：4 模式下氮肥吸收利用率和氮肥偏生产力仍优于其他氮肥运筹模式处理。因此，综合产量、氮肥利用率和食味品质来看，高产优质机插粳稻的氮肥需求量为 255 kg/hm^2。氮肥运筹制度按基肥：分蘖肥：穗肥比例为 4：2：4 进行。

2. 机插籼稻氮肥需求规律

机插籼稻产量对氮肥的响应与粳稻相似，优质中籼杂交稻徽两优 898 和 Y 两优 900 的产量与氮肥施用量之间存在二次函数关系，在 0～225 kg/hm² 氮肥施用范围内，产量随着施氮量增加而显著增加，而当施肥量达到 300 kg/hm² 时，产量呈现下降趋势，两品种均表现出相同的趋势。当施氮量约为 240 kg/hm² 时，两品种的产量水平达到最高。对于食味品质而言，随着氮肥用量增加，食味值呈下降趋势，而直链淀粉含量和蛋白质含量呈增加趋势。因此，对于追求机插中籼稻高产栽培而言，氮肥施用量在 225～240 kg/hm² 较为适宜，对于追求优质食味品质而言，应考虑较低施氮量，但低施氮量会降低外观品质和加工品质，进而不利于稻米综合品质的提高，综合优质稻米品质的形成需要维持一定的施氮肥量。

通过求得的产量和食味品质与施氮量曲线交点发现，当施氮量为 130～140 kg/hm² 时，可获得 90% 的最高产量和最大食味值（图 2-12），且其他稻米品质性状显著提

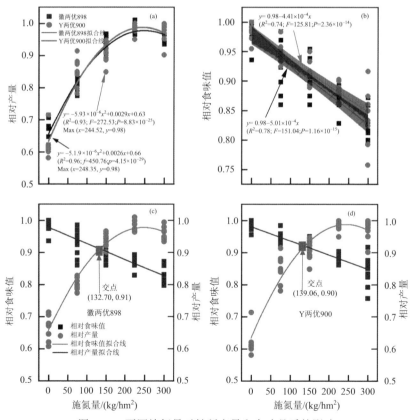

图 2-12　不同施氮量对籼稻产量和食味品质的影响

升，氮肥利用率显著高于高产获得的施氮处理。因此，对于机插中籼杂交稻来说，低于 130 kg/hm² 的施氮量可定义为优质高效低产区。考虑到施氮量为 150 kg/hm² 时，产量较 140 kg/hm² 明显增加的情况下，食味品质并未明显降低，可推导当施氮量大于 150 kg/hm² 时为高产低效低食味品质的施肥区，而 130～150 kg/hm² 为机插中籼杂交稻丰产高效优质协同区域。氮肥运筹制度按基肥∶分蘖肥∶穗肥比例为 4∶3∶3 进行。

(二)机播小麦氮肥需求规律

增加施氮量能显著提高小麦的穗数、穗粒数和籽粒产量。穗数随施氮量的增加而增加，与不施氮处理相比，施氮使穗数和穗粒数分别增加 40×10^4～98×10^4 穗/hm² 和 11.72～21.58 粒。穗粒数在施氮量为 270 kg/hm² 时达到最大值。千粒重随着施氮量增加表现出先增加后降低的趋势。小麦的产量随施氮量增加表现为先增加后下降的趋势，在施氮量为 270 kg/hm² 时达到最大值。与不施氮相比，适量施氮可使小麦增产 76.28%～201.67%。同时，小麦的氮肥农学利用率和氮素利用率均随着施氮量的增加而降低，较不施氮处理，增施氮肥导致氮素利用率降低，降低幅度可达 80.30%～91.71%（表 2-4）。

表 2-4　不同施氮量下小麦的籽粒产量及氮素利用率

处理	穗数 /(10⁴ 穗/hm²)	穗粒数/粒	千粒重 /g	产量 /(kg/hm²)	氮肥农学 利用率 /%	氮素利用率 /(kg/kg)
N0	290.00c	21.45b	35.31b	1941.25c	/	/
N1	330.00bc	33.17a	37.58a	3422.08b	17.94a	35.25a
N2	350.00ab	37.93a	37.08ab	4221.25b	15.67b	22.12b
N3	363.67ab	43.03a	36.91ab	5856.25a	14.50bc	20.85b
N4	388.33a	42.93a	36.72ab	5501.25a	9.89c	14.83b

注：N0，施氮量 0 kg/hm²；N1，施氮量 90 kg/hm²；N2，施氮量 180 kg/hm²；N3，施氮量 270 kg/hm²；N4，施氮量 360 kg/hm²。同列不同小写字母表示在 5%水平差异显著。

氮肥运筹试验结果表明，氮肥基追比为 5∶5 条件下，小麦拔节期和开花期叶片叶绿素含量（SPAD 值）均较高，旗叶中后期净光合速率显著高于其他施肥处理，有利于后期穗粒数和千粒重的形成。但是，继续增加追肥比例将导致前期生长发育受抑制，亩穗数大幅度减少，不利于产量形成（表 2-5）。

表 2-5　不同氮肥基追比对小麦产量及其构成因素的影响

氮肥基追比	穗数/(万穗/hm²)	穗粒数/粒	千粒重/g	产量/(kg/hm²)
7∶3	577.95 a	30.33 c	31.52 c	6904.05 b
6∶4	582.30 a	35.67 a	34.55 b	7459.20 a
5∶5	544.95 b	34.67 a	36.54 a	7641.75 a
4∶6	484.05 c	32.33 b	32.44 c	5964.75 c
3∶7	396.15 d	30.45 c	33.58 b	5310.75 c

注：同列不同小写字母表示在 5%水平差异显著。

(三)稻-麦周年优化施肥技术

1. 机插水稻(籼/粳稻)优化施肥技术

氮肥运筹方式：机插粳稻 255 kg/hm²，基肥∶分蘖肥∶穗肥比例为 4∶2∶4；机插中籼杂交稻 135～150 kg/hm²，基肥∶分蘖肥∶穗肥比例为 4∶3∶3；或控释肥基深肥+速效肥精准追施，氮素基∶追比例为 8∶2。

施肥技术：基肥机械深施，控释肥应用 2.1%(CRUA)和 3.0%(CRUB)包膜肥料组配，采用机插侧深施肥技术，在机插秧的同时将肥料施入秧苗根际土壤。氮素比例为总氮量的 80%。追肥利用光谱快速诊断技术确定孕穗期氮素需肥量，精准追施速效氮肥。

通过新型控释肥基深施+速效肥孕穗期 1 次精追的运筹方案，减少了氮素的损失(渗漏、挥发和淋溶)和 1～2 次施肥次数，水稻产量、品质和氮肥利用率显著提升，具有显著的清洁优质高产高效及节本特性。

2. 小麦优化施肥技术

氮肥运筹方式：在施氮量为 18 kg/亩的总量条件下，合理的氮肥运筹方式为底肥比例 50%，拔节期追肥 30%，孕穗期追肥 20%，即 5∶3∶2 可以优化小麦的产量结构，提高小麦产量(表 2-6)。

表 2-6　不同氮肥运筹下小麦产量

氮肥运筹	穗数/(万穗/hm²)	穗粒数/粒	千粒重/g	产量/(kg/hm²)
5∶3∶2	732.45 a	35.13 a	41.81 a	8636.55 a
5∶2∶3	735.90 a	34.67 a	36.13 b	7812.30 b
4∶4∶2	699.60 b	34.4 a	30.41 d	6415.88 c
4∶3∶3	614.85 c	26.13 b	34.40 c	5257.65 d
3∶4∶3	576.90 c	23.47 c	30.07 d	4789.05 d

注：同列不同小写字母表示在 5%水平差异显著。

施肥技术:根据测土配方确定 NPK 需求,基肥采用复合肥种肥同播方式深施;分蘖肥和穗肥依据光谱快速诊断确定追肥量,机械追施或水肥一体化追施。

(四)稻-麦周年优化施肥技术

稻-麦周年氮肥运筹优化:水稻季和小麦季分别施用纯氮 240 kg/hm² (表 2-7),粳稻速效肥按基肥:分蘖肥:穗肥比例为 4:2:4、控释基肥+速效追肥比例为基肥与穗追比例 8:2 进行,小麦季氮肥按基肥:拔节肥比例为 5:5 进行。稻-麦周年施肥技术:水稻基肥采用机插侧深施一体化技术,小麦基肥采用机械种肥同播方式;追肥采用光谱快速诊断精准机施或水肥一体化技术。

表 2-7　不同施氮运筹下稻麦周年产量　　　　(单位:kg/hm²)

水稻季施氮量	小麦季施氮量/(kg/hm²)			
	0	120	240	360
0	9397.65	10505.40	12745.35	13209.15
120	11271.30	12758.10	14840.25	15008.10
240	13209.60	14582.10	20424.45	19345.35
360	1478.40	16508.70	18854.70	17927.25

通过优化氮肥运筹方式和施肥技术,小麦季产量为 7579.65 kg/hm²,水稻季产量为 12844.8 kg/hm²,周年产量为 20424.45 kg/hm²,减少氮肥用量 45 kg/hm² 以上,提高氮肥利用率 15.3%。

三、麦-玉周年优化施肥技术

为了充分发挥江淮区域小麦、夏玉米一年两熟制种植条件下品种、生态、技术等优势,克服该区小麦-玉米周年氮肥高效利用主要限制因素,针对氮肥利用率较低的现状,研究与集成了秸秆全量还田条件下麦-玉周年优化施肥技术体系;该技术体系是以玉米氮肥前移和小麦氮肥后移为中心,以前轻中重后补氮肥运筹策略为关键,以磷钾肥基追并重为重点的小麦-玉米周年优化施肥技术体系。

(一) 氮肥运筹方式对冬小麦-夏玉米农艺性状和产量的影响

1. 氮肥运筹方式对冬小麦农艺性状和产量的影响

研究结果表明:在高产水平下三种不同小麦氮肥运筹方式,即前重法(T1,基肥占 70%、拔节肥占 30%)、前中各半法(T2,基肥和拔节肥各占 50%)、前轻中重后补法(T3,基肥占 30%、拔节肥占 50% 和孕穗肥占 20%)会显著影响小麦农艺性状和籽粒产量。在总施氮量为 240 kg/hm² 的条件下,氮肥前轻中重后补法与前重法、前中各半法相比在小麦产量形成上具有明显优势与特点，表现出前期干物质积累、高峰苗较低的特征；中后期干物质积累、LAI 较高，最终茎蘖成穗率、籽粒产量、籽粒蛋白质含量和蛋白质产量较高。同时，抽穗前积累在营养器官中的氮素转移率低，对籽粒的贡献率小，单位吸氮量生产力低，但单位施氮量生产力高。前重法与前中各半法的上述效应差异明显。前轻中重后补法前期与前重法差异不显著，中后期与前中各半法趋于一致。研究结果表明，前中各半法是较适合冬小麦高产的施肥方法（表 2-8）。

表 2-8 不同氮肥运筹方式对小麦产量及其构成因素的影响

品种	处理	穗数/(×10⁴ 穗/hm²)	穗粒数/粒	千粒重/g	经济产量/(kg/hm²)
烟农 999	T1	668.70	34.3	41.5	9030.0 b
	T2	661.05	35.8	42.6	9220.5 a
	T3	652.20	36.6	42.8	9225.0 a
济麦 22	T1	618.65	37.3	41.1	9008.0 b
	T2	607.25	38.1	43.5	9362.5 a
	T3	599.15	38.7	42.8	9375.0 a

注：安徽省蒙城县，2018～2019 年。数据后不同字母代表不同氮肥运筹处理间在 $P<0.05$ 水平上差异显著。

2. 氮肥运筹方式对夏玉米农艺性状和产量的影响

研究结果表明：基肥∶拔节肥∶大喇叭口肥为 3∶5∶2(N4) 的氮肥运筹方式夏玉米产量最高，其次为基肥∶拔节肥为 5∶5(N3) 和基肥∶拔节肥为 7∶3(N2) 的氮肥运筹方式，以基肥∶拔节肥为 10∶0(N1) 的氮肥运筹方式产量最低（表 2-9）。

表 2-9 不同氮肥运筹对夏玉米产量和构成因素的影响

播种期(月/日)	处理	产量/(kg/hm²)	有效穗数/(×10⁴ 穗/hm²)	穗行数/行	穗粒数/粒	千粒重/g
6/10	N1	9388.2±192.3 b	72563	14.6±0.2 b	540.6±6.2 a	300.6±33.8
	N2	9611.5±639.8 ab	70748	15.0±0.1 ab	548.1±10.7 a	327.6±12.1
	N3	9915.5±233.2 a	71719	15.3±0.3 a	558.8±13.9 a	351.0±27.6
	N4	10009.6±96.60 a	70791	15.4±0.2 a	564.6±5.5 a	358.5±14.7
6/20	N1	9090.1±292.7 b	67444	14.5±0.3 b	515.5±23.3 a	296.6±4.3
	N2	9186.8±299.3 b	66656	14.5±0.1 b	536.5±17.6 a	301.8±8.9
	N3	9641.2±384.9 a	67500	14.8±0.3 ab	539.2±11.8 a	307.5±4.7
	N4	9799.5±84.8 a	67500	15.4±0.1 a	545.1±39.7 a	308.6±1.0

注：表中数据为 4 个重复的平均值±标准误差，数据后不同字母分别代表不同氮肥运筹处理间在 $P<0.05$ 的水平上差异显著。安徽省蒙城县，2018 年，品种：金秋 119。

（二）冬小麦-夏玉米周年优化施肥技术

1. 周年肥料运筹方式

坚持"冬小麦减氮增磷补钾，夏玉米增氮减磷补钾"施肥原则。前后茬化肥使用量分配上氮肥以"夏玉米为主、冬小麦为辅"的原则，夏玉米、冬小麦氮肥施用量比例为 5.5∶4.5～6∶4；磷钾肥以"冬小麦为主、夏玉米为辅"的原则，冬小麦、夏玉米磷钾肥施用量比例为5.5∶4.5～6∶4。小麦推广"二增两减两补"施肥法和"冬前促、返青控、拔节以后攻穗重"氮肥运筹技术，一是玉米秸秆全量粉碎翻埋还田与增施有机肥，减少基肥中氮磷钾肥使用量；二是增加氮磷钾肥追肥量，减少基肥量；三是增加中后期氮磷钾肥追施量，减少前期追肥量。夏玉米推广"二增两减两补"施肥法和"基肥足、拔节控、大喇叭口封行以后攻穗重"氮肥运筹技术，一是小麦秸秆全量粉碎覆盖还田，增加有机肥施用量，减少基肥中磷钾肥使用量；二是增加氮磷钾肥追肥量，减少基肥量；三是增加中期氮磷钾肥追肥量，减少前期追肥量（表 2-10）。

表 2-10　皖北地区小麦-玉米两熟制周年一体化肥料运筹技术

作物	总施肥量/(kg/hm²)		施肥时期与施肥比例
小麦	N:	210～240	基肥：50%～60% N 肥+50% P、K 肥
	P_2O_5:	90～120	
	K_2O:	90～120	追肥：40%～50% N 肥+50% P、K 肥为拔节孕穗肥
玉米	N:	240～270	基肥：40%～50% N 肥+50% P、K 肥
	P_2O_5:	60～90	
	K_2O:	60～90	追肥：50%～60% N 肥+50% P、K 肥为大喇叭口肥

2. 周年施肥方式

基肥小麦、玉米均采用机械种肥同播，追肥采用机械深施或水肥一体化技术。

第四节　粮食作物大田固定管网智能水肥一体化技术

江淮区域是重要的粮食作物生产区，作物生产全程机械化、信息化是现代农业发展方向。然而，灌溉施肥是实现作物生产全程机械化和信息化的瓶颈所在。传统的灌溉施肥技术人工投入成本高，水肥耦合不够，机械化程度低，精准性差，水肥利用率低。因此，研发应用适用于江淮区域大田粮食作物生产的智能水肥一体化技术，对实现节水节肥节工、增产增收、发展现代农业具有重要意义。

一、粮食作物大田灌溉施肥技术现状

当前,江淮区域大田粮食作物在灌溉上主要采用喷灌技术、井灌技术等。喷灌技术包括地表固定管道式、移动式等类型,其优点是占用耕地少,适用于多种地形,管理方便,较漫灌水利用率提高;缺点是影响农机管收作业,每季作物均需管道铺收,人工投入大,信息化和精准性不够。井灌技术的优点是只要地下水资源变化比较稳定,经过合理开采,可以保证较高的灌溉率,但该灌溉方式类似于漫灌,耗能大,水资源利用率低,精准性差。微灌技术的优点在于所需机械设备组合简单,节水效果较好,可以有效节约水资源;主要适用于大棚作物种植,在大田粮食作物灌溉领域尚未应用。

大田作物的施肥方式主要有撒施、条施和穴施、喷施等几种。撒施可以深施,也可浅施,适用于密植的作物和施肥量较大的情况。撒施的优点是简便,土壤各部位都有养分供作物吸收;缺点是肥料用量大且利用率不高,肥料容易被杂草吸收,促进杂草生长。条施和穴施类似,将肥料施在播种沟或者播种穴里,其优点是肥料离作物的根系比较近,与土壤接触面小,容易被植物吸收,肥料利用率较高,有效时间持续长。喷施,即根外施肥,其优点是施肥方法简单,肥料利用率高,肥效快,易吸收;主要集中在保花保果的应用上,在大田粮食作物上主要是和病虫害防治药剂同喷。

当前,我国的水肥一体化技术应用主要以设施栽培蔬菜为主,瓜果种植上的应用面积不超过 10%,在粮食作物的应用上基本还处于试验示范阶段。因此在江淮区域粮食作物生产全程机械化发展趋势下创新应用大田智能水肥一体化技术,节水节肥节工,提质增效,绿色发展已成为该区域粮食作物生产的迫切需求。

二、粮食作物大田固定管网智能水肥一体化技术系统

为了解决江淮区域大田粮食作物灌溉施肥人工成本投入大、灌溉设施占用耕地影响农机作业、智能化精准性差、水肥耦合不够及水肥利用率低的问题,研发了大田作物固定管网智能水肥一体化系统(图 2-13)。该系统由田间管网系统、首部系统及智能化系统组成,具有节约成本、不占用耕地、不影响农机作业、水肥利用率高和高效轻简智能管控等特点。

(一)大田灌溉施肥固定管网系统

大田作物固定管网智能水肥一体化系统是指以大田作物为灌溉施肥对象,在大田中铺设固定管网、喷灌装置和传感器的智能水肥一体化系统。该系统主要针对江淮地区现有的人工喷灌施肥和地表铺管灌溉存在的水肥利用率低、管道占地

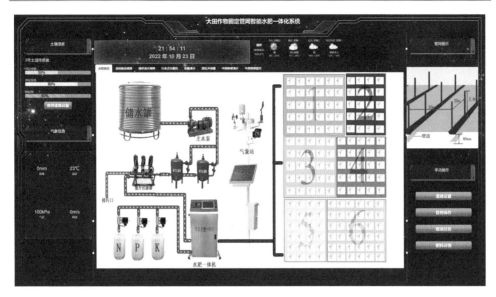

图 2-13　大田作物固定管网智能水肥一体化系统

多但管距覆盖面小、单元灌溉施肥量有限、人工投入大且不利于开展机械化作业等问题而设计。

　　管网系统由大田总管及支管控制阀门、大田支管及喷灌头等组成。通过采用长寿命、低成本的固定式管网和大单元轮灌设计，使每亩地的管网年使用成本降低到 90 元以下，因此具有大面积推广的优势。同时，支路管网深埋于地块排水沟下方 80 cm 处，间距 20 m 处分别安装垂直地面的喷灌竖管，管路和排水沟一体化，实现灌排结合；竖管高度可更换，顶部加装 360°可摇臂喷头，通过水肥一体化设备控制浇水和施肥。每亩地平均安装 2 个垂直喷管，有效降低了管路成本，基本不占用有效耕地，且不妨碍农机作业。

　　该系统创新设计出大跨度(管距 20 m)、管沟一体、灌排结合的田间固定管网系统(图 2-14)。该系统使用寿命 20 年左右；管距 20 m，每亩地有 2 根垂直喷管，支管埋于地下 80 cm 处，不影响耕、种、管、收机械作业；支管与排水沟一体化，不占用耕地，灌排结合。此外，创制了智能精准灌溉和水肥一体化管控系统，利用物联网和大数据技术，可实现 PC、手机等设备的远程控制、预约、多人操作、轮灌和分区管控等随时、随地、随情精准灌溉及水肥一体化应用。

　　(二)大田水肥一体化首部系统

　　大田水肥一体化首部系统是水肥一体化装备的主体核心设备，由储水罐、砂石过滤器、叠片过滤器、主水泵、变频器、多通道水肥一体机、控制器等部分组成(图 2-15)。

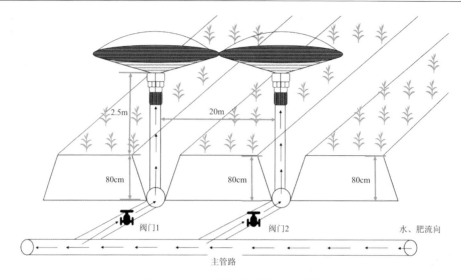

图 2-14　大田固定管网结构示意图

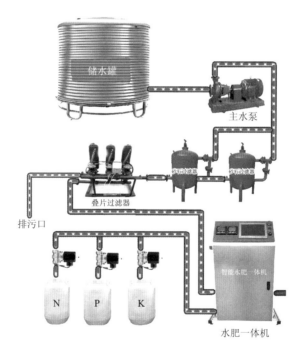

图 2-15　首部系统结构图

　　水肥一体机是整个首部系统的核心，是统一管理平台的关键部分，其软件部分由主控制器模块、无线通信模块和开关量控制模块等组成，硬件部分由肥液及管道信息采集模块、人机交互模块和无线数据传输模块等组成。首部系统的软硬件部分都具备较强的稳定性和抗干扰性，并且能够准确、及时地接收平台下发的水肥配比和灌溉量等控制指令信息，保证水肥一体机可以有效执行平台下发的控制指令，实现远程灌溉施肥。

储水罐是用于存储水源的，保障在大田作物缺水时能够有灌溉用水可用，同时可以保障灌溉水源保持在一定的温度。主水泵用来连接储水罐和水肥一体机、肥料桶。实践证明，用砂石过滤器处理水中有机杂质和无机杂质最为有效，在连接过程中，先通过砂石过滤器对水中的杂质进行一级过滤，接着使用叠片过滤器，叠片过滤器由一组两面带沟槽的盘片组成，经过叠片自动反冲系统可以截留固体物，进行二级过滤，进一步提高过滤效果，从而使出水达到适合灌溉的要求。主水泵再将经过两次过滤的水泵入水肥机。为了保证稳定精确地进水和进肥，本系统选用了稳定可靠的常闭式电磁阀，不同的电磁阀可以控制进入水肥一体化混肥器不同通道的肥料，搅拌器对水肥进行搅拌混合，混合好的水肥通过灌溉泵就可以输出。

变频器是实现恒压、流量恒定、肥液浓度精确控制的关键部件，也是实现变频调速的关键。根据大田使用环境的稳定性需求，首部系统选用可编程逻辑控制器(programmable logic controller，PLC)作为水肥一体化系统的控制器，与控制器相连接的模块主要有霍尔式水流量传感器、压力传感器、EC/pH 传感器、液位传感器等传感器模块，精驱变频调速模块，本地人机交互触摸屏模块，无线数据传输模块和电磁阀开关量控制模块，以实现管理人员在触摸屏上对设备轻松直接的操作管理。

(三)大田多功能水肥一体化智能系统

大田多功能水肥一体化智能系统由田间土壤湿度等传感器、云服务器、PC(或手机)、控制平台软件等部分组成。必要时可配合监控摄像机进行远程监控。可通过 PC、手机等设备的远程控制，实现随时预约、多人操作、多区域控制、分区域轮灌。结合物联网、气象、土壤等信息数据，作物品种、作物生育时期，水、肥、药、微量元素等因素的综合决策，达到智能化的精准灌溉施肥。

1. 系统设计

系统设计包括功能模块设计和数据库设计，主要由四个模块组成，分别为数据管理、模型管理、决策支持、系统管理模块。系统数据库包含两部分，一部分是农业基础数据，包括作物生长环境数据、基础地理信息数据、作物本体数据、肥料数据等；另一部分是决策相关数据，包含基于模型库的智能水肥决策系统的关键数据，即肥料、土壤、农作物、种植区域等数据。通过系统运行结合数据处理达到精准化灌溉和水肥一体化的目标。

2. 系统页面

首页展示了大田水肥一体化系统的主要功能及大田水肥固定管网地块分布模拟图。系统可以分为三大功能模块区域：左侧功能模块区域展示了土壤传感器传来的土壤湿度数据和实时气象信息(图 2-16)；中间大功能模块区域的上侧显示了时间和天气预报，下面主体区域分别为水肥模型和各个视频展示等；右侧功能模块区域分布了水肥管网模型和各种手动操作按钮(图 2-17)。土壤湿度传感器数据

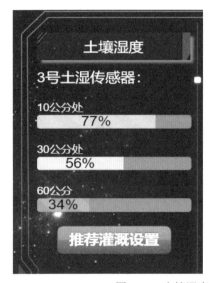

图 2-16 土壤湿度和气象信息展示界面

图 2-17 轮灌基本设置界面

展示模块展示了一共 6 块田地 3 个不同深度的 18 个土壤湿度数据。各块田地的湿度数据采用轮播显示。除此之外，此模块下方还有一个推荐灌溉设置按钮，点击进去即为推荐施肥数据设定，可点击即刻开始施肥或者预约施肥。

本系统结合物联网技术，建立了后台管理系统，可实现对现场设备的远程实时或预约操作。结合江淮地区大田粮食作物的实际生长环境，设计了人性化的操作界面，切合农户的实际需求，减少水资源的浪费和肥料的投入，提高肥料的利用率。该系统可以实现传感器采集土壤数据远距离的无线传输，系统可根据采集到的数据，控制设备对农作物进行实时水肥灌溉，为江淮区域大田粮食作物智能灌溉施肥提供了新技术与新方法，也为其他地区大田作物生产智能水肥一体化技术应用提供了借鉴。

三、粮食作物大田固定管网智能水肥一体化技术应用

大田固定管网智能水肥一体化技术具有如下优势。

(一)成本适宜，具有可推广性

该技术单元(26.4 hm^2)成本为 30000 元/hm^2，管道寿命在 20 年以上，年成本为 1350 元/hm^2 左右，不影响耕、播、收等农机作业，不受地形和田块大小的限制，是现代高标准农田建设的新模式，可在园区、农场、合作社和大户等模式实现大面积应用。

(二)提高水肥利用率，节本增效

该技术较现有传统生产方式节水 25%，节肥 15%，节本增效 4800 元/hm^2。一次投入多年使用，还可与大型养殖企业合作，循环利用水肥资源，促进绿色生产。

(三)轻简化智能化操作管控

可利用 PC 端、手机端远程管控，操作轻简；实现肥水智能化精准管控，提高大田作物生产信息化水平。

该技术已在江淮区域安徽埇桥、临泉、颍上等县区示范应用(图 2-18、图 2-19)，先后召开多次现场观摩示范会和多次参加农展会，并作为高标准农田建设新模式进一步在江淮区域扩大推广应用。

图 2-18　固定管网田块机械播种　　　　　图 2-19　智能水肥一体化田间应用

第五节　粮食作物新型种衣剂与热雾沉降增效剂

江淮区域是稻、麦、玉米等主要农作物生产区，仅安徽常年种植面积就有 9000 万亩以上，由于气候多变、病虫害频发重发，病虫防治面积达 2000 万 hm^2 次以上。在病虫防治中农药起着不可替代的作用，但农药在实际使用过程中通过各种途径进入环境的比例高达 50%～70%，有效利用率较低，到达靶标发挥作用的比例更低。目前，我国已成为世界上最大的农药生产国和使用国，但低水平的施药器械、落后的施药技术导致我国农药利用率低于发达国家。因此，新型的农药产品、高效安全的施药器械、智能化的精准高效施药技术与高效农药剂型助剂的研发利用是有效减少农药使用量、提高农药利用率、降低农药对环境的污染的重要技术路径，也是实现"农药无公害化"的重要途径。

一、粮食作物新型种衣剂

迄今为止，能够最大限度提高农药利用率的隐蔽施药方法就是种子处理。在种子处理剂产品中，悬浮种衣剂因具有水基性、浓度高、应用安全、环保性强和效率高的优点，目前已成为世界上最流行、应用最广泛、用户最喜欢的种子处理剂产品。种衣剂由活性成分和非活性成分加工制成，可直接或经稀释后包于种子表面，形成具有一定强度和通透性的保护层膜。非活性成分由成膜剂、分散剂等组成，具有维持种衣剂的理化性质、控制药剂缓慢释放的作用。成膜剂是其中最重要的组成物质，常用的有壳聚糖、羟甲基纤维素钠、聚乙烯醇等。种子包衣不仅能有效防治病虫害，还能提高种苗抗逆性和作物产量，同时，由于用药靶向性强，农药利用率高，在减少环境污染等方面具有优势，是农药施用技术的发展方向。

(一)玉米新型种衣剂研制

不同地区生态条件各异,作物土壤和病虫种类不同。针对江淮区域玉米主要土传病害玉米茎腐病菌等,在杀菌剂室内生物测定和作物安全性测定的基础上,选择抑菌活性较好、对玉米出苗安全的戊唑醇和噻呋酰胺进行复配。戊唑醇和噻呋酰胺按1∶4复配对玉米茎腐病菌的增效系数最大,确定为杀菌剂活性成分的配比。以安全性和防效兼顾的原则,选择活性成分中杀虫剂噻虫胺的含量为5%。因此,创制的玉米种衣剂活性配方为13%噻虫胺·噻呋·戊唑醇(其中,噻虫胺含量5%,噻呋酰胺6.4%,戊唑醇1.6%)。

除活性成分外,非活性成分在种衣剂理化性质、释放等方面也发挥了重要的作用,非活性成分由成膜剂、分散剂等组成。

分散剂主要用于促进粒子分散和阻止粒子絮凝与凝聚,保证粒子呈悬浮状态。对供试分散剂的流点测定结果表明,农乳600和分散剂NNO的流点相对较低,分别为0.4934 g/mL和0.4868 g/mL,分散效果较好,选择这两种作为种衣剂分散剂。

润湿剂有助于排除农药活性成分粒子表面的空气,加快粒子进入水中的润湿速度。在供筛选的润湿剂中,BY140加入后几乎没有分层,制剂流动性好,底部无沉淀,故将BY140作为润湿剂与600#复配。

增稠剂主要用于调整种衣剂的流动性、防止分散的粒子因受重力作用产生分离和沉淀,使其具有良好的稳定性和高悬浮率。适宜的悬浮剂不仅能够阻止粒子的沉降,而且能有效防止制剂结块和分层现象的发生,对于种衣剂的贮存稳定性具有重要意义。黏度过低的种衣剂一般存在稳定性差等问题,产品贮藏一段时间后会产生分层、结块;过高的黏度又会影响制剂的流动性,给生产加工制造了障碍,甚至还会有分散性不好的风险,制约种衣剂产品的使用效用。研究发现,在研发的种衣剂配方中加入黄原胶,增稠效果最理想,制剂的热贮稳定性、黏度与流动性均达到悬浮种衣剂指标,故选择黄原胶为增稠剂。

将筛选出的分散剂、润湿剂、增稠剂等采用正交试验设计,筛选出的最优配方及用量分别为分散剂NNO含量为2%,润湿剂BY140含量为4%,润湿剂600#含量为3%,增稠剂黄原胶XG含量为0.1%。此配方的种衣剂,存放40 d没有析出,没有挂壁,流动性好,底部无沉淀,且加入2%乙二醇和0.5%正辛醇后对该配方稳定性无影响,故将其作为研制种衣剂的无活性配方。

成膜剂是保证种衣剂具有一定的黏性、良好的成膜性、适宜的均匀度,特别是衣膜内活性成分缓释的关键成分。对于种衣剂功效的发挥具有至关重要的作用。种衣剂通过成膜剂覆盖一层薄膜在种子上,使种子能够正常地进行呼吸,与外界有正常的空气和水分交换,保持其原有的生物活性。通常通过成膜时间、脱落率等指标进行检测。SSY的成膜时间较短,含量为3%时成膜时间仅为

15.7 min，成膜脱离率较低，仅为 4.2%，因此，选择 SSY 作为种衣剂的成膜剂，其含量为 3%。

因此，创制的玉米种衣剂配方为 5%噻虫胺、6.4%噻呋酰胺、1.6%戊唑醇、2%分散剂 NNO、4%润湿剂 BY140、3%润湿剂 600#、0.1%增稠剂黄原胶 XG 和 3%成膜剂 SSY。

将种衣剂按研制出的最终配方进行剂型加工，制成悬浮种衣剂，外观无分层、流动性好，底部无结块。54℃热贮 2 周后，有效成分分解率低于 3.28%，悬浮率在 95.4%以上，倾倒性合格，产品性能稳定。

(二)小麦新型种衣剂研制

针对小麦纹枯病、根腐病等江淮麦区常发土传病害，在杀菌剂室内生物测定和安全性测定的基础上，选择抑菌活性较好的丙硫菌唑和噻呋酰胺与吡唑醚菌酯进行复配。丙硫菌唑和吡唑醚菌酯在质量百分比为 1∶5 时对小麦根腐、茎基腐和纹枯病菌均有较好的增效作用，噻呋酰胺和吡唑醚菌酯在 5∶1 时对小麦纹枯病菌和全蚀病有较好的抑制作用。因此，创制的 2 种小麦种衣剂活性配方为6%丙硫·吡唑(1%丙硫菌唑，5%吡唑醚菌酯)和 6%噻呋·吡唑(5%噻呋酰胺，1%吡唑醚菌酯)。

6%丙硫·吡唑悬浮种衣剂中，分散剂选用 1.2%木钠时，体积平均径和 D90 值最小，分别为 4.97 μm 和 11.45 μm；乳化剂采用 PEG8000 和 EL80 时，悬浮种衣剂具有较好的流动性，底部沉淀较少，无分层现象；增稠剂和防冻剂选用硅酸镁铝、黄原胶、乙二醇，在浓度分别为 1%、0.1%和 2%时，流动性较好，挂壁现象轻微并且试管底部没有出现沉淀。在筛选出的悬浮体系中加入 4%羧甲基纤维素钠，成膜时间较短，体系较稳定，因此，最终确定 6%丙硫·吡唑悬浮种衣剂的配方为 1%丙硫菌唑、5%吡唑醚菌酯、1.2%木钠、3% PEG8000、1% EL80、1%硅酸镁铝、0.1%黄原胶和 4%羧甲基纤维素钠。

6%噻呋·吡唑悬浮种衣剂中，添加 3%分散剂 NNO 时分散性较好，此时检测出的体积平均径和 D90 值为 5.04 μm 和 10.59 μm；加入乳化剂 EL20 和 400MO 时流动性较好，分层现象较少；增稠剂和防冻剂选用 1.5%硅酸镁铝、0.1%黄原胶和 3%乙二醇，挂壁现象较少，流动性较好并且试管底部没有出现沉淀；成膜剂为 4%羧甲基纤维素钠。因此，创制的 6%噻呋·吡唑悬浮种衣剂配方为 5%噻呋酰胺、1%吡唑醚菌酯、3% NNO、1% 400MO、2% EL20、1.5%硅酸镁铝、0.1%黄原胶、3%乙二醇和 4%羧甲基纤维素钠。

二、粮食作物新型种衣剂应用

(一)新型玉米种衣剂应用

研制的 13%噻虫胺·噻呋·戊唑醇悬浮种衣剂按药种比 1∶150 包衣后,在河南鹤壁、安徽宿州和山东冠县进行了田间防效和安全性试验,用 13%噻虫胺·噻呋·戊唑醇悬浮种衣剂处理后三地玉米出苗率均在 89%以上,显著高于不处理对照,且出苗整齐。玉米苗茎基宽度、茎叶长度、根长、鲜重等均高于空白对照,地下害虫危害株率显著下降。因此,从出苗率、整齐度、苗期素质和地下害虫危害情况等综合分析,13%噻虫胺·噻呋·戊唑醇悬浮种衣剂表现良好,具有较好的应用前景。

研制的 13%噻虫胺·噻呋·戊唑醇悬浮种衣剂目前已由安徽久易农业股份有限公司登记,2021 年 8 月 6 日获批,农药登记号:PD20211270,用于防治玉米茎基腐病、丝黑穗病和蚜虫,用量为 667~1000 mL/100 kg 种子。

2020 年在江苏省句容市宝华镇仓头村的应用结果显示,用 13%噻虫胺·噻呋·戊唑醇悬浮种衣剂包衣后播种,玉米出苗安全,对蚜虫和玉米茎腐病防治效果好(表 2-11)。

表 2-11　13%噻虫胺·噻呋·戊唑醇悬浮种衣剂对玉米蚜虫和茎腐病的防治效果

试验药剂	有效成分用量 /(g/100 kg)	蚜虫防效/%		玉米茎腐病防效/%
		抽雄初期	扬花期	
13%噻虫胺·噻呋·戊唑醇	65.0	78.51 bc	86.72 b	76.19 bc
	86.7	82.21 ab	89.07 b	83.93 ab
	130.0	87.60 a	92.15 a	88.69 a
29%噻虫·咯·霜灵	140	82.02 ab	87.32 b	88.09 a

注:不同字母表示差异显著性(P<0.05)。

(二)新型小麦种衣剂应用

小麦种子被 6%丙硫·吡唑种衣剂和 6%噻呋·吡唑种衣剂包衣后储藏 0 d、10 d、20 d、30 d 和 40 d 播种,2 种研制种衣剂处理后的小麦发芽率均在 85%以上,高于空白对照和药剂对照。株高、根长、根重、叶重等各项生理指标均与对照无显著差异,说明 2 种种衣剂丙硫·吡唑和噻呋·吡唑拌种对小麦安全。

研制的 2 种小麦悬浮种衣剂包衣后播种,对小麦根腐病和纹枯病的防治效果均在 75%以上,显著高于对照药剂 27%苯醚·咯·噻虫(酷拉斯)(表 2-12)。

表 2-12　　小麦种衣剂对小麦根腐病和小麦纹枯病的防治效果

处理	小麦根腐病		小麦纹枯病	
	病情指数	防治效果/%	发病率/%	防治效果/%
噻呋·吡唑	20.33	76.54 b	16.67	83.33 b
丙硫·吡唑	15.89	81.67 a	6.67	93.33 a
酷拉斯 CK	32.15	62.9 c	23.33	76.67 c
CK	86.67		100	

注：不同字母表示差异显著性(P<0.05)。

三、热雾沉降增效剂

目前对于作物成株期病虫害防治主要采用茎叶喷雾技术施药，喷药时药液自喷施器械喷出进入靶标作物生长的生态环境之后，便受到风、光、温、湿等气象因子及靶标作物冠层与叶面特性等的影响，雾滴在空中蒸发变小而产生飘移，在叶片表面碰撞弹跳而溅落流失。只有优化农药剂型设计，改善制剂兑水稀释形成药液的雾化性能，才能从根本上调控雾滴的对靶剂量传递性能，从而提高农药利用率(曹冲等，2021)。

近年来，植保无人机等高工效施药技术得到迅速发展。热雾机施药因其工效高、机动性强、热雾穿透力强、防效好，在农作物病虫害防治，特别是在玉米等高秆作物中后期病虫害防控中具有较大的潜力。但由于其雾滴细小易漂移造成环境污染，加之其使用的油相载体与市售农药的相容性差导致药液分布不均匀、防效不稳定等问题，限制了其在生产上的应用。热雾剂是热雾机防控的专用剂型，与热雾机配套使用，可使农药雾滴迅速到达靶标作物，耐雨水冲刷能力增强，持效期延长，防效提高，但目前市场上销售的农药多数为常规农药，因此需要使用热雾沉降增效剂与之配套才能用于农作物病虫害防治。利用凝结核的沉降作用及表面活性剂的乳化分散原理，研制热雾沉降增效剂可有效解决热雾漂移、与商品农药相容性差、雾滴分布不均匀等问题，实现热雾施药用于农作物病虫害防治，可为农作物病虫害快速高效防治开辟新途径。

(一)热雾沉降增效剂原理

研究发现，含镁、锂元素的蒙脱石表面富含裸露氧原子，经超微粉碎后可形成表面呈电负性及亲水性的凝结核；具有亲水亲油特性的表面活性剂在凝结核上发生强烈、有序吸附，形成以凝结核为核心的环状亲油层；商品农药及其他辅助成分呈油性，均匀分布在环状亲油层中，形成外层带正电荷的热雾粒子(图 2-20)。通过调节凝结核的大小和表面活性剂的种类、结构及其组合比例，控制热雾粒子大小、沉降性能及其与商品农药的相容性。

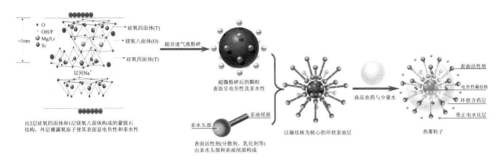

图 2-20　热雾粒子形成示意图

(二)热雾沉降增效剂配方及工艺

1. 热雾载体的筛选

热雾载体是热雾机施药时农药的载体，传统热雾机施药以柴油作为载体。研究发现，不同的热雾载体发烟效果、热雾高度存在差异，作为农作物热雾施药的载体通常要兼顾发烟效果、防治对象和环保要求，可根据防治对象、环保要求等选择不同的热雾载体，开发成不同的热雾增效剂。

通过调节凝结核的大小和表面活性剂的种类、结构及其组合比例，可实现对热雾粒子大小、沉降性能及其与商品农药相容性的控制。

2. 凝结核物质

热雾机施药时，在距施药点水平距离 5 m、10 m、15 m、25 m 和 35 m 处，不加沉降剂对照的热雾滴扩散高度分别为 4 m、6 m、8 m、10 m 和 13 m，加入沉降剂后，在相同的水平距离处，热雾滴扩散高度均低于对照的高度，水平距离在 25 m 以内，各沉降剂将热雾的高度控制在 3 m 以下。但聚核物质的种类和粒径均会影响热雾扩散的高度，凹凸棒、白炭黑在粒径为 3.5~4.0 μm 时雾滴扩散高度最低，高岭土、硅藻土、重钙沉降剂粒径在 5.5~6.0 μm 时雾滴扩散高度最低。由此可以看出，聚核物质微粒的粒径影响热雾滴的扩散高度，在沉降剂悬浮液稳定的前提下，微粒直径并不是越小则热雾粒扩散高度越低，也不是越大则热雾粒扩散高度越低，而是有一个最适的微粒直径。

在最适粒径下含不同聚核物质的沉降剂，对热雾粒均具有很好的沉降效果，可将热雾控制在 3 m 以下，与不加沉降剂 CK 相比，平均降低了 7 m。施药时药液中分别加入 5 种聚核物质的沉降剂，在水平距离 5 m、10 m、15 m、25 m、35 m、45 m 处雾滴扩散高度差异显著，以白炭黑对热雾高度控制较好。为了提升白炭黑水悬浮液的稳定性，以及制作加工工艺过程的需要，向体系中加入抗冻剂、分散剂、增稠剂和消泡剂，运用正交试验设计，进行用量优化。常温静置一周、(52 ± 2)℃热贮一周，测量其析水率、悬浮率。综合各试验指标，加入 4.0%尿素、3.0%十二烷基苯磺酸钠、0.5%黄原胶和 0.1%磷酸三丁酯，体系的稳定性、分散性较好，悬浮率可达到 98.00%。

3. 表面活性剂

有效含量为 10.0%的白炭黑水悬浮液，在加入适量的表面活性剂 O-10、S-80 后，24 h 内不出现分层，48 h 后仅有少量的水析出，对各聚核物质水悬浮液具有比较好的稳定效果。采用二因素优化设计，确定溶液中加入 4.57%的 S-80 和 4.73%的 O-10 后，10.0%白炭黑水悬浮液更稳定。

热雾沉降增效剂配方：10.0%白炭黑、4.0%尿素、3.0%十二烷基苯磺酸钠、4.57% S-80、4.73% O-10、0.5%黄原胶和 0.1%磷酸三丁酯（丁克坚等，2011）。

热雾沉降增效剂生产工艺：将所需凝结核物质、防冻剂、分散剂及乳化剂等加入高速可调反应釜内，注入一定量的水，在 3000 r/min 条件下高速搅拌 30 min，待悬浮体系稳定后，在 150～200 r/min 条件下，搅拌 20 min，加入预先调制好的黄原胶水溶液及磷酸三丁酯，待混合均匀放入储罐内，定量包装。

四、热雾沉降增效剂应用

（一）热雾沉降增效剂配套施用技术

热雾机施药应与热雾沉降增效剂配套使用，一般情况下热雾沉降增效剂用量为 600 mL/hm²，用于玉米等高大作物时可减少至 450 mL/hm²，夏季高温用于水稻时，可加至 750 mL/hm²。配制的药液包含农药、热雾沉降增效剂和水。其配制方法是将热雾沉降增效剂、水倒入容器中，充分混溶，再加入上述指定量的农药，混匀，备用。注意控制加水量，其原则是使农药、热雾沉降增效剂和水的总量为 4500～7500 mL/hm²。根据风向确定施药方向，顺风施药。选定施药方向后，沿着施药方向按照 0.5～0.6 m/s 的速度行走施药，也可根据热力热雾机的出液量等参数，按每个喷幅 25 m 进行调整。

（二）热雾沉降增效剂的应用效果

添加热雾沉降增效剂后雾滴形态发生变化，以 0# 柴油为发烟剂的热雾雾滴呈透明状（图 2-21 左），而加入热雾沉降剂（图 2-21 右）后，由于含有成核物质和乳化剂，热雾滴呈浅乳白色，中间包裹微核，从而加大了雾滴的比重和沉降速度，有效地缩小了热雾滴群体的空间分布范围。

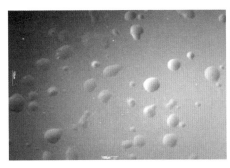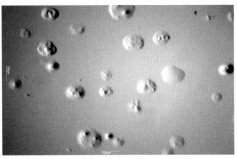

图 2-21　添加沉降剂后雾滴形态图

加入热雾沉降增效剂后雾滴直径及空间分布呈现规律性变化，随着距离和高度的增加雾滴直径逐渐变小。在同一垂直高度处，以 0#柴油为发烟剂的雾滴在水平距离 30 m 内直径差异不大，30 m 后雾滴直径明显减小；而加入热雾沉降增效剂后雾滴直径在水平距离 20 m 后明显降低。在相同距离和高度下，加入热雾沉降增效剂后，雾滴比重加大，扩散的距离缩短、高度降低。

在等量的咪酰胺乳油和热雾沉降增效剂中加入不同量的水配成药液进行热雾施药，结果显示，随着药液量的增大，分布在玉米叶片正面和背面的热雾滴数逐渐增多。药液量为 3.0 L/hm^2 时，距施药点 20 m 处叶片正面的雾滴数量为 20 滴/cm^2。药液量为 4.5 L/hm^2 时，在距施药点 25 m 内，叶片上的雾滴数量最少为 24 滴/cm^2，极显著高于（P=0.0001）弥雾机施药时的雾滴数量。超过 25 m 后，叶片上的热雾滴数量显著减少（P=0.0164）。可见，热雾机的有效防治距离为 25 m，在有效防治距离范围内，药液量为 4.5 L/hm^2 时热雾滴空间分布均匀。

热雾药滴在玉米田的沉降分布情况，水平距离 0～25 m 范围内热雾药滴附着量随扩散距离的增加而缓慢减少，玻片正面雾药滴数在 150～300 滴/cm^2，背面雾药滴数在 50～140 滴/cm^2；在垂直方向上，热雾滴变化不大，上下分布较均匀；25 m 以后热雾药滴的附着数量明显下降（陈莉等，2010）。

添加热雾沉降增效剂后，热雾机施药对气流传播的玉米南方锈病有效防治距离可达 30 m，在 30 m 内各距离点的防治效果基本一致，大都在 70%～80%，普遍高于背负式机动弥雾机的防治效果；但加入热雾沉降增效剂后热雾机的有效防治距离有所缩短，在 30 m 处防治效果呈明显下降趋势，但防治效果普遍高于对照。热雾沉降增效剂配合热雾机施药，对玉米小斑病、纹枯病和玉米蚜虫的防治效果分别为 71.3%、76.4%和 97.8%，显著高于热雾机施药不加热雾沉降增效剂对照（防效分别为 61.6%、60.7%和 94.4%）和弥雾机施药对照（防治效果为 38.5%、49.0%和 92.4%）。

加入热雾沉降增效剂可显著提高热雾施药防控玉米中后期病害的效果，热雾沉降增效剂配合热雾施药在高秆作物中后期病虫害防治上有广阔的应用前景。目前，热雾沉降增效剂已商业化生产，并在玉米等中高秆作物病虫害防治上大面积应用。

第六节　玉米病虫害智能热雾机器人高效防控技术

江淮和黄淮海平原麦–玉轮作区小麦秸秆覆盖还田负效应使得夏玉米中后期病虫次生灾害加剧，严重影响玉米产量和品质。夏玉米中后期处于 8 月中下旬，田间温度高，传统人工背负式喷雾施药效率低下且易造成人员中暑中毒；秸秆还田后，土壤表层、耕层秸秆覆盖量大，大型高地隙植保机行间行走困难，压苗伤苗率高；乳熟期玉米植株密度大、行距窄、覆盖遮挡严重，且病虫害多集中于冠层中部叶片下方，现有无人机喷药难以穿透叶面，雾滴沉积、均匀性和覆盖率等方面均难以达到满意效果，综合防治效果不佳(陈盛德等，2017)。由此可见，人工作业、高地隙植保机及植保无人机等植保作业方式均难以适应玉米中后期病虫害防治，玉米中后期病虫防控成为制约江淮及黄淮海地区玉米稳产、丰产的关键因素之一。

一、履带式智能热雾植保机器人

针对玉米中后期病虫害防治难、防效差的难题和玉米种植模式特点，将热雾技术与智能机械技术相结合，设计研制了一种履带式玉米行间智能行走植保机器人。基于自走式底盘搭载热雾机(Chen et al.，2018)，结合热雾沉降增效剂，能够满足 60 cm 行距玉米冠层中部叶片区域病虫害防控空间要求，防治效果明显优于其他植保作业方式。

(一)履带式热雾植保机器人结构与工作原理

1. 整机结构

履带自走式植保机器人主要由履带底盘行走系统、脉冲式热喷雾系统、控制系统组成，结构如图 2-22 所示。履带底盘行走系统由仿形履带底盘、双驱动电机、减速器等组成；脉冲式热喷雾系统由喷管、电控化油器、电磁流量阀、药箱等组成；控制系统由 STM32 单片机、电机驱动器等组成，其控制系统包括远程遥控和行间自主行走 2 种作业模式，其中远程遥控作业模式主要基于 W5500 以太网芯片，采用奥维通 BreezeNET DS.11 大功率无线网桥创建局域网，人工通过操作控制系统遥控端按键完成遥控操作，可实现远程在线作业状态监控、点火、喷雾、熄火等功能。当履带底盘行走系统完全进入玉米行间时，通过切换操作界面自走作业模式按键，启动安装在底盘正前方的激光雷达传感器感知行间两侧玉米根茎信息，上位机实时处理、规划行走底盘作业路径并将驱动信号传输至底盘控制系统实现自主行走作业。履带自走式植保机器人主要技术参数如表 2-13 所示。

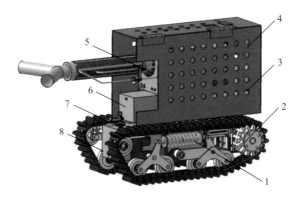

图 2-22　履带式热雾植保机器人结构示意图

1.仿形弹簧；2.驱动轮；3.电控化油器；4.安全护罩；5.喷管；6.电池；7.压力监测阀；8.药箱

表 2-13　履带自走式玉米行间喷雾机主要技术参数

参数	数值和说明
结构形式	自走式(履带)
外形尺寸(长×宽×高)/(mm×mm×mm)	1400×380×700
整机质量/kg	80
转向类型	双电机差速转向
驱动电机额定功率/kW	0.5
最大爬坡度/(°)	30
转弯半径/m	0～0.8
作业速度/(m/s)	0.5～1.5
配套动力形式	脉冲式汽油机+蓄电池
药箱容积/L	15
喷药水平射程/m	≥3.0
供电电压/V	48
续航时间/h	4.0
作业效率/(hm²/h)	5.3

2. 工作原理

　　履带自走式植保机器人田间作业时，履带底盘行走系统根据预先规划路径自主在玉米行间进行喷施工作，其工作原理和系统结构如图 2-23 所示。上位机根据行间作业环境确定植保机航向偏差、热喷雾系统状态等信息，通过 SBUS 协议将控制指令传达至 STM32F4 单片机，控制器通过解析整机状态指令，实现对履带自走式玉米行间喷雾机驱动转向系统及热喷雾系统的控制。其中航向偏差由左右直流无刷电机的驱动器调节 PWM 占空比方式进行控制。通过 I/O 接口为脉冲式热喷雾系统提供控制信号，完成药液流量大小控制、药箱压力安全监测及热雾机喷雾启停控制。

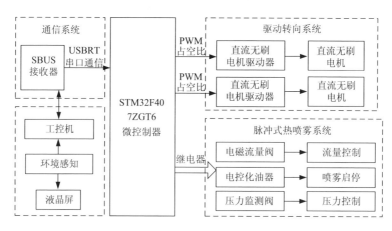

图 2-23　喷雾机系统结构框图

(二)履带式植保机器人关键部件设计

1. 脉冲式热喷雾系统设计

脉冲式发动机启动后喷管内的高温热能和脉冲紊流动能将进入喷管内的药液流热力雾化成细小雾滴群流向植保对象弥散。图 2-24 为脉冲式烟雾机结构示意图，主体结构由燃烧室与喷管构成，整个喷雾系统主要依靠脉冲发动机燃烧后管内气流的自激自吸形成脉动燃烧振荡过程，并利用振荡过程中燃烧室内热气流的压力波动实现油箱自动吸油、化油器吸气及药箱自动泵药，无须额外安装供油泵、供气泵及供药泵等装置。结合玉米成熟期果穗层高度为 600~1000 mm，整机高度确定为 780 mm，喷管口设计成"Y"形结构或直管结构，以实现不同的弥散效果。为了使喷药系统的启停、喷药量实现智能化控制，将传统化油器节气门设计为电控开关阀，同时在主药液管道中部安装单向电磁流量阀，通过远程端完成调控。设计 15 L 容积的长方体药箱安装于履带底盘中部，以降低整机底盘重心，提高行走作业稳定性。

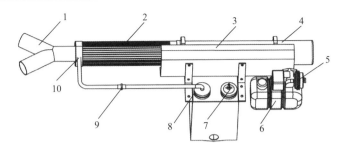

图 2-24　脉冲式烟雾机结构简图

1.Y 形喷头；2.绝热防护罩；3.固定板；4.燃烧室；5.电控化油器；6.油箱；7.压力安全阀；8.药箱；
9.电磁流量阀；10.药液喷嘴

2. 履带底盘行走系统设计

履带底盘具有接地比压小、附着性能好、转弯半径小、越障能力强等优点，成为玉米行间植保机驱动底盘的首选，其底盘结构如图 2-25 所示。由于玉米行间地表覆盖大量秸秆，加之耕层坑洼不平，植保机作业过程中易出现颠簸、侧翻等情况，采用对称式承重轮、多连杆铰接支架和减震弹簧等设计了一种嵌入在履带内槽的自适应仿形减震悬架，确保单侧履带底盘的形状或姿态在遇障碍地形时迅速发生自适应调整，有效提高了热雾机对作业地形的适应能力。同时，采用 2 个功率为 0.5 kW、额定扭矩 45 N·m 的直流无刷电机直联减速机作为履带底盘的驱动转向装置，两侧的张紧轮及张紧弹簧确保作业过程的防脱带松动现象。根据玉米播种行距要求，确定履带底盘外形尺寸（长×宽×高）为 1400 mm×380 mm×250 mm。

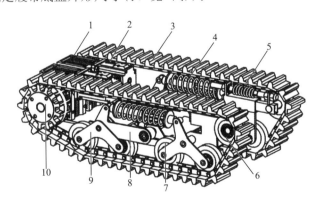

图 2-25　履带驱动底盘结构示意图

1.减速器；2.驱动电机；3.履带；4.仿形弹簧；5.张紧弹簧；6.张紧轮；7.承重轮；
8.仿形支架；9.承重支架；10.驱动轮

　　履带自走式驱动底盘作业阻力包括作业阻力和转向阻力，其中转向时的功率消耗远远大于直线作业功率消耗。图 2-26 为履带自走式玉米行间喷雾机接触地面核心域受力图，假定植保机底盘重心位于履带底盘接地面核心区域以内，阴影区域长、宽分别代表整机横向偏心距 C、纵向偏心距 e，由转向时的平衡条件可得

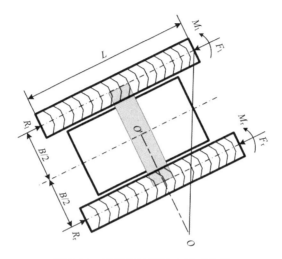

图 2-26　履带接地面核心域示意图

O 为履带底盘转向中心；F_1 为左侧履带转向阻力，N；F_r 为右侧履带转向阻力，N；R_1 为左侧履带转向驱动力，N；
R_r 为右侧履带转向驱动力，N；图中箭头方向表示履带底盘转动方向

$$\begin{cases} F_1 = \dfrac{fG}{2}\left(1 + \dfrac{2C}{B}\right) \\ F_r = \dfrac{fG}{2}\left(1 - \dfrac{2C}{B}\right) \end{cases} \tag{2-7}$$

式中，C 为横向偏心距，m；B 为履带中心距，m；f 为滚动阻力系数；G 为履带质心位置总重力，N。

　　左侧履带转向力矩为

$$M_1 = \frac{\mu GL}{8}\left(1 + \frac{2C}{B}\right)\left[1 - \left(\frac{2e}{L}\right)^2\right]^2 \tag{2-8}$$

　　右侧履带转向力矩为

$$M_r = \frac{\mu GL}{8}\left(1 - \frac{2C}{B}\right)\left[1 - \left(\frac{2e}{L}\right)^2\right]^2 \tag{2-9}$$

　　履带驱动底盘的转向阻力矩为

$$M_\mu = M_1 + M_r = \frac{\mu GL}{4}\left[1-\left(\frac{2e}{L}\right)^2\right]^2 \tag{2-10}$$

式中，M_1、M_r 分别为左右侧履带转向阻力矩，N·m；e 为纵向偏心距，m；B 为履带中心距，m；L 为履带接地长度，m；μ 为转向阻力系数。

当履带驱动底盘向左侧转向时，则左右履带轮转向驱动力为

$$\begin{cases} F_1 = \dfrac{fGL}{2}\left(1+\dfrac{2C}{B}\right) + \dfrac{\mu GL}{4B}\left[1-\left(\dfrac{2e}{L}\right)^2\right]^2 \\[4mm] F_r = -\dfrac{fGL}{2}\left(1-\dfrac{2C}{B}\right) - \dfrac{\mu GL}{4B}\left[1-\left(\dfrac{2e}{L}\right)^2\right]^2 \end{cases} \tag{2-11}$$

由式(2-11)可知，左右驱动力随着纵向偏心距的增加而减小，横向偏心距偏于哪一侧，该侧的驱动力增加，同时另一侧的驱动力减小。

履带驱动底盘的转向驱动功率为

$$\begin{cases} M_{max} = (F_{1max} + F_{rmax})r \\ W_{max} = (F_{1max} + F_{rmax})v \end{cases} \tag{2-12}$$

式中，M_{max} 为履带驱动轮最大驱动力，N·m；W_{max} 为履带驱动轮最大驱动功率，kW；r 为驱动轮节圆半径；v 为驱动轮线速度，m/s。

所设计的履带自走式玉米行间植保机器人满载重量 m 为 100 kg，履带中心距 B 为 0.35 m，履带接地长度 L 为 1.0 m，驱动轮节圆半径 r 为 0.02 m，横向偏心距 C 取 0.175 m，纵向偏心距 e 取 0.16 m，转向阻力系数 μ 和滚动阻力系数 f 分别取 0.6、0.11。计算可得履带驱动轮最大驱动力 M_{max} 为 15.68 N·m，履带驱动轮最大所需驱动功率 W_{max} 为 0.94 kW。

二、智能热雾机器人玉米行间导航路径规划

由于所设计的履带热雾植保机器人主要的作业场景为玉米行间环境，若一直通过遥控操作将会耗费操作者的大量精力。根据玉米行间植株分布特点，将目前的环境感知技术应用于玉米行间环境感知，并通过设计适宜玉米作物环境的行间路径规划算法，即可实现植保机器人的行间自主行走。目前可实现植保机器人环境感知的传感设备主要包括相机、激光雷达、超声波雷达等，由于田间环境往往较为复杂，有些植保机器人还采用多传感器融合的方式进行环境信息感知。本节以激光雷达为例，介绍激光雷达获取玉米行间点云数据的处理方法。

（一）基于改进 K-Means 算法的激光雷达点云数据聚类

K-Means 聚类算法可以从初始值的选取、初始聚类中心点的选取、距离和相似性度量、离群点的检测和去除等方面进行优化和改进。由于算法的实际应用环境不同，需要从不同的方面改进 K-Means 聚类算法，以便达到算法的最优化。本节提出的改进 K-Means 聚类算法是根据植保机器人在行间行走时，激光雷达不断地扫描植保机器人周围的玉米作物得到距离点云数据，以左右两行与玉米茎秆作为划分两个类簇的依据，对传统 K-Means 聚类算法进行优化。基于改进 K-Means 算法的激光雷达点云数据聚类在玉米行间环境的应用流程如图 2-27 所示。

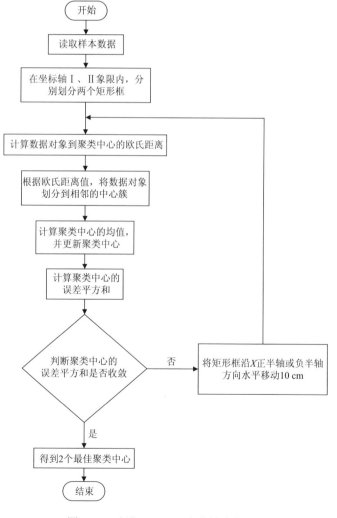

图 2-27　改进 K-Means 聚类算法流程图

(二)导航路径拟合

履带植保机器人在实际应用环境中，会遇到杂草、倒伏庄稼等未知因素，因此，激光雷达点云数据通过K-Means聚类算法得到的聚类中心可能包含上述因素。若采用传统建模方法，存在参数易跳变、鲁棒性较差等问题，所以本节首先采用RANSAC(随机抽样一致)算法进行环境模型搭建。

为了能准确搭建出自走式热雾机在玉米田间自主导航行走的环境模型，采用RANSAC算法搭建玉米作物的环境模型，该模型的样本数据来自于改进K-Means算法得到的作物行聚类中心 $C(S_1)$ 和 $C(S_2)$，其中 $C(S_1)$ 的横坐标记作 $L_{C(S_1)x}$，$C(S_2)$ 的横坐标记作 $R_{C(S_2)x}$；模型的未知参数为左右两行作物的有效点，分别记作 L_P 和 R_P，其中 L_P 的横坐标为 L_{Px}，R_P 的横坐标为 R_{Px}。

本节RANSAC算法搭建的环境模型是通过计算 $L_{C(S_1)x}$ 与 $R_{C(S_2)x}$ 的差值，并与实际玉米田的行间距进行比较，得到该模型的未知参数，算法实现的步骤如下：

(1)计算 $L_{C(S_1)x}$ 与 $R_{C(S_2)x}$ 的差值 d，记为模型 M；

(2)比较 d 的大小范围，判断由改进K-Means算法得到的两个聚类中心 $C(S_1)$ 和 $C(S_2)$ 是模型 M 的"局内点"，还是模型 M 的"局外点"；

(3)如果为"局内点"，则保存当前模型 M 的未知参数；若是"局外点"，则舍弃，并计算左右聚类中心点的矫正值 L_d 和 R_d，得到 L_{Px} 和 R_{Px}，同时更新迭代次数 K；

(4)如果迭代次数大于 K，则退出算法循环，否则迭代次数加1，并重复上述步骤。

"局外点"产生的示意图如图2-28所示。当激光雷达在包含缺苗、植株倒伏或杂草等因素的环境中应用时，将产生"局外点"。

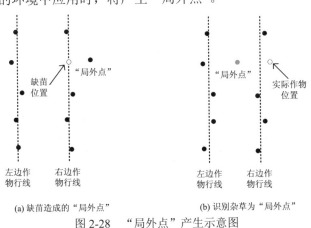

(a)缺苗造成的"局外点"　　　　　(b)识别杂草为"局外点"

图2-28　"局外点"产生示意图

基于 RANSAC 算法提取出左右两行作物的中心点后，再利用最小二乘法进行拟合，即得到导航路径。加装激光雷达的履带式智能热雾植保机器人整机如图 2-29 所示。

图 2-29　履带式智能热雾植保机器人整机图

三、智能热雾机器人在玉米中后期病虫害高效防控上的应用

履带式智能植保机器人自研发完成以来，在安徽省宿州市埇桥区、亳州市蒙城县及阜阳市临泉县等地开展了多轮玉米中后期病虫害防治示范，示范现场如图 2-30 所示。通过自走式履带底盘结合热雾防治技术，能够有效防治玉米中后期病虫害，达到玉米稳产增产的效果。采用该植保机器人进行玉米中后期病虫害防控较弥雾机防效显著提高（表 2-14），较未进行植保防控对照玉米亩产量增产约 9.5%；比传统植保无人机防控每亩增产约 6.2%（表 2-15）。

图 2-30　履带式智能植保机器人田间作业效果

表 2-14　玉米主要病虫害热雾防治效果

处理	玉米小斑		玉米纹枯		玉米蚜虫	
	平均病指	防效	平均病指	防效	平均虫口/(口/百株)	防效
弥雾机	67.8	38.5 b	63.3	36.4 b	12225	92.4 b
热雾机	59.5	61.6 a	51.7	60.7 a	3437	97.9 a
CK 防治前	50	—	29.5	—	278340	—
CK 防治后	78.9	—	75	—	160500	—

注：不同字母表示差异显著性($P<0.05$)。

表 2-15　皖北试验站试验田玉米产量数据（2019 年）

品种	采样区域	样本点面积/m²	脱粒重/kg	平均脱粒重/kg	产量/(kg/hm²)	平均产量/(kg/hm²)	平均绝对含水率/%	平均相对含水率/%	脱水后产量/(kg/hm²)	换算为13%含水量产量/(kg/hm²)	换算为13%含水量平均产量/(kg/hm²)
安农591	无打药处理	9	9.85		10919.85				8341.65	9703.50	
		9	9.02	10.02	10027.35	11142.60	31.26	23.82	7638.75	8885.85	9874.20
		9	11.2		12450.60				9484.95	11033.40	
	植保无人机打药	9	10.45		11608.05				9319.95	10531.50	
		9	9.98	10.15	11095.50	11276.10	32.58	25.14	8958.15	10122.75	10184.25
		9	10.01		11124.75				8759.70	9898.50	
	热雾机器人打药	9	11.75		13062.15				10296.75	11635.35	
		9	10.5	10.92	11672.55	12139.35	36.8	26.90	9201.30	10397.55	10813.35
		9	10.51		11683.65				9210.15	10407.45	

　　履带自走式植保机器人的研发，可有效突破玉米等高秆作物中后期病虫害防控难题，通过植保机器人环境感知、路径规划及驱动控制等技术，可实现玉米田间自主行走作业，结合热雾立体防控技术，可直接对玉米果穗等病虫害发生部位进行有效防治，病虫害防控效果显著(王韦韦等，2021)。同时，该机器人采用自走式底盘搭载热雾喷施系统，可实现人机分离、人药分离，充分保障了作业人员的安全；在机具性能方面，该机器人行驶速度可在 0.5～1.5 m/s 范围内无级调节，转弯半径为 0.8 m，爬坡度为 30°，作业效率可达 5.3 hm²/h，减少用药量 10%以上，能够满足玉米等大田作物的植保作业需求。该机器人为玉米中后期病害虫防治自动化作业提供了一种高效新方法。

第七节　粮食作物智能高效热雾飞防技术

　　随着我国城镇化建设的稳步推进，农村劳动力不断向城市转移，农业生产劳动力不足的问题日益凸显,农作物病虫害防治对高工效、高防效、低劳动强度作业技术的需求十分迫切。2010 年以来,植保无人机在中国迅速发展,以植保无人机为应用载体的低空低量航空施药技术逐步成为研究热点。近年来,随着植保无人机施药配套装备与技术的发展,植保无人机在农作病虫害防治中高效、节水和节约劳动力的优势越发凸显。虽然国内研发的植保无人机机型较多,但主流植保无人机多采用多旋翼电动无人机,载重量小,药液携带量为 10～20 kg,为确保作业效率,每亩用药液量一般控制在 1.0～2.0 kg,同时由于当前无人机所采用的雾化喷头雾化能力均在 90 μm 以上,作业时产生的总雾滴数不足,防治靶标上雾滴覆盖度难以达标,从而很难保证病虫害的防治效果。尤其是玉米等高秆作物,中后期病虫害主要危害位于植株中下部的果穗及其上下功能叶,常规无人机施药药滴难以到达或雾滴数覆盖度不足,导致防治效果差。此外,无人机施药存在的农药雾滴易飘移、均匀性差、农药残留等问题,以及缺乏专用农药制剂也制约着植保无人机的应用。

热力烟雾机施药技术也是近年来在农业生产上进行推广和应用的高工效施药技术之一,具有烟雾颗粒小且扩散渗透能力强、防治喷幅宽、作业效率高等优点,但目前常用热力烟雾机为手持式或背负式机型,操作人员劳动强度大,且在高分贝噪声和含药烟雾颗粒中的暴露风险高,难以在生产中快速推广和大面积应用。虽然热雾机器人的应用能克服人工施药的难题,但防治效率仍然不高。

针对上述现有技术的缺陷,利用多旋翼植保无人机飞行稳定性高、自主飞行能有效降低作业人员在施药环境中的暴露风险及热力烟雾机施药烟雾颗粒细、扩散渗透能力强、雾滴靶标上药雾覆盖度高、防治喷雾宽、工效高、效果好的优点,通过对植保无人机、热力烟雾机进行技术参数的优化升级和结构改造,并充分利用植保无人飞机旋翼下压风场对热雾扩散的控制作用,研制了热雾施药植保无人机,在玉米、小麦、水稻及果树等作物病虫害防治上应用前景广阔。

一、飞防热雾沉降助剂

使用植保无人机等低容量施药技术施药,雾滴小,易蒸发,飞行带来的乱流及在雾滴向靶标运动过程中,易受温度、湿度和自然风等环境因素的影响,产生蒸发和飘移等造成环境问题,降低防效。这就需要开发具有强沉降性、耐挥发性、抗飘移性等特点的低毒高效农药制剂或添加助剂,以降低雾滴飘移风险。但目前我国各种喷雾器械使用的农药多为常规地面机械使用的药剂,截至 2018 年底也仅有 12 种超低容量液剂在中国获得登记。喷雾助剂可提高农药药液在靶标植物叶片上的润湿、附着、展布与渗透等,增加药液在作物上的沉积量,提高防治效果,研发和应用低容量喷雾药剂剂型、添加喷雾专用助剂是解决目前无人机低容量喷雾药剂剂型缺乏、减少雾滴蒸发和飘逸等问题行之有效的措施,具有较好的应用前景。

（一）飞防热雾沉降助剂功能与特性

水溶性表面活性剂的表面张力与其喷雾粒径大小和分布具有一定的相关性。在水中加入适当的表面活性剂后，可使喷雾雾滴的体积加权平均粒径（VAD）变大，样品分散系数（R.S）变小，雾滴分布集中度变大。表面活性剂还可影响药液的渗透性能。选用生产上常用的润湿渗透性能较好的 8 种表面活性剂，其水溶液对标准帆布片的润湿渗透性能差异明显，在相同比例下，添加 JFC 的润湿渗透性强，标准帆布片的润湿渗透速度快。

表面活性剂影响药液水分蒸发，但不同表面活性剂的水分蒸发抑制率不同。1%用量时，A-110 及 T-20 水分蒸发抑制率较高，分别为 10.8%和 11.5%；0.5%用量时，TX-7 的水分蒸发抑制率最高，为 7.5%，其次为 JFC、LAE-9 和 T-20，其水分蒸发抑制率分别为 5.9%、5.6%和 5.1%；用量为 0.1%时，T-20 的水分蒸发抑制率最高，为 6.9%，其次为 OP-9 和 TX-7、A-110，其水分蒸发抑制率分别为 5.7%、5.1%和 5%。不同的表面活性剂，其水分蒸发抑制率与所使用的浓度之间关系不同，如 JFC-E、OP-9 在用量为 0.1%时水分蒸发抑制率最高，农乳 600#、TX-13 在用量为 0.5%时水分蒸发抑制率最高，TX-10、A-110、O-20、T-20、OP-10 在用量为 1%时水分蒸发抑制率最高。

综合考虑表面活性剂的润湿渗透性能和对水分蒸发的抑制效果，选用 JFC 和 A-110 两种表面活性剂，并选用对水分蒸发抑制效果最好的有机化合物异辛醇，采用正交设计测定了 3 种物质不同浓度配比的水分蒸发抑制率。确定 1.2%异辛醇+0.6%JFC+0.8%A-110 组合对水分蒸发抑制率最高，达到 68.0%。对正交试验进行主旨间效果鉴定，异辛醇的显著性为 0.012＜0.05，JFC 的显著性为 0.726＞0.1，A-110 的显著性为 0.407＞0.1，表明异辛醇对水分蒸发抑制率有显著影响。

在水分蒸发抑制剂中加入 0.02%黄原胶、0.02%成膜剂和 0.1%沉降剂后，水分蒸发抑制率变化不大，且都在 60%以上，加入 0.2%凝结核物质后，水分蒸发抑制率明显降低至 30.3%。

因此，综合考虑表面活性剂对药液喷雾雾滴粒径、药液润湿渗透性能及对药液蒸发的抑制作用，选用 JFC 和 A-110 两种表面活性剂；通过比较分析不同有机化合物对水分蒸发抑制作用及其与表面活性剂的配伍性能，选用异辛醇为主要水分蒸发抑制物质；为提高药液在防治靶标上的黏附性能和耐雨水冲刷性能及产品本身的物理稳定性，添加适量的增稠剂和成膜剂，形成的飞防热雾沉降助剂具体配方：24%异辛醇、12%JFC、16%A-110、0.4%成膜剂、0.4%黄原胶、2%凝结核物质、0.5%活性硅酸镁铝、22.35%油酸甲酯和 22.35%石蜡油。

将油酸甲酯和石蜡油按 1∶1 的比例混合均匀，将表面活性剂 JFC 和 A-110、异辛醇、成膜剂、凝结核物质及增稠剂在搅拌下引入油酸甲酯和石蜡油的混合油相中，充分搅拌均匀，经砂磨机研磨制成稳定油悬浮剂样品。参照农药油悬浮剂的质量控制指标对样品进行了质量检测，悬浮率达 98.5%，倾倒性、稳定性、流动性、乳化性、热贮(54℃，14 d)和冷贮(−4℃)稳定性等各项指标均符合标准。

选用生产上常用的苯甲·丙环唑和吡虫啉等商品农药，测试了飞防热雾沉降助剂的功能对其药液各参数的影响，结果表明，加入该助剂后，药液的表面张力明显降低，药液的润湿渗透性能得到明显改善，药液的蒸发量减少，大雾滴减少，雾滴粒径更为集中，30～60 μm 雾滴占比显著提高。

(二)飞防沉降助剂的应用效果

测定了噻呋酰胺、腈菌唑、乙多·甲氧虫、烯啶·吡蚜酮、戊唑醇、氟环唑、苯醚甲环唑、甲维氟铃脲、噻虫嗪和溴氰虫酰胺 10 种市售农药加入飞防助剂后药液的表面张力、铺展直径、渗透时间、黏度和体积加权平均粒径(VAD)。结果表明，与不加助剂相比，飞防热雾沉降助剂可降低药液表面张力，增加药滴铺展直径，缩短渗透时间，减少水分蒸发和改善雾滴粒径。

飞防助剂可改善田间雾滴分布，提高药液在植株内的沉积量和对病虫害的防治效果。助剂可以改善无人机施药的雾滴分布，与参试的防飘散技术喷洒沉积辅助剂、激健减量降残增产助剂、雾加宝热雾稳定剂相比，添加该飞防助剂后，单位面积的雾滴数量最多，为 52 个/cm²，平均雾滴粒径为 51 μm，中心距离最小，雾滴分布最密，改善雾滴粒径大小和分布情况较好，单位面积叶片上检测到的雾滴数是商品药对照的 2.6 倍(表 2-16)。

表 2-16　加入助剂后无人机施药的雾滴分布情况

处理	雾滴数/(个/cm²)	雾滴直径/μm	中心距离/μm
戊唑醇	20 d	82 a	1190 a
戊唑醇+飞防助剂	52 a	51 d	580 c
戊唑醇+助剂 A	29 c	73 b	1000 ab
戊唑醇+助剂 B	22 d	79 ab	1210 a
戊唑醇+助剂 E	38 b	59 c	690 bc

注：A-防飘散技术喷洒沉积辅助剂，B-激健减量降残增产助剂，E-雾加宝热雾稳定剂。表中数值为 3 次重复平均值。不同小写字母表示差异显著性($P<0.05$)。

热雾无人机施药时添加该助剂后，可有效提高药剂在小麦植株中的沉积量，麦穗和旗叶中的氰烯·戊唑含量分别为 9.429 mg/kg 和 59.552 mg/kg，显著高于不加助剂对照的 7.208 mg/kg 和 22.336 mg/kg，对小麦赤霉病的防治效果和毒素的抑制作用也明显增强(表 2-17)。

表 2-17　飞防助剂对小麦赤霉病防治效果和毒素控制效果的影响

处理	麦粒中毒素含量/(μg/kg)			病穗率/%	病情指数/%	防治效果/%
	DON	3A-DON	15A-DON			
氰烯菌酯飞防	1507.95	1.68	0	11.2	5.03	82.63
氰烯菌酯+飞防助剂	1209.40	2.50	0	6.6	3.29	88.93
30%氰戊飞防	3237.80	56.52	39.86	12.8	6.74	76.84
30%氰戊+飞防助剂	1730.73	7.49	6.62	6.6	4.94	83.53
空白对照	3734.21	24.05	24.55	43	29.46	

注：DON 指脱氧雪腐镰刀菌烯醇；3A-DON 指 3-乙酰脱氧雪腐镰刀菌烯醇；15A-DON 指 15-乙酰脱氧雪腐镰刀菌烯醇。

防治玉米小斑病时，设置不添加助剂、添加飞防助剂及添加对照助剂迈飞 3 个处理。以添加飞防助剂的处理防效最好，喷药后 3 d、5 d 和 7 d 对玉米小斑病的防效分别为 58.36%、71.29% 和 74.14%，高于添加对照助剂迈飞处理的 56.06%、69.26% 和 72.48%。方差分析结果显示，添加助剂的处理防效显著高于不添加对照的处理（表 2-18）。

表 2-18　添加助剂对玉米小斑病防效的影响

处理	喷药后 3 d		喷药后 5 d		喷药后 7 d	
	平均病指	防效/%	平均病指	防效/%	平均病指	防效/%
不加助剂	9.65	50.64 b	11.93	62.15 b	13.37	66.27 b
迈飞	8.59	56.06 a	9.69	69.26 a	10.91	72.48 a
飞防助剂	8.14	58.36 a	9.05	71.29 a	10.25	74.14 a
CK	19.55	—	31.52	—	39.64	—

注：不同小写字母表示差异显著性（$P<0.05$）。

二、热雾无人机

(一)热雾无人机结构

热雾无人机是一种植保无人机配载热雾机的施药装备，包括无人机本体、热力烟雾机、药液箱和高稳定性能机脚架。

无人机本体以大疆 T20 植保无人机为基础改造而成，采用六旋翼植保无人机，将热力烟雾机固定于植保无人机本体的高稳定性能机脚架上，热雾施药无人机的喷烟口位于所述六旋翼植保无人机后四旋翼对角线交叉点正下方前后 5 cm 范围内，与植保无人机旋翼水平方向向下呈 10°～30°夹角。

无人机载热力烟雾机净重低于 6.0 kg，总长度 800～1000 mm，包括热雾机油箱、双化油器、脉冲点火启停装置、燃烧室、热雾机遥控信号接收模块、喷烟管、压力双喷头。其中，热雾机信号接收模块具备遥控点火和停车功能；压力双喷头中的药液在经过喷烟管后雾化以热雾形式喷出；燃烧室内室容积为 300 cm^3；喷烟管长 600 mm，采用双层不锈钢管设计；热力烟雾机启动所需电源接口，可以选择为内嵌式 9 V Cinch RCA 接口输入。药液箱中的药液经孔径为 1.2 mm 的压力双喷头流进喷烟管中，经多次测试，将压力双喷头安装在距离燃烧室与喷烟管连接处朝喷烟管方向 260 mm 处，与喷烟管上对称位置效果最佳(图 2-31)。

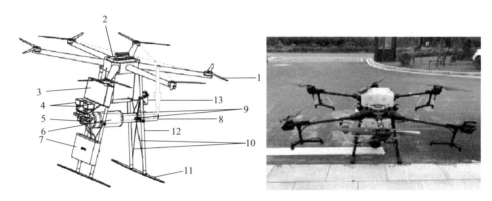

图 2-31　植保无人机配载热雾机施药装备整体结构与外观图

1. 旋翼；2. 药液箱；3. 热雾机油箱；4. 化油器；5. 脉冲点火启停装置；6. 燃烧室；7. 热雾机遥控信号接收模块；8. 喷烟管；9. 压力双喷头；10. 承重竖杆；11. 底杆；12. 斜拉杆；13. 精准控药控制系统

精准控药控制系统：植保无人机配载热雾机施药装备还包括精准供药控制系统，由精准电压控制模块、高灵敏压力传感模块和微型直流电隔膜泵组成，工作供药压力为 $(0.30 \pm 0.05)\,kg/cm^2$，经测定田间热雾扩散幅宽、热雾微粒径大小、热雾微粒在靶标上的覆盖度及每公顷作业防治药液量等数据，明确其供药速率参数为 1.0～2.0 L/min，供药速率误差在 5%以内。

(二) 热雾无人机的优势

与现有无人机飞防技术和热雾防控技术相比，本热雾无人机的优点在于：

(1) 喷烟口安装在多旋翼无人机旋翼风场中的位置，充分利用了旋翼风场的下压作用控制烟雾扩散行为，有效减少了烟雾的飘移，提高了含药雾滴在防治靶标上的覆盖度，提高了农药利用率。

(2) 对热雾机整体结构进行了优化改造，机器净重低于 6.0 kg，适应于采用双化油器、遥控点火和停车、双喷头设计，作业稳定性更好，操作简便。此外，采用双化油器设计有效增强了机器作业的稳定性，避免了作业过程中因热雾机熄火导致的漏防和药液滴漏损失。

（3）优化改造的无人机具有热雾机启动电源接口，热雾机加载到无人机上更便捷。

（4）设计的高稳定性能机脚架使无人机降落着地稳定性能提高，与无人机连接方便，便于无人机水雾、热雾两用。

（5）植保无人机配载热雾机的施药装备的喷液速率为 1～2 L/min，飞行速率为 2.5～3.0 m/s，作业速率为 1334～2668 m²/min，防治喷幅 15 m，喷幅范围内雾滴覆盖度在 27 个/cm² 以上。

三、粮食作物智能热雾飞防技术应用

综上所述，大田粮食作物智能高效热雾飞防技术体系由热雾无人机、热雾沉降助剂和智能化系统等子系统组成。该技术将小型热雾机与无人机一体化，解决了雾药融合、适宜飞防喷雾角度和智能化管控问题；创制出适用于无人机用的热雾沉降剂，攻克纳米级凝结核技术，有效加快雾滴沉降、减少药雾飘逸；突破固体颗粒乳化技术，乳化能力比普通表面活性剂提高 3～5 倍，药滴叶面附着力强。

（一）技术应用方法

首先，根据粮食作物病虫害发生情况选择农药的种类和用量，按 7.5 L/hm² 的药液量配制药液，药液中须添加热雾飞防功能助剂，功能助剂与水按 1∶9 的比例混配。将配制好的药液加入药箱中。启动无人机，利用系统中嫁接的北斗定位导航系统进行自主飞行。待飞至施药作业区域遥控智能化施药管控系统，打开热雾施药阀门进行施药作业。利用热雾无人机施药技术进行玉米田间热雾施药作业，飞行速度为 2.5 m/s，飞行高度为距离玉米冠层 1.8 m。

（二）技术主要特点

（1）效率高。热雾施药有效喷幅 12～14 m（常规无人机 3.5 m 左右），施药效率≥0.07 hm²/min，可实施高功效持续作业，每天施药 66.7 hm² 以上。

（2）适用性强。与无人机连接方便，便于无人机水雾、热雾两用。不仅适用于玉米等中高秆作物的热雾施药，也适用于小麦、水稻等大田作物水雾、热雾施药，易于推广应用。

（3）防效好。热雾施药药滴直径为 40～60 μm，在玉米冠层内逐渐下沉，穿透性强，玉米植株穗上下部药量有效附着高，防效提高 5%～8%；土壤沉积药量降低 84.55%，环境友好。

（4）智能化。嫁接高精度北斗定位导航，实现自主飞行和智能化施药管控。

（三）技术应用效果

智能热雾无人机施药技术于 2020～2021 年在安徽埇桥、临泉、利辛、濉溪等

县区示范应用 20 万亩。在有效喷幅 15 m 范围内，玉米田间雾滴覆盖密度平均为 28～103 个/cm²，基本满足作物病虫害防治对雾滴覆盖度的要求；而垂直方向上 0.5～2 m 范围内雾滴覆盖密度平均为 47～54 个/cm²，常规无人机雾滴主要分布于作物上层 2 m 左右(图 2-32)。1 次施药对玉米南方锈病的防治效果达到了 70.83%，显著高于其他施药方式。

图 2-32　热雾无人机田间作业图

热雾飞防作为一种新型智能高效植保技术，具有防治效率高、效果好、适用性强等特点，在玉米等高秆作物中后期病虫害防控中具有广阔的应用前景，在江淮区域玉米病虫害防控上将被广泛应用，并将在全国示范推广。同时，该技术还可拓展应用于小麦、水稻等粮食作物和其他高秆作物病虫害防治。

参 考 文 献

曹冲, 黄啟良, 曹立冬, 等. 2021. 减施增效农药剂型设计与制剂研发策略. 世界农药, 43(2): 1-5.

陈莉, 丁克坚, 程备久, 等. 2010. 热力烟雾机在玉米病虫害防治上的应用研究. 安徽农业大学学报, 37(1): 71-74.

陈盛德, 兰玉彬, 李继宇, 等. 2017. 植保无人机航空喷施作业有效喷幅的评定与试验. 农业工程学报, 33(7): 82-90.

丁克坚, 叶正和, 陈莉, 等. 2011. 热雾机专用添加剂及其制备方法. 安徽: CN102165949A, 2011-08-31.

沈学善, 李金才, 屈会娟, 等. 2009a. 淮北地区不同夏玉米品种的产量性状和适应性分析. 河北科技师范学院学报, 23(4): 12-15+20.

王韦韦, 谢进杰, 陈黎卿, 等. 2021. 3YZ-80A 型履带自走式玉米行间喷雾机设计与试验. 农业机械学报, 52(9): 106-114.

吴跃进, 余增亮. 2009. 化肥控失技术创新及其应用. 高科技与产业化, (6): 106-108.

吴振宇, 杨阳, 周子军, 等. 2017. 新型缓释尿素肥效与功能材料添加量的关系. 中国生态农业学报, 25(5): 740-748.

岳艳军, 吴跃进, 杨阳, 等. 2019. 含 2.5%基质材料尿素的氮缓释特性及其与作物生长吻合性.
　　植物营养与肥料学报, 25(11): 2009-2018.

张晓冬, 史春余, 隋学艳, 等. 2009. 基质肥料缓释基质的筛选及其氮素释放规律. 农业工程学
　　报, 25(2): 62-66.

周子军, 吴跃进, 倪晓宇, 等. 2019a. 基于稀土改性强化的基质载体型缓释尿素及其制备方法:
　　中国, ZL201610552283.X. 2019-10-11.

周子军, 吴跃进, 倪晓宇, 等. 2019b. 一种基于秸秆的基质载体型缓释尿素及其制备方法: 中国,
　　ZL201610455152. X. 2019-10-11.

Aksakal E L, Angin I, Oztas T. 2012. Effects of diatomite on soil physical properties. Catena, 88(1):
　　1-5.

Chen L Q, Wang P P, Zhang P, et al. 2018. Performance analysis and test of a maize inter-row
　　self-propelled thermal fogger chassis. Int J Agric & Biol Eng, 11(5): 100-107.

Entry J A, Sojka R E. 2008. Matrix based fertilizers reduce nitrogen and phosphorus leaching in three
　　soils. Journal of Environmental Management, 87(3): 364-372.

Gabrielle B, Denoroy P, Gosse G, et al. 1998. Development and evaluation of a CERES-type model
　　for winter oilseed rape. Field Crops Research, 57(1): 100-111.

Greenwood D J, Lemaire G, Grosse G, et al. 1990. Decline in percentage N of C3 and C4 crops with
　　increasing plant mass. Annals of Botany, 66: 425-436.

Lemaire G, Salette J. 1984. Relation entre dynamique de croissance et dynamique de prelevement
　　d'azote pour un peuplement de graminees fourrageres. II. Etude de la variabilite entre genotypes.
　　Agronomie, 4(5): 431-436.

Naz M Y, Sulaiman S A. 2017. Attributes of natural and synthetic materials pertaining to slow-release
　　urea coating industry. Reviews in Chemical Engineering, 33(3): 293-308.

Ni X, Wu Y, Wu Z, et al. 2013. A novel slow-release urea fertiliser: Physical and chemical analysis of
　　its structure and study of its release mechanism. Biosystems Engineering, 115(3): 274-282.

Qin S H, Wu Z S, Rasool A, et al. 2012. Synthesis and characterization of slow-release nitrogen
　　fertilizer with water absorbency: Based on poly (acrylic acid-acrylic amide)/Na-bentonite.
　　Journal of Applied Polymer Science, 126(5): 1687-1697.

Riley N G, Zhao F J, McGrath S P. 2002. Leaching losses of sulphur from different forms of sulphur
　　fertilizers: A field lysimeter study. Soil Use and Management, 18(2): 120-126.

Santos C F, Nunes A P P, Aragao O O D, et al. 2021. Dual functional coatings for urea to reduce
　　ammonia volatilization and improve nutrients use efficiency in a Brazilian Corn Crop System.
　　Journal of Soil Science and Plant Nutrition, 21(2): 1591-1609.

Xu H C, He H B, Yang K, et al. 2022. Application of the nitrogen nutrition index to estimate the yield
　　of Indica hybrid rice grown from machine-transplanted bowl seedlings. Agronomy, 12(3): 742.

Yang Y, Li N, Ni X, et al. 2020. Combining deep flooding and slow-release urea to reduce ammonia
　　emission from rice fields. Journal of Cleaner Production, 244: 118745.

Yang Y, Liu B, Ni X, et al. 2021. Rice productivity and profitability with slow-release urea containing organic-inorganic matrix materials. Pedosphere, 31（4）: 511-520.

Yang Y, Ni X, Zhou Z, et al. 2017. Performance of matrix-based slow-release urea in reducing nitrogen loss and improving maize yields and profits. Field Crops Research, 212: 73-81.

第三章　粮食作物抗逆丰产增效理论与技术

江淮区域地处南北过渡带，气候多变，高温、低温、干旱、涝渍等非生物逆境和病虫害等生物逆境突出，灾害频发，严重制约着该区域粮食作物产量和品质，提高作物抗逆减灾能力是江淮区域粮食作物丰产稳产、优质高效生产的基础。作物抗逆减灾涉及品种抗性、土壤改良培肥、抗逆减灾技术与产品装备，以及逆境灾害预测预警等多方面，涉及作物生产的全过程。因此，探明作物逆境响应及抗性机制，研发抗逆丰产增效的技术、产品和装备，对破解江淮区域粮食作物生产中逆境致灾难题，提高作物抗逆减损丰产增效具有重要意义和应用价值。

第一节　粮食作物抗逆品种与减灾增效技术

品种是作物生产的基础，选用抗逆品种是作物抗灾减灾增效的最经济有效的技术途径。江淮区域地处南北过渡带，高低温、干旱涝渍等非生物逆境和病虫害生物逆境突出，灾害频发重发，因此，评价作物品种抗逆水平，培育和筛选鉴定抗逆品种，充分利用抗逆品种对粮食作物生产和减灾增效有十分重要的意义。

一、粮食作物抗逆品种鉴定评价

品种的抗逆性评价是培育、筛选和利用品种的重要基础，小麦、玉米、水稻等粮食作物在生长过程中会遭受多种非生物逆境和生物逆境的胁迫，其抗逆性可表现在形态、生理生化、细胞和分子等不同水平上，因此建立简便、快速、精准、有效的评价方法和标准是抗逆性评价的前提。

（一）非生物逆境抗性鉴定评价

1. 冬小麦倒春寒抗寒性鉴定评价方法

1）抗性鉴定方法

采用盆栽方式与大田播种方式种植鉴定品种，于拔节孕穗期（药隔期）分别按照不同温度和时长设置处理，温度和时长分别为：4℃、0℃、−4℃，每个温度分别各处理 1 d（24 h）、2 d（48 h）、3 d（72 h），通过分析倒春寒危害对相关性状与产量影响大小，鉴定不同品种抗倒春寒能力的强弱。盆栽试验利用人工气候箱进行倒春寒模拟。低温处理时间 1:00～5:00（4 h），其他时间温度保持在 10℃，以日平均 10℃为对照。处理结束后移至自然条件下生长。大田试验则利用倒春寒模拟装置在田间进行倒春寒危害模拟试验，分析相关性状指标， 进行小麦倒春寒抗性鉴定。

2）抗性评价方法

通过研究分析功能叶净光合速率（Pn）、叶绿素含量（Tchl）、根系数量（RN）、根系活力（RV）、功能叶与穗部蔗糖含量（ESC）、蔗糖合成与分解关键酶活性、结实小穗数（GSN）与退化小穗数、分化与退化小花数、结实粒数、籽粒产量等与春季低温冷害密切相关的指标，创建了冬小麦抗寒性评价方法如下。

冬小麦春季低温冷害评价关键指标：功能叶净光合速率（Pn）、发根力（RA=RN×RV）、结实小穗数（GSN）。

冬小麦抗寒性评价方法：建立递进式（快速判别、精确鉴定、综合评价）评价。

快速判别：冬小麦药隔形成期功能叶净光合速率（Pn）、穗部蔗糖含量（ESC）大小为冬小麦倒春寒前期快速判别指标。

精确鉴定：在冬小麦四分子期应用抗性指数 LSCRI=功能叶净光合速率×发根力×结实小穗数，即

$$LSCRI = Pn×RA×GSN \qquad (3-1)$$

利用抗性指数精确鉴定冬小麦对倒春寒的抗寒能力强弱。

综合评价：在收获期采用综合评价指数（综合抗性指数 LSCCRI=抗性指数/产量相对受害率 YRIR），即

$$LSCCRI=LSCRI /YRIR \qquad (3-2)$$

利用综合抗性指数综合评价冬小麦对倒春寒抗寒能力的强弱。

根据以上公式构建倒春寒综合抗性指数（late spring coldness comprehensive resistance index, LSCCRI）抗寒性评价方法对不同春季低温危害抗性品种进行分级，建立倒春寒抗性评价指标体系，LSCCRI<68 为抗倒春寒能力强品种，LSCCRI在 69～145 为抗寒能力中等品种，LSCCRI>145 为抗倒春寒能力弱品种。

2. 小麦、玉米涝渍抗性鉴定评价

1）抗性鉴定方法

小麦涝渍抗性鉴定方法：采用盆栽、柱栽、池栽和大田四种种植方式种植小麦鉴定品种，于小麦孕穗期进行涝渍逆境胁迫 5 d、10 d、15 d，淹水深度以超过地面 1 cm 为准，涝渍逆境胁迫结束后立即排水至田间最大持水量的 75%～80%。通过分析涝渍危害对相关性状与产量相对受害率（RIR）的影响大小，鉴定不同小麦品种抗涝渍能力的强弱。

玉米涝渍抗性鉴定方法：采用盆栽和大田两种种植方式种植玉米鉴定品种，于 3 叶期进行涝渍逆境胁迫 3 d、6 d 和 9 d，淹水深度以超过地面 1 cm 为准，涝

渍逆境胁迫结束后立即排水至田间最大持水量的 75%～80%。通过分析涝渍危害对玉米相关性状与产量相对受害率(RIR)的影响大小，鉴定不同玉米品种抗涝渍能力的强弱。

2)抗性评价方法

(1)涝渍抗性评价关键指标：分析优选作物涝渍抗性形态与生理指标，明确净光合速率(Pn)、根系发根力(RA=根长×根数×根系活力)、绿叶数(GLN)为关键指标。

(2)涝渍抗性评价方法：分阶段(前、中、后)、递进式(快速判别、精确鉴定、综合评价)涝渍抗性评价方法。

前期快速判别指标为功能叶 Pn，抗性等级弱、中、强的 Pn 阈值范围分别为：小麦 12.7～13.5、13.6～15.8、≥15.9，玉米 14.6～16.5、16.6～18.4、≥18.5。中期精确鉴定指标为

$$WRI=Pn×RA×GLN \tag{3-3}$$

抗性等级弱、中、强的 WRI 阈值范围分别为：小麦 31.0～35.6、35.7～48.7、≥48.8，玉米 33.5～41.8、41.9～52.4、≥52.5。收后综合评价指标为

$$WRCI=WRI/YRIR \tag{3-4}$$

抗性等级弱、中等偏弱、中、强的 WRCI 阈值范围分别为：小麦 64～68、69～108、109～145、≥146，玉米 61～66、67～127、128～156、≥157。

3. 水稻品种耐高温鉴定评价

1)耐高温鉴定方法

采用盆栽种植方式种植水稻鉴定品种，在人工气候室或温湿度可控的玻璃温室进行水稻耐高温鉴定。玻璃温室用空调、热风炉和外循环风机调控玻璃温室内的环境温度和空气相对湿度。盆栽水稻前期生长在自然生长条件下，盆钵需埋设于稻田土中并按照高产田管理方式进行种植，于开花期(50%抽穗开花)选择整齐一致的盆钵至人工气候室或玻璃温室进行高温处理，高温处理前剪去颖花已经开放的穗，温度处理设 4 个阶段，07:00～09:00 为 32.5℃，09:00～14:00 为 38.0℃，14:00～16:00 为 36.5℃，16:00～翌日 07:00 为 31.0℃。湿度控制在 75%～80%，人工气候室内处理 3 d，玻璃温室处理 5 d。对照组白天(08:00～20:00)温度为 32℃，夜间(20:00～翌日 08:00)温度设置为 25℃。高温处理期间，标记开花的稻穗并挂牌标记，处理结束后移至室外自然生长直至成熟。于成熟期所有品种均随机选择 4 盆的部分挂牌稻穗(3～5 株)评估结实率。

2)耐高温评价方法

高温热害胁迫指数：高温热害胁迫指数(H)采用结实率作为指标建立评价体系。

$$H=(\text{对照结实率}-\text{高温处理后结实率})/\text{对照结实率} \tag{3-5}$$

水稻耐热性评价标准：热钝感型为 $0 \leqslant H < 0.2$；耐热型为 $0.2 \leqslant H < 0.5$；不耐热型为 $0.5 \leqslant H < 0.8$；热敏感：$0.8 \leqslant H < 1$。

4. 玉米品种耐高温鉴定评价

1）耐高温鉴定方法

在温湿度可控的两玻璃温室中按株距 27 cm、行距 60 cm 分别种植对照和高温处理玉米品种，用空调、热风炉和外循环风机调控玻璃温室内的环境温度及空气相对湿度。从玉米倒数第 3 叶展开至散粉结束进行高温热害处理，高温热害处理环境温度控制在 35～38℃，空气相对湿度 $\leqslant 30\%$，对照环境温度 $\leqslant 32$℃，处理时间为 10:00～16:00，连续 3 d。

2）耐高温评价方法

高温热害率：

$$H(\%)=(Y_c-Y_t)/Y_c \times 100 \tag{3-6}$$

式中，Y_c 为对照产量；Y_t 为高温处理产量；产量 $Y(\text{kg/m}^2)=\text{穗数} \times \text{穗粒数} \times \text{千粒重}$。

高温热害等级划分：0 级为 $0 \leqslant H < 5\%$；1 级为 $5\% \leqslant H < 20\%$；2 级为 $20\% \leqslant H < 35\%$；3 级为 $35\% \leqslant H < 50\%$；4 级为 $H \geqslant 50\%$。

高温热害指数：

$$I = \left(\sum_{i=1}^{m} h_i \times x_i \right) \div (n \times m) \tag{3-7}$$

式中，m 为高温热害的最高等级；h_i 为高温热害株数；x_i 为高温热害等级；n 为总株数。

玉米耐热性评价标准：$0 \leqslant I < 0.25$ 为耐热型；$0.25 \leqslant I < 0.50$ 为较耐热型；$0.50 \leqslant I < 0.75$ 为较敏感型；$0.75 \leqslant I < 1.0$ 为敏感型。

（二）作物主要病害抗性评价

1. 水稻主要病害鉴定评价方法

1）水稻主要病害鉴定方法

稻瘟病：利用各生态区内不同生理小种的混合菌种，采用浓度为 2×10^5～3×10^5 个/mL 孢子液，叶瘟于水稻秧苗 3～4 叶期进行喷雾接种，穗瘟于孕穗期每穗注射 1.0 mL 孢子液或于抽穗后喷雾接种。叶瘟调查于接种 7～10 d 后进行，每丛以各叶表现出的最高病情级别为最终病情级别，计算各丛的加权平均发病等级；

穗瘟于收割前 4～5d 调查病穗数和病情级别，按式(3-8)计算发病率、式(3-9)计算穗瘟损失率指数、式(3-10)计算各品种的综合抗性指数。

$$发病率（\%）= \frac{发病株/穗数}{调查总株/穗数} \times 100\% \tag{3-8}$$

$$穗瘟损失率指数(100\%) = \frac{\sum(损失率级别 \times 该级别植株数)}{最高损失率级别 \times 调查总株数} \times 100\% \tag{3-9}$$

$$综合抗性指数 I = 叶瘟病级 \times 0.25 + 穗瘟病穗率病级 \times 0.25$$
$$+ 穗瘟损失率指数病级 \times 0.5 \tag{3-10}$$

稻曲病：在病害多发重病区设置鉴定圃进行自然诱发鉴定，于收获前 7～10 d 调查病穗数，计算穗发病率。

2）水稻主要病害抗性评价标准

稻瘟病依据综合抗性指数、稻曲病依据穗发病率确定品种抗性等级，品种抗性的划分标准见表 3-1。

表 3-1 水稻品种抗性等级划分标准

病害名称	抗性指标					
	高抗(HR)	抗(R)	中抗(MR)	中感(MS)	感(S)	高感(HS)
稻瘟病	<0.1	0.1～2.0	2.1～4.0	4.1～6.0	4.1～6.0	≥6.1
稻曲病	<0.1	0.1～2.5	2.6～5.0	5.1～12.5	12.6～25.0	25.1～100.0

2. 小麦主要病害鉴定评价方法

赤霉病：选用当地致病力强的小麦赤霉病菌或混合菌种，于小麦扬花初期将浓度为 $1 \times 10^5 \sim 5 \times 10^5$ 个/mL 的分生孢子悬浮液注入麦穗中部的一个小花内，接种量 20 μL/穗。小麦蜡熟期调查每穗的发病情况，按式(3-11)计算平均严重度。平均严重度<2.0 为品种抗病(R)、≥3.5 为感病(S)、2.0≤严重度<3.0 为中抗(MR)、3.0≤严重度<3.5 为中感(MS)。

$$平均严重度 = \frac{\sum(各级病穗数 \times 各级代表级值)}{调查总病穗数} \tag{3-11}$$

白粉病：将各生态区内小麦白粉病菌优势生理小种的分生孢子混合，于小麦拔节后期采用抖接法或扫抹法接种于病圃中的诱发行上。在小麦灌浆期采用 0、1、3、5、7、9 级严重度分级方法，以群体中出现最多的病情级别作为该品种平均级别进行病害调查，并依据平均病级进行抗性评价，平均级别为 0、1、3、5、7、9

的对应品种抗性分别为免疫(IM)、抗病(R)、中抗(MR)、中感(MS)、高感(HS)和极感(VHS)。

3. 玉米主要病害鉴定评价方法

1) 玉米主要病害鉴定方法

南方锈病：从发病植株叶片的典型病斑上收集病原菌的夏孢子，于玉米6叶～8叶期采用叶片涂抹法接种于鉴定品种上，乳熟期进行病害调查，以群体中出现最多的病情级别作为病情级别众值。

茎腐病：将当地玉米茎腐主要病原物扩繁后，于玉米展13叶期至抽雄初期采用埋根法进行接种鉴定，在玉米进入乳熟后期调查总株数、发病株数，按照式(3-8)计算发病率。

穗腐病：在从当地玉米穗腐病穗中分离的致病镰孢菌培养产生分生孢子后，将分生孢子悬浮液浓度调至 $2×10^4$ 个/mL，于玉米雌穗吐丝后4～7 d采用籽粒针刺伤口接种法进行鉴定，在玉米生理成熟后根据接种玉米雌穗籽粒被病菌侵染的面积进行病情调查和病级划分，并根据式(3-11)计算平均严重度。

2) 玉米主要病害抗性评价标准

玉米南方锈病依据病情级别众值、茎腐病依据发病率、穗腐病依据平均严重度确定品种抗性等级，品种抗性的划分标准见表3-2。

表3-2　玉米品种抗性等级划分标准

病害名称	抗性指标				
	高抗(HR)	抗(R)	中抗(MR)	感(S)	高感(HS)
南方锈病	1	3	5	7	9
茎腐病	0～5.0	5.1～10.0	10.1～30.0	30.1～40.0	40.1～100
穗腐病	≤1.5	1.6～3.5	3.6～5.5	5.6～7.5	>7.5

二、江淮粮食作物主要抗逆品种

(一) 小麦主要抗逆品种

1. 非生物逆境抗性品种

抗倒春寒：抗倒春寒能力强小麦品种有淮麦33、济麦22、烟农19、烟农5158、烟农999、济麦17、淮麦22、沃丰麦169等；抗倒春寒能力中等的小麦品种有泛麦5号、安农0711、安科157、乐麦598等。

耐涝渍：抗涝渍性强的小麦品种有农林46等；抗涝渍性中等的品种有皖麦

52、泛麦 5 号等。

抗倒伏：抗倒伏能力强的小麦品种有泛麦 5 号、淮麦 33、涡麦 9 号、西农 979、安科 1303 等；抗倒伏能力中等的小麦品种有安农 0711、济麦 22、鲁研 128、烟农 999 等。

2. 生物逆境抗性品种

抗赤霉病：安科 1303、泛麦 5 号、涡麦 9 号等。

抗白粉病：安科 1303、济麦 22、烟农 5158 等。

(二) 玉米主要抗逆品种

1. 非生物逆境抗性品种

耐高温：安农 591、富诚 796、丰大 611、郑单 958、隆平 206 等。

耐涝渍：隆平 206、中单 909、郑单 958、登海 605、蠡玉 16 等。

抗倒伏：隆平 638、MC121、丰大 611、MY73、陕科 6 号等。

2. 生物逆境抗性品种

抗南方锈病：安农 591、富诚 796、蠡玉 16、汉单 777、丰大 611 等。

抗茎腐病：安农 591、隆平 638、丰乐 303、富诚 796、MY73 等。

抗穗腐病：MC121、丰大 611、富诚 796 等。

(三)水稻主要抗逆品种

1. 非生物逆境抗性品种

耐高温品种：旱优 73、荃优 822、荃两优 2118、晶两优 534 等。

耐低温：荃优 822、徽两优 898、晶两优 534、镇稻 18 等。

抗倒伏：旱优 73、荃两优 822、徽两优 898、徽两优 985、晶两优 534 等。

2. 生物逆境抗性品种

抗稻瘟病：旱优 73、荃广优丝苗、隆两优 3703、D 两优 5348、川两优 1728、皖垦粳 171 等。

抗稻曲病：凯丰 120、鹏优 1269、宣粳 6 号、早籼 1205、旱优 1801、中佳早 86、富糯 6 号、润稻 118 等。

三、抗逆品种优选应用与减灾增效

(一)优选针对性抗逆品种，提高减灾增效水平

作物品种抗逆性多样，要针对区域逆境类型和轻重选择抗逆品种。江淮区域粮食作物水稻早稻品种主要选择耐高温、抗稻瘟病和稻曲病等抗性品种；晚稻应选择耐低温、抗稻瘟病和稻曲病等抗性品种。冬小麦应选择抗倒春寒、耐渍(稻茬麦)和抗赤霉病、白粉病等抗性品种。玉米应选择耐高温、抗旱、抗倒、抗南方锈病和茎穗腐的抗性品种。针对性选择抗逆品种可提高抗逆的精准性和有效性，提升减灾增效水平。2016～2020 年在宿州市埇桥区推广抗旱品种较常规玉米品种平均提高产量 13.6%，增效 1200 元/hm²；耐高温品种在高温年份减少产量损失 20%以上。

(二)兼顾品种综合抗性，抗逆增产增效

作物品种的抗逆性往往与产量品质等性状相矛盾，同时同一品种需要多个抗性，其抗性水平也有所差异，如何平衡不同抗性及抗性与产量品质间的协调，根据区域逆境类型轻重选择综合抗性较好及产量品质优良的品种，是实现抗逆丰产稳产高效的重要措施。江淮区域粮食作物品种选育和利用应综合考虑抗逆性和产量品质性状，如江淮区域玉米优良适应性品种抗性及农艺性状鉴定筛选标准见表 3-3。达到和基本达到这些综合抗性及产量水平的品种在江淮区域可表现出较好的丰产稳产性。

表 3-3 江淮区域适应性玉米品种综合抗性筛选标准

指标	标准	测定方法
耐密性	≥75000 株/hm²	田间结实性
抗倒性	≤10%	田间+风雨气候室
熟期	≤100 d	田间乳线消失
成熟期籽粒含水量	≤28%	实验室烘干测定
机收籽粒破损率	≤5%	实验室统计
抗高温	1 级以上	田间+高温气候室
耐寡照	1 级以上	田间+寡照气候室
抗干旱	1 级以上	田间+干旱气候室
苗期涝渍抗性	1 级以上	田间+涝渍气候室
茎腐病抗性	中抗以上	田间+人工接种
锈病抗性	中抗以上	田间
大、小斑病抗性	非高感	田间+人工接种

续表

指标	标准	测定方法
穗腐病抗性	非高感	田间+人工接种
纹枯病抗性	非高感	田间+人工接种
其他病害抗性	非高感	田间或人工接种
产量	较对照郑单 958 增产率≥5%	田间测产

（三）抗性品种混合种植技术

不同抗性水平和抗病类型的品种混合种植可减轻病原菌的选择压力，有助于提高品种综合抗性和减少品种抗性丧失；用两个生育期相近的耐高温品种混种，可调节田间小气候，延长授粉时间，提高高温结实率和产量。在淮北连续 5 年的耐高温品种混合种植增产幅度为 23.6%、8.9%、10.3%、7.8% 和 11.4%。因此，抗逆品种混合种植是一种发挥抗逆品种优势、促进生态保护和减灾提质增效的抗逆品种利用模式。

第二节　土壤改良培肥抗逆丰产技术

土壤是重要的自然资源，是作物生长的基地。良好、肥沃、健康的土壤是作物高产优质抗逆的基础。江淮区域耕地面积较大，是我国粮食多元化两熟区的重要生产基地。土壤类型主要有砂姜黑土、潮土和长江沿线以小麦、水稻轮作为主的水稻土。砂姜黑土、潮土存在较严重的障碍因子，土壤养分失调，土壤保水保肥能力弱，易旱易涝，这些是中低产田土壤的重要特征，严重影响粮食作物抗逆丰产，因此消解障碍因子、培肥提升地力是增强粮食作物抗逆性、提高产量品质效益的重要途径(图 3-1)。

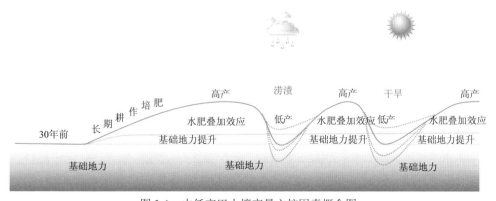

图 3-1　中低产田土壤产量主控因素概念图

一、砂姜黑土改良培肥抗逆丰产技术

砂姜黑土是淮河流域的典型土壤,共计面积 371.1 万 hm^2,安徽、河南、山东和江苏 4 省均有分布。其中江淮区域安徽的砂姜黑土面积最大,为 164.8 万 hm^2;淮北平原 70%以上为砂姜黑土区,是中国最大的砂姜黑土集中连片分布区,在全国范围内具有广泛的代表性。河南次之,为 132.9 万 hm^2,山东 49.5 万 hm^2,江苏 24.0 万 hm^2(表 3-4)。

表 3-4　中国砂姜黑土分布

省份	县市区	面积/万 hm^2	占比/%
安徽省	23	164.8	44.40
河南省	46	132.9	35.80
山东省	37	49.5	13.33
江苏省	14	24.0	6.47
合计	120	371.2	100.00

砂姜黑土主要发育于河流间和山前低洼平坦地区,土壤剖面下部有碳酸盐聚集的砂姜层,中上部有胡敏酸胶体染黑的黑土层,有些土壤上层为暗棕土层。砂姜黑土富含黏粒,黏土矿物以膨胀性 2∶1 型蒙脱石为主,胀缩性强,干时坚硬,湿时黏闭,土壤结构性差,难耕难耙,适耕期短,以致砂姜黑土生产潜能难以充分发挥出来。因此,有效改良砂姜黑土,充分挖掘砂姜黑土生产潜力,对提高江淮区域粮食作物抗逆高产能力具有重大意义。

(一)砂姜黑土主要障碍因子

1. 耕性不良,通透性差

砂姜黑土质地黏重硬实,通透性差,通常导致土体中下部棱块状和棱柱状结构发育,垂直方向上的传导孔隙增加,储藏孔隙或自然结构体孔隙减少,形成僵土块。湿润时则由于黏粒的分散使土壤泥泞,可耕性差。土壤太湿容易形成僵块,太干则垡头大,不易耙碎,保墒作用差,对农作物播种不利。在淮北地区暖温带半湿润季风气候条件下,砂姜黑土的适耕期通常只有 4～5 d,适种性受到极大的限制。另外,砂姜黑土由于黏粒含量和田间持水量较高,通气性差,含水量高的土壤热容量大,春季升温缓慢,易使农作物的生长受到不良影响。

2. 抗御旱涝(渍)害能力偏弱

砂姜黑土易旱易涝(渍)，这除了与土壤本身所在区域地势低洼、地下水位高、降雨时空分布不均等因素有关外，还与砂姜黑土蓄水、保水、供水及通气性能有密切关系。一方面，由于砂姜黑土毛管性能较弱，制约了土壤的供水强度和速度，使水分上升速度较慢且上升高度较小，造成干旱季节土壤水分在强烈蒸腾作用下损失较快，极易导致作物出现生理缺水现象；另一方面，砂姜黑土有效蓄水量较小，降水稍大时，易使土壤含水量超过田间持水量，从而造成涝渍危害。这些因素的反复作用使得砂姜黑土抗御旱涝(渍)害的能力偏弱。

3. 有效养分低，营养失调

砂姜黑土养分状况的主要特点是有机质含量低、质量差，活性有机质的相对含量较低，一般只占全碳量的 2%～5%，这与长期施用有机肥较少、有机质结构简单和易于分解有关。自 20 世纪 80 年代以来，随化学磷肥的连年施用，有些田块速效磷含量明显提高。砂姜黑土中有效微量元素的分布状况表现为耕作层明显高于下部的土体。

(二)砂姜黑土障碍因子消减技术

1. 控水改土技术

控水既能防治砂姜黑土涝、渍、旱，又能防止干燥过程引起的土壤僵硬、作物根系穿透强度高、土壤收缩开裂等问题。优质小麦栽培以适度控水为主，在不影响小麦正常生长的情况下，能不浇水就不浇水。在土壤墒情较好时播种的小麦，冬前一般不用浇水，但如果播种时底墒较差，出苗后又遭遇干旱，可在 3 叶 1 心期后浇一次水，建议采用微喷灌，不宜大水漫灌。进入乳熟期后，正是叶片的光合产物和茎秆储存同化物向籽粒快速输送的关键时期，应适当控制水分，以提高籽粒蛋白质含量，而对产量影响不大。

2. 适耕改土技术

土壤黏闭块状结构使砂姜黑土的塑性值大，是壤土的 2 倍、沙土的 3 倍。适宜的耕作水分含量应该在 28%以下，如果达不到适耕的水分要求，应免耕种植，并开沟排水，以防止烂耕烂种，造成土壤黏闭块状结构。在水分利用率方面，由于砂姜黑土自身水分调节的能力较弱，水分利用率不高，应通过机械深耕与栽培措施减少水分蒸发、限制非生产性消耗，如采用播前耕耙翻耕晒垡及适时中耕等耕作措施，均可达到蓄水保墒、提高土壤水分利用率的效果。通过保护性耕作基本技术研发(免耕播种技术、秸秆处理技术、深松技术)构建保护性耕作适宜模式，包括适合两熟种植制度的免耕、深松、耙地或翻耕技术组合模式。以免耕播种技术、秸秆处理技术为核心，与先进机械及适宜模式集成，形成一体化的机械作业系统。

3. 生物炭改土技术

砂姜黑土由于成土过程中干湿交替频繁，脱氢脱水作用强烈，土壤有机质碳氢比值高。碳原子缩合度大，芳化度高，含有较多的共轭双键等呈色基团，土色虽深，有机质含量却较低，活性低，不能提供形成有机无机复合体所需的有机基团。通过添加外来物质改善土壤干缩湿胀性能，是改良砂姜黑土的重要措施之一。将生物炭施用于土壤可大幅度提升土壤碳库，并且其结构性质有利于农田土壤固持养分，提高养分利用率，改善微生物生境，从而达到提高土壤质量、促进作物增产的双赢效果。

4. 化肥合理运筹改土技术

砂姜黑土自身严重缺少磷、氮，只施用农家肥，难以提高其土壤肥力。因此，在增施有机肥的同时，应适量增施氮、磷、钾和其他微量元素肥料。测土配方施肥技术包括"测土、配方、配肥、供肥、施肥"5 个重要环节，通过取土化验土壤养分含量，在施肥品种、施肥量、施肥时期和施肥方法等方面尽量根据土壤肥力和作物需肥规律进行测土配方施肥，力求做到降低成本，提高收益。采用科学的测土配方施肥技术，协调土壤养分，提高化肥利用率，不仅可以大幅度提高作物产量，还可以降低施肥成本，对粮食作物节本增效、丰产优质具有至关重要的作用。

(三)砂姜黑土区小麦-玉米周年秸秆全量还田地力培肥抗逆丰产技术

作物秸秆是农业生产的副产品，资源丰富，也是农业生产上一项重要的有机肥源。研究结果表明，秸秆还田可以提高砂姜黑土有机碳含量，但短期内有降低产量的趋势。同时还存在其他弊端，如秸秆还田会对作物种子发芽、出苗及幼苗生长产生抑制作用(沈学善等，2011、2012；屈会娟等，2011)。为了解决这些问题，从 2007 年开始，经过 15 年的长期大田定位试验，研发了砂姜黑土区小麦/玉米两季秸秆全量还田培肥地力抗逆丰产技术。

1. 秸秆还田改土培肥技术原理

江淮区域小麦/玉米种植区域土壤主要为砂姜黑土，该类型土壤总体上"旱、涝、僵、瘦"，严重影响作物的正常生长，导致土壤生产率较低。秸秆还田主要通过改善土壤理化性状、提高土壤有机质来实现对土壤的改良作用。土壤固碳主要通过提高有机质含量来实现。土壤中的所有有机碳源最初都来源于空气。作物通过光合作用将空气中的二氧化碳转化为有机碳，进入作物体内。植物死亡后，一部分作物体如秸秆、根等，作为新鲜的有机物直接回归土壤，一部分作物体则经过动物代谢间接回归土壤，进而被土壤微生物分解，降解后形成腐殖质。腐殖质是一种稳定的有机胶体混合物，它是土壤有机质的重要组成成分，不仅能改变土壤的黏性和砂性，促进团粒结构的形成，增加土壤的孔隙度，而且能为作物生长提供养分，增强土壤蓄水保肥能力。秸秆还田是作物残体的一种管理方式，通过还田，秸秆中 8%～35%的有机碳会以有机质形式保存到土壤中。

2. 麦-玉周年秸秆全量还田配套技术

针对土壤的不良性状和障碍因素，采取相应的物理或化学措施，施入各类有机物料，以增加耕层土壤有机质含量，改善土壤理化和生物学性质，提高土壤肥力，增加作物产量。而提高秸秆还田的作业质量、增加施肥量、适时开展灌溉等，有助于秸秆腐解，提高出苗率和促进幼苗生长。

1) 收获灭茬一体化

在收获前 10～15 d，对玉米和小麦的倒伏程度、种植密度和行距、果穗的下垂度、最低结穗高度等情况，做好田间调查，并适时对倒伏的玉米进行人工摘穗及适当处理。作业前 3～5 d，对田块中的沟渠、垄块进行平整。

由于安徽省小麦、玉米两种作物种植方式的差异，其前茬秸秆的处理方式、适用机具均有所不同。用于小麦秸秆覆盖还田的机具有与轮式联合收割机配套的秸秆切碎抛撒装置、玉米免耕施肥播种机或经过改装的旋耕施肥播种机；用于玉米秸秆还田的机具有玉米联合收割机、与大中型拖拉机配套的秸秆粉碎还田机及铧式犁、旋耕机等。秸秆粉碎或切碎后的长度一般不大于 10 cm，并均匀抛撒。

小麦收获时使用与联合收割机配套的秸秆切碎装置粉碎秸秆，割茬高度不大于 30 cm，小麦秸秆粉(切)碎长度不大于 10 cm，均匀抛撒覆盖地表。

玉米成熟后使用联合收割机收获玉米并粉碎玉米秸秆。切碎后秸秆长度不大于 10 cm，留茬高不大于 8 cm。进行秸秆翻(旋)埋还田的田块土壤相对含水量应在 80%以上。

2) 基肥增氮

在秸秆还田开始初期，为促进秸秆腐解需增肥补氮，氮以速效尿素为好(黄波等，2019)。小麦季每公顷正常施氮水平在 240 kg 左右，为了不影响产量，玉米秸秆全量还田后每公顷施氮量需增加 15～30 kg，较秸秆不还田小麦增产 4.2%～9.3%。玉米正常施氮水平在 270～300 kg/hm^2，小麦秸秆全量还田后施用与正常水平相当的氮肥可提高玉米产量 1.1%～6.0%，如增施氮肥 30～45 kg/hm^2，并且连续小麦秸秆还田 15 年后可增产 10%。

3）精细整地

玉米一般采用免耕播种方式，播前不需要耕翻土地，只要将前茬秸秆粉碎后均匀抛撒在地表即可。而小麦须采取耕整地后进行播种的方式，因此在玉米秸秆粉碎后、耕整地前增施基肥，使用适宜的拖拉机配套的旋耕机或铧式犁进行土地耕整。旋耕使秸秆和肥料翻埋于土壤中，并与土壤均匀混合；连续两年旋耕作业后要进行深耕，以加深耕层，或进行土壤深松，以打破犁底层为宜，增加作物根系吸收土壤养分的土层深度，深耕（深松）可 2～3 年进行一次。铧式犁深耕翻埋秸秆并耙透、镇实、整平。旋耕机旋埋秸秆还田一般作业两遍，第一遍慢速，旋深度较浅，第二遍速度稍快，达到规定耕深，两遍作业方向应交叉。

4）精量播种

玉米使用轮式拖拉机配套的免耕播种机免耕播，行距 60 cm，播深 2.5～4.5 cm，种肥施于种子侧下方 3～5 cm，覆土镇压严实。小麦宜采用带圆盘开沟器的播种机、旋耕施肥播种机等机械播种并镇压，保证播种均匀，播深一致，不重播，不漏播；行间距离及播种深度需根据作物品种、种植密度进行调整。如果播种机械不带镇压装置，播后须使用镇压辊进行镇压。

5）视墒补灌播种水

播后要适时浇水，使土壤含水量达到田间持水量的 75%～85%，以加速土壤沉实和秸秆腐解，避免秸秆还田对作物出苗和后期生长的影响。

3. 秸秆还田技术改土培肥效果

1）降低耕层土壤容重，提高耕层土壤含水量

土壤容重可以概括地反映土壤质地、结构状况及腐殖质含量的高低，是土壤重要的物理特性之一；而土壤含水量则决定了土壤的宜耕性，并与作物的正常生长发育紧密相关。砂姜黑土土壤物理性状差、土壤黏重、容重大、通气透水性能差，进行秸秆还田 4 年后，玉米收获期 0～20 cm 深度土层的土壤容重和含水量秸秆还田和秸秆移除间存在显著差异。秸秆移除土壤容重在 1.24～1.31 g/cm^3，而秸秆还田土壤容重在 1.14～1.20 g/cm^3 范围内，秸秆还田较秸秆移除土壤容重降低 2.5%～9.2%，土壤含水量提高了 8.2%～28.5%，表层土壤贮水量提高了 4.1%～19.9%。

2）增加耕层土壤孔隙度

土壤总孔隙度的变化范围：秸秆还田的在 53.0%～57.1%，秸秆移除的为 50.7%～54.6%，秸秆还田较秸秆移除土壤总孔隙度增加 1.1%～8.9%。土壤毛管孔隙度变化范围：秸秆移除各处理在 27.3%～29.5%，而秸秆还田在 33.9%～41.0%，后者较前者增加 18.9%～41.0%。土壤非毛管孔隙度，秸秆还田比秸秆移除降低 6.4%～38.8%。土壤毛管孔隙度占总孔隙度比例，秸秆还田显著高于秸秆

移除，变化幅度分别为秸秆还田61.7%～75.4%、秸秆移除50.1%～56.9%。

3) 提高耕层土壤有机质含量

同一作物秸秆全量还田配施不同的氮肥量其秸秆的腐解率存在较大差异。秸秆还田 4 年后，明显提高了土壤总有机质和活性有机质含量，分别以年配施450 kg/hm² 和 540 kg/hm² 的纯氮效果最好，土壤总有机质和活性有机质增加幅度分别为2.38%～10.61%和9.10%～44.74%。安徽砂姜黑土区小麦-玉米轮作全量秸秆还田条件下适宜的氮肥施用量为510～540 kg/hm²。

4) 提升土壤碳库管理指数

碳库管理指数(CPMI)因结合了土壤碳库指标和土壤碳库活度指标，既反映了外界管理措施对土壤有机质总量的影响，也反映了土壤有机质组分的变化情况，碳库管理指数上升表明农业措施对土壤肥力有促进作用，反之则表明抑制土壤肥力的提高。碳库管理指数受秸秆还田的影响显著。不同施氮肥处理之间，碳库管理指数秸秆还田较移除高出 2.42%～87.68%，并以秸秆还田配施纯氮 540 kg/hm² 的增幅最为显著，而秸秆移除施用不同量氮肥的处理间碳库管理指数无显著差异。由此可见，秸秆还田对促进土壤肥力的提高有显著作用。

5) 增加土壤有机碳储量

经过连续 15 年的全量秸秆还田和施肥，对耕层 0～20 cm 等质量 2625 mg/hm² 土壤有机碳储量分析结果表明，与秸秆移除相比，秸秆还田增加了耕层有机碳储量，增幅达到 6.58%～14.83%。不施肥秸秆还田的有机碳储量相对秸秆移除提高了 14.23%，秸秆还田配施氮肥较秸秆移除不施肥高出 26.23%～32.91%。秸秆移除施用氮肥处理的等质量土壤有机碳储量均显著高于不施肥处理。因此，秸秆还田和施肥均可提高土壤有机碳储量，单施氮肥对提高土壤的有机碳储量具有显著作用，但不及秸秆还田与氮肥配施的效果(王伏伟等，2015)。

6) 增加小麦、玉米产量

在连续秸秆还田配施氮肥的处理中，年施氮量从 162 kg/hm² 增加到283.5 kg/hm²，小麦产量则以 1.3%～6.2%的增加率上升，但施氮量从 283.5 kg/hm² 增加到324 kg/hm² 时，产量不再增加，反而下降了 0.4%。说明秸秆还田条件下过量施用氮肥并不能有效提高小麦产量，而显著提高了玉米产量。

小麦季在施氮量降低时，秸秆还田有降低产量的趋势，但施氮量增加至283.5 kg/hm² 时，其产量超过秸秆移除处理286.5 kg/hm²，增幅最高。相同施氮量条件下，各氮肥处理玉米季 15 年平均产量秸秆还田高于秸秆移除 109.5～562.5 kg/hm²，配施297 kg/hm² 氮肥的增幅最高。

综上，针对砂姜黑土耕层浅、地力差、耕作属性不良等易对作物生长造成不利影响的问题，通过对砂姜黑土农业利用障碍因子进行分析，综合利用砂姜黑土障碍因子消减技术，经过多年的砂姜黑土地区作物抗逆丰产技术研发，构建了以作物秸秆高效还田利用为关键核心技术，以耕作方式改良、水氮合理运筹等为配套技术的砂姜黑土地力培肥抗逆丰产技术模式(图 3-2)。

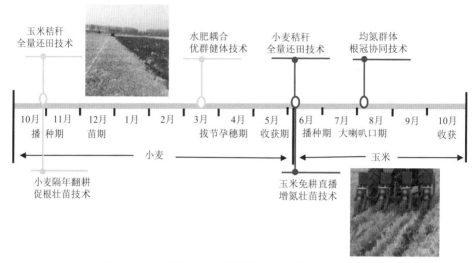

图 3-2　砂姜黑土地力培肥抗逆麦-玉周年丰产技术模式

二、水稻土改良培肥抗逆丰产技术

地处江淮流域的安徽省是我国水稻种植大省之一，2020 年全省水稻种植面积为 251 万 hm²，居全国第 4 位，占全国水稻总种植面积的 8.4%，产量占比为 7.4%(国家统计局，2021)，为保障国家粮食安全做出了重要贡献。安徽省水稻优势种植区域主要分布在江淮丘陵、沿江江南及皖南山区，多为水稻-小麦(油菜)两熟轮作，改良培肥水稻土对水稻和小麦粮食作物抗逆丰产具有重要意义。

(一)水稻土特征

水稻土是各种自然土壤在淹水植稻、耕作和施肥等条件下形成的一类土壤，水耕熟化及氧化还原交替过程是其形成的主要特点。安徽省水稻土的起源土壤和母质类型较为多样，既有地带性的红壤、黄棕壤和黄褐土，也包括非地带性的潮土、棕色石灰土及紫色土等，其中起源于地带性土壤的水稻土面积占安徽省水稻土总面积的 2/3 左右。江淮丘陵及皖西山区以黄褐土、黄棕壤发育的水稻土为主，沿江平原以潮土发育的水稻土为主，皖南地区以红壤发育的水稻土为主。根据水稻土发育阶段和附加成土过程的差异，可将安徽省水稻土划分为 6 个亚类：潴育水稻土、潜育水稻土、漂洗水稻土、渗育水稻土、淹育水稻土和脱潜水稻土。全国第二次土壤普查结果显示，安徽省水田有机质和全氮平均含量分别为 19.6 g/kg 和 1.25 g/kg，有效磷和速效钾含量分别为 7.4 mg/kg 和 77 mg/kg(安徽省土壤普查办公室，1996)。2020 年安徽省耕地质量监测报告表明，全省水稻主要种植区域土壤养分含量现状如下：有机质 19.1～26.5 g/kg、全氮 1.30～1.77 g/kg、有效磷 13.9～21.2 mg/kg 和速效钾 85～167 mg/kg。通过将面积加权平均后得到的 2020 年安徽省水稻种植区土壤养分含量(有机质 22.5 g/kg、全氮 1.47 g/kg、有效磷 16.2 mg/kg、速效钾 102 mg/kg)与全国第二次土壤普查结果对比可知，近三十年来全省稻田土壤的有机质、全氮、有效磷和速效钾含量分别提高了 14.7%、17.8%、118.6%和 32.3%。这说明近年来随着测土配方施肥技术的推广应用及施肥结构的合理调整，安徽省稻田土壤有机质和养分含量，特别是有效磷和速效钾有较大幅度的增加，土壤肥力水平明显提升，为水稻丰产及粮食安全提供了坚实的基础。然而仍需关注的是，江淮丘陵水旱区土壤有机质和速效钾含量处于较丰水平的占比分别仅为 9.5%和 8.7%，属于缺乏水平的占比分别高达 47.6%和 29.6%。安徽省江淮水旱轮作区秸秆资源丰富(柴如山等，2021a，2021c)，实施秸秆还田是提升土壤有机质含量、增加土壤养分，特别是钾素的输入及增强养分供应能力的重要措施(Tian et al.，2015；柴如山等，2020，2021b)。添加腐秆剂可有效加速还田秸秆腐解，有助于提升秸秆还田的增产效应(朱远芃等，2019；杨欣润等，2020)。因此，开展稻田秸秆促腐还田条件下的化肥合理配施方案研究对于水稻土培肥改良、化肥减量增效及实现水稻增产具有重要意义。

(二)水稻土改良培肥技术

1. 秸秆还田条件下氮肥运筹

随着水稻生育时期延长，各处理的小麦秸秆腐解率均呈上升趋势，并表现为前期快、后期慢的规律(图 3-3)。在水稻分蘖期，施氮肥处理(CN_{24}、CN_{18} 和 CN_{12})的秸秆腐解率均大于不施氮肥处理(CN_{105})，其中 CN_{18} 处理秸秆腐解率最大，为 24.23%，显著高于其他处理($P<0.05$)；在拔节期、抽穗期和成熟期，各处理间的秸秆腐解率相差不大，成熟期 CN_{105}、CN_{24}、CN_{18} 和 CN_{12} 处理的小麦秸秆总腐解率分别为 52.61%、49.91%、57.33%和 49.04%。

小麦秸秆还田腐解率随时间的变化规律可用一级动力学方程 $N_t=N_0(1-e^{-kt})$ 进行拟合($R^2>0.80$)(表 3-5)。拟合结果显示，CN_{18} 处理下的秸秆腐解速率常数(k)最高，较 CN_{12} 和 CN_{24} 处理分别增加 43.75%和 35.29%。秸秆腐解潜力的大小顺序为 $CN_{12}>CN_{18}>CN_{24}$，但处理间差异未达到统计学显著水平($P>0.05$)。

与不施氮肥相比，施用氮肥具有提升秸秆促腐还田处理的水稻产量的趋势，其中施氮肥使秸秆还田初始 C/N 为 18：1 时的增产效果最好，增幅达 13.64%(表 3-6)。分析不同处理下水稻产量构成因素，得出 CN_{18} 处理主要是通过增加水稻有效穗数和穗粒数实现增产效果的，与 CN_{105} 处理相比，CN_{18} 处理水稻的有效穗数和穗粒数分别显著增加 27.69%和 21.76%($P<0.05$)。

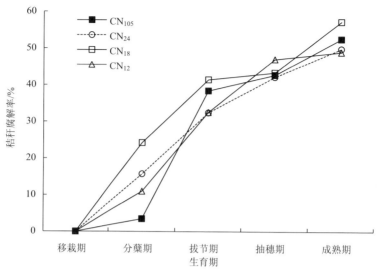

图 3-3　不同 C/N 处理下小麦秸秆腐解率的变化规律

CN_{105}，秸秆还田+腐秆剂+不施氮肥(初始 C/N=105∶1)；CN_{24}，秸秆还田+腐秆剂+减基增穗施氮肥(基肥、分蘖肥、穗肥分别为 67.5 kg/hm²、75.0 kg/hm²、82.5 kg/hm²，初始 C/N=24∶1)；CN_{18}，秸秆还田+腐秆剂+推荐方案施氮肥(基肥、分蘖肥、穗肥分别为 97.5 kg/hm²、75.0 kg/hm²、52.5 kg/hm²，初始 C/N=18∶1)；CN_{12}，秸秆还田+腐秆剂+增基减穗施氮肥(基肥、分蘖肥、穗肥分别为 150.0 kg/hm²、75.0 kg/hm²、0 kg/hm²，初始 C/N=12∶1)

表 3-5　不同 C/N 处理下小麦秸秆残留质量与还田时间关系的拟合

处理	腐解率 $N_t=N_0(1-\mathrm{e}^{-kt})$		
	N_0	k	R^2
CN_{105}	NA	NA	NA
CN_{24}	59.07	0.017±0.005	0.90**
CN_{18}	60.04	0.023±0.004	0.96**
CN_{12}	61.60	0.016±0.007	0.81**

注：N_t 为 t 天秸秆腐解率(%)，N_0 为秸秆腐解潜力(%)，k 为秸秆腐解速率常数，t 为腐解时间(d)；**代表 $P<0.01$，NA 表示无结果。

表 3-6　不同 C/N 处理对水稻产量及其构成因素的影响

处理	有效穗数/(10^4 穗/hm²)	每穗粒数/个	结实率/%	粒重/g	实际产量/(kg/hm²)
CN_{105}	10.40±0.39 c	214.80±2.79 b	85.23±2.70 a	27.31±0.42 a	7275.9±790.2 a
CN_{24}	12.05±0.48 b	249.66±18.98 a	80.85±3.69 a	26.97±0.86 a	8195.3±523.4 a
CN_{18}	13.28±0.25 a	261.55±61.55 a	82.94±4.36 a	26.99±0.30 a	8268.0±569.5 a
CN_{12}	13.76±0.25 a	246.77±13.48 a	74.03±4.03 b	26.84±0.20 a	7311.3±92.2 a

注：表中数据为平均值±标准差($n=3$)，同列不同小写字母表示处理间差异显著($P<0.05$)。

2. 秸秆还田条件下钾肥减量

　　小麦秸秆还田条件下水稻季土壤速效钾含量随生育期的推进呈现先升高再下降的趋势，且随钾肥减量比例增加而逐渐下降(图 3-4)。除不施用钾肥的对照处

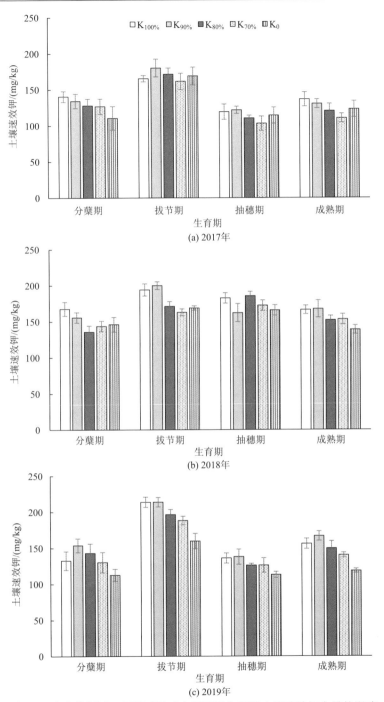

图 3-4 小麦秸秆还田钾肥减量对水稻不同生育期土壤速效钾含量的影响

K$_{100\%}$，秸秆还田+配方施肥；K$_{90\%}$，秸秆还田+配方施肥，钾肥减量 10%；K$_{80\%}$，秸秆还田+配方施肥，钾肥减量 20%；K$_{70\%}$，秸秆还田+配方施肥，钾肥减量 30%；K$_0$，秸秆还田+配方施肥，不施钾肥理及个别生育期外，土壤速效钾含量从分蘖期到成熟期均以 $K_{90\%}$ 最高，以 $K_{70\%}$ 最低。在分蘖期，$K_{90\%}$ 处理的土壤速效钾含量 3 年均高于 $K_{70\%}$ 处理（$P>0.05$）；在拔节期，土壤速效钾含量达到峰值，其中 $K_{90\%}$ 处理的土壤速效钾含量最高，3 年平均值为 197.61 mg/kg，比 K_0 处理的土壤速效钾含量 3 年平均值提高 19.66%（$P<0.05$）。在抽穗期，$K_{100\%}$ 和 $K_{90\%}$ 处理的土壤速效钾含量比 K_0 处理 3 年平均值提高 22.95% 和 26.11%（$P<0.05$）；在成熟期，$K_{90\%}$ 处理的土壤速效钾含量 3 年平均值比 K_0 处理提高 22.53%（$P<0.05$）。与 $K_{100\%}$ 处理相比，$K_{90\%}$ 处理的土壤速效钾含量 3 年平均值提高 0.65%，$K_{80\%}$ 和 $K_{70\%}$ 处理的土壤速效钾含量 3 年平均值降低 8.50% 和 12.98%。

2017 年水稻产量随钾肥减少呈现先降低后升高再降低的趋势，2018 年和 2019 年水稻产量随钾肥减少呈现先增加后降低的趋势（表 3-7）。2018 年和 2019 年，不同施钾肥处理的水稻产量呈现 $K_{90\%}>K_{80\%}>K_{100\%}>K_{70\%}>K_0$ 的规律，而 2017 年水稻产量则以 $K_{80\%}$ 处理的最高。从水稻产量构成因素来看，不同施钾肥处理间水稻的有效穗数随钾肥减量比例的增加呈先增加后降低的趋势，但差异不显著（$P>0.05$）；2017 年和 2019 年，水稻每穗粒数以 $K_{90\%}$ 处理的最高，与 $K_{100\%}$ 和 $K_{80\%}$ 相比差异不显著，与 K_0 相比平均显著提高了 17.45%。不同施钾肥处理间水稻的结实率和千粒重无明显差异。3 年结果显示，与 $K_{100\%}$ 处理相比，$K_{90\%}$ 和 $K_{80\%}$ 处理平均提高水稻产量 2.19% 和 2.32%（$P>0.05$），但是 $K_{70\%}$ 处理下水稻产量降低了 6.43%（$P<0.05$）。

表 3-7 小麦秸秆还田钾肥减量对水稻产量及其构成因素的影响

年份	处理	有效穗数 /(10^4 穗/hm^2)	每穗粒数 /个	结实率 /%	千粒重 /g	产量 /(kg/hm^2)
2017	$K_{100\%}$	356.83±19.46 a	106.59±2.05 ab	80.73 a	23.43±0.04 a	7190.64±496.13 a
	$K_{90\%}$	362.22±17.57 a	114.87±9.44 a	80.39 ab	21.01±1.19 ab	7022.42±866.99 ab
	$K_{80\%}$	397.78±15.43 a	106.39±3.25 ab	80.73 ab	21.71±0.83 ab	7398.60±802.92 a
	$K_{70\%}$	370.63±18.10 a	105.02±6.75 ab	80.98 a	20.44±0.65 ab	6450.37±667.86 b
	K_0	350.48±15.77 a	104.15±7.94 ab	76.90 b	19.83±0.45 b	5903.22±831.26 b
2018	$K_{100\%}$	353.33±41.83 ab	114.37±19.03 a	80.07 a	21.41±1.70 a	7766.98±408.58 ab
	$K_{90\%}$	378.10±31.60 a	107.19±20.81 a	81.17 a	21.70±1.02 a	8125.99±585.11 a
	$K_{80\%}$	383.81±37.72 a	101.84±18.66 ab	80.49 a	22.00±1.94 a	7864.40±352.51 ab
	$K_{70\%}$	350.48±23.79 ab	106.62±13.42 a	79.23 a	21.58±2.01 a	7351.58±489.76 ab
	K_0	331.43±30.10 b	102.46±18.16 ab	76.68 b	22.22±2.18 a	6759.94±673.31 b
2019	$K_{100\%}$	338.81±26.73 a	111.63±5.50 ab	83.80 a	30.54±3.37 a	8830.45±446.79 ab
	$K_{90\%}$	340.30±12.24 a	125.26±4.43 a	83.13 a	28.32±4.18 a	9226.74±268.72 a
	$K_{80\%}$	346.27±14.94 a	112.13±4.09 ab	83.83 a	30.92±2.27 a	9079.71±577.31 ab
	$K_{70\%}$	343.28±16.23 a	102.08±14.91 a	85.77 a	31.34±1.67 a	8506.82±375.82 ab
	K_0	316.60±25.47 b	100.53±2.82 b	89.57 a	32.31±1.38 a	7987.24±473.24 b

注：表中同一年份同一列数字后含有相同字母表示处理间差异不显著（$P>0.05$）。

小麦秸秆还田后，钾肥减量 10%～30%的处理显著影响了水稻钾肥利用率（表 3-8）。钾肥减量 10%～30%的处理（$K_{90\%}$、$K_{80\%}$和 $K_{70\%}$）使钾肥偏生产力和钾肥利用率 3 年均呈上升的趋势，贡献率维持在 14.72%～32.81%。钾肥减量 10%处理的农学效率、偏生产力和钾肥利用率 3 年平均比 $K_{100\%}$ 处理高 17.80%、18.36%和 17.17%，均达到显著差异，这说明秸秆还田后钾肥适当减量可以显著提高钾肥利用率。

表 3-8　小麦秸秆还田钾肥减量对水稻钾肥利用率的影响

年份	处理	贡献率 /%	农学效率 /(kg/kg)	偏生产力 /(kg/kg)	钾肥利用率 /%
2017	$K_{100\%}$	32.14±7.17 a	25.42±3.77 ab	79.89±1.51 c	38.61±3.28 c
	$K_{90\%}$	29.43±5.19 a	26.16±4.43 ab	86.69±3.70 b	45.53±1.44 b
	$K_{80\%}$	32.81±5.79 a	34.66±9.11 a	102.76±1.15 a	45.33±1.38 b
	$K_{70\%}$	23.13±7.17 a	24.56±9.05 ab	102.39±2.60 a	50.84±0.31 a
2018	$K_{100\%}$	26.33±2.14 a	24.69±2.30 b	123.46±3.65 b	28.33±1.86 c
	$K_{90\%}$	22.33±4.47 ab	29.13±3.98 a	132.39±6.24 b	35.33±3.42 b
	$K_{80\%}$	22.00±1.59 b	26.30±6.73 ab	148.11±2.62 a	35.33±6.13 ab
	$K_{70\%}$	27.00±7.33 ab	22.59±5.72 b	139.21±3.88 ab	48.00±4.62 a
2019	$K_{100\%}$	18.62±0.57 c	17.15±0.43 c	109.23±0.71 d	33.57±0.17 b
	$K_{90\%}$	23.40±1.45 a	23.94±2.38 a	150.90±2.15 a	36.91±0.28 a
	$K_{80\%}$	21.63±2.88 b	24.90±1.55 a	139.40±2.29 b	38.49±0.10 ab
	$K_{70\%}$	14.72±2.10 bc	19.36±1.94 b	126.26±2.68 c	55.38±0.30 a

注：表中同一年份同一列数字后含有相同字母表示处理间差异不显著($P>0.05$)。

(三)技术应用效果

沿淮稻-麦轮作区小麦秸秆还田条件下不同氮基肥用量会显著影响腐秆剂的促腐速率，C/N 为 18∶1 时还田小麦秸秆的腐解速率最大，较 CN_{12} 和 CN_{24} 处理可分别提高 43.75%和 35.29%。小麦秸秆腐解率与水稻产量的相关性显著，CN_{18} 处理的水稻产量与 CN_{105}、CN_{24} 和 CN_{12} 处理相比有不同程度的增加，增幅分别为 13.64%、0.09%和 13.09%。沿淮地区小麦秸秆加腐秆剂还稻田配施氮基肥使初始 C/N 为 18∶1 时既有利于秸秆促腐又有助于作物增产。

江淮地区小麦秸秆还田条件下，与配方施肥处理相比，配方施肥钾肥减量 10%处理的土壤速效钾含量提高了 6.38%，水稻钾素总累积量和净累积量平均提高 1.55%和 5.13%，水稻平均增产 2.19%。小麦秸秆还田条件下钾肥减量 10%～20%对水稻产量影响不显著，但可以增加钾肥农学效率、偏生产力和钾肥吸收利用率。

三、潮土改良培肥抗逆丰产技术

(一)潮土概况与主要障碍因素

黄淮麦区南部的苏豫皖地区有潮土类土壤 733 万 hm^2，褐土类土壤 133.3 万 hm^2，是该麦区的主要土壤类型，也是江淮区域沿淮地区的主要土壤类型。研究显示，潮土区域对基础地力提升的限制因子除了旱涝渍、沙性及少部分地区盐障碍因子外，全磷是第一限制因素，如果全钾、有效磷含量高可补偿全磷的不足，否则基础地力很低。如果全钾足够高，第二限制因子是阳离子交换量。在阳离子交换量不高的情况下，需要较高的氮素和有效磷补偿。因此，通过工程措施消减旱涝渍衍生性障碍，改性材料的添加降低沙性属性障碍，磷肥施用和土壤固定磷的活化消除磷素限制，规模化推广激发式秸秆还田提高土壤有机质，改善阳离子交换量、全氮、有效磷等。为此，开发出了潮土旱涝渍衍生性障碍和沙性属性障碍分类消减关键技术，以及易推广、更有效的地力快速提升关键技术。

(二)潮土旱涝渍衍生性障碍和沙性属性障碍分类消减关键技术

潮土通常质地结构较为一致，粉砂粒含量较高(>80%)，重力排渗仅需 0.5~2.1 d，排出 13%~21%的孔隙水，是一种典型的暂渍型土壤。这种快速的排渗极易导致耕层土壤板结，养分大量流失，且对土壤的影响具有很强的隐蔽性。潮土沙性属性障碍因子消减与降渍的关键在于土壤结构改善、肥力提升。

培育土壤结构是消减潮土沙性属性障碍因子的最有效措施。在有条件的情况下可采用引淤灌沙，或通过外源性有机、无机结构改良剂的添加实现土壤沙性属性障碍因子消减。同时，采用机械化深层掩埋秸秆，培育耕层特别是亚耕层土壤团聚体结构，可有效地提高土壤的水分养分保持能力。通过种植一段时间根系发达的作物，进行生物修复，促进土壤结构的形成，缓解土壤属性障碍对作物生长的影响。

机械化秸秆粉碎直接还田是近年来推广的一项重要技术，但秸秆还田衍生出的一系列问题，如缺苗断垄、黄苗高脚苗及病虫害暴发等，导致减产。秸秆还田衍生问题消除技术应包括机械化精播匀播技术，以改善播种质量；病虫害防治技术规程，以减少病虫害暴发。此外，长期定位试验结果显示，秸秆还田效果得到充分发挥需要长达 17 年之久。为此，研发了精制有机肥激发式秸秆还田技术，以缩短地力提升周期。通过机械在行间开沟掩埋，并添加精制有机肥或快腐剂或无机氮调整碳氮比，促进快速腐解，苗期根系生长不接触腐解区，拔节后根系生长接触到腐解区实现供养。通过上述技术的集成，形成了一体化机械秸秆还田技术(图 3-5)。

激发式秸秆还田
(添加高腐解菌有机肥)

耕翻下压秸秆

旋耕混合秸秆

活化增效剂与土或肥料混合撒施

磷素活化养分增效剂

图 3-5　潮土地力快速提升技术示范

中低产田治理的最终目的是提高耕地的产能。但由于在治理过程中重视工程，轻视现代高产栽培及水肥高效利用技术的开发和配套集成，导致生产方式落后，治理不增效。灌排网控制涝渍需要有墒情监测和精量灌溉技术的配套；土壤属性障碍因子消除需要有改良剂、生物修复、客土等技术的配套；调控瘠薄地养分平衡供应需要有测土配方施肥技术的配套；秸秆还田提升地力需要有机械化精播、一体化施肥技术的配套；规模化生产需要有良种普及、机械化高产栽培、大面积病虫害防治技术的配套，由此才能实现生产方式的转变，创造出中低产田改造的现代化高产高效模式。因此，新一代治理技术需要在现代高产栽培及水肥高效利用等配套技术方面实现有效集成。

第三节　小麦涝渍灾害及降密均氮抗涝渍技术

江淮区域的沿淮地区因地处南北过渡带，降水时空分布不均，地势低洼加之淮河独特的 U 形河床地貌特征，使得淮河流域很难通过单纯的工程治淮达到彻底消除洪涝灾害的目标，洪涝灾害年均成灾面积 164.5 万 hm²，占全国同期多年平均成灾面积的 39%，是涝灾多发区和重灾区。适宜旱作的潮土、砂姜黑土占比最高，随着国家建设的骨干水利工程逐步完善，大洪大涝得到较好控制，但面广、量大、灾重的涝渍灾害仍未得到有效遏制，造成粮食年均产量损失 11.03%。涝渍防控传统技术不适应机械化、轻简化而难以推广应用，新技术又多为单项技术而应用成效小，导致沿淮淮北低洼区小麦生产稳定性差、产量低的问题久治不愈，严重影响国家粮食安全和沿淮淮北农民增产增收。

一、小麦涝渍灾害致灾减产机理

（一）涝渍灾害对小麦生长发育及籽粒产量的影响

1. 涝渍显著影响小麦正常生长

涝渍逆境会显著减少单株绿叶面积。苗期涝渍主要影响未定型叶的生长，拔节后涝渍主要加速已定型叶的死亡。研究结果表明，随着涝渍时间的推迟，绿叶衰亡加速。从不同生育时期涝渍逆境对单株绿叶面积影响的平均 RIR[相对受害率=（对照区测定值–涝渍处理测定值）/对照区测定值×100%]来看，灌浆期（42.98%）>孕穗期（36.72%）>拔节期（36.01%）>返青期（27.36%）>苗期（19.80%）。不同生育时期小麦品种间的抗涝渍能力存在极显著差异，抗涝渍小麦品种单株绿叶面积平均 RIR<30%。

2. 降低单株地上部干重与株高

由于抗涝渍性强的品种较抗涝渍性弱的品种减缓了绿叶面积的衰亡速度，加大了光合叶面积，增加了干物质积累，最终表现为单株地上干重平均 RIR 较低。农林 46、皖麦 52、泛麦 5 号，单株地上部干重平均 RIR 为 24.26%～26.96%，烟农 19、扬麦 13 单株地上部干重平均 RIR 分别为 35.01%、35.13%。

3. 地下根系生长发育受阻

涝渍逆境下土壤通气不良，会严重影响地下根系的生长发育，尤其影响根系的干重和根系活力。小麦生育前期涝渍可诱发次生根的发生，从而使单株次生根超过对照，其中发根高峰期的苗期涝渍小麦表现更为明显。但涝渍逆境下所发新根粗短白嫩，向下伸长受到阻碍，由于拔节前小麦具有发根潜力，故比拔节后小麦耐涝渍能力强。

尽管小麦在涝渍逆境下发根数略有增加，但单株根干重和根系活力却大幅度下降。不同生育时期涝渍根系干重受害程度大小为孕穗期>灌浆期>拔节期>苗期>返青期；平均 RIR 依次为 43.98%、43.25%、39.39%、27.4%、13.45%。不同生育时期涝渍小麦的根系活力受害程度大小为灌浆期>孕穗期>苗期>返青期>拔节期，平均 RIR 依次为 47.01%、38.09%、19.63%、18.82%、17.63%。中后期涝渍造成小麦大幅减产的原因可能是根系生长发育和根系的吸收能力受到涝渍的不良影响。

小麦吸收水分和养分的数量，受根系活跃吸收面积制约。拔节前的营养生长期正是小麦根系发生旺盛期，涝渍逆境对根系活跃吸收面积影响较大，苗期、分蘖期和拔节期涝渍使根系活跃吸收面积平均 RIR 分别为 16.61%、19.67% 和 19.74%，而拔节后的孕穗期和灌浆期，由于根系老化，生长缓慢，涝渍逆境对根系活跃吸收面积的影响较小（孕穗期和灌浆期涝渍导致根系活跃吸收面积平均 RIR 分别为 14.8% 和 11.83%）。受涝渍胁迫的小麦根系活跃吸收面积的减少，限制了水分和养分的吸收，影响了小麦正常的代谢过程和生长发育，最终导致小麦产量的下降。

小麦生育前期由于地下根系生长较快，根冠比较高，拔节后，地下器官生长加快，随着生育期推迟，根冠比逐渐下降。除返青期涝渍小麦根冠比略有增加外，其他时期涝渍根冠比大多比正常生长的小麦根冠比小。涝渍对地下部根系的生长发育的影响比地上部更大。

4. 涝渍严重影响小麦功能叶片生理特性

1) 涝渍降低功能叶片叶绿素含量

小麦涝渍的典型症状是使叶片自下而上褪绿黄化。苗期、返青期涝渍时黄化叶片并不立即枯死，黄化持续时间较长，而拔节后涝渍造成的黄化叶片衰亡加快。从不同生育时期涝渍对功能叶片叶绿素含量影响的平均 RIR 来看，灌浆期（36.83%）>孕穗期（30.33%）>拔节期（26.77%）>苗期（16.57%）>返青期（12.95%）。

研究结果表明：不同生育时期根际土壤涝渍对功能叶片叶绿素含量影响的 RIR 差异达极显著水平。不同品种在不同生育时期涝渍逆境条件下对功能叶片叶绿素含量影响的 RIR 差异也达极显著水平，其中农林 46、皖麦 52 和泛麦 5 号平均 RIR 为 19.54%~23.04%，扬麦 13 和烟农 19 平均 RIR>30%。

2) 涝渍导致小麦功能叶片 Cs、Ci、Pn 和 Tr 下降

小麦不同生育时期涝渍皆显著降低小麦叶片气孔导度（Cs）、细胞间隙 CO_2 浓度（Ci），RIR 分别为 9.92%~25.00%、5.80%~33.53%，平均 RIR 分别为 16.05%、15.11%。由此可见，涝渍使小麦气孔收缩或部分关闭，气孔阻力增加，造成叶片内外气体交换受阻，限制了 CO_2 进入叶肉细胞，从而降低了功能叶片净光合速率（Pn），其 RIR 为 10.12%~41.54%，平均 RIR 为 23.43%。方差分析结果表明，不同生育时期涝渍对功能叶片 Pn 影响的 RIR 差异达极显著水平。品种间 RIR 差异也达极显著水平。

由于蒸腾作用是小麦被动吸水的原动力，同时也是小麦吸收矿物质养分随水分从根系运至地上部器官的主要形式。小麦涝渍使地上部光合产物向根系供应不

足和 Cs 的下降，是导致功能叶片蒸腾强度(Tr)下降的生理原因。方差分析结果表明，不同生育时期涝渍对 Tr 影响的 RIR 差异达极显著水平。尤其是孕穗期涝渍对 Tr 的影响最为显著，RIR 为 29.71%。Tr 下降的结果严重影响了根系对水分和养分的吸收，最终引起小麦整个生理代谢紊乱，故孕穗期涝渍造成的小麦产量损失也最为严重。

5. 涝渍影响小麦 N、P、K 素营养正常代谢

小麦生长发育所需的 N、P、K 营养元素主要通过根系从土壤中吸收。不同生育时期涝渍均使不同品种单株吸氮量降低。从不同生育时期涝渍对单株吸氮量的影响程度来看，孕穗期>灌浆期>拔节期>返青期>苗期，平均 RIR 依次为 35.04%、33.45%、28.77%、21.42% 和 11.49%，由此可见，小麦拔节后涝渍对小麦氮素营养代谢的影响远大于拔节前。不同生育时期涝渍对氮吸收量影响的平均 RIR 差异达极显著水平，同时对供试品种单株全氮积累量影响的平均 RIR 也存在极显著差异。研究结果表明，小麦品种抗涝渍性存在显著差异，抗涝渍性弱的扬麦 13 平均 RIR 为 38.19%，而其他抗涝渍性强的 4 个品种平均 RIR<25.0%(20.44%～24.18%)，因此可以通过现代育种技术选育抗涝渍性强的高产稳产新品种。孕穗期以前涝渍主要影响氮素的吸收，而对氮素在植株体内的运转和分配影响较小，灌浆期涝渍不仅影响根系对氮素的吸收，还影响氮素在植株体内的运转与分配，涝渍造成小麦根系和叶片全氮含量所占比例下降，茎鞘全氮含量和籽粒全氮含量所占比例增加，表明涝渍逆境削弱了根系的吸氮能力和阻碍了茎鞘内氮素及时向功能叶片运输。另外，可能是由于后期叶片中再利用营养元素过早向穗部转移的结果。一方面其产生的生理原因可能与小麦在逆境条件下的自我调节和适应能力有关，另一方面也说明了茎鞘的营养元素很难向功能叶片转移。其产生的生理原因可能是涝渍导致小麦根系有氧呼吸减弱，缺氧呼吸增强，抑制了小麦根系主动吸收和营养元素的运转，因此生产上要更加重视对小麦中后期涝渍灾害的预防工作。

涝渍显著影响小麦对磷素的吸收。渍水逆境对不同小麦品种全磷吸收量影响平均 RIR 差异达极显著水平。这表明不同小麦品种抗涝渍性存在显著差异，抗涝渍性弱的扬麦 13 平均 RIR 高达 43.30%，而其他抗涝渍性强的 4 个品种平均 RIR 为 22.50%～31.53%，进一步分析涝渍对磷素在地上部各器官中分配比例的结果得出，孕穗期和灌浆期涝渍均降低叶片全磷相对含量和积累量，孕穗期涝渍小麦茎鞘全磷绝对含量及其在茎鞘中的分配比例与叶片一样同时降低；正常生长小麦和涝渍小麦吸收的全磷在叶片和茎鞘中的分配比例也基本相同。但灌浆期涝渍小麦穗部全磷绝对含量下降幅度明显高于茎鞘，正常生长小麦和涝渍小麦吸收的全磷在叶片、茎鞘和穗中的分配比例与孕穗期涝渍小麦有差异，具体表现为穗部和叶片全磷积累量占整株总吸磷量的比例正常生长小麦略高于涝渍小麦，而茎鞘中全

磷积累量占整株总吸磷量的比例正常生长小麦明显低于涝渍小麦。茎鞘中全磷含量增加和穗部全磷含量下降表明涝渍严重影响了磷素的运转和积累，其最终结果是影响小麦光合产物的正常运转和分配。从以上分析可见，孕穗期涝渍主要影响小麦根系对磷的吸收，灌浆期涝渍不仅影响根系对磷素的吸收，同时也影响磷素在地上部器官中的运转和分配。

涝渍显著影响小麦对钾素的吸收。不同生育时期涝渍对钾素积累量影响的平均 RIR 差异未达显著差异。研究结果表明，涝渍对小麦钾素吸收的影响与涝渍发生时期关系不密切。而渍水逆境对小麦钾素积累量影响的平均 RIR 差异达极显著差异，其中耐涝渍性弱的扬麦 13 全钾吸收量的平均 RIR 高达 46.95%，耐涝渍性强的品种农林 46 平均 RIR 小于 30%。孕穗期涝渍主要影响地上部不同器官钾素积累量，但对地上部不同器官钾素积累量的分配影响较小。正常生长小麦(CK)和涝渍小麦(T)相比，叶片和茎鞘钾素积累量的平均 RIR 分别为 39.89%、40.98%，而叶片和茎鞘钾素积累量占单株钾素积累量的比例，CK 和 T 接近，CK 分别为 38.43%、61.57%，T 分别为 38.87%、61.13%。灌浆期涝渍同样也主要影响地上部不同器官钾素的积累量，对地上部不同器官钾素积累量的分配比例影响较小。叶片、茎鞘和穗部钾素积累量占单株钾素积累量的比例大约都是 20%、60%、20%。可见，自小麦苗期开始的涝渍就影响根系对钾素的吸收，而对钾素在小麦体内的运输和分配影响较小。因此，基肥中施足钾肥对于培育壮秆大穗，减轻小麦渍害，促进干物质运输、积累和提高小麦籽粒粒重具有非常重要的实际意义。

6. 涝渍显著降低小麦籽粒产量

不同生育时期涝渍显著影响小麦籽粒产量。不同生育时期涝渍对产量的影响依次为孕穗期＞灌浆期＞拔节期＞返青期＞苗期，产量相对受害率(YRIR)分别平均为 64.56%、55.9%、49.26%、32.78%、18.73%，其中孕穗期、灌浆期和拔节期平均 YRIR 大于全生育期平均 RIR(44.35%)，表明小麦拔节后涝渍对产量的影响大于拔节前涝渍对产量的影响，孕穗期为小麦涝渍敏感期。

涝渍对抗涝渍性不同的品种产量的影响有明显差异。抗涝渍品种农林 46 与皖麦 52 平均 YRIR 分别为 34.58%、42.79%，与抗涝渍性弱品种烟农 19、扬麦 13(平均 YRIR 分别为 54.68%、52.23%)相比，农林 46 的 YRIR 分别降低 20.1%、17.65%，皖麦 52 分别降低 11.89%、9.44%。由此可见，涝渍对小麦产量的影响不仅与涝渍发生时期有关，而且与品种抗涝渍性密切相关。从涝渍危害对产量的影响结果来看，抗涝渍性强品种(农林 46)、中等抗涝渍性品种(皖麦 52、泛麦 5 号)和抗涝渍性弱品种(扬麦 13、烟农 19)的平均 YRIR 分别为 34.58%～35.99%、42.79%～45.21%、52.23%～54.68%。

(二)小麦涝渍灾害致灾减产机理

通过为期多年的小麦涝渍试验，并结合多年相关试验资料，系统总结、分析和研究不同生育期涝渍对小麦生长发育、光合特性、生理特征及籽粒产量与构成要素的影响，明晰了小麦涝渍灾害致灾减产机理(图 3-6)。涝渍导致土壤缺氧，小麦根系无氧呼吸加强，根系活力下降，影响养分和水分的吸收，进而导致叶片早衰，叶绿素含量降低，光合作用受到抑制，植株干物质的积累与转运减少，最终导致小麦减产。

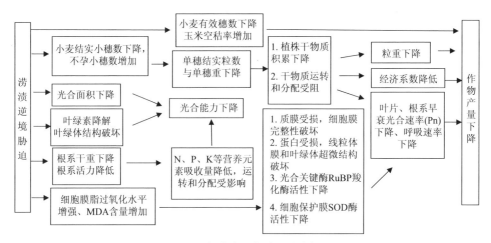

图 3-6 小麦涝渍灾害致灾减产机理图

二、小麦降密均氮抗涝渍关键技术

(一)降密壮苗抗渍技术

降低冬小麦播种量，机条播播种量为 187.5 kg/hm²，降低基本苗数至 270 万苗/hm² 左右，促蘖增根壮苗健群(武文明等，2011，2012)。多年多点连续开展了皖麦 52 不同密度对小麦群体调控与涝渍综合抗性影响的深入研究。150 万苗/hm²、225 万苗/hm²、300 万苗/hm²、375 万苗/hm² 基本苗的 YRIR 分别为 21.05%、18.10%、18.70%、23.92%(表 3-9)，研究结果表明，皖麦 52 以 225 万～300 万苗/hm² 基本苗的抗涝渍能力最强，由此可见沿淮淮北低洼地区"旋耕施肥机条播一体化"降密健群匀播方式明显增强了冬小麦抗涝渍能力。

表 3-9　不同基本苗对孕穗期涝渍小麦产量及穗部结实特性的影响

处理	基本苗 /(10⁴ 苗/hm²)	穗数 /(10⁴ 穗/hm²)	穗粒数 /粒	千粒重 /g	产量 /(kg/hm²)	结实 小穗数 /个	退化 小穗数 /个	YRIR/%
CK	150	579.3±3.2	36.6±1.0	40.1±0.9	8497.5±24.2	18.96	1.85	21.05
T	150	561.1±2.6	33.2±0.80	36.1±0.6	6709.2±21.9	16.55	2.62	
CK	225	619.5±5.2	36.9±0.3	40.5±0.5	9254.2±33.6	18.60	2.10	18.10
T	225	609.1±1.3	33.7±0.6	36.9±0.4	7575.8±27.9	16.83	2.72	
CK	300	623.8±1.3	35.6±0.5	38.6±0.3	8574.2±31.8	17.17	2.37	18.70
T	300	625.7±3.4	31.9±0.5	34.9±0.2	6970.5±22.1	14.92	3.55	
CK	375	610.8±2.2	34.1±0.5	38.2±0.3	7964.7±35.2	16.58	2.58	26.22
T	375	605.7±4.1	30.1±0.5	32.2±0.2	5876.4±24.9	13.86	3.97	

注：皖麦 52，2009~2012 年三年平均值。

(二)均氮壮株抗渍防衰技术

氮肥基追并重，基氮：拔节追氮=5：5，促进了壮株防衰(武文明等，2011，2012；吴进东等，2011，2013)。多年多点连续开展了皖麦 52、泛麦 5 号不同氮肥运筹方式对小麦群体调控与涝渍综合抗性影响的深入研究。采用不同基追比(基氮：拔节期追氮分别为 10：0、5：5、3：7)氮肥运筹方式，涝渍条件下皖麦 52 YRIR 分别为 19.65%、13.70%、17.36%；泛麦 5 号 YRIR 分别为 20.39%、16.01%、16.83%(表 3-10)。可见"保基肥、增追肥"有利于提高冬小麦抗涝渍性，尤以基追并重(基氮：拔节追氮=5：5)为最优均氮壮株抗涝渍氮肥运筹方式，显著促进了壮株防衰，提升了冬小麦后期抗涝渍性。

表 3-10　不同氮肥运筹方式对孕穗期涝渍小麦产量及构成因素的影响

品种	基追比 (基 N：拔节 N)	处理	穗数 /(万穗/hm²)	单穗结实 粒数/粒	千粒重 /g	产量 /(kg/hm²)	YRIR/%
皖麦 52	10：0	CK	602.6	34.2	40.6	8358.0	19.65
		T	589.9	31.2	36.5	6715.5	
	5：5	CK	584.2	36.5	42.6	9075.0	13.70
		T	578.1	34.9	38.8	7831.5	
	3：7	CK	571.0	35.8	41.3	8422.5	17.36
		T	561.2	32.7	38.0	6960.0	

续表

品种	基追比 (基 N：拔节 N)	处理	穗数 /(万穗/hm²)	单穗结实 粒数/粒	千粒重 /g	产量 /(kg/hm²)	YRIR/%
泛麦 5 号	10：0	CK	621.7	32.8	40.9	8343.0	20.39
		T	612.5	29.5	36.8	6642.0	
	5：5	CK	624.6	33.3	41.5	8611.5	16.01
		T	620.9	30.8	37.9	7233.0	
	3：7	CK	613.5	32.9	41.2	8305.5	16.83
		T	608.0	30.5	37.2	6907.5	

注：2009～2012 年三年平均值。

三、小麦降密均氮抗涝渍技术应用

通过降密健群均氮壮株抗涝渍栽培技术（"旋耕施肥机条播一体化"精准匀播方式和"保基肥、增追肥"基追并重(基氮：追氮=5：5 的最优壮苗抗涝渍氮肥运筹方式)与传统栽培技术("耕翻撒肥大播量撒播"传统播种方式和"一炮轰"施肥方法)比较试验结果可见，降密健群均氮壮株抗涝渍栽培技术明显有利于培育壮苗和建立合理群体，克服了传统栽培技术大播量、大群体易倒伏的弊端，提高了根系活力，可显著减轻冬小麦涝渍危害。泛麦 5 号、皖麦 52 在降密健群均氮壮株抗涝渍栽培条件下，孕穗期涝渍小麦 YRIR 分别为 13.00%、12.22%，而在传统栽培条件下两品种的 YRIR 分别为 20.35%、22.25%，降密健群均氮壮株抗涝渍栽培技术分别降低两品种 YRIR 7.35%、10.03%。降密健群均氮壮株抗涝渍栽培技术与传统栽培技术相比，减少播种量 75 kg/hm² 以上，基本苗由 375 万苗/hm² 左右降至 240 万～300 万苗/hm²，使成苗率提高 22.5%，越冬期早生低位三叶大蘖增加 0.5～0.8 个、次生根数量增加 1.0～1.5 条，YRIR 下降 15.2%，YRIR 平均降低 10.5%(表 3-11)。

表 3-11　不同栽培技术对越冬期小麦苗质及孕穗期涝渍小麦产量的影响

品种	技术	处理	播量 /(kg/hm²)	基本苗 /(万苗 /hm²)	越冬期 大分蘖	穗数 /(万穗/ hm²)	单穗结实 粒数/粒	千粒 重/g	产量 /(kg/hm²)	YRIR /%	WRI 平均 提高
泛麦 5 号	抗渍	CK	150～200	240～300	2.1	624.2	36.7	41.2	9453.0	13.00	11.9
		T				608.1	34.8	38.9	8223.8		
	传统	CK	250～275	375～420	1.2	612.6	34.3	40.6	8515.5	20.35	
		T				595.9	31.2	36.5	6783.0		

续表

品种	技术	处理	播量/(kg/hm²)	基本苗/(万苗/hm²)	越冬期大分蘖	穗数/(万穗/hm²)	单穗结实粒数/粒	千粒重/g	产量/(kg/hm²)	YRIR/%	WRI平均提高
皖麦52	抗渍	CK	150～200	240～300	2.3	632.8	36.6	41.2	9545.9	12.22	9.1
		T				623.4	34.7	38.8	8379.0		
	传统	CK	250～275	375～420	1.5	621.7	34.5	40.9	8758.4	22.25	
		T				610.5	31.0	36.0	6810.0		

进一步分析降密健群均氮壮株抗涝渍栽培技术减轻涝渍小麦危害的生理原因是提高功能叶 Pn、Chl 含量，单茎绿叶数、单茎绿叶面积、单茎地上干重、根系活力受涝渍影响较小。降密健群均氮壮株抗涝渍栽培小麦根系吸收能力强，其吸收功能受涝渍影响小。同时，降密健群均氮壮株抗涝渍栽培技术的小麦氮量在籽粒中分配比例大于传统栽培技术，而在叶片、茎鞘和根系中分配比例小于传统栽培技术。研究结果显示，降密健群均氮壮株抗涝渍栽培技术有利于养分的吸收、运转和分配，从而减轻涝渍对小麦生长发育和产量的不利影响。因此，降密健群均氮壮株抗涝渍栽培技术是减轻涝渍危害和提高冬小麦单产的经济有效的关键技术。该技术已在沿淮低洼地小麦生产上广泛应用。

第四节　稻茬麦高畦降渍抗逆丰产技术

沿淮和江淮丘陵区稻麦两熟是该地区主要的耕作制度。该区属亚热带湿润气候向暖温带半湿润气候的过渡地带，温、光、水资源比较丰富。年平均温度 14～16℃，年降水量 800～1100 mm，小麦生长期间降水量为 400～600 mm。但该地区降水时空分布不均，秋收秋种期间常遇连阴雨天气，冬小麦不能适期播种，造成光热资源浪费。稻茬小麦播种后田间土壤黏重，排水困难，透气性差，易出现渍害，形成弱苗，甚至烂苗、死苗，严重制约着冬前壮苗培育。因此，创建该区域稻茬麦降渍壮苗丰产技术迫在眉睫。从多年的研发和应用效果来看，高畦降渍机械化播种技术有效解决了稻茬小麦抗渍丰产的难题。

一、稻茬麦高畦降渍抗逆丰产技术原理

(一)高畦种植显著降低了表层土壤含水量

高畦降渍种植能够显著降低表层土壤含水量(表 3-12)。高畦降渍种植在出苗期和四叶期时，土壤 0～20 cm 深度土层土壤相对含水量比机条播开沟种植和撒播开沟种植分别降低 5.21%、11.99%和 7.21%、11.44%。

表 3-12　不同播种方式下小麦出苗期和四叶期 0～20 cm 深度土层土壤相对含水量

种植方式	出苗期/%	四叶期/%
高畦降渍种植	78.16 c	73.41 b
机条播开沟种植	82.45 b	79.11 a
撒播开沟种植	88.81 a	82.89 a

注：同列不同小写字母表示在 5%水平差异显著。

(二)高畦种植显著促进了小麦根系生长

由表 3-13 可知，高畦降渍种植在拔节期时，0～20 cm 深度土层小麦次生根条数、根系活力和 SOD 酶活性分别比机条播开沟种植和撒播开沟种植提高 31.15%、27.31%、8.09%和 53.91%、56.31%、9.81%，MDA 含量比机条播开沟种植和撒播开沟种植分别降低 17.90%和 29.59%。

表 3-13　不同播种方式下小麦拔节期 0～20 cm 深度土层根系生长指标

种植方式	次生根条数 /(条/株)	根系活力 /(μg TTC·h/g FW)	SOD 酶活性 /(U/g)	MDA 含量 /(μmol/g FW)
高畦降渍种植	10.82 a	385.14 a	525.46 a	5.64 c
机条播开沟种植	8.25 b	302.51 b	486.14 b	6.87 b
撒播开沟种植	7.03 c	246.39 c	478.52 b	8.01 a

注：TTC 指氯化三苯基四氮唑；FW 指鲜重。同列不同小写字母表示在 5%水平差异显著。

(三)高畦种植有利于干物质生产，提高籽粒产量

由表 3-14 可以看出，高畦降渍种植加速了茎蘖发育，有利于穗数和穗粒数形成，成熟期干物质积累总量和最终籽粒产量显著高于机条播开沟种植和撒播开沟种植。

表 3-14　不同播种方式下小麦成熟期产量及其构成因素

种植方式	成熟期干物质总量 /(kg/hm²)	穗数 /(10⁴ 穗/hm²)	穗粒数 /粒	千粒重 /g	产量 /(kg/hm²)
高畦降渍种植	15946.72 a	522.30 a	34.88 a	36.92 a	6726.02 a
机条播开沟种植	14001.47 b	500.60 b	32.84 b	34.53 b	6311.91 b
撒播开沟种植	12181.36 c	475.75 c	30.04 c	33.18 b	5482.87 c

注：同列不同小写字母表示在 5%水平差异显著。

二、稻茬麦高畦降渍抗逆丰产关键技术

(一)选用高畦播种一体机

稻茬麦高畦降渍一体化播种机是在普通旋耕施肥播种机基础上进行改造而成的高茬还田施肥开沟高畦播种一体机。该机器左半边旋耕刀头一致向右、右半边旋耕刀头一致向左，螺旋式安装，可起到旋耕灭高茬、不缠草、不拥堵的作用。两端加装开沟铲，起到旋耕灭高茬作高畦功能，能一次性完成灭茬、旋耕、施肥、起垄、播种和镇压等作业程序。该机器不仅能够在土壤适墒条件下完成播种，还能够适应水层覆盖和烂泥田等不同土壤条件下作业，克服了墒情对农机作业的限制，田间沟畦状态好，排水降渍效果明显，解决了稻茬小麦适期播种难题(图 3-7)。

图 3-7　高茬还田施肥开沟高畦播种一体机作业及田间长势

选用的高茬还田施肥开沟高畦播种一体机如图 3-8 所示。主要技术参数：作业幅宽 250(或 220)cm，耕深 16 cm，旋耕刀 32 把以上，播种行数 11(9)行。配套动力：使用作业幅宽 2.5 m 的"茬还田施肥开沟高畦播种一体机"高要求配套动力 73.5 kW 以上；作业幅宽 2.2 m 的高畦降渍播种机要求配套动力 66.2 kW 以上。

图 3-8　豪丰牌高茬还田施肥开沟高畦播种一体机

(二)种子处理与播期播量

品种：选用优质、高产、抗寒性好、抗赤霉病、抗穗发芽和耐渍性较强的半冬性或春性小麦品种。杂交籼稻早茬口宜选用抗寒性好、抗赤霉病、抗穗发芽能力较强的半冬性品种，粳糯稻晚茬口宜选择抗赤霉病、抗穗发芽能力较强的春性品种。

种子处理：播种前用种衣剂对种子进行包衣处理；未经包衣处理的种子每50 kg 用 2%戊唑醇湿拌种剂 50 g，或 50%甲柳酮 40 g，兑水 3 kg，搅匀边喷边拌，拌后堆闷 3～4 h，待麦种晾干即可播种。

播期播量：沿淮稻茬麦区适宜播种期为 10 月中旬至下旬，江淮地区播种期根据前茬作物及气候条件可以推迟至 10 月下旬至 11 月中旬。在适播期内，春性品种播种量为 180～225 kg/hm²，半冬性品种为 150～180 kg/hm²。如果由于茬口或气候原因播期延迟的话，一般每推迟三天，播种量增加 112.5 kg/hm²。

(三)精细作业播种

在不同墒情条件下，水稻低茬收割粉碎或留高茬收割粉碎后，使用小麦高畦播种一体机，匀速直线作业，一次性完成灭茬、旋耕、施肥、开沟、作畦、播种作业；保证作畦高度为 18～25 cm，畦间宽 25 cm 左右，深 25 cm 左右，畦面宽 2.0 m 或 1.8 m，畦面平直。每畦种 9～11 行，行距 20 cm 左右(图 3-9)。播种完成后，人工疏通地头沟。对烂泥田或田间有积水田块要及时排除田间积水。

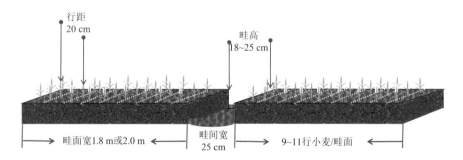

图 3-9　稻茬小麦高畦降渍一体化播种机作业后田间示意图

(四)合理施肥

根据小麦品质类型、目标产量确定肥料用量，每公顷施用纯 N 210～240 kg、P₂O₅ 75～105 kg、K₂O 90～120 kg、生物有机肥 2250 kg；土壤有效锌不足时，增施硫酸锌 15～30 kg。沿淮中、强筋小麦品种，氮肥可按照推荐范围适当多施；江淮、沿江地区，产量水平较低的田块或弱筋小麦品种可酌情减少氮肥的施用量。

氮肥的 60%～70%作为基肥，30%～40%返青拔节期看苗追施，磷、钾肥全部基施。小麦抽穗至灌浆期前期，结合"一喷三防"工作，将杀虫剂、杀菌剂、植物生长调节剂、微肥等混合叶面喷施，防早衰，增粒重。

(五)病虫草害管理

化学除草：当田间杂草密度达 40 株/m^2 以上时，在温度和土壤墒情适宜时，进行化学除草。一般在小麦 3～5 叶期、日均温 8℃以上时，及时冬前实施化学除草。以禾本科杂草为主的地块，用 6.9%精噁唑禾草灵水乳剂 600～900 mL/hm^2，或 15%炔草酸 450 g/hm^2，或 5%唑啉草酯乳油 900～1500 mL/hm^2，兑水 40 kg 喷雾。禾本科、阔叶杂草混生地块，用 7.5%啶磺草胺水分散剂 187.5 g/hm^2，或 20%氯氟吡氧乙酸乳油 750 mL/hm^2 加 6.9%精噁唑禾草灵水乳剂 750 mL/hm^2，兑水 600 kg 喷雾。少免耕麦田于小麦播种前 1～2 d，用 41%草甘膦水剂 2250～3000 mL/hm^2，兑水全田喷雾。

主要病害防治：防治纹枯病，拔节孕穗期纹枯病平均病株达 15%～20%时，用 3%素青水剂 6 kg/hm^2 或 20%爱可悬浮剂 300 mL/hm^2 兑水 450 kg/hm^2 喷雾。防治赤霉病，在小麦抽穗扬花期用 80%多菌灵可湿性粉剂(超微粉)900～1500 g/hm^2 水 450 kg/hm^2 喷雾。重发年份始花期防治第 1 次，隔 7 d 防治第 2 次。防治白粉病，当春季小麦病叶率达 20%时，用 12.5%烯唑醇可湿粉或乳油(每公顷有效成分 120 g)或 20%三唑酮乳油(每公顷有效成分 300 g)兑水喷雾防治。重病田再补治一次。防治赤霉病，在小麦抽穗扬花期用 80%多菌灵可湿性粉剂(超微粉)900～1500 g/hm^2 兑水 450 kg/hm^2 喷雾。重发年份始花期防治第 1 次，隔 7 d 防治第 2 次。在防治赤霉病的同时可加 1%尿素和 0.3%磷酸二氢钾，起到防病、追肥和预防干热风的作用。

主要虫害防治：防治麦蜘蛛，冬前及越冬期，可用 50%稻丰散乳油 750～1125 g/hm^2，或 48%毒死蜱乳油 1.0～1.5 kg/hm^2，或 10%氯氰菊酯乳油 600 g/hm^2，兑水 450～600 kg 均匀喷雾。在小麦的拔节期，用 20%哒螨灵可湿性粉剂 750～1125 g/hm^2 兑水 600～900 kg 均匀喷雾。防治蚜虫，可用 10%吡虫啉 30 g/hm^2 或 48%乐斯本 900 mL/hm^2 兑水 450 kg/hm^2 喷雾。

三、稻茬麦高畦降渍抗逆丰产技术应用

2018～2019 年在安徽省庐江县国家现代农业示范园高畦降渍抗逆丰产技术示范田，经专家测定，示范区田块平均有效穗数为 484.5 万穗/hm^2，每穗粒数 46.26

粒，千粒重 39.50 g，产量为 7599.15 kg/hm²。高畦降渍技术示范田的穗数、穗粒数和千粒重分别比机条播开沟种植田块高 5.17%、7.51% 和 3.49%，最终每公顷增产 718.65 kg，增幅 10.44%。同时，高畦降渍技术一次性完成灭茬、旋耕、施肥、开沟、作畦、播种作业，每公顷节约了机械作业成本和种子成本 1050 元，增收 1425 元/hm²，每公顷合计节本增效 2475 元。

2018～2020 年在安徽省凤台县国家现代农业示范园进行示范应用，采用高畦降渍机械化种植技术，经专家测定，该技术示范田平均有效穗数为 688.65 万穗/hm²，穗粒数 31.43 粒，千粒重为 45.50 g，理论产量为 9823.05 kg/hm²，85% 折后产量为 8349.6 kg/hm²。高畦降渍技术示范田的穗数、穗粒数和千粒重分别比机条播开沟种植田块提高 8.45%、9.08% 和 11.42%，最终增产 783.45 kg/hm²，增幅 10.35%。同时，高畦降渍技术一次性完成灭茬、旋耕、施肥、开沟、作畦、播种作业，节约了机械作业成本和种子成本 1125 元/hm²，增收 1500 元/hm²，合计节本增效 2625 元/hm²。

高畦降渍抗逆丰产技术已成为江淮区域稻茬麦生产的主推技术并大面积推广应用，显著促进了稻茬麦抗逆丰产增效。

第五节　玉米免耕精量机直播壮苗抗逆技术

江淮区域夏玉米多采用小四轮免耕播种，小麦机收后的麦秸严重影响下茬玉米播种质量，故大量麦秸被就地焚烧，既污染环境又浪费资源。小四轮免耕直播容易导致麦茬夏玉米缺苗断垄或密度过大，玉米密度、群体均匀度与整齐度"三度"难以保证。

农民为了防止机播玉米缺苗断垄，一般播种量较大(37.5～45.0 kg/hm²)又很少间苗、定苗，造成机播玉米群体密度过大。群体密度过大会导致植株基部节间拉长变细，节间干物重积累量降低，节间抗倒力学性能下降，群体易倒伏。同时，玉米拔节-大喇叭口期是茎秆生长较快的时期，考虑到人力成本和缺乏适用的施肥机械，这一时期农民习惯配合降雨(或灌水)大量追施速效氮肥，使茎秆生长加速，含水率增加，茎秆变脆，易倒折。由于播种密度与肥水运筹不当，麦茬夏玉米大面积倒伏时有发生。同时，沿淮淮北地区夏玉米苗期常受涝渍或干旱胁迫，"三度"低的弱苗易遭受涝渍和干旱灾害，严重制约着夏玉米产量的提升，创建玉米壮苗抗逆丰产技术是江淮区域夏玉米生产的迫切需求。

一、玉米免耕精量机直播壮苗抗逆技术机理

(一)提高出苗率、整齐度和均匀度

秸秆全量覆盖还田条件下免耕精量机直播壮苗抗逆技术，抢墒抢时播种，提高了播种速度和播种质量。较传统耕播技术，提早麦茬夏玉米播期3~5 d，6月20日玉米涝渍易灾期前玉米叶龄达4~5叶期而避开涝渍敏感期。出苗整齐度、均匀度分别提高14.6%、15.8%，涝渍抗性指数(WRI)提高20.5%。

(二)提高玉米根群质量和抗倒性

免耕精量机直播壮苗抗逆技术较传统耕播技术显著增加玉米气生根条数 2~3条、0~30 cm 根条数1~2条、总根条数4~5条，三叶期根系干重、根系活力分别增加1.25 g/株、9.7 μg TTC·h/g FW，降低茎折率0.75%、根倒率0.45%和总倒折率1.25%。

(三)显著增加水分利用效率与夏玉米产量

免耕精量机直播壮苗抗逆技术较传统耕播技术提高水分利用效率 1.17 kg/ (hm^2·mm)，增加籽粒产量720.6 kg/hm^2。

二、玉米免耕精量机直播壮苗抗逆关键技术

针对沿淮淮北地区夏小麦秸秆全量还田，玉米播种时常常墒情不足，播种机械适应性不够，播种质量差，导致玉米苗弱，密度、整齐度、均匀度差，玉米抗逆能力弱，产量低的问题，创建了江淮区域玉米免耕精量机直播壮苗抗逆技术。该技术通过清秸、开沟、施肥、播种、覆土、镇压六位一体播种机械融合相关配套技术实施精量免耕直播，达到一播全苗，实现苗齐、苗匀、苗壮，提高抗逆丰产能力。其主要技术要点如下。

(一)选用良种，提高种子质量

(1)选用紧凑型高产耐密抗逆优良品种。根据沿淮淮北夏玉米主产区自然生态条件，选择丰产稳产性好、耐密抗逆性强的优良玉米品种，如隆平206、登海605、郑单958、蠡玉35、浚单20、伟科702、安农591等品种。

(2)提高种子质量并进行种子包衣。在选用优良品种基础上，选择优质种子，特别是要求种子发芽率≥95%，同时必须为种子包衣，以提高出苗率和防治苗期病虫害。

（二）麦秆全量机械粉碎匀抛覆盖还田，提高小麦秸秆还田质量

小麦收获时，选用大功率带秸秆粉碎和切抛装置的小麦联合收割机，小麦留茬高度不超过 20 cm，小麦秸秆粉碎长度为 5～10 cm，粉碎后的小麦秸秆要抛撒均匀，不要成垄或成堆放置。如果秸秆量过大，或留茬太高及秸秆抛撒不均匀，须在播前用灭茬机械进行灭茬，然后再播种。

（三）实施免耕一体化播种，提高播种质量

1. 抢墒抢时集中播种，力争早播

坚持"春争日，夏争时"和"夏播无早、越早越好；抓住一个早字，突出一个抢字"的原则。前茬小麦收获后尽早抢墒抢时播种夏玉米，播种过迟，遇梅雨早发年份容易引起"奶涝"，造成严重减产甚至绝收。因此安徽省沿淮地区夏玉米适宜播种时间为 6 月初，淮北地区为 6 月上旬。力争 6 月 15 日之前集中播种，以减少芽涝，培育壮苗。若土壤墒情不足，为抢播夏玉米也可先播种，播后及时补浇"蒙头水"。

2. 应用新型精量播种机，实现"六位一体"播种

为了解决小麦秸秆还田对播种质量的影响和精量排种，研制了立式带状清秸装置，可实现秸秆清理，防堵、防漏种、防架种；研制的悬浮仿生排种器可实现单粒精量播种，保证密度和均匀度；开发了秸秆移位精量播种机（图 3-10、图 3-11）（王韦韦等，2017）。利用秸秆移位精量播种机播种可实现清秸、开沟、施肥、播种、覆土、镇压六位一体，保障了夏玉米一播全苗壮苗（图 3-12）。

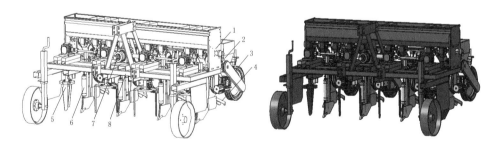

图 3-10　秸秆移位玉米免耕直播机示意图

1.排肥装置；2.播种单元体；3.镇压驱动轮；4.覆土装置；5.秸秆移位防堵驱动耙；6.开沟器；
7.传动系统；8.主机架

图 3-11　清秸排种装置示意图

图 3-12　秸秆移位免耕玉米播种机播种效果

3. 合理密植，种肥同播

采用 60 cm 等行距种植，播种深度 3～5 cm 并均匀一致。留苗密度应保证在 67500 株/hm² 左右，耐密性好的品种种植密度可适当提高。以密度定播量，播种的种子粒数应比确定的适宜留苗密度增加 15%左右。

在小麦秸秆全量还田前提下，以施氮肥为主，配合一定数量的磷、钾肥，并补施适量微肥。基肥施用三元复合肥(N-P-K=25-10-10)600～750 kg/hm²，种肥同播。

(四)强化播后管理，培育壮苗

播后苗前，土壤墒情适宜时或浇完"蒙头水"后，用 40%乙阿合剂或 48%玉草灵、50%乙草胺等除草剂，兑水后进行封闭除草。也可在玉米可见叶 3～5 叶期用 48%玉草灵或 4%玉农乐、苞卫、烟嘧磺隆、莠去津等苗后除草剂兑水后在玉米行间杂草上定向喷雾。做到不重喷、不漏喷，并注意用药安全，防止除草剂药害。

播种出苗期要保证良好的土壤墒情。如播种时土壤墒情不足，应在播后及时补浇"蒙头水"，保证一播全苗。由于苗期易发生涝害、渍害，应疏通田间腰沟、围沟、畦沟，做到"三沟"配套，防止苗期涝渍。如遇暴雨积水要及时排水，防芽涝和苗涝。

播后苗前，结合土壤封闭除草喷洒杀虫杀卵剂，喷洒氯虫苯甲酰胺或菊酯类、有机磷类药剂，杀灭麦茬上的二点委夜蛾、灰飞虱、蓟马、麦秆蝇等麦茬中隐藏的残留害虫。地下害虫严重的地块在播种沟内撒施辛硫磷或毒死蜱，毒土后浇水防治。

通过上述技术措施，培育壮苗，不仅提高了苗期抗涝渍能力，也提高了中后期抗逆能力，筑牢丰产优质基础，提高了玉米产量和效益。

三、玉米免耕精量机直播壮苗抗逆技术应用

该技术解决了秸秆全量还田和玉米精量播种的难题，通过免耕和秸秆还田覆盖，改传统两次作业为一次作业，减少了土壤扰动，提高了降渍保墒效果。使麦茬夏玉米播期提早 3～5 d，6 月 20 日涝渍易灾期前玉米叶龄达 4～5 叶期，其大苗壮苗避开涝渍敏感期，提高播种速度和播种质量，较传统耕播技术出苗整齐度与均匀度提高 15%以上，涝渍抗性指数(WRI)平均提高 20%以上，并提高水分利用率 1.17 kg/(hm^2·mm)，增加玉米籽粒产量 720.0 kg/hm^2。夏玉米"免耕精量机直播壮苗抗逆技术"省工省时，大幅度提高了劳动效率，确保了玉米抗逆稳产优质高效，已成为沿淮淮北地区夏玉米主推技术，得到大面积推广应用。

第六节　粮食作物抗高低温干旱技术

一、水稻抗高低温干旱技术

(一)水稻抗旱丰产光合作用机理及其调优灌溉技术

干旱是影响水稻生长发育最严重的非生物胁迫之一。在华中稻区，孕穗期常面临季节性干旱的风险，严重威胁我国粮食安全。江淮丘陵区属典型孕穗期季节性干旱高频发生区域，季节性干旱是该地区水稻高产稳产的瓶颈。在全球气候变暖背景下，稻田灌溉需求量增加，至 2080 年，华中稻区灌溉量可能将增加至 20～90 mm，而湖北、安徽和江苏等地灌溉增量甚至大于 100 mm。鉴于我国现今灌溉缺水量已超过 3×10^{10} m^3(王浩等，2018)，水稻作为第一大耗水作物，灌溉增量

所带来的缺额势必加剧水稻干旱程度，甚至危及非农安全用水。因此，水稻节水抗旱高产是典型易旱区亟待解决的生产实际问题。

1. 水稻抗旱丰产机理

1) 水稻抗旱丰产的光合调节机制

孕穗期季节性重度干旱(20 cm深度土层水势降低至-50 kPa维持1周左右)导致水稻产量、产量构成因子、生物量、叶面积指数及根冠生长均显著降低，而光合生产潜力降低是驱动这些生育特性降低的重要驱动因素。对于抗旱能力强的品种而言，光合速率降低幅度显著低于不抗旱品种，这主要得益于抗旱性强品种可维持高叶肉导度(g_m)，促进较高光合生产潜力的形成。因此，高g_m是抗旱性品种响应干旱时高光合形成的主要调节因子。

2) 干旱下高g_m形成的叶肉结构与生理互作机制

重度干旱下 *OsPIP1;1*、*OsPIP1;2*、*OsPIP2;3*、*OsTIP2;2* 和 *OsTIP3;1* 基因显著上调。其中 *OsPIP1;1* 基因可能调控水分转运，进而通过气孔导度影响光合速率，*OsPIP1;2*、*OsPIP2;3*、*OsTIP2;2* 和 *OsTIP3;1* 可能主要通过调控叶肉导度来调节光合速率，干旱条件下基因表达上调，在一定程度上弥补了气孔导度、叶肉导度和光合速率的降低。抗旱性强的品种(旱优73)基因上调相对表达量低于不抗旱品种(徽两优898)，特别是在轻干湿交替灌溉下，上调表达量最低，主要原因可能是旱优73品种在干旱条件下叶肉细胞结构遭受的破坏程度较小，水通道蛋白基因的补偿效应相对较小。因此，旱优73在干旱下的高光合生产潜力主要与良好的叶结构有关。

3) 干旱下高光合形成的适应机理

季节性干旱下叶片光呼吸(R_d)存在显著的基因型和灌溉制度差异，旱优73的R_d明显高于徽两优898品种，轻度干湿交替灌溉的R_d显著高于传统淹灌和重度干湿交替灌溉，且品种和灌溉制度对R_d具有显著的互促效应，即旱优73和轻干湿交替灌溉表现出最大的R_d[5.34 μmol/(m²·s)]。光呼吸消耗加强，避免过多光能对光合器官的伤害，是其在重度干旱下维持高光合速率的重要保护机制。此外，在充分灌溉下，节水抗旱稻气孔导度显著高于常规高产品种，较高的气孔导度有利于在重度干旱下维持相对更高的叶肉导度值，进而维持高光合生产潜力(图3-13)。因此，将高气孔导度及光呼吸作为节水抗旱稻品种筛选指标。

2. 重度干旱下高光合生产潜力维持的调优控制灌溉技术

技术要求：①抗旱性品种选用。②控制灌溉技术，当0~20 cm深度土壤水势降低到-15 kPa时补充灌溉至2~3 cm水层，如此循环往复的灌溉制度称为轻干湿交替灌溉；胁迫结束后，仍采用干干湿湿的灌溉方式进行养根护叶方式管理。③其他管理包括肥料、杂草和病虫害等参照高产大田生产。

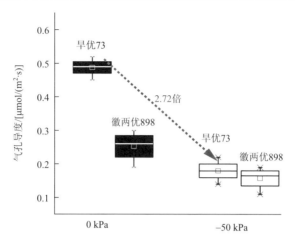

图 3-13　旱优 73 品种和徽两优 898 品种气孔导度差异

技术效果：在重度干旱前采用轻度干湿交替灌溉，较传统淹灌和重度干湿交替灌溉显著提高了生物量、单位面积穗数、每穗粒数、结实率和产量，且品种和灌溉制度对产量、结实率和千粒重有显著的互促效应。轻干湿交替灌溉处理干旱前和中的光合生产潜力显著高于传统淹水处理，光呼吸明显加强，叶肉导度降幅较小，叶肉导度与传统淹水灌溉持平(图 3-14)。

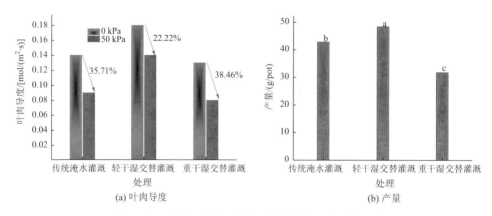

图 3-14　不同水分处理对水稻叶肉导度和产量的影响

不同小写字母表示在 5%水平差异显著

(二)高温对水稻生长发育影响及氮肥调控技术

作物热害是指由高温引起作物伤害的现象，而作物对高温胁迫的适应则称为作物抗热性。作物由于起源不同，它们的耐高温能力也有较大差别。由于气温过高，作物组织又达不到解热效果，因而受害。气温升高主要是由于工业化导致温室气体大量排放，使作物生长面临着高温胁迫的逆境。我国主要稻作区水稻孕穗开花期正处于夏季高温时节，遭受热害的风险极大(葛道阔和金之庆，2009)。由于长江流域稻作区域特殊的地理环境，高温在水稻生育中后期频繁发生，自1989年以来在该流域，高温引起水稻受灾大幅度减产绝收等事件就有7次(田小海等，2009)，如2003年7~8月，我国南方稻作区发生了罕见的高温天气，使水稻减产极为严重；2006年，四川盆地稻作区发生了特大高温干旱，导致当年该区域水稻减产超过25%，严重地区减产超过50%；2013年7~8月，我国南方稻区(重庆、湖南、湖北、江西、安徽江苏南部)受灾面积超过317.7万 hm^2，无论是高温强度、范围还是高温持续的天数都超过历史记录，导致水稻减产，部分地区甚至绝收。目前高温热害已成为严重影响该区域水稻安全生产的首要问题。国内外专家已经充分重视因高温逆境导致的粮食产量、质量等相关问题，减少和避免高温热害的应用理论研究已成为热门课题，江淮区域也是水稻受高温热害影响最严重的地区之一。因此，开展高温对水稻穗叶热害机理及其氮素调控的研究，对明确水稻热害机理、减灾和耐高温水稻品种选育具有重要的科学意义和实践价值。

1. 高温对水稻生长发育的调控效应

1) 高温对水稻颖花形态的影响

水稻完成开颖受精经历颖壳打开，花丝伸长，花药散粉到柱头上，花粉在柱头上萌发至完成受精一系列过程。花丝在开花时迅速伸长可为颖壳的打开提供一份机械力。高温胁迫下，花药变形，花丝萎蔫断裂，柱头枯萎。

2) 高温对水稻花药散粉及柱头上花粉的影响

常温下开颖后，敏感品种 R343 的花药中几乎没有花粉，花药散粉能力比耐热 996 品种更好。而高温处理后，两个水稻品种的花药散粉力明显降低，且对敏感品种 R343 的影响更大。高温使柱头失水萎蔫，柱头失水造成附着花粉能力下降，导致柱头上花粉数目和萌发花粉数目减少。柱头上的花粉数与受精率成正比。高温处理后两个品种的水稻颖花柱头上的花粉量明显减少，使受精率降低。从图 3-15 中可以看出，高温下的花粉活性和柱头花粉数明显降低。

3) 高温处理下氮素形态对穗叶温度的调控效应

高温胁迫下，两供试品种的叶温和穗温均比常温对照的高。在同一高温处理下，耐热系 996 和热敏系 R343 在施用混合氮源及铵态氮下的叶温和穗温均低于尿素氮处理的，且这种差异在混合氮源处理下的达到显著水平，其中，叶温分别低 3.56% 和 2.71%，穗温分别低 2.92% 和 2.55%；但在硝态氮处理下两供试品种的穗叶温度没有降低，甚至高于尿素氮处理。由此可见，水稻花期遭遇高温时，不同形态的氮素比例对水稻穗叶温度的影响较大，当铵硝比为 50∶50 时，即混合氮

图 3-15　高温胁迫对花粉活性和柱头花粉数的影响

(a) 和 (c) 表示常温下的花粉活性和柱头花粉数；(b) 和 (d) 表示高温下的花粉活性和柱头花粉数

源下的穗叶温度最低，硝态氮下的穗叶温度最高。品种间比较发现，在常温下，热敏系 R343 的穗叶温度均比耐热系 996 的低，但在高温胁迫下，两个品种的穗叶温度均显著升高，且热敏系 R343 的穗叶温度均大于耐热系 996。

4) 高温处理下氮素形态对叶片光合特性的调控效应

氮素形态及高温胁迫下，水稻叶片的净光合速率 (Pn)、气孔导度 (Gs) 和蒸腾速率 (Tr) 等光合特性都有显著变化。与常温对照相比，高温处理结束后，水稻叶片的 Pn、Gs 及 Tr 均出现不同程度的降低。同一高温处理下，耐热系 996 在混合氮源及铵态氮处理下的光合速率显著高于尿素氮处理，分别高 9.74% 和 6.08%；而在硝态氮处理下的光合速率与尿素氮处理下的没有显著差异。耐热系 996 的气孔导度及蒸腾速率也表现出了与净光合速率相似的规律。

在高温胁迫下，虽然耐热系 996 与热敏系 R343 剑叶 F_v/F_m 均比常温下的低，但只有热敏系 R343 处理间的差异达到显著水平。同时，高温胁迫下不同氮素形态对耐热系 996 水稻叶片最大光化学效率 (F_v/F_m) 并无显著的影响，两品种表现一致。与对照相比，高温胁迫下耐热系 996 与热敏系 R343 剑叶非光化学猝灭系数

(non-photochemical quenching，NPQ)均显著增加，这说明高温胁迫下用于热耗散的部分增多，从而阻碍了水稻把捕获的光能充分用于光合作用。

2. 氮素形态对高温的综合调控技术

技术要求：①选用耐热系品种；②采用混合氮肥创建健壮个体，施氮量同大田生产，采用硝态氮与铵态氮按5:5比例配比氮肥，籼稻氮肥运筹比按基蘖肥与穗肥比为7:3，施肥时加入氮素用量5%的双氰胺以防止氮素形态转化，其他运筹方式同常规生产；③高温发生期间，配套灌10 cm深水技术能较大程度减少花期高温对花器官的伤害程度。

技术效果：水稻花期高温胁迫后，结实特性、光合特性、叶片含氮量及抗氧化酶活性均比常温下的低；同一高温胁迫下，混合氮源处理能显著增加水稻的千粒重和结实率，从而显著提高产量，这主要是通过提高叶片含氮量，促进光合速率、蒸腾速率及气孔导度，降低穗叶温度，提高叶片中抗氧化酶类活性，有效清除活性氧自由基等过氧化物，进而缓解高温胁迫造成的伤害。施用铵态氮也能对花期高温热害起缓解作用，但缓解效果比施用混合氮源的差。综上所述，施用混合氮源对花期高温热害的缓解效果最好，但不能完全补偿高温胁迫所造成的产量损失。

(三)低温对水稻生长发育的影响及化控耐低温调控技术

由于水稻起源于热带，对热量要求高，对温度的变化相当敏感，加上其分布地区极广，几乎所有生产稻谷的地区都会遭遇不同程度的冷害。据统计，世界上有24个国家约1500万 hm^2 的水稻种植区常常受到低温冷害的侵袭。我国稻作区主要分布在秦岭淮河以南及东北平原地区，纬度跨度大，热量季节分布不均，南方双季稻区和高海拔山区早春低温和连续阴雨的倒春寒会造成籼稻烂秧，同时长江流域秋季迟熟中稻或双季晚稻抽穗扬花期的寒露风也会导致减产，而北方地区水稻的整个生长期都可能遇到低温冷害，据统计每年的稻谷损失可达50亿～100亿 kg。因这种低温伤害多是冰点以上，故称之为冷害。自工业革命以来，伴随着人类社会的飞速发展，生态环境日益恶化，尽管气候趋于变暖，但更重要的是，全球生态系统的稳定性也逐渐下降，导致气候异常事件增多、年内气温波动幅度加大等，严重威胁水稻的生产。2014年水稻生长期内积温偏少，降水偏多，尤其是江淮地区水稻抽穗、扬花和灌浆前期遭遇连续的低温阴雨，造成水稻减产，部分地区甚至绝收。因此，低温是限制江淮地区水稻正常生产和产量的重要环境因素之一。

1. 低温对水稻生长发育的影响

1)抽穗期低温对水稻叶片膜系统及渗透调节物质的影响

低温处理4 d后，水稻叶片丙二醛(MDA)含量增加，说明低温使水稻叶片的细胞膜结构受损，膜透性增加，影响了叶片的正常生理功能。而游离脯氨酸、可溶性糖和可溶性蛋白是植物细胞内重要的渗透调节物质，可维持细胞内环境的稳定。在低温胁迫第 4 天，水稻叶片的脯氨酸、可溶性糖和可溶性蛋白质含量均显著下降，分别比对照降低了 34.32%～34.5%、10.84%～31.2% 和 21.2%～24.7%。耐低温品种较不耐低温品种的膜系统更稳定，渗透调节能力更强。

2）抽穗期低温对水稻叶片保护酶活性的影响

低温胁迫 4 d 后，水稻叶片的超氧化物歧化酶（SOD）和过氧化物酶（POD）的活性均明显下降，说明低温破坏了细胞的膜结构，使植物体内活性氧产生的速率超过了保护酶清除活性氧的速率，从而造成细胞膜的过氧化，导致细胞膜结构与功能的损伤，从而影响细胞正常生理功能的进行。与不耐低温品种相比，耐低温品种的抗氧化酶活性更高，保护膜系统的能力更好。

3）抽穗期低温对水稻叶片和籽粒吲哚乙酸（IAA）和脱落酸（ABA）含量的影响

与对照相比，低温处理 4 d 后的水稻叶片和穗子的 IAA 含量均明显降低，分别比第 1 天降低 37.4% 和 24.9%。ABA 在处理间的差异同 IAA，即低温胁迫处理 4 d 后的水稻叶片和穗子的 ABA 含量较适温处理均明显降低，且分别比低温处理后第 1 天降低 29.8% 和 21.4%。

2. 茉莉酸甲酯喷施提高水稻耐低温能力的调控技术

技术要求：①耐低温品种选用；②外源喷施茉莉酸甲酯，喷施时间为低温发生时，以 10 mmol/L 的浓度配比进行喷施，喷施以叶片完全饱和为宜。

技术效果：低温胁迫下，与对照相比，不喷、喷清水与喷施茉莉酸甲酯的穗子日平均开颖数较适温处理分别下降 94.9%、90.3% 和 37.3%。这说明低温胁迫大大降低了不喷与喷清水的穗子开颖数，而喷施茉莉酸甲酯可以显著减轻低温对颖花开放的影响。此外，低温胁迫下，喷施茉莉酸甲酯组的水稻结实率和千粒重分别比喷施清水组提高 28.9% 和 17.7%，比不喷组增加 45.7% 和 22.6%。

二、小麦抗低温干旱技术

沿淮淮北麦区作为中国小麦主产区之一，其小麦生长期从当年 10 月一直持续到次年 6 月。漫长的生育期也意味着遭受各种自然灾害和逆境胁迫的概率增大，包括年前低温冻害、年后倒春寒、季节性干旱等。而在全球气候变暖背景下，小麦越冬期冻害、早春寒潮（倒春寒）和季节性干旱等极端低温与干旱灾害频发重发，已成为该地区小麦高产高质高效发展的主要限制因素。

(一)小麦低温干旱致灾机理与抗性机制

1. 小麦低温致灾机理

1)倒春寒导致小麦小花及花药显微结构发育异常

正常温度条件下小麦小花花药呈青黄绿色[图 3-16(a)、(d)]，但受冻较严重的小花雌雄蕊均受影响，整个小花失绿，呈白色凝胶透明状[图 3-16(b)、(e)]。在籽粒形成期受冻后未死亡的小花会逐渐失水萎缩，雌蕊呈乳白色凝胶状，雄蕊干枯，未见花粉，雌雄蕊未受精，籽粒开始灌浆后逐渐失水萎缩[图 3-16(f)]，从而形成败育籽粒[图 3-16(c)]。

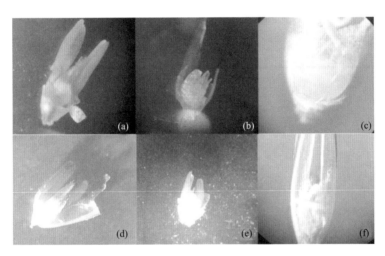

图 3-16　不同温度处理对新麦 26 和烟农 19 小麦小花形态的影响

(a)正常未受冻小花；(b)受冻小花；(c)受冻败育籽粒(新麦 26)；(d)正常未受冻小花；(e)受冻小花；(f)受冻籽
粒萎缩(烟农 19)

正常温度条件下新麦 26 花药已处于减数分裂至四分体时期,中层细胞大部分解体,绒毡层细胞的内切向壁开始分解,细胞开始分离,花粉母细胞正常发育至减数分裂末期至四分体期[图 3-17(a)]。T1(4℃ 48 h)处理后,花药的表皮、药室内壁、绒毡层、花粉母细胞均出现冻融变形现象,表皮细胞和药室内壁开始解体,中层细胞基本消失,绒毡层细胞相互连成一片,花粉母细胞破裂,但未消失[图 2-17(b)]。T2(2℃ 48 h)处理后,花药整体受损严重,花粉母细胞基本溶解消失,整个花药仅表皮和药室内壁仍可见整体轮廓,表皮细胞受损,大部分细胞可见基本轮廓,且细胞体积相对变大。药室内壁细胞受损相对较重,部分花药内表皮细胞细胞核消失,且出现细胞粘连现象[图 3-17(c)]。T3(−2℃ 48 h)处理后,花药整体受损严重程度与 T2 相似,花粉母细胞溶解消失,整个花药仅表皮和药室内壁仍可见整体轮廓，表皮细胞受损严重，且细胞体积相对变小，大部分药室内壁细胞冻融消失[图3-17(d)]。

正常温度条件下烟农19花药处于花粉母细胞初期至减数分裂期，花药表皮、药室内壁、中层细胞、绒毡层及花粉母细胞均清晰可见，且部分花粉母细胞正处于初期，核内可见不着色的空泡出现，中层细胞也开始解体。T1(4℃ 48 h)处理后，花药的表皮、药室内壁、绒毡层、花粉母细胞均出现受冻变形现象，表皮细胞和药室内壁变形严重，部分细胞冻融，中层细胞基本消失，绒毡层细胞相互连成一片，但仍可见部分细胞核。花粉母细胞破裂，但未消失[图3-17(f)]。T2(2℃ 48 h)处理后，花药整体受损严重，整个花药细胞受冻皱缩严重，未见细胞质，表皮、药室内壁、中层细胞和绒毡层细胞粘连，核仁消失未见。花粉母细胞未消失，核仁可见，但细胞质受冻严重，细胞严重变形[图3-17(g)]。T3(–2℃ 48 h)处理后，花药整体受损程度低于T1、T2处理，但表皮细胞、药室内壁细胞、绒毡层细胞均出现皱缩破裂现象，核仁体积增大，染色加深。花粉母细胞破裂，但染色质未消失。

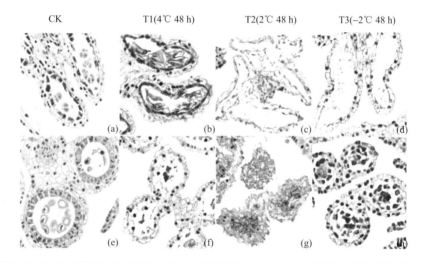

图3-17　不同温度处理下新麦26[(a)～(d)]和烟农19[(e)～(h)]花药的显微结构变化

2)倒春寒导致小麦籽粒产量降低

倒春寒对小麦穗粒数、千粒重与单穗重的影响达显著水平，温度越低，穗粒数、千粒重与单穗重降幅越大，烟农19、新麦26穗粒数降幅分别为46.51%～88.71%、66.10%～92.74%，千粒重降幅分别为0.09%～10.68%、8.23%～14.36%，单穗重降幅分别为47.02%～89.88%、68.68%～93.96%。单穗重下降主要原因是穗粒数的降低(表3-15)。

表 3-15　不同温度水平下对两品种结实特性与单穗重的影响（2019 年，合肥）

品种	处理	穗粒数/粒	千粒重/g	单穗重/g
烟农 19	15℃/48 h（CK）	37.2±2.1 a	45.12±0.93 a	1.68±0.37 a
	6℃/48 h	19.9±3.5 b	44.70±1.89 a	0.89±0.25 b
	4℃/48 h	16.9±2.9 bc	44.38±2.43 a	0.75±0.24 b
	2℃/48 h	11.3±2.3 c	41.96±2.22 b	0.47±0.12 c
	0℃/48 h	9.4±2.4 c	40.82±3.79 b	0.38±0.11 c
	–2℃/48 h	5.6±1.9 d	40.24±1.65 b	0.23±0.12 d
	–4℃/48 h	4.2±2.1 d	40.30±2.15 b	0.17±0.03 d
新麦 26	15℃/48 h（CK）	41.3±3.3 a	44.01±2.63 a	1.82±0.12 a
	6℃/48 h	14.00±2.6 b	40.39±3.74 a	0.57±0.21 b
	4℃/48 h	12.9±1.7 b	40.18±5.25 a	0.52±0.17 b
	2℃/48 h	9.7±4.7 c	38.03±1.42 b	0.37±0.15 c
	0℃/48 h	7.8±3.2 c	39.54±1.58 b	0.31±0.10 c
	–2℃/48 h	4.5±3.5 d	38.38±2.22 b	0.17±0.06 d
	–4℃/48 h	3.0±1.0 d	37.69±6.29 c	0.11±0.05 e

注：表中同列不同小字母表示在 0.05 水平上差异显著。

2. 小麦干旱致灾机理与抗性机制

1）小麦干旱的致灾机理

通过不同干旱程度（正常、中度、重度干旱），不同干旱时间（6 d、12 d、18 d）及复水（3 d）的研究结果表明，小麦干旱致灾机理：干旱诱导了脂质过氧化，降低了气孔导度，从而抑制光合作用，导致产量下降；冬小麦通过提高抗氧化酶（SOD、POD）活性、增加可溶性糖含量、脯氨酸含量适应干旱和加强抗旱性。

2）小麦干旱抗性机制

通过研究拔节期不同品种在不同水分条件下的光合速率、气孔导度、ABA 含量、蔗糖含量、Rubisco 酶活性、根冠比、生长素含量等生理生化指标变化规律，明晰了冬小麦干旱抗性机制：首先通过生长素的调控促进了根系的生长，有利于水分的吸收；通过提高蔗糖含量，维持一定渗透势，有利于吸水；通过调节碳代谢过程（如 Rubisco 酶活性），促进产量形成。

（二）小麦抗低温干旱主要技术

1. 秸秆还田地力提升与轮耕蓄墒促根壮苗抗旱防寒技术

技术要点：秸秆周年全量还田+优化轮耕模式+合理肥料运筹。

技术原理：在遇倒春寒危害情况下，平均增加小麦大分蘖数 1.2 个，增加茎秆、叶片和穗部糖浓度 8.5%、9.1%和 10.82%。

技术效应：与传统技术相比，在干旱与倒春寒危害下应用土壤生产力持续提升促根增蘖壮苗抗旱防寒技术，小麦产量平均减损 5.0%以上(图 3-18)。

图 3-18　秸秆还田地力提升与轮耕蓄墒促根壮苗抗旱防寒技术

2. 冬小麦优群健体抗旱防寒技术

技术要点：通过精量条播把播量控制在 187.5 kg/hm²，基本苗 397.5 万苗/hm² 降至 270.0 万苗/hm²，氮肥基追比从 3∶7 变为 5∶5。

技术原理：在遇干旱与倒春寒危害情况下，使三叶期的大蘖增加 0.5～0.8 个，次生根数增加 1.0～1.5 条，达到促蘖增根建群壮体的作用；在小麦花后，根系活力(RA)提高 32.07%，旗叶 Pn 提升 28.89%。

技术效应：与传统技术相比，在遇干旱与倒春寒危害下应用降密均氮技术，小麦产量平均减损 5.5%以上(图 3-19)。

3. 冬小麦磷肥基追并重抗旱御寒技术

技术要点：将传统磷肥"一炮轰"(10∶0)改为基追并重(5∶5)施肥法。

技术原理：在遇干旱与倒春寒危害情况下，磷肥基追并重施肥法使小麦壮秆、增糖、抗寒、防冻。乳熟期旗叶 POD 酶活性提高 34.1%，可溶性糖含量提高 48.4%，Pn 提高 32.1%。

技术效应：与传统常规施磷技术(磷肥基施"一炮轰")相比，在干旱与倒春寒危害下，磷肥基追并重施肥法使小麦产量减损 8.5%(图 3-20)。

图 3-19　冬小麦降密均氮优群健体抗旱防寒技术

图 3-20　冬小麦磷肥基追并重抗旱御寒技术

4. 冬小麦倒春寒减灾保产调控技术体系

通过选择抗倒春寒品种、秸秆还田地力提升与轮耕蓄墒促根壮苗抗旱防寒技术、降密均氮抗寒技术、磷肥基追并重抗旱御寒技术及后期化调抗寒等关键技术的示范应用，优化水肥利用，促根壮苗，优群健体，达到灾前防御、灾中补救的目的，集成了江淮区域（黄淮海）冬小麦倒春寒综合防控技术体系（图3-21），制定了安徽省地方标准《小麦倒春寒综合防控技术规程》（DB34/T 3736—2020）。

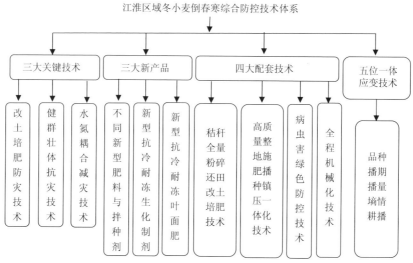

图 3-21 江淮区域冬小麦倒春寒综合防控技术体系

小麦生产过程中若遭遇低温、干旱逆境会导致生长受影响，降低小麦产量。采用合理的栽培管理措施能有效防控低温、干旱对小麦生长的不利影响，实现由被动抗逆为主动抗逆，从而提高小麦产量和改善品质。小麦抗低温干旱技术体系主要包括以下关键技术。

(1) 选用良种：选用抗低温、耐旱的小麦品种，抗旱品种多具有根系发达、叶片窄狭、表皮厚、气孔小、呼吸强度及蒸腾作用弱、分蘖力强、成穗率高等特点，能较好地适应缺水少肥的旱地环境。

(2) 合理耕作：对于秸秆还田的田块，采取隔年深翻耕作方式，翻耕深度在25～30 cm，深耕可以打破犁底层，增加透水性，加大蓄水量，并能促进根系下扎和扩大根系吸收范围，实现促根苗壮，提升植株抗逆性。

(3) 镇压保墒：在播种时镇压基础上，越冬前适时镇压，尤其是对秸秆还田和出现裂缝的麦田，可踏实土壤，弥合缝隙，减轻土壤散墒，有利于苗期生长，还可以控旺促壮。小麦苗期镇压应注意压干不压湿，土壤表层湿润或麦苗有露水时不宜镇压；应使用表面光滑的镇压器，不宜使用瓦楞形的镇压器，以防止对麦苗造成机械损伤。对播种过早、群体过大过旺的麦田，喷施生长抑制剂，控旺转壮，保苗安全越冬。

(4) 及时补施苗肥：对播期偏晚、苗情偏弱的地块，结合降雨，要及早进行补施苗肥，若土壤发生干旱，及时采用喷灌、微喷等技术补充水分，禁止大水漫灌，促弱转壮。冬季寒流前，对弱小苗、分蘖少、基本苗明显偏少的麦田，及时追肥，撒施或喷施速效氮磷肥，为弱小麦苗补充营养，促分蘖快发；同时清沟培土，可以增温抗旱防冻。

(5)及时浇水防旱御寒：要密切关注天气变化，在降温之前及时灌水，改善土壤墒情，调节近地面层小气候，减小温度变幅，防御寒潮冻害。对土壤墒情变差的地块，要及时浇越冬水，保苗安全越冬。浇水量不宜过大。一般当天浇完，地面无积水即可。使土壤持水量达到80%。长势好、底墒足或稍旺的田块，可适当晚浇或不浇，防止群体过旺、过大。灌冬水的时期，一般在日平均温度3~5℃时较好，在日平均温度0℃时必须停止冬灌。提倡节水灌溉，灌水后及时划锄，松土保墒，防止地表龟裂，避免透风伤根死苗。

(6)化学防控：根据天气预报，可以在冷空气来临前，喷施抗冻化调剂，提高幼苗的抗冻能力，避免幼苗发生冻害。可用黄腐酸液体复合肥，兑水稀释后进行叶面喷施，快速补充氮磷钾养分，加快晚播小麦长势速度，促进小麦越冬前形成壮苗及更多有效分蘖。黄腐酸可提高小麦的抗寒性，同时改良土壤，促进团粒结构的形成，提高土壤保墒保水及透气性，促进根系生长。小麦根多秆壮抗寒抗旱性高，来年返青拔节早，预防倒春寒能力强。

(7)清沟理墒：雨雪过后要及时清沟理墒、保持田间无积水，避免渍水过多妨碍根系生长，做到冰冻或雪融化后能及时排净，以利于天气转晴后根系快速恢复生长，增强抗性。

(8)加强病虫害防治：小麦在发生低温冻害后会变得比较虚弱，抗病虫害能力和不良环境抵抗力也都会变差，尤其要做好蚜虫、红蜘蛛、吸浆虫、纹枯病等病虫害的防治。

(9)强化春季田间管理：密切关注天气情况，在小麦拔节期至孕穗期(小花药隔形成期)倒春寒来临之前，及时喷洒叶面肥、芸苔素内酯、磷酸二氢钾、黄腐酸、尿素等提高小麦植株的抗倒春寒能力。一旦发生倒春寒灾害，对于危害程度较低的田块，可及时采取喷施叶面肥或生长调节剂等补救措施进行灾后减损。对于危害严重的田块，要及时浇水进行灾后补墒，同时追施尿素，快速恢复小麦植株的生长发育，一般追施尿素75.0~105.0 kg/hm^2。

三、玉米抗高温干旱技术

江淮区域沿淮淮北地区是我国重要的夏玉米产区，但该区域处于我国南北过渡带上，自然灾害特别是高温干旱的频发重发已成为制约该区玉米高产稳产的环境因子。据估计，高温干旱给该区玉米造成的损失每年可达年均产量的10%~20%，极端年份减产甚至达到50%以上。干旱可以造成玉米出苗率低、植株矮小、叶片卷曲、发育进程紊乱、授粉不良等现象；高温则可能造成玉米生育期缩短而早衰、雌穗发育不良、花粉活力下降，从而降低产量。因而，明确沿淮淮北地区夏玉米高温干旱抗性生理机制并构建高温干旱抗性技术体系，对于保障该区夏玉米高产稳产具有重要的理论和生产指导意义。

(一)玉米高温干旱致灾机理

高温干旱作为江淮淮北地区夏玉米两种主要的环境限制因子，可单独发生亦可同时发生。

1. 干旱致灾机理

1)干旱影响产量因素

不同生育阶段干旱对玉米产量因素的影响程度存在显著差异。研究宿州市付湖新村不同生育阶段干旱(土壤持水量为55%)对夏玉米产量的影响时发现，播种期干旱减产幅度最大，与对照相比减产55.6%；其次为大喇叭口期干旱，与对照相比减产36.3%；开花灌浆期干旱，与对照相比减产29.8%；苗期干旱，与对照相比不仅没有减产，反而增产6.7%。尽管播种期、大喇叭口期和开花灌浆期导致了产量的降低，但是干旱导致产量降低的原因并不相同，播种期干旱产量降低的原因在于干旱降低了玉米的出苗率和植株的整齐度，最终导致了玉米单位面积穗数的不足，而穗数不足是限制玉米产量提高的最主要的产量构成因素；大喇叭口期干旱造成产量降低的原因主要是降低了玉米的行粒数，导致了穗粒数的不足；开花灌浆期干旱造成产量降低的原因主要是降低了玉米的行粒数和千粒重；苗期干旱增产的原因在于其与对照相比增加了穗粒数，可见适当的干旱锻炼有助于改善玉米的生理特性，提高玉米的抗逆性。

2)干旱影响光合等特性

光合速率的测定显示播种期、大喇叭口期和开花灌浆期与对照相比，光合速率均出现了一定程度的下降，特别是大喇叭口期和开花灌浆期与对照相比下降幅度更大。同时，过氧化物酶活性降低，超氧化物歧化酶活性增加，丙二醛和活性氧含量增加，细胞膜稳定性降低，这可能导致大喇叭口期和开花灌浆期制造的光合产物和能量不足，使玉米的穗发育不良、开花受精抑制最终降低了穗粒数。而且开花灌浆期光合速率的降低还导致了千粒重的降低，从而引起产量降低。苗期干旱尽管在一定程度上抑制了植株的生长，但由于该时期玉米生长量较小，同时随着玉米增密技术在生产上的应用，群体生产的优势在一定程度上弥补了个体受抑制的劣势。同时，我们的研究发现，苗期干旱胁迫显著促进了根系的发育和提升了根系的吸收功能，玉米复水后叶片浓绿，植株生长迅速且整齐度高，功能叶的光合速率与对照相比显著提高，制造的光合产物多，过氧化物酶活性升高，超氧化物歧化酶活性降低，丙二醛和活性氧含量增加，细胞膜稳定性增加，这可能有利于增加穗发育所需光合产物的供给，最终导致了穗粒数的增加而增产。我们的研究发现，不同基因型玉米耐旱能力存在显著差异，耐旱型品种与干旱敏感型品种相比，在形态特征上表现为株高中等、叶色深绿等；同时，耐旱型品种与干旱敏感型品种相比具有在受到干旱胁迫时光合速率更高、活性氧生成量少、细胞膜活性更加稳定等生理特征,可见,选用耐旱型玉米品种是增强玉米抗旱能力的有效且经济的手段和方法。

2. 高温热害致灾机理

1)高温热害影响生理代谢

玉米高温热害通常指连续 3 d 最高温度超过 35℃造成玉米形态和生理特征受损而导致产量降低的现象。2021 年安徽农业大学皖北综合试验站的研究表明,与对照相比,花期高温对株高影响不大,但重心高度显著增加,这主要是高温热害造成果穗显著降低;花期高温导致玉米穗位叶电导率显著增加,说明高温热害破坏了细胞膜的稳定性,细胞膜透性的增加影响了夏玉米正常的生理功能,导致叶片光合电子传递链受损伤,表现为实际量子产量[Y(II)]、电子传递速率(ETR)、调节性热耗散的量子产量[Y(NPQ)]、非光化学猝灭系数(NPQ)和光化学猝灭系数(qP)降低,非调节性热耗散的量子产量[Y(NO)]升高,进而导致叶片气孔关闭,胞间 CO_2 和浓度降低,叶绿素含量降低,净光合速率下降,光合能力的不足降低了该时期的干物质积累量。

2)高温热害影响花粉活力

将花期高温胁迫处理的花粉对对照处理进行授粉发现,其授粉率与对照自授粉处理相比降低 38.9%,说明高温降低了玉米花粉活力,导致玉米穗粒数降低50.3%,产量降低 46.3%。有不少研究者报道了高温通过降低淀粉合成酶促系统的活性,使籽粒淀粉合成减少导致粒重降低,但我们发现,花期高温处理参与玉米淀粉合成的焦磷酸化酶(AGPase)、淀粉合成酶(SS)活性在灌浆期并未降低,千粒重反而增加,粒重增加的原因除淀粉合成酶促系统的活性增加外,另一个重要原因可能是穗粒数降低的幅度大于叶面积减少的幅度,从而导致单位粒数获得了更高的光合产物分配能力。可见,花期高温减产主要由花粉活力不足导致的穗粒数下降引起,而非淀粉合成酶促系统活性下降所致。对大喇叭口期进行高温处理发现,大喇叭口期形态和生理特性均显著劣于对照处理但优于花期高温处理,产量降低幅度也小,说明花期是玉米高温的敏感期。通过对苗期进行高温处理,发现苗期高温处理与对照相比,形态和生理特性未见显著差异,同时苗期高温处理+花期高温胁迫处理与苗期未高温处理+花期高温胁迫处理相比,花粉活力显著升高,穗粒数显著增加,进而导致苗期高温处理+花期高温胁迫处理的产量下降幅度显著低于苗期未高温处理+花期高温胁迫处理,说明苗期高温锻炼有利于增强玉米高温敏感期的耐高温能力。

在江淮区域,高温干旱往往协同发生,高温干旱复合胁迫造成的产量损失远大于单一胁迫,比如 2013 年该区域发生的玉米生长季高温干旱给该区玉米生产造成了重大的损失。尽管高温干旱双重胁迫下发生明显响应的代谢物与两种单一胁迫下发生明显响应的代谢物存在一定的交叠性，而亮氨酸、苯丙氨酸等仅特异性地在高温干旱复合胁迫下发生显著响应，以及复合胁迫下差异表达基因远多于单一胁迫，说明复合胁迫不是两种胁迫的简单累加，而是其协同作用启动了更多的基因的差异表达新的胁迫类型。所以，对高温干旱复合胁迫研究的进一步加强，可以为应对高温干旱复合胁迫的新技术研发提供理论基础。

(二)玉米抗高温干旱技术

1. 玉米抗高温技术

1)宽窄行灌水技术

在选用耐热品种安农 591、郑单 958 的基础上，将传统的 60 cm 等行距种植模式改为宽窄行行距(80 cm 宽行+40 cm 窄行)，将目前生产上的播种密度 60000 株/hm^2 增加至 75000 株/hm^2。氮肥用量 240 kg/hm^2，K$_2$O 用量为 120 kg/hm^2，P$_2$O$_5$ 用量为 105 kg/hm^2，开花散粉期遇高温灌水 60 mm。

2)不同品种混种技术

将两个耐热性较好的玉米种子 1∶1 混合种植，种植密度为 75000 株/hm^2，氮肥用量 240 kg/hm^2，K$_2$O 用量为 120 kg/hm^2，P$_2$O$_5$ 用量为 105 kg/hm^2。两个品种需株高相近，且散粉期有一定交叉期。

3)耐热化控剂技术

在选用耐旱品种、耐热品种安农 591、郑单 958 的基础上，玉米拔节期喷施 5 mg/L 青鲜素，散粉期喷施 0.3%的磷酸二氢钾溶液，每次喷施用量为 450 L/hm^2。喷施时间为上午 9:00 以前，遇雨需重新喷施。

2. 玉米抗干旱技术

1)灌水保苗技术

选用耐旱品种安农 591、郑单 958 等，种植密度为 75000 株/hm^2。播种后，无论墒情如何，立即灌水 60 mm。氮肥用量 240 kg/hm^2，K$_2$O 用量为 120 kg/hm^2，P$_2$O$_5$ 用量为 105 kg/hm^2。

2)苗期抗旱技术

选用耐旱品种安农 591、郑单 958 等，种植密度为 75000 株/hm^2。氮肥(纯 N)用量为 240 kg/hm^2，K$_2$O 为 120 kg/hm^2，P$_2$O$_5$ 为 105 kg/hm^2。3~6 叶期遇旱不浇水，除自然降水外，浇水控制在 6 叶期之后。

3)抗旱化控剂喷施技术

在选用耐旱品种的基础上，玉米拔节期喷施 3 mg/L 表油菜素内酯，散粉期喷施 0.3%的磷酸二氢钾溶液，每次喷施用量为 450 L/hm²。

4）黄腐酸钾抗旱缓控释肥施用技术

在选用耐旱品种的基础上，将黄腐酸钾与尿素按 1∶50 的比例制成黄腐酸钾抗旱缓控释肥，以 300 kg/hm² 的用量随播种施入。

（三）玉米抗高温干旱技术应用

1. 玉米抗高温技术应用效果

1）宽窄行灌水技术应用效果

2018～2020 年连续 3 年在阜阳市颍东区的试验表明，宽行灌水处理与等行距不灌水处理相比能显著提高行间风速，加速空气流动，降低土壤及夏玉米群体内空气温度和叶温，增加土壤及群体内空气湿度；显著增加夏玉米叶面积，从而提高光合面积；灌水显著提高了夏玉米的叶绿素含量，进而增加 PSII（photosystem II）系统的实际电子产量、电子传递速率和光化学猝灭系数，降低非光化学猝灭系数，促使气孔导度、蒸腾速率的增加，从而提高净光合速率，改善玉米田间光合性能；穗重、穗直径、穗行数及产量显著提高，2018～2020 年 3 个玉米生长季产量平均提高幅度为 15.8%。

2）不同品种混种技术应用效果

2017～2021 年连续 5 年在淮北市濉溪县的不同品种混种试验表明，不同品种混种与两个品种单作种植相比，能显著提高叶面积、穗位叶叶绿素含量和光合性能，显著改善玉米品种穗底部结实不良现象，同时显著提高两个品种的穗粒数和粒重，进而增加混作群体内两个品种的平均穗粒数和粒重。连续 5 年增产幅度为23.6%、8.9%、10.3%、7.8%和 11.4%，特别是散粉期发生高温的 2017 年增产幅度大，增产效果好。

3）耐热化控剂技术应用效果

2017～2021 年连续 5 年在淮北市濉溪县开展玉米拔节期喷施 5 mg/L 青鲜素+散粉期 0.3%的磷酸二氢钾溶液的玉米耐热试验，发现喷施耐热化控剂与喷等量清水处理相比可以显著促进玉米叶片渗透调节物质含量和叶片叶绿素含量，净光合速率显著增加，高温条件下光合系统电子捕获与传递效率明显改善，生育后期叶片衰老速度显著变慢，穗粒率增加 25.7%，产量年平均增加 11.7%，2017 年高温年份产量增加 35.7%，耐热效果好。

2. 玉米抗干旱技术应用效果

1）灌水保苗技术应用效果

江淮淮北地区小麦收获后一段时间往往降水量较小，造成玉米不能及时播种，或者因墒情播种造成玉米出苗率低、缺苗断垄、大小苗、植株整齐度差现象突出等问题，导致玉米减产严重。2018～2021 年在安徽农业大学皖北试验站的灌水保苗技术应用显示，与依靠自然墒情播种相比，灌水保苗技术年平均田间出苗率可以达到95%以上，年平均田间出苗率提升幅度为 10.4%；年平均植株整齐度提升幅度为 18.6%；年平均穗粒数提升幅度为 5.2%；植株生长旺盛，营养生长阶段叶面积扩展迅速，单株面积大，生育后期叶面积衰老速度慢、叶色深绿、根系发达、花粉量充足；年平均增产幅度可达 18.6%，增产稳产效果好。

2）苗期抗旱技术应用效果

玉米苗期指玉米出苗到 6 叶期之间的生育期，该期具有地上部生长缓慢、根系发育迅速的特点，因此利用该时期进行抗逆锻炼通常可起到较好效果。2018～2020 年连续 3 年在宿州市埇桥区灰古镇付湖新村开展的苗期抗旱技术应用效果试验表明，尽管苗期抗旱处理与苗期灌溉处理相比，在苗期地上部干物质积累量减少 11.7%，但根系干物质积累量增加 28.9%，导致苗期抗旱处理根冠比显著增加，可溶性含量增加 12.7%，脯氨酸含量增加 18.6%。抗旱结束恢复灌水后，苗期抗旱处理玉米生长恢复迅速，至开花散粉期，苗期抗旱处理地上部干物质积累量与苗期灌溉处理差异不显著，根系干物质积累量增加 14.0%。收获期调查发现，苗期抗旱处理年平均空秆率仅为 2.5%，远低于苗期灌溉处理的 7.6%；年平均穗粒数比苗期灌溉处理增加 8.8%；千粒重差异不显著；产量年平均增加 12.5%。

3）抗旱化控剂喷施技术应用效果

化学调控剂具有微量高效性，通过喷施化控剂提高作物抗逆性是增强作物抗逆减灾的有效手段。2016～2020 年在宿州市埇桥区灰古镇付湖新村开展玉米拔节期喷施 3 mg/L 表油菜素内酯+散粉期 0.3%磷酸二氢钾溶液，结果显示喷施抗旱化控剂与喷等量清水处理相比可以显著促进玉米根系发育，增加根冠比，叶片叶绿素含量和净光合速率显著增加，生育后期叶片衰老速度显著变慢，电导率显著降低，细胞膜稳定性增加，穗粒率增加 12.6%，产量增加 9.8%。

4）黄腐酸钾抗旱缓控释肥施用技术应用效果

黄腐酸钾是一种纯天然矿物质活性钾元素肥，具有改良土壤团粒结构、疏松土壤、提高土壤的保水保肥和促根壮苗的作用。2018～2020 年在宿州市埇桥区灰古镇付湖新村开展的黄腐酸钾抗旱缓控释肥应用效果发现，施用黄腐酸钾抗旱缓控释肥处理与施用普通肥料相比，根系干物质积累量增加 6.7%，地上部干物质积累量增加 13.8%；穗粒数增加 10.9%，千粒重差异不显著，产量增加 9.7%，水分利用效率明显提升；玉米收获后 0～90 cm 深度土层土壤含水量增加 15.7%，在玉米增产的同时，还为下茬作物积累了一定的土壤水分。

第七节 粮食作物主要病虫害预测预警与防控技术

一、粮食作物主要病虫害预测模型

(一)预测模型的定义

预测模型是指用于预测的、用数学语言或公式所描述的事物间的数量关系。它在一定程度上揭示了事物间的内在规律性,预测时把它作为计算预测值的直接依据。

(二)小麦病害预测模型

小麦是我国乃至世界范围内的主要粮食作物之一,在生长过程中各种病害包括条锈病、赤霉病、白粉病等频繁暴发,严重制约着小麦生产,影响粮食安全。地处江淮流域的安徽,由于气候、耕作方式、种植品种等因素的影响,更容易引起小麦赤霉病的发生。小麦感染赤霉病之后,不仅直接影响生产总量,而且严重威胁人畜健康,影响食品安全。因此,对小麦病害进行预测,了解小麦病害发生情况,及时采取有效措施是防治病害的有效途径。

对小麦病害的正确预测有一定难度,一般都要依赖专家诊断,各地区植保站工作人员也都是凭借工作经验来大致推断。因此,种植农户想在病害发生之前提前做好防范措施十分困难。随着计算机技术的不断发展,农业信息化的程度逐步提高,病害预测也应逐步趋于智能化,主要是通过构建预测模型的方式达到目的。

现有的小麦病害预测模型主要是分析病害发生的特征因子结合专家的经验转化成知识库,并引入小麦病害的发生规律,通过大数据分析和机器学习,形成小麦病害的预测模型。这样就能及时准确地预测农作物病害的发生时间、爆发程度及流行范围,针对不同情况制定符合实际需求的防治方案,及时采取正确而有效的防治措施,精准高效地减少病害带来的影响,保证农业生产稳产优质。

1. 主要预测模型的原理

针对安徽省小麦赤霉病的预测模型主要有:基于神经网络的预测模型、基于深度森林的预测模型、基于支持向量机的预测模型及基于偏最小二乘法的预测模型等。下面介绍其中几种预测模型的原理。

1)基于神经网络的小麦赤霉病预测模型

基于遗传算法(GA)优化逆传播(BP)神经网络的预测模型分为以下三个部分:

(1)确定 BP 神经网络。根据气象数据及小麦赤霉病预测的要求,通过确定神经网络的输入、输出层变量值,隐含层层数和节点数来明确 BP 神经网络的结构。

(2)遗传算法优化。使用 GA 对 BP 神经网络进行优化,其中将 BP 神经网络的各层权重和阈值参数当作遗传算法的种群个体,使用适应度函数来获得个体的适应度值,然后再进行 GA 中的选择、交叉、变异等操作,得到适应度最优的个体。

(3)遗传算法优化 BP 神经网络预测。BP 神经网络的初始网络连接权值和网络节点阈值即为 GA 优化得到的最优个体,之后再进行网络训练,得到预测结果。

图 3-22 为该算法的流程图。

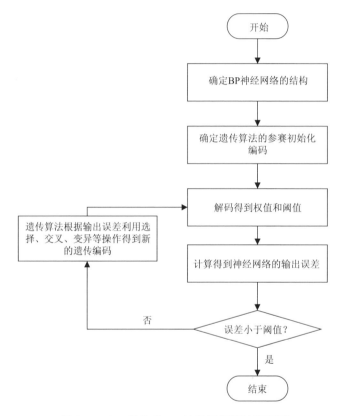

图 3-22　GA 优化的 BP 神经网络算法流程图

2)基于深度森林的小麦赤霉病预测模型

小麦赤霉病预测模型的建立及评估方法如图 3-23 所示。作为一种多因子预测模型,模型的输入值是前面经过特征处理筛选出来的参数,模型的输出也就是小麦赤霉病的病穗率。先构建一个深度森林预测模型,再将整理好的实验数据,导入建立好的预测模型中进行训练,根据给定的评价指标比较深度森林预测模型的性能,最后根据实验的结果对模型进行优化。

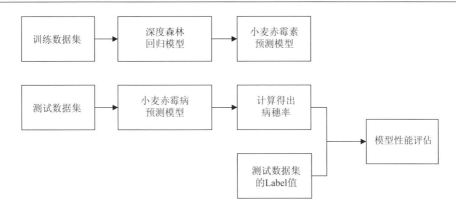

图 3-23　小麦赤霉病预测方法的建立及评估流程

　　小麦赤霉病预测模型的设计。主要采用的深度森林算法中级联森林为核心部分，即深度森林(DF21)。模型采用级联的方式，每个 layer 由两个完全随机森林和两个随机森林组成。从第一层输入的数据和输出的结果形成一组向量，并作为下一层森林的输入，这样既保证了原始的数据特征，又形成了新的特征向量，上一层的结果输出结合原始的特征参数再作为下一层的输入，这种方式不仅避免了特征信息的丢失，还对原始特征进行了强化，这样就完成了一次特征变化，依次这样传递下去。最后一层作为评估层，将各个森林预测的结果求和，并求平均值作为预测的输出结果。为了避免模型过拟合，在实际的训练过程中每个 layer 都采用 K 折交叉验证，训练数据会被使用 K–1 次并求均值，将最后的均值作为下一层的输入数据。由于深度森林每次都使用不同种类的森林，这种结构不仅仅提高了模型的容错率，还在实际的训练过程具有高效的可拓展性。

　　白粉病也是我国小麦的主要病害。目前，对于小麦白粉病预测方法及模型的研究，主要以气象因子或气象因子与菌源数量为预测依据，使用最广泛的预测模型大致有三种：数理统计方法、神经网络模型方法和灰色系统理论方法。数理统计方法是小麦白粉病中应用较为普遍的方法，主要是研究逐步回归方法、判别分析、多元线性回归方法等。人工神经网络(ANN)是以模拟人的神经系统为基础，形成的一种非线性动力学模型。该模型由大量的简要信息处理单元构成，使邻近神经元的信息不仅能被接受，也能向它发出信息，信息的处理都是通过神经元之间的相互作用来完成。ANN 具有自适应、自学习和联想记忆自组织等功能，具有高度鲁棒性、并行性、分布式等特点。其中 BP 神经网络算是一种预测效果较好的算法。为了应对无经验并且数据又少的不确定性问题，即"少数据不确定性"问题，提出了灰色系统理论方法。该方法的实质是异常值预测，通过给出一个或几个异常值出现的时刻，提醒人们提前准备和采取对策。

3)基于群组层次分析法的小麦白粉病预测模型

基于群组层次分析法的小麦白粉病预测模型构建主要包括三个部分：

(1)病情调查数据和气象数据及预处理。小麦白粉病病情调查数据取自于基层植保工作人员的直接或间接田间调查、记录、计算、整理、上传等年报数据。而在实际情况中，基层植保工作人员将整理的田间调查观测数据提交到监测预警平台时，可能会由于各种原因，使最终形成的数据库中的数据出现错误、缺失等情况。气象数据也存在类似情况。为了保证历史数据的完整可靠性，有效地进行小麦白粉病预测工作，需要利用计算机编程算法，按照从同一植保站点数据→相邻植保站点数据→生态区植保站点数据规则，对数据库中的数据进行数据清洗。在完善数据集的基础上进行预测决策支持，有助于提高预测结果的准确度。

(2)小麦病害知识库。该知识库建立在大量的病害文字资料和图片资料的基础上，其中包括不同病害在小麦不同部位的发病症状描述、症状图等。主要识别诊断方式有两种：一种是根据病害症状检索表进行诊断；另一种是给出病害的典型症状图片，用户可将田间观察到的病害症状与图片做比较，从而直观地判断病害的种类和发生程度。专家可依据各地的具体情况和病害发生情况，结合病害知识库，准确地判别病害种类和发生原因、可能发生程度，为预测决策提供知识基础。

(3)预测模型库及案例库。使用条件综合分析预测法、基于案例推理(case-based reasoning，CBR)的气象相似年预测方法、逐步回归分析预测方法等来进行预测。条件综合分析预测法将专家经验预测病害的思路和方法，用规范统一的标准模式予以表达，预测结果通过线性加权计算得以实现。基于CBR的气象相似年预测方法在小麦气候型病害的发生与气象条件的关系的基础上，通过选择时间段的气象因子并且赋予影响程度大小的权重值，与历史气象数据相似度进行计算比较，匹配相似程度最相近的年份，给出相近年份的病害发生实况作为决策参考。逐步回归分析预测方法通过对气象因子进行检验，筛选出影响显著的因子，构建回归方程，输入预测年数据，得出预测结果作为预测参考。

2. 主要预测模型的效果

1)基于神经网络的安徽小麦赤霉病预测模型

使用 Matlab 工具，通过使用遗传算法优化后的 BP 神经网络对 2005～2015年十一年间的数据进行训练，得出小麦乳熟期赤霉病平均预测值与实际值如表 3-16 所示。小麦乳熟期平均赤霉病预测值与实际值基本吻合，两组数据间的差别非常小，说明遗传算法优化后的神经网络法在小麦赤霉病预测方面模型可靠。

表 3-16 GA-BP 模型预测值与实际值的对比

年份	实际值	GA-BP 预测值
2005	4.50	4.5452
2006	2.08	2.0811
2007	2.47	2.4974
2008	3.38	3.3495
2009	2.94	2.9815
2010	12.36	12.4519
2011	0.35	0.3495
2012	18.10	18.0659
2013	8.02	7.8810
2014	17.34	17.2406
2015	17.70	17.7956

2) 基于深度森林的小麦赤霉病预测模型

深度森林回归模型预测的结果对比图如图 3-24 所示。

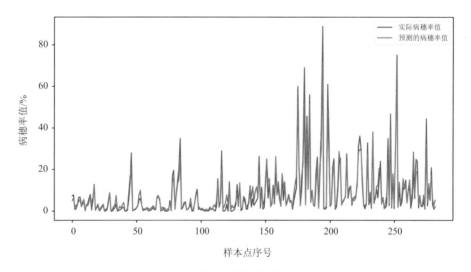

图 3-24 深度森林模型的预测结果图

图 3-24 中横轴代表样本数量,纵轴代表病穗率的值,黄色曲线代表预测的病穗率值,蓝色曲线为实际上报的历年病穗率值。从图 3-24 中可以看出,当病穗率的值大多处于 0~20%时,因为安徽省历年的病穗率数据大多处于这个范围以内,所以在这个区间的样本量多。在病穗率为 60%左右的时候,预测的结果与实际的结果存在较大的差距,其原因应该是样本数量有限,所以造成一定的差距。但预测值在发

生程度的正常范围之内。根据赤霉病测报规范，该预测处于较好的范畴以内。

3）基于群组层次分析法的小麦白粉病预测模型

2012 年安徽淮北地区小麦白粉病发生流行预测预报结果如表 3-17 所示。方案层各预测方案的权重大小排序为大发生＜偏重发生＜中等发生＜偏轻发生＜轻发生，得出 2012 年安徽淮北地区小麦白粉病的发生程度为轻发生，模拟分析结果与实际发生情况相符。与 2012 年发布的淮北地区小麦白粉病发生趋势为偏轻发生的预报结果相比，其预测精准度提高了一个级别。

表 3-17　2012 年安徽淮北地区小麦白粉病发生流行预测预报结果

预测方案	大发生	偏重发生	中等发生	偏轻发生	轻发生
权重	0.0895	0.1082	0.1663	0.2803	0.3553

提取安徽淮北地区 17 个植保站数据进行配对，检验其预测是否符合见安徽淮北地区小麦白粉病发生情况。如将无发生与轻发生均视为同一程度，在 2012 年 17 组数据中，预测预报结果与实际发生结果完全符合的达到 88.24%。如剔除无发生年，其中淮北地区偏轻发生概率为 28.57%，轻发生概率为 71.43%。

（三）水稻病害预测模型

水稻作为我国重要的粮食作物之一，产量占比为我国作物粮食总产量的 47%，为近半数人口提供粮食来源和保障。水稻稻瘟病是水稻重要病害之一，其中以穗颈瘟对产量影响最大，产生的白穗普遍减产 30%～50%，严重时甚至颗粒无收。因此，对稻瘟病的发生趋势进行有效且及时的预测，能够为制订早期预防方案提供科学依据，控制病害的暴发与流行，这在保障水稻的产量与质量上具有重要的意义。穗颈瘟测报工作直接影响对应防治工作的即时性、高效性和预见性。通过测报积累的病害数据，可以进一步分析病害的发生、发展和传播规律，掌握病害与生态系统内各因素的关系，为科学防治提供依据。

目前，关于稻瘟病与气象因素的关系和稻瘟病气象等级预报等方面已经有了一些研究成果。在稻瘟病的发生预测方面，较为流行的是通过分析稻瘟病的发生机制筛选出导致其发生的影响因子并结合数据分析和机器学习加以应用，最后建立关于稻瘟病的预测模型。对此，国内外在稻瘟病的流行原因、发生特征与防治等方面一直以来都有着比较广泛的研究。

通过构建一种能够预测安徽省沿江流域稻瘟病发生程度的模型，可以尽可能避免稻瘟病的暴发与流行，以期将经济损失降到最低。例如，在水稻的生长过程中，植保的相关工作人员通过该预测模型预测当地 7 天内稻瘟病的发生程度，从而辅助管理人员规划相应的防治方案，同时也为农户准备相关的预防措施提供足够的响应时间。

1. 主要预测模型的原理

1）基于多模型分析的水稻稻瘟病预测模型

基于多模型分析的水稻稻瘟病预测模型构建主要包括三个部分：

（1）数据获取。查阅大量安徽地区穗颈瘟病害相关文献，归纳总结发病与流行密切相关的气候因子，并收集有关安徽省颍上县穗颈瘟害统计数据，以及生长周期等相关数据。

（2）使用聚类挖掘数据集内在特征。选择 K-Means 结合轮廓系数确立数据集中簇划分数目，使用 DBSCAN 算法识别并剔除数据集中的噪声点，作为使用支持向量机(SVM)建立预测模型进行进一步分析的依据。

（3）对预测模型进行建模。使用 DBSCAN 对数据集降噪后的 SVM 与直接使用 SVM，分别生成穗颈瘟预测模型。经过交叉验证和历史数据回验，验证了具有识别噪声点的 DBSCAN 算法作为 SVM 的预处理步骤可以提升病害预报模型的稳健性。

2）基于 LightGBM 的水稻稻瘟病预测模型

基于 LightGBM 的水稻稻瘟病预测模型构建主要包括三个部分：

（1）构建了安徽省沿江流域稻瘟病影响因子数据集。病害数据和气象数据主要来源于安徽省各植保站和气象站点上报至安徽省农作物病虫害监测预警系统中 2013～2021 年的真实数据，并进行数据清洗和数据标准化。

（2）分析了安徽省沿江流域水稻稻瘟病在日、周和月周期上的发生程度变化，并在上述三种周期类型上分别对平均气温、最高气温、相对湿度等 9 种气象因子与水稻稻瘟病发生程度的相关性进行了分析，使用序列前向选择和植保专家意见结合的方式，筛选出相关性最高的周期类型。

（3）提出了一种基于 LightGBM 的稻瘟病预测方法。分别基于 SVM、Random Forest、DeepForest 和 LSTM 四种算法构建稻瘟病预测模型，并以决定系数和均方根误差作为评估模型性能的指标。对比分析实验结果表明，基于 LightGBM 的稻瘟病预测模型优于其余四种模型。

2. 主要预测模型的效果

1）基于多模型分析的水稻稻瘟病预测模型

输入研究地区历年气象历史数据，其中 1998～2010 年共 13 年的数据作为训练集。以 DBSCAN+SVM 预测模型为例，代入 2011～2017 年 7 年的数据作为测试集，DBSCAN+SVM 算法的准确率为 76.8%(43/56)，而不对数据集进行预先降噪，直接使用 SVM 的准确率为 62.5%(35/56)。

进一步从宏观尺度统计分析，以年为基本单位，将周报数据、预测数据均值处理后，各模型的预测值与实际受灾指标程度如表 3-18 所示。综合分析使用 DBSCAN+SVM 的预测结果更符合实际病害发生情况。

表 3-18　SVM 和 DBSCAN+SVM 预测值和实际值的对比

年份	病穗率/%	受灾等级实际值	SVM 预测值	DBSCAN+SVM 预测值
2011	45	3	1	2
2012	27	2	2	2
2013	21	2	1	2
2014	39	3	2	3
2015	32	3	3	3
2016	14	1	1	1
2017	36	3	3	3

2）基于 LightGBM 的水稻稻瘟病预测模型

在实际的应用中，我们需要根据水稻稻瘟病的病叶率对水稻稻瘟病的发生程度进行等级划分，以此来衡量某段时间内安徽省沿江流域某地区的水稻稻瘟病发生程度。依据植保专家的建议，将稻瘟病的发生程度划分为轻度、中度偏轻、中度和流行共四个级别。将 LightGBM 与其余四种算法的预测效果进行对比，评价指标包括 R^2 和 RMSE 两种，具体信息如表 3-19 所示。

表 3-19　不同模型的实验结果

算法名称	R^2	RMSE
SVM	0.4801	55.8329
LSTM	0.8754	13.7748
Random Forest	0.8861	13.0493
Deep Forest	0.9202	8.765
LightGBM	0.9492	2.6693

通过各模型在测试集上的预测结果可以发现，基于 LightGBM 构建的预测模型的 R^2 为 0.9492，RMSE 为 2.6693，从 R^2 和 RMSE 两个评价指标来看，该模型的预测性能最佳，模型的预测效果是有效的，并且该方法经测试发现精确度为 0.93。因此，基于 LightGBM 的水稻稻瘟病预测模型能够对水稻稻瘟病的发生进行有效的预测。

二、粮食作物主要病虫害预测预警平台

(一)预测预警平台的定义

预测预警平台是指一种使用大数据技术、数据可视化、人工智能算法、数据库技术、Web 技术等搭建的软件平台，可以实现数据管理、风险评价、监测预警、综合防治等全过程信息化、智能化、标准化。

(二)小麦病害预测预警平台

1. 主要预测预警平台的构建方法

1) 基于 WebGIS 的安徽省小麦赤霉病预测预警平台

该平台可以较好地预测出安徽省小麦赤霉病的趋势，具体涉及地区、危害级别、大小、已感染地区大小与总种植区域大小的比较等多个方面。此外，可以针对性地为种植户提供相应的解决方案。系统的整体结构如图 3-25 所示。

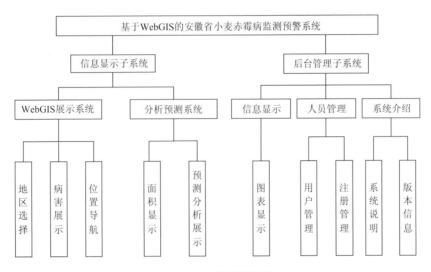

图 3-25　系统结构图

系统整体上分为信息显示子系统和后台管理子系统。其中，信息显示子系统分为 WebGIS 展示和分析预测两个模块。WebGIS 展示模块提供地区选择、病害展示、位置导航等功能；分析预测模块可以对各类图表进行比较，如每年相关农作物疾病感染面积变化情况及每年该区域总体种植情况、每年相关病害造成的具体影响及预测影响的比较等。后台管理子系统分为信息显示、人员管理和系统介绍三个模块。信息显示主要提供各类图表的显示功能，如病害历年整体趋势变化

图等；人员管理提供注册管理和用户管理功能；系统介绍提供系统帮助与说明，并且展示系统的版本信息。

2）基于深度森林的小麦赤霉病预测预警平台

系统的前端操作部分主要是通过 Web 开发的方式，将特征参数进行量化，转换成能够输入数值的输入框，提示用户输入的数值必须在一定的合理范围内。模型预测的输出会通过一定的方式转换成小麦赤霉病发生程度显示给用户。

系统的模型计算部分部署在系统的服务器上，通过 API 接口的方式调用，将前端传递过来的自变量因子作为预测模型的输入进行预测，再预测的结果返回给接口。系统的各模块和运行流程如图 3-26 所示。

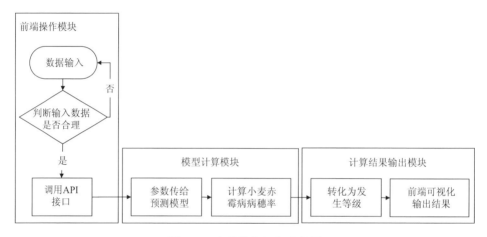

图 3-26　各模块与运行流程图

系统的前端操作模块采用 EasyUI 框架进行开发，输入的参数通过提交按钮（submit）点击确认，并调用 API 接口请求服务器端的预测模型，最后返回结果，模型的输出采用 Echarts 图形化输出。

2. 主要预测预警平台的应用效果

1）基于 WebGIS 的安徽省小麦赤霉病预测预警平台

信息显示模块是本系统内使用最频繁的模块。有很多界面，如病害数据上报明细表和小麦赤霉病数据查询等。小麦赤霉病数据查询界面如图 3-27 所示。本信息显示界面内元素较为丰富，有柱状图、饼图等。信息显示界面以丰富的方式友好地向用户展示各种信息。

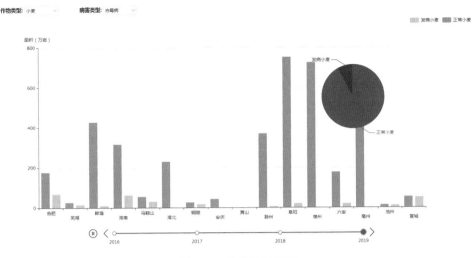

图 3-27　信息显示界面

　　如图 3-28 所示，在合肥市、芜湖市、马鞍山市、铜陵市、桐城市等地，其小麦赤霉病情况较为严重，已经达到四级；淮南市、宣城市等地的发病情况约为三级，不及四级严重但仍会造成减产的情况；天长市的发病情况为二级，在局部地区有减产的情况；蚌埠市的发病情况为一级，并没有相关的减产发生。

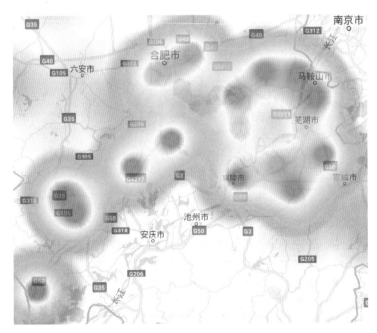

图 3-28　安徽省小麦赤霉病热力图展示

审图号：皖 S（2020）8 号，来源：百度地图

2)基于深度森林的小麦赤霉病预测预警平台

将小麦品种的抗性、温度、降水、湿度及日照时数用界面化的方式展示出来，如图 3-29 所示。小麦的抗性品种采用 select 下拉框的方式实现，可以选择感、中感和抗三种类型的抗性水平，最后形成了图 3-29 中展示的界面。操作也更加简单，通过选择相关的地市、县区，然后选择和输入五个参数值，最后点击"执行计算"。

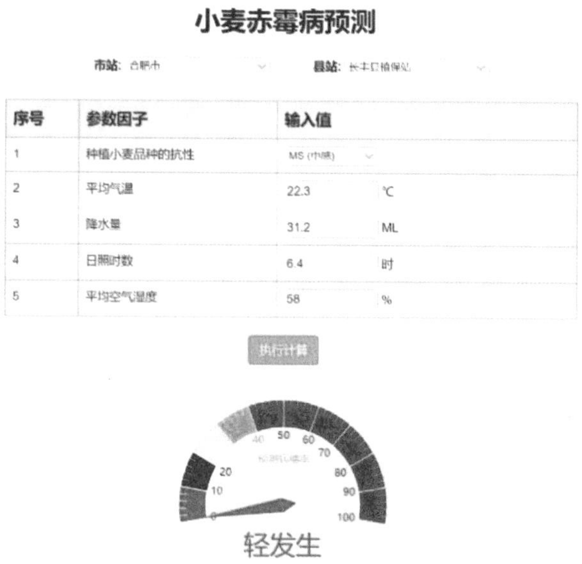

图 3-29　预测模型输出结果显示图

将病穗率按照发生程度划分成五个等级，在每个等级的显示上采用符合规范的颜色进行标识，分别用绿色、蓝色、黄色、橙色和红色来代表发生的五个等级。

(三)水稻病害预测预警平台

1. 主要预测预警平台的构建方法

1)基于多模型分析的水稻稻瘟病预测模型

用户从 Web 入口登录系统后，服务器整合当前收集到的气象数据等信息预先加载到主页供使用者快速掌握相关信息。使用者通过进入不同的模块，点击相应的事件向服务器发送请求，服务器接受并处理请求，再通过机器学习模块的计算与资源整合，把结果保存进数据库/缓存，返回给浏览器端(图 3-30)。

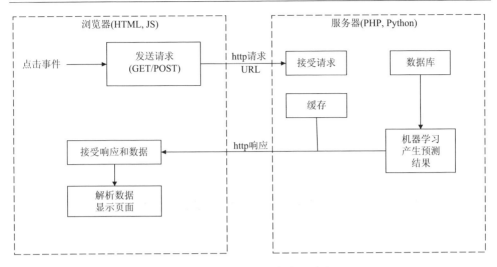

图 3-30　系统使用人机交互流程

2) 基于 LightGBM 的水稻稻瘟病预测模型

开发的稻瘟病预测系统主要包括两个功能模块：水稻稻瘟病预测模块和稻瘟病预测查询模块。其中，水稻稻瘟病预测模块用于实现用户对稻瘟病发生程度的预测；稻瘟病预测查询模块用于记录用户每次进行稻瘟病预测的区域、时间、气象数据及预测结果。开发的稻瘟病预测系统是基于 Wed 端的，并通过可视化的界面向用户展示稻瘟病的预测效果。系统预测的基本原理是用户在稻瘟病预测界面上报当前日期、预测区域和气象数据后，系统对用户输入的气象参数值进行判断，若符合规范则提交至后台，接着调用 API 接口请求服务器端的稻瘟病预测模型执行预测，并将模型的预测结果以 Echarts 图形化组件的方式返回；若不符合规范，则弹出对话框提醒用户按照气象参数值的输入规范重新上传数据。系统的各模块与运行流程图如图 3-31 所示。

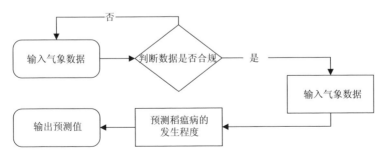

图 3-31　各模块与运行流程图

2. 主要预测预警平台的应用效果

1) 基于多模型分析的水稻稻瘟病预测模型

用户登录系统后，首先进入概况页(图3-32)，该页面有通过 Python 爬虫收入本地数据库的当日、本周、本月中国气象数据网公开的各类气象数据，以及植保站对应的农田生态监测点上传的各类数据，气温数据由后端算法根据往年数据进行比较，若出现温度过高或者过低，或者疑似统计异常类型信息，则记录在异常数据检测栏。

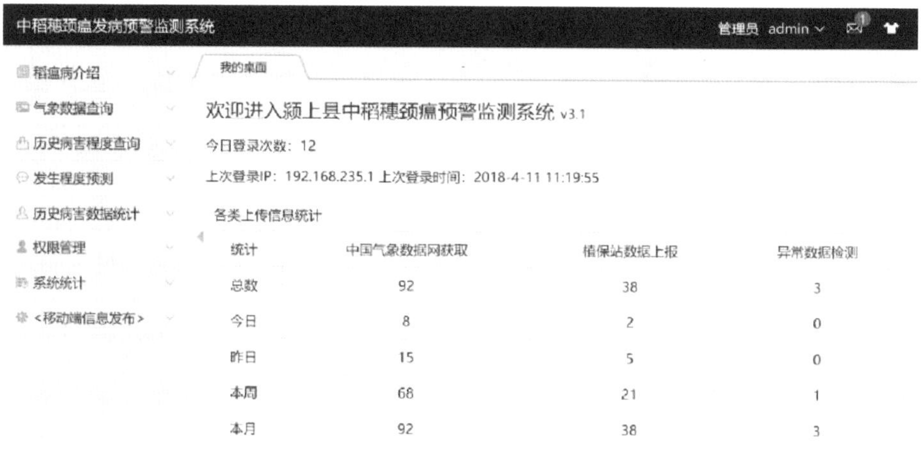

图 3-32 登录主页展示

将从各数据源收录的信息，存储至数据库，并使用 Web 可视化将数据库信息投送至前端，使用户对信息的了解和获取一目了然。用户根据当下输入的气象数据对未来时期穗颈瘟发生程度做出预警，如图3-33所示。

2) 基于 LightGBM 的水稻稻瘟病预测模型

根据水稻稻瘟病发生等级表，将仪表盘自左向右依据湖蓝色、蓝色、橙色和红色进行稻瘟病发生程度的区间划分，分别代表稻瘟病发生的四个等级。通过抽取部分安徽省城市在2021年的气象数据进行预测，并与实际的稻瘟病发生程度进行对比，针对稻瘟病预测系统精确度进行验证，系统功能性测试结果如图3-34所示。

观察图3-34可以发现，系统的预测界面能够正常显示，具有较好的人机交互体验感，预测功能能够正常运行，系统的预测效果符合预期设想。

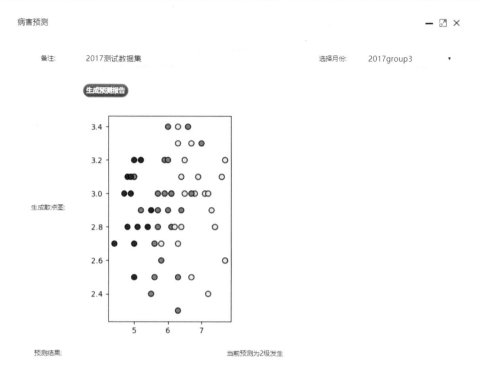

图 3-33　病害预测界面

安徽省沿江流域水稻稻瘟病的发生预测

选择年份：2021　　作物类型：水稻

序号	参数因子	参数值	
1	平均气温	24.6	℃
2	最高气温	27.7	℃
3	最低气温	23	℃
4	相对湿度	92	%
5	日照时数	2.6	h
6	是否有雨（有为1，无为0）	1	

执行预测

图 3-34　系统测试结果图

三、粮食作物主要病虫害高效防控技术

(一)小麦主要病虫害高效防控技术

1. 小麦主要病虫害

小麦常见病虫害包括蚜虫、吸浆虫、小麦红蜘蛛、麦播地下害虫等,常见病害包括赤霉病、白粉病、锈病、纹枯病等。近年来,由于气候变迁、栽培模式变革等因素,小麦赤霉病、土传病害和地下害虫等危害加重。

(1)赤霉病:小麦赤霉病自幼苗至抽穗期均可发生,引起苗枯、茎腐和穗腐等症状,其中以穗腐最为常见,初期在小穗颖片上出现水浸状病斑,逐渐扩大至整个小穗和穗子,严重时整个小穗或穗子后期全部枯死,呈灰褐色。田间潮湿时,病部产生粉红色胶质霉层,后期穗部出现黑色小颗粒,即子囊壳。在幼苗期可引起苗枯,芽鞘和根鞘上呈黄褐色水浸状腐烂,严重时全苗枯死,病残苗上有粉红色菌丝体。茎腐主要发生在茎基部,发病初期呈褐色,后变软腐烂,植株枯萎,在病部产生粉红色霉层。

(2)纹枯病:小麦纹枯病主要发生在小麦叶鞘和茎秆上,拔节后症状明显。发病初期,在近地表的叶鞘上产生周围褐色、中央淡褐色至灰白色的梭形病斑,后逐渐扩大扩展至茎秆上且颜色变深,重病株茎基 1~2 节变黑甚至腐烂,常在早期死亡。小麦生长中后期,叶鞘上的病斑常形成云纹状花纹,病斑无规则,严重时可包围全叶鞘,使叶鞘及叶片早枯;在病部的叶鞘及茎秆之间,有时可见一些白色菌丝状物,空气潮湿时上面初期散生土黄色至黄褐色霉状小团,后逐渐变褐;形成圆形或近圆形颗粒状物,即病菌的菌核。

(3)蚜虫:小麦蚜虫主要有麦二叉蚜、麦长管蚜和禾谷缢管蚜三种,在安徽省 1 年发生 10~20 代,冬季以无翅蚜在小麦根茎或地下根部潜伏,小麦返青后,开始大量繁殖为害。一般情况下,麦蚜常在冬前 10 月份或当年 2~3 月份温暖、降水较少的情况下大发生。

2. 小麦病虫害主要防治技术

小麦病虫害防控在农业防治的基础上,推广生态控治、生物防治,保护和利用麦田害虫的各种天敌,发挥天敌自然控害作用。化学防治坚持以生育期为主线,重点抓好小麦播种期、返青后期至拔节初期和抽穗扬花期等关键生育期的病虫害总体防控,即小麦播种期做好种子处理,防治地下害虫和土传病害等;小麦返青后期至拔节初期以纹枯病为主治对象,兼治麦蜘蛛、苗蚜等其他病虫;小麦齐穗见花期,实施以赤霉病防控为主兼治锈病、白粉病、吸浆虫等的总体防控策略(高

冲等，2020）。

（1）播前土壤处理：主要针对上年小麦全蚀病、根腐病和茎基腐病等土传病害局部发生严重的地区，播种前可对已标定的发病区域进行局部土壤处理，选用甲基硫菌灵（甲基托布津）或多菌灵或福美双有效成分 3～4 g/m²，按照药土比例 1∶20～1∶50，于犁耙前施入发病区域（处理后灌水加地膜覆盖效果更好）。

（2）种子包衣和药剂拌种：播种期实行种子包衣和药剂拌种，控制土传病害和地下害虫的发生。

小麦纹枯病发生严重的地区，可用苯醚甲环唑悬浮种衣剂拌种或种子包衣，用量为每 50 kg 小麦种子用有效成分 3～4.5 g（采用种子包衣机进行直接包衣，或采用人工方法进行包衣，即将小麦种子与包衣药剂放在塑料袋内人工翻转、抖动混匀）。

小麦全蚀病发生地区每 50 kg 小麦种子用有效成分申嗪霉素 0.5～1.0 g 或硅噻菌胺 10～20 g 或苯醚甲环唑 7.5～9.0 g 或病虫兼防的复配种衣剂苯醚甲环唑·吡虫啉·咯菌腈 69～92 g 拌种或种子包衣处理。

地下害虫危害重的地区应使用杀虫剂拌种防治，每 50 kg 小麦种子用有效成分吡虫啉种衣剂 120 g 或辛硫磷 40 g 等进行拌种；拌种时将药剂加水 1 kg 稀释，用喷雾器边喷边拌，拌后堆闷 1～2 h，再摊开晾干即可播种。

拌种或局部土壤处理时要按规定用量使用，不能随意加大用药量，防止产生药害。

（3）小麦返青至拔节期防治技术：该时期以纹枯病等土传病害防治为主，兼治苗期蚜虫和麦蜘蛛。纹枯病防治可选用井冈·蜡芽菌、苯甲·丙环唑、噻呋酰胺、井冈霉素 A、丙环唑等药剂，为兼治叶部病害也可选用戊唑醇等广谱性杀菌剂或苯甲·丙环唑等复配剂；选择上午有露水时施药，适当增加用水量，使药液能流到麦株基部。重病区首次施药后 10 d 左右再防一次。遇涝时及时清沟沥水，降低田间湿度，减轻病害发生程度。

蚜虫防治时注意保护利用天敌，重点保护好七星瓢虫、龟纹瓢虫、蚜茧蜂、草蛉等优势种天敌。当天敌单位数与蚜虫数量比例大于 1∶300 时，可有效控制麦蚜危害，不必施药防治麦蚜。当田间麦蚜发生量超过防治指标（苗期 300 头/百株）、天敌数量在利用指标以下时，可选用吡蚜酮、呋虫胺、啶虫脒、氟啶虫胺腈、噻虫嗪等对天敌杀伤作用较小的药剂兑水喷雾防治。

（4）齐穗-开花初期防治技术：该时期以赤霉病为主要防控对象，兼治锈病、白粉病等叶部病害和穗蚜。要准确抓住小麦齐穗至扬花期（见花打药）开展小麦赤霉病第一次防治，选择渗透性、耐雨水冲刷性、持效性较好且对锈病、白粉病有兼治作用的药剂，如丙硫菌唑单剂，氟唑菌酰羟胺+丙环唑、氰烯·戊唑醇、丙唑·戊唑醇、咪铜·氟环唑、丙硫·戊唑醇、唑醚·戊唑醇、唑醚·氟环唑、戊唑·百菌清、井冈·戊唑醇、戊唑·咪鲜胺、戊唑·噻霉酮、丙环·福美双、戊唑·福美双、甲硫·己唑醇等复配制剂；或选择氰烯菌酯、丙硫菌唑、吡唑醚菌酯单剂与戊唑醇等混用，用药量要足，兑水喷施。是否需要第二次防治，应根据小麦扬花期天气情况而定，若开花期遇连阴雨天气应于第一次施药后 5～7 d 开展第二次防治，以控制赤霉毒素为主，选择氰烯菌酯、丙硫菌唑等对赤霉毒素抑制作用强的杀菌剂。

当麦田蚜虫发生量超过 500 头/百穗，天敌数量在利用指标以下时，可选用吡蚜酮、呋虫胺、啶虫脒、氟啶虫胺腈、噻虫嗪等药剂兑水喷雾防治，兼治麦田灰飞虱。后期穗蚜发生量大时，可选用噻虫·高氯氟、联苯·噻虫胺、联苯·噻虫嗪等药剂进行防治。蚜虫防治可与赤霉病防治结合进行，达到一喷多防的效果。

(二)水稻主要病虫害防控技术

1. 水稻主要病虫害

随着水稻种植方式、种植品种和种植结构的调整，水稻病虫害的发生种类、发生程度也有显著变化。目前安徽省水稻发生和危害较重的病害主要有纹枯病、稻瘟病和稻曲病等，虫害主要有二化螟、稻纵卷叶螟和飞虱等。此外，近年来白叶枯病细菌性病害在安徽省呈蔓延趋势。

(1)稻瘟病：根据危害时期和危害部位不同，可分为苗瘟、叶瘟、节瘟、叶枕瘟、秆瘟、枝梗瘟、穗颈瘟和谷粒瘟，一般以叶瘟、节瘟、穗颈瘟最为常见。因天气条件、品种抗性的差异，叶瘟症状在形状、大小和色泽上有所不同，分为急性型病斑、慢性型病斑、白点型病斑和褐点型病斑 4 种类型。

(2)稻曲病：仅在穗部发生，危害个别谷粒，病菌侵入谷粒后，在颖壳内形成菌丝块，破坏病粒内部组织，后菌丝块增大，先从内外颖壳合缝处露出淡黄绿色块状的孢子座，再包裹颖壳，近球形，同时色泽转变为墨绿色或橄榄色。

(3)稻飞虱：危害水稻的有白背飞虱、褐飞虱和灰飞虱 3 种，虫体小，通常寄居在水稻茎基部或穗部，刺吸稻株汁液，水稻受害初期茎秆上呈现许多不规则的棕褐色斑点，危害严重时全株枯死。被害稻田常在田中间出现"黄塘""冒穿""倒伏"等典型症状，逐渐扩大成片，严重时造成全田荒枯。

(4)稻纵卷叶螟：1 龄幼虫在分蘖期爬入心叶或嫩叶鞘内侧啃食。在孕穗抽穗期，则爬至老虫苞或嫩叶鞘内侧啃食。2 龄幼虫可将叶尖卷成小虫苞，然后叶丝纵卷稻叶形成新的虫苞，幼虫潜藏虫苞内啃食。幼虫蜕皮前，常转移至新叶重新作苞。每头幼虫一生可卷叶 5～6 片，老熟幼虫在稻丛基部的黄叶或无效分蘖的嫩叶苞中化蛹，有的在稻丛间，少数在老虫苞中。

2. 水稻病虫害防控技术

以种植水稻抗性品种和健身栽培为基础，坚持以农业防治、物理防治和生物防治为重点，同时辅以必要的化学防治；化学防治按照"预防秧田期、放宽分蘖期、保护成穗期"的防控策略，重点抓好"三前三防、两期两治"，即进行播前种子药剂处理、移栽前施送嫁药和破口前综合施药 3 次预防性用药，在分蘖末期和穗期根据病虫发生情况，实施达标防治(董兆荣等，2021)。

(1)种子处理：播种至秧苗期药剂浸种或拌种，根据当地病虫发生情况选择合适种子处理剂进行处理。采用咪·咯菌腈、咪鲜胺、苯醚甲环唑、精甲霜灵、嘧菌酯、肟菌酯、肟菌·异噻菌胺、氰烯菌酯和赤·吲乙·芸苔进行种子处理，预防恶苗病、烂秧病和稻瘟病，培育壮秧；用噻虫嗪、吡虫啉、呋虫胺等种子处理剂拌种或浸种，或用 20 目防虫网或无纺布阻隔育秧，预防秧苗期稻飞虱、稻蓟马及南方水稻黑条矮缩病、锯齿叶矮缩病、条纹叶枯病等病毒病。防治水稻干尖线虫病可选用杀螟丹等。

(2)移栽前用好送嫁药：对秧田灰飞虱、螟虫等发生较重的田块，选择性防治，秧苗移栽前 3 天左右施药，带药移栽，预防稻瘟病、稻蓟马、螟虫和稻飞虱及其传播的病毒病，可选用三环唑、春雷霉素和氯虫苯甲酰胺、甲维盐、吡蚜酮等药剂，兑水均匀喷雾。

(3)移栽至孕穗期：尽可能不施用化学农药进行害虫防治，可根据实际情况进行诱杀或生物防治。研究证明，此时期不施药或施用低毒农药保护天敌，天敌对害虫卵的寄生率可提高 40%～60%，可持续控害能力明显增强，从而可减少中后期施药次数。

诱杀可选择灯诱或性诱。灯诱于当地越冬代螟虫孵化初期开灯。性诱可于二化螟越冬代和主害代、稻纵卷叶螟主害代蛾始见期，集中连片设置性信息素和干式飞蛾诱捕器，按产品说明书的要求放置诱捕器诱芯诱杀，诱杀成虫，降低田间卵量和虫量。

生物防治可使用生物农药或释放天敌昆虫防治害虫。如苏云金杆菌和球孢白僵菌可防治二化螟、稻纵卷叶螟，于卵孵化始盛期施用，有良好的防治效果，尤其是在水稻生长前期使用，可有效保护稻田天敌，维持稻田生态平衡。防治稻纵卷叶螟还可在卵孵化始盛期施用球孢白僵菌。人工释放赤眼蜂防治害虫技术。于二化螟蛾高峰期和稻纵卷叶螟迁入代蛾高峰期可用人工释放稻螟赤眼蜂防治，每次放蜂 15 万头/hm^2，每代放蜂 2～3 次，间隔 3～5 d。

(4)孕穗末期至穗期：重点防治纹枯病、穗瘟、稻曲病、稻飞虱、稻纵卷叶螟、螟虫等病虫害。根据水稻品种特性、主要病虫种类、发生程度、发生期，因地制宜地确定主治对象，合理混配药剂，治"主"兼"次"，达到"一喷多防"的效果。

于水稻破口前 10 d 左右以稻曲病为重点，破口前 3 d 左右以穗颈瘟为重点，同时根据螟虫、稻飞虱、纹枯病等发生情况，进行综合防治；视天气、病虫情况在破口后进行第二次施药；如遇持续阴雨天气，宜选用对水稻穗腐病有兼治效果的药剂。细菌性病害出现发病中心时应及时封控。

害虫防治实行达标防治，稻飞虱抽穗期百丛低龄若虫 1500 头、齐穗期以后百丛低龄若虫 2000 头，稻纵卷叶螟百丛低龄幼虫 50 头，选择合适药剂，喷雾防控。

稻瘟病防治可选用三环唑、咪鲜胺、醚菌酯和春雷霉素等，稻曲病可选择丙环唑、氟环唑、肟菌·戊唑醇等，水稻细菌性病害防治药剂主要有噻唑锌、噻菌铜等。稻飞虱防治可选择噻嗪酮、吡蚜酮、噻虫胺和噻虫嗪等，稻纵卷叶螟防治可选择阿维菌素、苏云金杆菌、毒死蜱等药剂喷施。

(三)玉米主要病虫害防控技术

1. 玉米主要病虫害

(1)玉米茎基腐病：主要危害茎部或茎基部和叶片，一般在玉米灌浆期开始发病，乳熟末期至蜡熟期为显症高峰。症状表现为突然青枯萎蔫，整株叶片呈水烫状干枯褐色；果穗下垂，苞叶枯死；茎基部初为水浸状，后逐渐变为淡褐色，手捏有空心感，常导致倒伏。

(2)玉米南方锈病：该病是世界性病害之一，近年来在江淮中部频繁重发，为典型的气传病害。该病害主要危害玉米叶片，也侵染叶鞘、苞叶等。叶片被侵染后，刚开始出现散生黄色小斑点，后病斑变大，逐渐凸起，呈圆形或椭圆形，黄褐色或红褐色。玉米锈病发生重时造成植株叶片褪绿，不能正常进行光合作用，呼吸作用增强。严重时，叶片上布满孢子堆，叶片干枯，植株提早衰老死亡。一般年份产量可降低 10%～20%，发病重的年份减产幅度超过 50%，严重的可导致玉米颗粒无收。

(3)玉米穗腐病：该病由多种真菌侵染引起，包括镰刀菌、木霉菌、青霉菌、曲霉菌等。玉米果穗及籽粒均可受玉米穗腐病危害，被害果穗顶部或中部变色，并出现粉红色、蓝绿色、黑灰色、暗褐色或黄褐色霉，多雨或湿度大时可扩展到整个雌穗。病粒无光泽，不饱满，质脆，内部空虚，常被交织的菌丝所充塞；果穗病部苞叶常被密集的菌丝贯穿，黏结在一起并贴于果穗上不易剥离。玉米穗腐镰孢能产生伏马菌素、玉米赤霉烯酮、T-2 毒素等，其中伏马菌素污染最重。

(4)玉米螟：我国发生的玉米螟有亚洲玉米螟和欧洲玉米螟两种，主要危害玉米、高粱、谷子等，也能危害棉花、向日葵、水稻、甘蔗等作物。成虫具有昼伏夜出习性，趋光性、飞翔和扩散能力强。玉米螟主要以幼虫蛀茎为害，破坏茎秆组织。幼虫孵化后先集群在卵壳附近，约一小时后开始分散。幼虫有趋糖、趋触、趋湿和负趋光性，喜欢潜藏危害。初孵幼虫先取食嫩叶的叶肉，2 龄幼虫集中在心叶内为害，3~4 龄幼虫咬食其他坚硬组织。玉米螟危害的加重，除了带来直接生产损失，也明显增加了玉米穗腐病的发生。

(5)桃蛀螟：以幼虫危害为主。危害玉米时，把卵产在雄穗、雌穗、叶鞘合缝处等。在黄淮海地区虫害发生严重的田块中，桃蛀螟种群数量与危害程度已超过玉米螟，成为该区玉米穗期的主要害虫。桃蛀螟主要蛀食雌穗，不仅造成直接产量损失，还可加重穗腐病的发生，导致玉米籽粒品质明显降低，造成更大的经济损失。桃蛀螟可蛀茎，造成植株倒折。

2. 玉米病虫害防控技术

目前，虽有报道称以生物防治为主的玉米螟 *Ostrinia furnacalis* 防控技术体系有效保障了我国玉米作物的高产稳产，但生产中对玉米病虫害的防治仍以化学防治为主，主要是种子处理和成株期喷雾。

(1)种子包衣防治苗期病虫害：以夏玉米苗期常发病虫害如玉米根腐病、蓟马、甜菜夜蛾、草地贪夜蛾等为主要防治对象，选择靶标性强的药剂进行种子包衣，如商品种子已经包衣，但针对性不强，可选择持效期长的商品种衣剂在播种前二次包衣，达到防治抽雄前病虫害的目的。

(2)播种至拔节前：在玉米小喇叭口期，根据田间病虫害发生情况，可选择植保无人机或热雾无人机(添加热雾喷雾助剂)喷施氯虫苯甲酰胺、甲维盐、噻虫嗪等高效低剂量化学药剂，或苏云金芽孢杆菌、金龟子绿僵菌、白僵菌、核型多角体病毒、短稳杆菌等生物制剂防治玉米螟、草地贪夜蛾、甜菜夜蛾、黏虫等食叶害虫；可混喷苯醚甲环唑、丙环唑、戊唑醇等预防叶部病害。

(3)心叶末期：根据当地玉米中后期病虫害发生情况，采用智能热雾飞防技术等进行叶片喷雾或颗粒剂撒施防治成株期病虫害。

(4)合理有效防治：抓住防治关键时期，叶斑类病害在初见期，最好在病叶率 3%以下时防治，害虫抓住低龄幼虫阶段防治，生物防治草地贪夜蛾、玉米螟等要在害虫产卵始盛期统一释放人工繁殖的夜蛾黑卵蜂或赤眼蜂 2~3 次。

结合主要防治对象，科学选用防治药剂，为保证防治效果，防治药剂要选用防效高、持效期长的药剂。病害防控可以使用三唑类杀菌剂，如丙环唑、烯唑醇、戊唑醇、氟硅唑、丙硫菌唑等，与其他杀菌剂如吡唑醚菌酯、氟唑菌酰羟胺、多菌灵等复配使用，对于玉米各种叶斑病、锈病防效好，并可延缓叶片早衰；如有顶腐病、细菌性叶斑病，可以用三唑类杀菌剂加上杀细菌剂，如噻枯唑、中生菌素或铜制剂等。在玉米收获前 15 d 左右用多菌灵或甲基硫菌灵在雌穗花丝上喷雾防治穗腐病；防治草地贪夜蛾、玉米螟、棉铃虫等可选用甲氨基阿维菌素苯甲酸盐(甲维盐)、氯虫苯甲酰胺、乙基多杀菌素、甲维·虫酰肼、茚虫威、虿螨脲、虫螨腈等。防治蚜虫可选用噻虫嗪、吡虫啉、吡蚜酮等。玉米中后期病害防治要适当加大用药量，玉米中后期群体大，密度高，必须用足药量，才能保证植株单位面积的药剂附着量，确保防效。

第八节 粮食作物机收仓贮抗逆减损技术

一、粮食作物机收减损技术

(一)粮食作物机收损失成因

机械收割是江淮地区粮食作物收获的主要方式。安徽省年鉴数据显示，2020年小麦、水稻、玉米主要粮食作物耕、种、收综合机械化率分别达到96.8%、87.7%和88.6%，但粮食作物的收获损失是仅次于消费环节的第二大损失，机械收获平均损失率约为4.09%。因此，如何提高粮食收获作业质量、减少机收损失成为保障粮食安全的重要环节。中共中央办公厅、国务院办公厅印发《粮食节约行动方案》明确提出，"到2025年，粮食全产业链各环节节粮减损举措更加硬化实化细化，推动节粮减损取得更加明显成效。"

根据团队近十年田间机收试验综合分析，造成江淮区域粮食收获损失的主要障碍因素包括农艺因素、机械因素及操作因素等方面，具体内容如表 3-20 所示。

表 3-20　机收损失的主要障碍因素

主要因素	具体内容
农艺因素	①种植农艺行距与机收割台偏差；②栽培技术致使作物倒伏；③作物收获期含水率是否适宜
机械因素	①割台、脱粒滚筒机械结构设计是否合理；②机械制造工艺水平；③收割机械缺乏保养与维修，运行状态
操作因素	①收割机行距适应性；②工作部件调整是否到位，如割台高度；③收割机作业速度

(二)粮食作物机收减损增效技术

1. 作物规范种植与抗倒技术

作物种植行距、密度与收获机割台固有行距偏差过大，将直接导致秸秆堵塞摘穗辊，加大机收籽粒落穗损失，造成各摘穗单元间的茎秆数分布不同、喂入负荷不均，导致粮食机收损失。因此，农机农艺深度融合，规范粮食作物种植农艺，匹配市场收获机割台及各行摘穗幅宽是提升机收减损的有效手段。同时，作物倒伏不仅严重阻碍了籽粒的生长，降低粮食籽粒的品质，还直接影响机械化收获量，是机收损失的重要因素之一（赵小红等，2021）。我国每年因倒伏引起作物减产18%~31%，严重时可达60%~75%。通过开展不同作物种植密度、耕作方式的机收损失试验，分析结果表明：适宜的种植密度和栽培耕作方式对作物的抗倒伏能力具有显著影响，其中小麦秸秆还田下实施玉米免耕直播可有效提高玉米作物的抗倒伏能力。江淮区域应依据不同的生长环境、作物品种特征及生产条件等因素确定作物种植密度，其中，小麦、水稻、玉米三大主要作物的种植行距、种植密度范围及耕作方式如表3-21所示。

表3-21　三大主要粮食作物种植农艺要求

作物类型	种植行距/cm	种植密度/(万株/hm²)	耕作方式
小麦	18~23	225.0~270.0	耕翻或旋耕
水稻	30~40	18.5~22.5	旋耕
玉米	50~60	6.0~6.75	免耕

　　针对江淮地区主要粮食作物倒伏收获情况，分别从以下几个方面降低作物机收损失率，具体措施如表3-22所示。

表3-22　机收倒伏作物具体措施

作物类型	具体措施
小麦、水稻倒伏机收	全喂入收割机：①当顺割倒伏小麦、水稻时，拨禾轮位置应适当前移和降低，拨禾弹齿应调整为向后倾斜15°~30°；②当逆割倒伏小麦、水稻时，拨禾轮位置应适当后移，拨禾弹齿应调成向前倾斜15°~30°；③对于严重倒伏小麦、水稻，拨禾轮转速应调至低速，且选择在晴天的下午收割
	半喂入收割机：①收割倒伏小麦、水稻时，分禾器前端调低，扶禾爪作用高度调高；②严重倒伏小麦、水稻应选择在晴天的下午顺向收割
玉米倒伏机收	适宜机具选择：①优先选用割台长度长、倾角小、分禾器尖能够贴地作业的玉米收获机；②对于有积水或土壤湿度大的地块，宜选用履带式收获机
	机具调试改装：①适当调整或改装辊式分禾器、链式辅助喂入和拨指式喂入等装置，提高倒伏作物喂入的流畅性；②针对籽粒收获机，应调整滚筒转速和凹板间隙等，避免过度揉搓，减少高水分籽粒破损
	优化作业方式：①对于倒伏方向与种植行平行的玉米植株宜采取逆向对行收获方式，并空转返回，有利于扶起倒伏玉米进行收割；②对于倒伏方向不一致的玉米植株宜采取往复对行收获作业方式

2. 机收籽粒含水量控制技术

粮食作物成熟期含水率与机收损失率、破损率及含杂质率之间呈极显著关系。不同作物成熟期机械收获对籽粒含水率的要求不同，玉米籽粒完全成熟收获时的最适含水量为 23%～24%，在传统收获时间基础上推迟 10～15 d，籽粒含水率显著降低，可有效降低玉米机收损失，针对江淮地区气候条件，可优选籽粒脱水快易机收抗逆品种；水稻籽粒完全成熟收获时的适宜含水量为 15%～17%，收获前需要实时监测水稻含水量，在成熟期内尽快收割，选择脱水率较快的水稻品种，降低水分含量对水稻机收损失率的影响；小麦籽粒完全成熟收获时的最佳含水率为 12%～14%，在收获时要根据天气情况、品种特性和栽培条件，合理安排收割顺序，确保粮食安全归仓。作物的含水量过高，在收获后堆积、晾晒过程中籽粒会发生霉变，影响粮食的品质。含水率过高会导致籽粒不饱满、产量低、品质差；含水率过低，会造成碳水化合物减少，千粒重、容重、出粉率降低。因此，要选择干物质积累达到高峰时收获,此时籽粒品质好,机械收获损失最小,产量最高(宫帅等，2018)。

3. 收获机械优选技术

1）玉米收获机工作部件优选

脱粒滚筒的转速、脱粒间隙和输送叶片角度的大小，是影响玉米脱净率、破碎率的重要因素。玉米籽粒直收时，建议采用纵轴流脱粒滚筒配合圆杆式凹板结构，以降低籽粒破碎率。在保证破碎率不超标的前提下，可通过适当提高脱粒滚筒的转速、减小滚筒与凹板之间的间隙、正确调整入口与出口间隙之比等措施，提高脱净率，减少脱粒损失和破碎。

清选损失和含杂率是对立的，调整中要统筹考虑。在保证含杂率不超标的前提下，可通过适当减小风扇风量、调大筛子的开度及提高尾筛位置等，减少清选损失。作业中要经常检查逐稿器机箱内秸秆堵塞情况，及时清理。轴流滚筒可适当减小喂入量和提高滚筒转速，以减少分离损失。

2）小麦、水稻收获机工作部件优选

小麦、水稻机收在保证破碎率不超标的前提下，可适当提高脱粒滚筒的转速，减小滚筒与凹板之间的间隙，将入口与出口间隙比调整至 4∶1。在保证含杂率不超标的前提下，可通过适当减小风扇风量、调大筛子的开度及提高尾筛位置等，减少清选损失。作业中要经常检查逐稿器机箱内秸秆堵塞情况，及时清理。轴流滚筒可适当减小喂入量和提高滚筒转速，以减少分离损失。对于清选结构上有排草挡板的，在含杂率、损失率较高时，可通过调整排草板上下高度减少损失。

收获地块应满足履带式水稻联合收割机和运粮车行走要求，作业地块最大泥脚深度≤30 cm，作业地块水稻黄化完熟率在95%以上，水稻叶面干燥无露水，籽粒含水率在15%～28%。不同收获机根据作业特点有不同的收割时间，其中半喂入收割机适宜在9月下旬后期至10月下旬初期收割，全喂入收割机适宜在10月中旬中、后期到10月末期间收割，稻谷易掉粒时应选择全喂入收割机，泥脚较深地块使用带有底盘升降和割台平衡功能的收割机。

根据不同作物收获机械关键工作部件对机收损失率的影响，优选其工作参数如表3-23所示。

表3-23　机收工作部件作业参数

作物	割台类型	割台离地高度/mm	作业速度/(km/h)
玉米	 分禾长的割台，适宜收割倒伏玉米 分禾短的割台，适宜大喂入量收割	220	0～20
水稻		150～200	5～10
小麦		100～200	3.5～8

4. 机收精准操作技术

机收操作的精准度，对作物损失率有很大的影响。根据作业条件和作物状态对机具关键工作部件的工作参数进行实时调整，并选择合理的作业速度、作业行走路线及收割幅宽，使收获机械保持良好的工作状态，可以很大程度减少机收时的作物损失，能更好地确保粮食丰产丰收、颗粒归仓。

(1)割台高度是收获机作业过程的重要参数，对作物的损失有很大影响。割台高度过高，作物的损失会增加；割台高度过低，可能会发生割台触底现象或造成割台堵塞，对机械造成损伤，影响机械的性能和使用寿命。为了减小因割台高度造成的减损，配置割台地表仿形系统，实现割台离地高度自动调节，防止插地或离地过高，减少不平整地块对机收减损的不利影响及按键模式下调控时响应速度的误差造成的影响，使机械装备更好地适应不同的地面作业（图3-35、图3-36）。通过关键作业部位工作参数半自动、自动调整系统的研发、配置，减少作业人员技术水平较低或操作不当造成的损失。

图 3-35　割台高度实时检测　　　　图 3-36　割台高度检测传感器安装位置

（2）收获机收获时的作业速度对收获的损失也有很大影响。地势平坦、作物成熟一致、作物秸秆干燥的情况下，作业速度可以略快；地势复杂、作物秸秆潮湿、作物密度较大的情况下，作业速度应略慢。收获旺季，驾驶员工作任务较大，收获常常以快为第一原则，不考虑作业条件，损失率偏高。

加快收获机械工况自适应控制系统的开发和应用，并支持收获机械智能驾驶系统的开发和应用对减少机收损失率有重要作用，系统可监测各部件的作业状态，实时获取收割机作业时的工况变化情况，实现对损失率及关键部件工作参数等信息的实时监测，并根据不同区域作物的情况，自动控制作业速度，以适应工况变化，可有效减少不顾作业条件变化简单高速作业而各部件的速度过快、工况变差造成的作物损失增大，以及作业速度过低、效率较低等情形。

（3）收获机械的行走路径及行程对接对作物的损失率影响较大，目前使用的玉米收获机一般都配置对行收获割台，只有对行收获才能保证良好的收获效果。如果玉米行距与玉米机割台行距不对应，可能会导致两行玉米进入一个割台通道，或者割幅边上的玉米没有进入相应的割台通道，被收获机碰掉果穗或者压倒在地里，从而增大割台损失。因此，普及卫星导航系统收获路径规划及路径追踪的使用，可提高收获机械田间行走的直线度，并在收获过程中能够确保作业行程的对接行距均匀（图3-37、图3-38）。

图 3-37 收获导航线实时提取

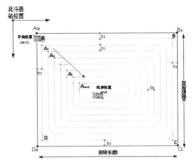

图 3-38 收获路径规划

5. 籽粒烘干技术

籽粒烘干安全入仓是粮食生产全程机械化的最后一个关键环节，有效的烘干处理对于粮食丰产丰收、提升生产效益、提高加工品质具有重要意义。近年来，江淮区域机械化烘干发展势头强劲，仅安徽目前全省烘干机保有量就达 1.38 万台，烘干能力 55.2 万 t，居全国第二，仅次于江苏。目前，结合江淮地区气候特征、粮食作物品种属性等综合因素，对收获小麦因梅雨季节可能造成受潮发霉变质的情况发生，主要使用的烘干设备包括循环式烘干机、连续式烘干机(塔)、移动式小型烘干机，如表 3-24 所示。对于江淮地区水稻、小麦等谷物烘干机大都采用小型循环式和大型连续式烘干机，通常以 6～12 个小型循环式烘干机串联或并联进行运作。淮北平原玉米等作物主要采用连续式烘干塔。如粮食品种多、数量少或粮食分散存放，应选用小型移动式烘干机。

表 3-24 不同烘干形式下烘干机分类

烘干机类型	实物图	特点
循环式烘干机		自动循环，品质好，能耗高、成本大、降水速率慢，不太适用于大型的粮食加工、粮食仓储企业
连续式烘干机		干燥过程不间断，作业效率高，但烘干后出现碎米、爆腰、烘干不均等问题，对热能利用率高，其设备占地面积巨大，成本高

续表

烘干机类型	实物图	特点
移动式小型烘干机		可进行移动，作物烘干需求不同时方便及时更改；但受运输距离影响大，热量利用率低，易出现烘干不均匀现象

粮食烘干成本降低，在一定程度上增加了农户的利润。结合江淮地区粮食烘干的实际情况，主要从以下几个方面来降低粮食烘干成本：①改变粮食烘干机设备的操作条件；②选择热效率高的干燥设备；③回收排出废气中的部分热量，用来达到降低粮食烘干成本的目的。具体方法如下：

(1)减少烘干过程的各种热损失。做好烘干系统的保温工作，优化选择最佳保温层厚度。为防止干燥系统的渗漏，一般采用送风机和引风机串联使用，经合理调整使系统处于零压状态操作，这样可以避免烘干机因干燥介质的漏出或环境空气的漏入而造成烘干机热效率的下降。

(2)降低粮食烘干机的蒸发负荷。物料进入烘干机前，通过过滤、离心分离或蒸发等蒸发等预脱水处理，可增加物料中的固体含量，降低干燥机的蒸发负荷，这是烘干设备最有效的节能方法之一。

(3)提高粮食烘干机入口空气温度，降低干燥机出口废气温度。提高干燥机入口空气温度，有利于提高干燥机热效率。

二、高水分粮食仓贮防霉减损技术

我国粮食损失浪费惊人，据国家粮食局统计，每年粮食产后损失超过500亿kg，占粮食总产量的9%以上，相当于0.1亿hm^2良田产量，其中因霉变而导致的粮食损失每年达210亿kg(2014年数据)。我国粮食在收获至储藏期间的损失，南北差异很大。安徽省是我国三大粮食作物(水稻、小麦、玉米)重要生产区，其中江淮区域地处水热资源丰富的气候过渡带，雨热同季，作物收获期短且时间集中，麦稻和麦玉两熟区在谷物收获时籽粒含水量较高，储运期间因霉变而造成的损失较北方严重，尤其是被真菌毒素污染的粮食不仅品质下降，还威胁着人类的身体健康和生命安全。近几年，随着农民专业合作社、家庭农场、种粮大户等新型农业经营主体的出现，农村粮食储运主体逐渐由散户向集约化、规模化方向发展。调研发现，目前安徽省新型生产经营主体(家庭农场、合作社)的干燥设备较为缺乏或烘干量不足，在高水分粮食不能及时烘干时，也无恰当的防霉措施，依然存在着"靠天晒"

的现象，是粮损的主要原因。鉴于此，针对江淮区域受过渡性气候影响而导致的高水分粮食霉变问题开展研究，研发合适的绿色安全的植物源和/或低毒防霉剂，创新适宜新型生产经营主体的粮食防霉技术，对减损增效具有重要意义。

(一)粮食霉变的主要霉菌

针对江淮区域仓储粮食作物病原菌污染问题，开展了不同来源储粮霉菌的鉴定分析。对安徽省粮食作物小麦、水稻、玉米贮藏期携带的真菌进行筛选和分离，依据 GB 4789.16—2016 对真菌进行鉴定，共鉴定出 15 种真菌，包括灰绿曲霉、黄曲霉、局限曲霉、镰刀菌、构巢曲霉、根霉、青霉、链格孢霉、白曲霉、黑曲霉、纯绿曲霉、毛霉、糯孢霉、头孢霉和烟曲霉(表 3-25 和表 3-26)，散户样品的霉菌相较农场样品复杂，带菌量也高于农场样品(表 3-27)。三种储粮中，玉米携带霉菌总量最多，优势霉菌为黄曲霉；在小麦、水稻储粮中黄曲霉含量也较高。众所周知，黄曲霉毒素为 I 类致癌物，而黄曲霉是产黄曲霉毒素的优势菌。

表 3-25 散户储粮霉菌的种类与比例

小麦携菌类型	百分比/%	水稻携菌类型	百分比/%	玉米携菌类型	百分比/%
青霉	19.4	青霉	19.0	黄曲霉	19.5
黄曲霉	16.7	灰绿曲霉	13.8	灰绿曲霉	10.8
白曲霉	13.9	黄曲霉	12.1	局限曲霉	10.4
灰绿曲霉	13.9	头孢霉	10.3	青霉	7.8
局限曲霉	11.1	构巢曲霉	8.6	白曲霉	7.4
链格孢霉	5.6	局限曲霉	8.6	黑曲霉	4.7
糯孢霉	8.3	交链孢霉	6.9	烟曲霉	4.1
黑曲霉	5.6	镰刀菌	5.2	糯孢霉	3.9
纯绿曲霉	5.6	毛霉	5.2	链格孢霉	3.0
		根霉	3.4	镰刀菌	2.4

表 3-26 农场储粮霉菌的种类与比例

小麦携菌类型	百分比/%	水稻携菌类型	百分比/%	玉米携菌类型	百分比/%
灰绿曲霉	18.2	灰绿曲霉	16.7	黄曲霉	16.2
局限曲霉	16.5	局限曲霉	16.7	灰绿曲霉	16.2
糯孢霉	15.1	青霉	20.8	青霉	16.2
链格孢霉	9.0	黄曲霉	12.5	烟曲霉	10.8
黑曲霉	8.3	镰刀菌	4.1	黑曲霉	13.5
黄曲霉	8.3	构巢曲霉	12.5	白曲霉	10.8
青霉	6.1	交链孢霉	8.3	镰刀菌	8.1
纯绿曲霉	3.0	根霉	8.3	根霉	8.1

表 3-27　仓储小麦、水稻和玉米的带菌情况

项目	粮食种类	小麦	水稻	玉米
农场	菌落数/(个/g)	82.5	60	92.5
	优势菌种	灰绿曲霉	青霉、黄曲霉	黄曲霉、青霉
散户	菌落数/(个/g)	90	135	855
	优势菌种	青霉、黄曲霉	青霉、黄曲霉	黄曲霉

(二)防霉剂及抑菌机理

1. 抑菌防霉剂的筛选

本着绿色、安全、高效的原则,开展多种植物源精油的抑菌筛选工作。以黄曲霉为主要防霉菌种,采用直接接触法和熏蒸法,依据菌落生长直径,从 11 种植物精油中筛选出抑菌效果最佳的三种精油:肉桂、牛至和柠檬草精油;且熏蒸法优于直接接触法。采用培养皿平板熏蒸法对三种精油的最低抑菌浓度(minimum inhibitory concentration,MIC)进行测量评价,肉桂精油、牛至精油和柠檬草精油的 MIC 分别为 0.25 μL/disc、2.5 μL/disc 和 6 μL/disc。再以此 MIC 值为基础,采用棋盘稀释法对这三种精油进行复合配比,依据分级抑菌浓度指数(fractional inhibitory concentration index,FICI)对复合精油的抑菌能力进行评价。两两复配时,即肉桂精油:牛至精油 =1:5(体积分数)、肉桂精油:柠檬草精油=1:12(体积分数)、牛至精油:柠檬草精油=5:6(体积分数)时,FICI=0.75,表现为相加效应。当按肉桂精油:牛至精油:柠檬草精油=1:5:48(体积分数)复配时,FICI=0.4375,说明这三种精油相互作用,产生了协同效应;在此组合下,复合精油的最低抑菌浓度为 1.6876 μL/disc(表 3-28),各单方精油的用量分别降低至 1/8(肉桂精油)、1/16(牛至精油)和 1/4(柠檬草精油),说明复合精油(compound essential oil,CEO)抑菌能力高于单方精油。复合精油的抑菌效果也优于市场上已使用的化学防霉剂丙酸,在复合精油的 MIC 浓度下,丙酸对菌生长的抑制率只达到 25%(图 3-39)。

表 3-28　精油复配协同效应分析

精油浓度/(μL/disc)				FIC			FICI	抗菌效应
肉桂	牛至	柠檬草	总量	肉桂	牛至	柠檬草		
0.1250	0.6250	—	0.750	0.5000	0.2500	—	0.7500	相加
0.1250	—	1.5000	1.625	0.5000	—	0.2500	0.7500	相加
—	1.2500	1.5000	2.750	—	0.5000	0.2500	0.7500	相加
0.0313	0.1563	1.5000	1.6876	0.1250	0.0625	0.2500	0.4375	协同

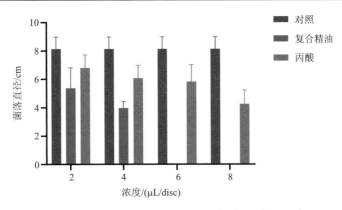

图 3-39 复合精油与丙酸抑菌效果比较

2. 复合防霉剂的研发

在筛选上述防霉材料时，熏蒸法优于直接接触法，但在模拟防霉实验中发现，对高水分玉米进行熏蒸防霉的效果并不理想。模拟防霉实验中，防霉对象为携带黄曲霉菌的玉米籽粒，是将不同水分含量（12%、15%、18%）的玉米籽粒表面消毒后，接种一定量的黄曲霉菌孢子，控制玉米籽粒表面黄曲霉数量在 15~40 cfu/g，再以不同浓度复合精油（0 μL、100 μL、500 μL 和 1000 μL）熏蒸法处理后，测定不同天数玉米籽粒表面黄曲霉菌的数量。结果发现，复合精油对低水分（12%、15%）玉米防霉作用较好，而对高水分玉米防霉效果较差。玉米（12%水分）在储藏的 80 d 内，所有供试组玉米籽粒表面黄曲霉数量均在 40 cfu/g 以内，且黄曲霉菌数量呈显著下降趋势，说明在安全水分以下储藏可以不用防霉剂处理。当玉米水分含量为 15% 时，所有供试组在 30 d 内黄曲霉的数量呈下降趋势。从 40 d 开始，0 μL 和 100 μL 处理组黄曲霉的数量显著上升，但 500 μL 和 1000 μL 处理组仍能很好地抑制霉菌的生长。当玉米水分含量为 18% 时，随着储藏天数的增加，所有供试组黄曲霉菌数量均显著增加，在 30 d 时，多数玉米籽粒表面已被黄曲霉完全覆盖，数量已高达 10^9 cfu/g。而且，高水分玉米组靠近精油的籽粒霉菌较少，远离精油的籽粒霉变严重，说明植物精油的扩散能力有限，以熏蒸法进行的模拟防霉并不与平板熏蒸效果一致，需要改进防霉剂供给方式。

为提高精油的分散度，将七种惰性载体（Diatomite、Sodium alginate、H-SiO₂、Attapulgite、Porous starch、SiO₂ 和 Active carbon 分别为硅藻土、海藻酸钠、疏水性二氧化硅、凹凸棒石、多孔淀粉、二氧化硅和活性炭）分别与复合精油混合，综合考虑载体的吸附能力、载体自身的抑菌性及复合后防霉剂的抑菌能力，从中筛选出最佳的载体。七种载体对复合精油的吸附能力依次为 SiO₂>Diatomite>Porous>Active carbon>H-SiO₂=Sodium alginate> Attapulgite。各载体+复合精油均能显著抑制玉米籽粒上黄曲霉菌的生长。其中 Diatomite、Attapulgite 和 H-SiO₂ 与其他载体相比，载体本身即具有一定的抑菌效果。因此，这三种惰性材料是复合精油的良好载体。傅里叶变换红外光谱仪(FTIR)检测表明，三种载体与精油的混合不影响其有效成分。在这三种材料中 Diatomite 的包埋量最大(1∶1)，但它具有一定的吸湿性，在玉米籽粒表面的吸附力也较差。Attapulgite 和 H-SiO₂ 包埋能力虽较弱，分别为 5∶1 和 4∶1，但它们具有一定的疏水性，且能很好地吸附于籽粒表面。故将这三种材料进行优化组合，按 Diatomite∶Attapulgite∶H-SiO₂=7∶4∶3(质量分数)混合后，对精油的包埋能力达到 1∶1。运用该复合载体与精油复合，形成最终的复合型防霉剂，可以很好地吸附于籽粒表面，增强了抑菌效果。运用该复合防霉剂对高水分(18%)玉米进行防霉实验，发现处理组黄曲霉菌数量显著下降，籽粒表面的黄曲霉菌数量接近于 0；而未加防霉剂的对照组，随着储藏时间的延长，黄曲霉菌数量显著增加，在 30 d 时，黄曲霉菌的数量达到 $4.13×10^6$ cfu/g。可以看出，复合防霉剂对高水分玉米中的黄曲霉菌具有良好的抑制效果。

3. 抑菌机理

复合精油对黄曲霉的抑制包括两个方面：抑制黄曲霉菌的生长，同时抑制其毒素的合成(图 3-40)。为了进一步探究其抑菌机理，我们用不同浓度(小于 MIC 值)复合精油熏蒸处理黄曲霉菌，分析黄曲霉生长曲线和产毒量，并与不同浓度(小于 MIC 值)肉桂精油、牛至精油、柠檬草单方精油进行比较。

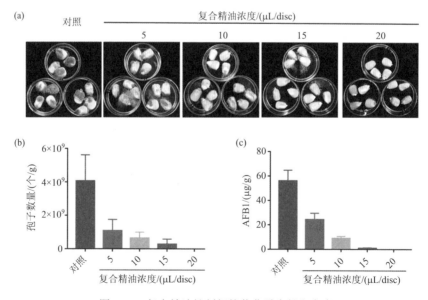

图 3-40　复合精油抑制籽粒黄曲霉生长和产毒

在生长方面：随着精油浓度的增加，复合精油与三个单方精油的生长曲线斜率均降低，表现出剂量依赖性。生长曲线斜率越低，抑菌效果越好。在较高浓度情况下，肉桂精油(0.2 μL/disc)、牛至精油(1.0～2.0 μL/disc)、柠檬草精油(3.0～5.0 μL/disc)和复合精油(1.4 μL/disc)在 2 d 内均可完全抑制菌的生长，2 d 后黄曲霉菌开始生长，但复合精油处理的黄曲霉菌生长曲线斜率低于三个单方精油。

在产毒方面：三种单方精油对黄曲霉毒素合成的影响存在差异性，抑制效果表现为柠檬草精油＞牛至精油＞肉桂精油。柠檬草精油抑制 AFB1 的效果最为显著，对 AFB1 的抑制率达 80%以上，而牛至精油和肉桂精油对 AFB1 的抑制率均低于 75%。复合精油对 AFB1 的抑制率接近于柠檬草精油，在此并未呈现相加效应。为了进一步探究复合精油影响黄曲霉菌产毒的分子机制，我们采用 RT-qPCR 技术，分析了复合精油对 AFB1 合成途径中 6 个关键基因表达量的影响，并与肉桂精油、牛至精油和柠檬草精油进行比较。6 个关键基因包括 4 个酶蛋白基因(*aflD*、*aflM*、*aflP* 和 *aflT*)和 2 个调节基因(*aflR*、*aflS*)。肉桂精油(0.2 μL/disc)和柠檬草精油仅导致 *aflT* 的相对表达量下调，其他基因均上调；牛至精油(1.5 μL/disc)使除 *aflD* 外的 5 个基因相对表达量均下调。复合精油可导致这 6 个基因的相对表达量均显著下调，且精油浓度越高，基因的相对表达量越低，差异越显著(Xiang et al., 2020)。

(三)防霉剂防霉效果及应用技术

1. 防霉剂防霉效果

复合防霉剂在高水分粮食防霉模拟储藏中表现优异。我们分别对当季收获的较高水分(18%)玉米和高水分(25%)水稻进行了 360 d 防霉模拟储藏，将复合防霉剂按照 1 g/kg 加入粮食谷物(50 kg)中，同时以含水量 13%的玉米和 15%的水稻作为对照。无论是高水分玉米还是低水分玉米，相较于未防霉处理组，防霉剂处理组霉菌的生长均被抑制(图 3-41)；对于略高于安全水分的 15%水分水稻，防霉剂也可有效抑菌，抑菌时间长达 360 d。而含水量 25%的水稻，在短时间(20 d)内其霉菌生长能够被防霉剂完全抑制，而未防霉处理组完全霉变(图 3-42)，这一时间也足以保障水稻的安全储运及干燥，或可增加防霉剂用量，以确保粮食安全。此外，我们发现防霉剂处理降低了高水分粮食的发芽率。储藏 1 年的玉米陈化分析显示，防霉处理组的蛋白质和脂肪含量均高于对照，脂肪酸含量低于对照，淀粉含量差异不显著；陈化 1 年后的水稻，其胶稠度显著高于未处理组。这说明防霉处理可在一定程度上阻止粮食的陈化，保证粮食品质，有利于粮食的长期储藏。

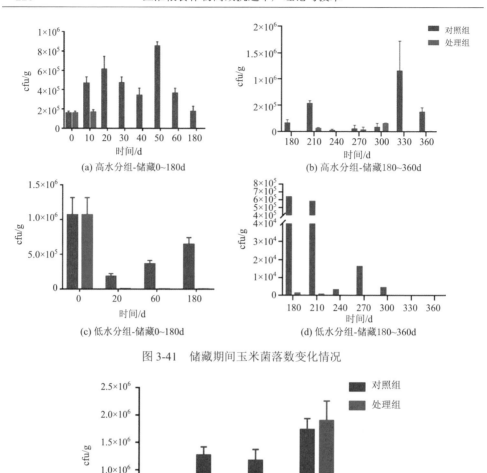

图 3-41　储藏期间玉米菌落数变化情况

图 3-42　高水分水稻在储藏期的菌落变化

2. 防霉剂应用技术

1)技术要素

为解决江淮区域高水分粮食的安全储运问题,制定了一套防霉减损技术方案。方案中防霉剂添加量依含水量和储藏时长不同而不同。

储藏时长 30 d 以内:20%以下含水量粮食按"1 kg 籽粒+1 g 复合防霉剂"比例添加;20%以上含水量粮食按"1 kg 籽粒+2 g 复合防霉剂"比例添加。

储藏时长超过 30 d：20%以上水分的谷物建议适当增加防霉剂用量；20%以下水分的谷物可不增加防霉剂用量。

2）防霉剂应用

2019 年秋季于玉米、水稻收获季节，运用复合防霉剂对刚收获的高水分玉米、水稻进行防霉应用。该技术主要针对收获时未能及时晾晒或未能及时烘干的高水分粮食进行 30 d 防霉处理。应用对象包括农户、家庭农场（合作社）。玉米设置了三个不同的农户/家庭农场进行防霉应用，水稻设置了两个点三种水分进行防霉应用。除 30%水分水稻（现场收割）的防霉剂按"1 kg 籽粒+2 g 复合防霉剂"进行添加，其他水分的玉米或水稻的防霉剂添加量按"1 kg 籽粒+1 g 复合防霉剂"进行。每种水分谷物均设置防霉剂处理组和未处理组。其中防霉剂处理组谷物重量为1000 kg；考虑霉变会对农户造成严重损失，故未处理组谷物重量为 50 kg。30 d 时，统计籽粒带菌量。应用情况显示，防霉剂处理组霉菌数量均明显下降，30 天菌量/0 天菌量约为 0.0017～0.32；而未处理组霉菌数量均有不同程度上升并开始霉变，30 天菌量/0 天菌量约为 3.7～9.6。高于安全水分的粮食若不能及时干燥，也无适当的防霉措施，则极易霉变，这一过程是不可逆的，是无法挽回的。按 2019 年粮食收购价格：玉米 2.56 元/kg，水稻 2.52 元/kg，若收获时未能及时干燥而霉变，按上述 1000 kg 计量，玉米将损失 2560 元，水稻将损失 2520 元。

该技术主要针对收获时未能及时晾晒或未能及时烘干的高水分粮食进行防霉处理。该技术成果的应用可解决阴雨潮湿天气高水分粮食极易霉变、难以储运的问题，可有效保障粮食安全，为江淮区域高水分粮食防霉减损提供了重要技术支撑。

第九节　粮食作物生产全程信息化管控增效技术

信息化是现代农业的重要标志，是加快改造提升传统农业的重要技术。大田粮食作物生产全程信息化管控是农业信息化的重点和难点，实现粮食作物生产信息化对保障国家粮食安全，实施"藏粮于地、藏粮于技"战略，促进粮食生产提质增效和农民增收具有重要的现实意义。

一、粮食作物生产全程信息化管理概述

粮食作物生产信息化就是对粮食作物从生产、加工、管理、收获到销售全过程的监控和管理，促进农业产业规范化、精准化管理，从而提高效率、降低成本，促进产业提质增效。

信息技术在设施农业上已有较好应用。一方面通过人工模拟作物生产所需要的自然环境，来实现对作物生长环境的控制；另一方面利用人工设施来为作物创

造出适宜的生长条件，可实现作物生长全过程信息化精准管理与调控。如智能温室技术、环境物联网控制技术、播种育苗智能化设备、数字农业工厂等都已经得到较为广泛的应用，这些应用都需要包括作物生长环境信息、生长发育信息及信息处理技术的支撑。可以预见，随着对物联网技术的深入研究和综合应用，我国设施农业信息化将会得到进一步发展。

在大田粮食作物生产中，信息技术的研究应用也在开展，主要围绕着大田粮食作物生产的"耕、种、管、收、销"各个环节将信息技术融入其中。在"耕"的环节，可以采取无线通信技术、北斗卫星定位技术及深松机具状态检测传感技术等准确监测农机深松深度、面积等过程参数，及时统计分析深松作业数据，达到深松整地标准，促进土壤肥力的提升。在"种"的环节，可以利用智能系统帮助种植户选择良种，实现智能化精准播种。在"管"的环节，将信息化技术应用于作物田间生长状况监测、智能化精准灌溉施肥、病虫害预测预警和智能防控等。在"收"的环节，可通过数据库结合当地气候条件等信息，预测农作物适宜收获时间，进行农机合理调度，实现智能机械化收获和烘干。在"销"的环节，可提供农产品安全追溯、农产品电子商务技术。这些技术已经得到越来越多的应用，除了淘宝、京东等综合电商平台之外，还可以通过"盒马鲜生""生鲜传奇"等专门的农产品电商平台进行销售。此外，抖音直播带货、小视频直播带货等也越来越受到农户和消费者的欢迎，渐渐成为农产品在线销售的主要方式。全程信息化为粮食作物生产精准化种植、可视化管理和智能化决策提供了技术支撑。

目前，虽然粮食作物生产各个环节都有相应的信息化技术的支撑应用，但是尚未打通各个环节之间的数据，还需要对不同环节的数据资源积极整合，建立大田作物的"耕、种、管、收、销"一体化资源管理平台，为大田作物生产提质增效提供更多技术与信息支持。

二、粮食作物生产全程信息化管理平台

为推进粮食作物生产全程信息化管理，提高作物生产的信息化水平，开发构建了适合江淮区域的粮食作物生产全程信息化管理平台——"云农场"（图3-43）。

(一)粮食作物生产全程信息化管理平台——"云农场"的构建

基于江淮区域粮食作物生产的发展现状，研发并上线运行了粮食作物生产全程信息化管理平台，即"云农场"系统，以解决粮食作物生产过程的全程信息化管理问题。该系统能够提高农业生产经营效率，通过传感器对农业作物环境和气象数据进行实时监测，将传感器获取的信息通过云农场系统直观、系统地展示给农民，用于服务农业的生产、管理。这种数字化的系统，推进了农业生产的信息化，提高了农业生产对自然环境风险的应对能力和效率。

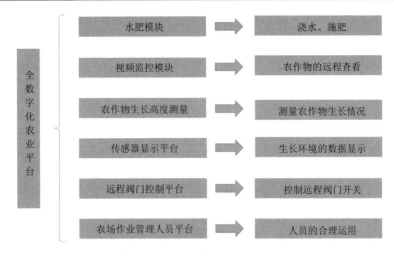

图 3-43　云农场数字化农业平台

云农场的总体构建思路是以种植农作物为对象，以种植场地为基础，以农事操作为任务主线，将作物与场地相结合，形成轮作；将农事操作与时间相结合，形成天任务，再将任务梳理成每天的作业，将作业与业务系统相结合，形成任务分配单，由业务系统进行处理，并进行结果的反馈与记录。云农场是一个综合信息处理平台，它将各个生产环节、各个系统的数据进行分解与汇总，形成一个综合的以信息处理为手段的平台，通过该平台可以掌握最详尽的农事操作任务，看到每个部门(或业务子系统)所开展的具体农事作业，从而达到生产全程、全数字化的管控模式。

云农场是建立在云端处理模式下的计算机系统，由与其相关的 13 个业务子系统所组成。业务子系统可分为基础支撑系统和农事作业系统。基础支撑系统主要提供农事作业中各业务子系统需要的一些基础信息，如气象子系统、病虫害植保子系统、农业物联网子系统、农业监控子系统、农产品溯源系统、测土配方子系统、农产品快速检测系统、分中心管理系统、农业农村信息综合服务子系统；农事作业系统主要由具体的农事作业操作任务相关的各子系统组成，如农业生产任务管理子系统、农机装备及作业调度子系统、农业作业人员管理及调度子系统、云灌溉作业子系统、其他业务子系统(如财务子系统、采购子系统、客户管理子系统、投入品管理子系统等)，形成一个耕、种、管、收、销全产业链化的在线云端管理系统。

(1)耕：以全年的农事作业为主导，可以查询显示每天的农事作业计划，配合人员管理和农机管理，在农业产业园区内形成一个云端化、数字化的作物播种模式。

(2)种：农业园区内的作物种植过程，也需要以农业生产任务管理子系统为基础，按照系统每天分配的农事作业计划，农业作业人员管理及调度子系统和农机装备及作业调度子系统接收作业任务，按照接收到的任务详情开展农作物的种植过程。

(3)管：农作物生长过程的管理，需要云农场中的多个子系统相互协同配合，其中以每天的农事作业管理任务为例，在农作物的生长过程中，需要水肥管理系统、气象管理系统、植保系统、病虫害管理系统、人员管理调度系统、农机管理调度系统等，以实现信息化管理。

(4)收：农业园区的作物收获也是以与收获相关的农业作业任务进行的，在作物收获期，按照作业任务合理调度人员与农机，在指定的作业计划内完成作物智能化收割。

(5)销：全产业链的最后一环就是农作物的出售环节，通过上层的农事管理模块，可查看农作物出售的具体时间与销售详情，配合云农场中的财务系统和物流系统，完成销售订单与售出。

(二)云农场综合一体化平台主要功能模块

云农场综合一体化平台包含多个子系统：农业综合农事平台、农业人员管理及调度子系统、农机管理及调度子系统、质量安全快速检测及追溯子系统、水肥一体化监控子系统、病虫害监测预警子系统等。主页面上就有各个子模块的系统入口，用户通过点击就可直达相应的系统页，简化了用户输入网址的繁杂操作，提高了用户的使用效率。系统首页如图 3-44 所示。

图 3-44　网站首页界面

1. 农业人员管理及调度子系统

农业人员管理及调度子系统主要用于解决较大型农场的人工任务分配与定位管理问题，可以通过手机对人员进行实时定位，也可以通过手环的方式精准定位到地块，可以比较好地解决精准监控的问题。一旦将天任务分解完成，即可形成一个任务的接口方案，并将任务推送到各个任务子系统，等待任务执行子系统完成操作并记录结果，从而达到信息管理的目的。

本系统的功能模块包括农事作业任务的上传、编辑、更新、删除。管理员上传的作业任务类型是一个阶段的任务，包括任务开始时间、结束时间、任务地块，上传方式有单次上传和 Excel 批量上传。本系统的卫星定位系统与地面载波相位差分技术(real-time kinematic，RTK)相结合，可以使手机、手环的定位精度达到 3 cm～2 m(可根据系统造价选择)。

使用本子系统,可以实现人员的有效作业任务分配及人员工作现场分布管理,远程实现相关的操作。在对人员的工作情况管理的同时,可以掌握作业操作的情况,并可以随时进行任务的改变,即时调整人员与任务的对应关系,达到调度的目的。任务完成情况需通过人工录入系统,形成文字记录,以便平行业务系统和生产管理系统掌握操作执行情况。

2. 农机管理及调度子系统

本系统主要用于解决农机派出作业管理、农机服务组织尚缺乏有效的技术监控,特别是在三夏三秋等农忙期间,农机的供需缺口比较大,农机在农忙时期作业分布不均;作业的路程没有经过科学有效的规划,影响了农机服务组织经营效率,农民生产作业需要得不到有效满足及农机作业过程中暴露出来的信息滞后、时效性差和缺乏有效的农机调度手段等问题。

系统基于 B/S 架构建设,由多级农机服务组织客户端构成,可根据需要进行快速扩展。系统由车载 GPS 终端配套设备(包括车载 GPS 监控终端、车载摄像头、电子显示屏)、GPRS 数据通信链路、GPS 数据中心服务器(包括硬件服务器和软件系统)、GIS 监控软件系统四个部分组成。用户可根据需要,选择不同类型的系统功能服务,包括农机的管理、调度、监控,系统的查询、统计等操作(图 3-45)。

系统以"3S"技术为核心的农机调度平台,深入推进农机调度信息化管理工作,以农机调度信息服务为载体,农机服务热线短信为渠道,构建覆盖市、区县、农机服务组织三级的农机调度综合服务平台。该平台由系统进行集中搭

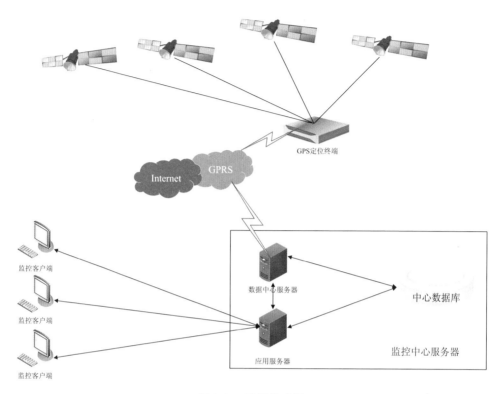

图 3-45　系统构成图

建，充分发挥农机调度系统信息收集、发布、处理的中枢调度功能和农机服务热线的信息传递、反馈功能，使农机作业管理逐渐向组织化、信息化管理转变，实现农机作业服务的专业化分工、区域化协调，保证粮食安全生产的全过程机械化作业。

3. 水肥一体化监控子系统

本系统主要解决淮北平原麦玉两熟区肥、水利用率偏低的问题。该系统可以实现传感器采集土壤数据远距离的无线传输，可根据采集到的数据，控制设备对农作物进行实时水肥灌溉。为精准灌溉施肥技术的应用提供技术与方法，为大田农业优质高效生产的水肥综合管理提供理论依据和技术支撑。

本系统总体架构包含作物环境信息采集、远程监控系统等内容。农业水肥一体化监控子系统总体架构如图 3-46 所示，主要包含四个部分：第一部分，作物环境信息采集系统；第二部分，水肥控制系统；第三部分，水肥管道系统；第四部分，远程监控系统。其中，作物环境信息采集系统主要对环境中的气象因子进行采集，并将采集来的数据通过网关节点发送到服务器中，用户可以通过客户端实时查看环境数据信息。

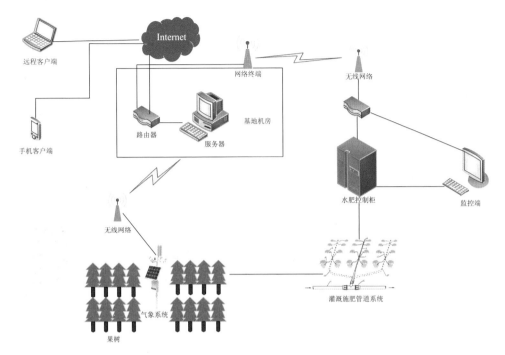

图 3-46　农业水肥一体化监控子系统总体架构

本系统可根据监测的土壤环境信息、作物本体信息、作物种类的需肥规律，结合作物生长养分平衡模型和配肥模型，科学确定设施农业中不同环境条件下作物生长的水肥需求和灌溉施肥决策。水肥一体化配肥施肥设备会按照云灌溉平台的配方、灌溉过程参数自动控制灌溉量、吸肥量、肥液浓度、酸碱度等水肥过程的重要参数，实现对灌溉、施肥的智能控制，充分提高水肥利用率，实现节水、节肥，改善土壤环境，提高作物品质，促进农业现代化发展的目的。

4. 病虫害监测预警子系统

病虫害监测预警子系统(图 3-47)主要用于解决安徽省大田农作物在生长过程中经常遭遇到的虫害和病害预警问题。比如小麦生长发育过程中，经常遭到赤霉病、白粉病、吸浆虫及蚜虫的危害；水稻易受稻瘟病、稻曲病、稻纵卷叶螟、稻飞虱等的危害，致使小麦和水稻的产量受到严重影响。然而，作物病虫害的监测预警受气温、降雨等众多因素影响，其模糊性、不确定性使这些系统依靠单一模型和方法难以取得好的效果。在平台构建与维护方面，往往依托单纯的软件公司开发，在持久维护和领域结合方面都存在着问题。同时，基于 Web+PC 模式的平台信息发布到终端用户也受限于"最后一公里"问题。这套系统探索新的省级植保平台运行模式，与植保系统业务流程紧密结合，研制了具有智能化、定量与定性相结合、移动便携信息采集和发布终端的病虫害监测预警方法，帮助工作在一线的植保人员上报和获取第一手资料，辅助植保专家和决策人员进行监测预警，实现了对农作物病虫害发生、发展进行及时、准确的监测预警。

图 3-47　病虫害监测预警子系统

审图号：GS（2021）6026 号，来源：百度地图

该系统采用移动客户端和 SOA（service-oriented architecture）的体系架构，构建了安徽省主要农作物病虫害数据库、知识库和基于时序 CBR（computer build report）、GAHP（gray analytic hierarchy process）的病虫害预测模型；采用 WebService 方式对外提供耦合的信息服务和知识服务，建立了"安徽省农作物病虫害监测预警平台"。在病虫害信息上报操作中，提供了逐次上报、周报上报、灯诱上报三种数据上报方式。对于病虫害信息的查询，提供了多个查询条件，如作物类型、病虫类型、采集时间，将符合查询条件的数据由后台代码显示到页面上，返回的结果仍然是按数据表格来展示的。对于多种参数因子，每一个参数因子对应多个预测条件，以及通过自己键入调整权值执行预测，与预设的阈值进行比较，来预测会发生病虫害的概率。同时，针对现有大田作物玉米中后期病虫害防控难，常规无人机喷雾系统药滴飘移，且药滴主要落于上部叶面，难达果穗等中下部位造成防效差等难题，还设计研发了大田作物中后期病虫害智能高效热雾飞防新技术。该技术由热雾无人机、热雾沉降剂及智能化系统组成，已经在埇桥、临泉等

多地开展了应用。

本系统通过分析历年的田间病虫害数量变化,预测病虫害的发生时间和趋势;用户可登录系统实时查看数据,远程管理设备,实现信息化管理,达到省、市、县三级信息采集站无线传输,远程控制,信息数据共享,从而提高植保部门病虫害监测防控能力的目的。

5. 质量安全快速检测及追溯子系统

农产品质量安全快速检测及追溯子系统是从农产品的生产源头开始,对每一具体农产品经过哪一工序,通过哪一环节到了消费者手中,都能查询到详细记录。消费者只需要通过带摄像头的手机拍摄二维码,就能查询到产品的相关信息,如产品批次信息(生产日期、生产时间、批号等)等,查询的记录都会保留在系统内,一旦产品需要召回就可以直接发送短信通知消费者,实现精准召回。系统可以实现所有批次产品从原料到成品、从成品到原料 100%的双向追溯功能。这个系统最大的特色就是数据的安全性,每个人工输入的环节均被软件实时备份,可对农产品质量安全进行全程追溯(图 3-48)。

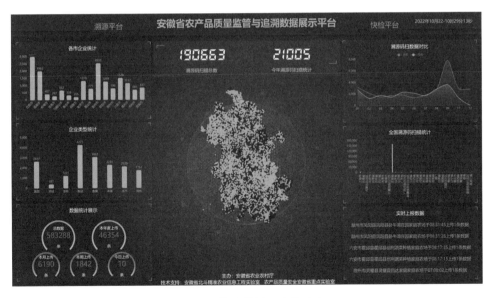

图 3-48　快速检测、追溯平台

本系统采用 B/S 架构,包括 4 个用户角色,即系统管理员、政府监管部门、检测用户和生产企业;涵盖 7 类主要农产品,即粮油、茶叶、蔬菜、水果、畜禽、水产、药材;系统具备有机农产品区块链、三品一标农产品、农产品质量安全快速检测系统、长三角溯源大数据平台、食用农产品合格证、追溯码产品跟踪监测系统、企业红黑榜等功能模块。

本系统通过在种植基地应用便携式农事信息采集系统，实现农产品履历信息的快速采集与实时上传，也可对手工单据进行扫描采集上传。通过在生产企业应用农产品安全生产管理系统，实现有机生产的产前提示、产中预警和产后检测；通过将各生产企业数据汇集到园区管理部门，构建追溯平台数据库，实现上网、二维条码扫描、短信和触摸屏等方式的追溯，从而保障农产品质量。

6. 测土配方子系统

测土配方施肥是以土壤测试和肥料田间试验为基础，根据作物需肥规律、土壤供肥性能和肥料效应，在合理使用有机肥料的基础上，提出氮、磷、钾及中、微量元素等肥料的使用数量、施肥时期和施用方法。用以调节和解决作物需肥与土壤供肥之间的矛盾。同时有针对性地补充作物所需的营养元素，作物缺什么元素就补充什么元素，需要多少补多少，实现各种养分平衡供应，满足作物的需要，达到提高肥料利用率、增加作物产量、改善农产品品质、节省劳动力、节支增收的目的。

本系统设计的功能模块包括用户定位、图层浏览、土壤养分查询、土壤属性查询、施肥方案查询及浏览农业资讯(图3-49)。通过土肥站获取地区土壤养分采样点数据分布图，并使用克里金插值法将采样数据点均匀分布在实验区，结合作物养分吸收率与土壤养分供应量，选择合适的施肥模型，构建实验区小麦、玉米、水稻等作物的精准施肥模型，通过建立空间数据库与属性数据库将各类信息存储至数据库内。系统分为后台管理端与前台客户端，后台管理端为处理管理各类数据，保证用户端查询数据的准确性，保障施肥的科学性。前台客户端为用户所使用功能，通过查询各类数据，获取精准的施肥方案以指导用户施肥，提高作物产量，实现作物的产能最大化。

根据当前市场形势的变化，以及消费者对农产品的需求目的，测土配方施肥具有广阔的应用前景。此外，测土配方施肥所具有的优势也能大幅度提高农民的收入，减少化肥的投入量，同时合理的营养元素施入，也能够在农作物的产量及品质调控上起到重要作用。

此外，云农场平台还包括气象管理子系统、电子商务子系统等，全方位地保障粮食作物生产实现全程信息化。

三、粮食作物生产全程信息化技术应用

我国现代农业发展面临着资源短缺与生态环境恶化的双重约束，迫切需要加强以农业物联网技术为代表的农业信息化的应用。在耕、种、管、收、销的全流

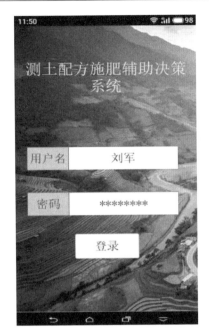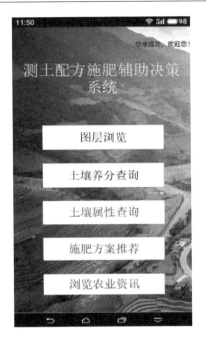

图 3-49　系统界面

程环节，利用物联网技术对土壤、气候、环境、农资等农业资源进行实时监测和评估，为农业资源的科学合理利用和生产过程的监督提供依据。"云农场"粮食作物生产全程信息化软件操作简单，且对农场信息展示得比较新颖，能够满足普通用户对数字化云农场的初步了解，以此有效地向农民推广数字化农业。

平台系统完成了江淮主要区域农田土、肥、水、气等多层次本底信息数据库的构建，如农田的气候、土壤、水、肥等，以及作物生长过程中的叶片氮含量、叶绿素等本底信息，为智能决策提供了基础。当前该技术已经在庐江水稻示范区、宿州埇桥玉米-小麦示范区、南通海安农博园水稻示范区、仪征百汇园示范区等应用，病虫害预测预警系统、农产品溯源系统和测土配方系统已在江淮区域粮食作物生产上大面积应用。

参 考 文 献

安徽省土壤普查办公室. 1996. 安徽土壤. 北京: 科学出版社.

柴如山, 安之冬, 马超, 等. 2020. 我国主要粮食作物秸秆钾养分资源量及还田替代钾肥潜力. 植物营养与肥料学报, 26(2): 201-211.

柴如山, 程启鹏, 陈翔, 等. 2021a. 安徽省县域麦稻玉米秸秆时空分异特征与还田养分输入量测算. 农业工程学报, 37(20): 234-247.

柴如山, 黄晶, 罗来超, 等. 2021b. 我国水稻秸秆磷分布及其还田对土壤磷输入的贡献. 中国生态农业学报, 29(6): 1095-1104.

柴如山, 徐悦, 程启鹏, 等. 2021c. 安徽省主要作物秸秆养分资源量及还田利用潜力. 中国农业科学, 54(1): 95-109.

董兆荣, 李向东, 张瑞, 等. 2021. 气候智慧型麦稻与麦玉作物生产技术手册. 北京: 中国农业出版社.

高冲, 张磊, 曹庆. 2020. 小麦病虫害防控技术研究进展. 农业与技术, 40(19): 91.

葛道阔, 金之庆. 2009. 气候及其变率变化对长江中下游稻区水稻生产的影响. 中国水稻科学, 23(1): 57-64.

宫帅, 郭正宇, 张中东, 等. 2018. 山西玉米子粒含水率与机械粒收收获质量的关系分析. 玉米科学, 26(4): 63-67.

国家统计局. 2021. 中国统计年鉴 2021. 北京: 中国统计出版社.

黄波, 张妍, 孙建强, 等. 2019. 氮密互作对淮北砂姜黑土区冬小麦冠层光合特性和产量的影响. 麦类作物学报, 39(8): 994-1002.

屈会娟, 李金才, 沈学善, 等. 2011. 秸秆全量还田对冬小麦不同小穗位和粒位结实粒数和粒重的影响. 中国农业科学, 44(10): 2176-2183.

沈学善, 李金才, 屈会娟, 等. 2011. 砂姜黑土区小麦玉米秸秆全量还田对玉米抗倒性能的影响. 中国农业科学, 44(10): 2005-2012.

沈学善, 屈会娟, 李金才, 等. 2012. 小麦玉米秸秆全量还田对冬小麦出苗和光合生产的影响. 西南农业学报, 25(3): 847-851.

田小海, 罗海伟, 周恒多, 等. 2009. 中国水稻热害研究历史、进展与发展. 中国农学通报, 25(22): 166-168.

王伏伟, 王晓波, 李金才, 等. 2015. 施肥及秸秆还田对砂姜黑土细菌群落的影响. 中国生态农业学报, 23(10): 1302-1311.

王浩, 汪林, 杨贵羽, 等. 2018. 我国农业水资源形势与高效利用战略举措. 中国工程科学, 20(5): 9-15.

王韦韦, 朱存玺, 陈黎卿, 等. 2017. 玉米免耕播种机主动式秸秆移位防堵装置的设计与试验. 农业工程学报, 33(24): 10-17.

吴进东, 李金才, 魏凤珍, 等. 2011. 喷施氮肥与外源物质对花后渍水胁迫冬小麦的调控效应. 天津农业科学, 17(1): 63-67.

吴进东, 李金才, 魏凤珍, 等. 2013. 氮肥后移对花后受渍冬小麦灌浆特性及产量构成的影响. 西北植物学报, 33(3): 570-576.

武文明, 陈洪俭, 李金才, 等. 2012. 氮肥运筹对孕穗期受渍冬小麦旗叶叶绿素荧光与籽粒灌浆特性的影响. 作物学报, 38(6): 1088-1096.

武文明, 李金才, 陈洪俭, 等. 2011. 氮肥运筹方式对孕穗期受渍冬小麦穗部结实特性与产量的影响. 作物学报, 37(10): 1888-1896.

杨欣润, 许邶, 何治逢, 等. 2020. 整合分析中国农田腐秆剂施用对秸秆腐解和作物产量的影响. 中国农业科学, 53(7): 1359-1367.

赵小红, 白羿雄, 姚有华, 等. 2021. 禾谷类作物茎秆特性与茎倒伏关系的研究. 植物生理学报,

57（02）：257-264.

朱远芃, 金梦灿, 马超, 等. 2019. 外源氮肥和腐熟剂对小麦秸秆腐解的影响. 生态环境学报, 28（3）：612-619.

Tian K, Zhao Y C, Xu X H, et al. 2015. Effects of long-term fertilization and residue management on soil organic carbon changes in paddy soils of China: A meta-analysis. Agriculture Ecosystems & Environment, 204: 40-50.

Xiang F Z, Zhao Q Q, Zhao K, et al. 2020. The efficacy of composite essential oils against aflatoxigenic fungus aspergillus flavus in Maize. Toxins （Basel）, 12（9）: E562. doi: 10.3390/toxins12090562.

第四章　粮食作物轻简复合种植与周年抗逆丰产增效技术模式

江淮区域不仅是我国粮食生产主产区，也是土地和劳动力资源紧张地区。因此，发展轻简复合高效种植技术和周年光温水肥药资源高效利用技术，构建周年抗逆丰产增效技术模式，推进粮食作物生产全程机械化、信息化和标准化，从而提高劳动生产率、土地产出率和资源利用率，对粮食作物生产转型升级、提质增效和高质量发展，保障国家粮食安全具有重要意义。

第一节　水稻"一种两收"轻简高效丰产技术模式

江淮沿江地区是双季稻的北缘区，双季稻光温资源紧张，双育双插劳动力和成本投入较大，效益低，"一种两收"轻简化种植技术为该区域水稻节本高效生产提供了新途径。

一、水稻"一种两收"轻简种植理论与意义

水稻"一种两收"指头季水稻收割后，利用稻桩上的休眠芽，在适宜的水分、温度、光照和养分等条件下萌发成苗，进而抽穗成熟的一种特殊的水稻栽培方式，又称"再生稻"。我国南方稻区光温资源一季有余、两季不足及其他适宜发展"一种两收"的稻田超过 600 万 hm^2，其中江淮区域安徽超过 30 万 hm^2。一般来说，再生稻根系吸收营养功能区主要集中在低位芽节的新生根和母茎高位根节的节根；叶片数(同化物供给器官)为主茎叶片数的 1/4～1/3，大约在 4～5 叶。再生稻通过种植一季、收获两季水稻的途径可显著提高劳动生产效率。此外，再生稻生长季节相对较短，从分蘖到收获生育期一般为 60～70 d，可充分利用一季稻收获后的温光资源，提高稻田温光资源利用率；再者，再生稻单位面积的水稻单产(两季)水平较高，再生季的谷粒充实度和米质比头季好，具有垩白小、食味佳等特点。因此，再生稻的生产具有明显的优质高产高效特点。

我国是世界上最早研究"再生稻"的国家，"再生稻"具有生育期短、日产量高、省种、省工及节水等特点，在缓解劳动力短缺、提高稻米品质和提升生产效益等方面具有重要意义。长期以来，我国南方稻区种植一季稻热量有余而种植双季稻热量又不足的地区及双季稻区只种一季中稻的稻田，通过提高复种指数是增

加产量效益的重要措施。国内最早对水稻蓄留再生稻技术进行研究的是四川农业大学杨开渠教授，研究内容主要集中在头季稻秧田播种量、栽插基本苗数、成熟期、留桩高度等与再生季水稻产量、幼穗分化过程相关性等方面。20世纪70年代杂交水稻的推广和稻作技术的发展与进步推动了再生稻的发展。除中国外，世界上其他国家和地区也种植再生稻，但更多集中在对产量方面的研究层面，而对丰产高效协同的技术创新与集成相对欠缺。再生稻品种的适应性和机械化生产条件下农机农艺融合技术是影响再生稻产量、效益提升的关键，本技术模式主要针对江淮区域沿江平原适宜种植再生稻的生态区，基于区域气候特征和稻作类型，集成创新全程机械化条件下头季和再生季高产高效关键栽培技术，旨在推动区域再生稻轻简高效丰产生产，丰富区域稻作类型，提高江淮区域优质粮食高效产出潜力。

二、水稻"一种两收"种植模式关键技术

围绕再生稻轻简、高效和丰产目标，优选再生能力强的优质高产品种，优化播收期、机育秧及头季防碾压机收技术，配套病虫害绿色防控技术，集成创新水稻"一种两收"轻简高效丰产技术模式，具体技术体系如下。

（一）头季轻简高效丰产关键技术

1. 再生稻优质高产品种选用

品种应选择国审、皖审或订单品种，所选品种再生两熟全生育期为195～215 d，品种要求具有再生力强、再生芽分蘖出生快、苗全、穗多及米质优等特点，如丰两优香1号、天优616、甬优4901、徽两优898、隆两优华占及荃两优2118等。

2. 头季早播早收周年温光资源高效利用技术

根据品种特性、生态条件确定头季稻的适宜播种期，应避开"倒春寒"和"秋寒"，保证再生季安全齐穗，确保头季稻收割后30 d左右有高适温强光照。用头季稻全生育期天数加上收后至再生稻齐穗天数，以当地晚稻安全齐穗期为基线往前推算确定播种期。播种期由4月初提前到3月25日左右，齐穗期由7月15日提前至7月10日左右，收获期由8月20日以后提前至8月15日，生育期由145 d缩短至135～140 d。通过头季早播早收技术在稳定头季产量基础上，调配季节内温光资源，争取更多资源分配至再生季，确保再生季9月15日前后齐穗，延长再生季至11月初收获，确保再生季延长至70～80 d，显著提高再生季的产量和品质。

3. 机育壮秧及机插控群轻简栽培技术

为防止温度低、盘根性差，在塑料大棚内育秧时需在硬盘铺上麻育秧膜，以加固盘根，采用毯状秧盘育秧，一次性完成铺土、播种、洒水、盖土4道工序。每盘籼稻干种子播量为80～90 g（大田用种22.5～30.0 kg/hm²），粳稻为100～110 g（大田用种30.0～37.5 kg/hm²）。为防止早春立枯病、青枯病，需包衣拌种。

播种后将秧盘在育秧大棚内堆放2～3 d，待出苗后再摆入大棚育秧床。出苗期重点是保温保湿，大棚内温度以25～30℃为宜，超过35℃及时揭膜降温。2叶1心开始，育秧大棚采用"两头开门、中间开窗、日揭夜盖、逐步全揭"进行通风炼苗。移栽前1～2 d控水露苗并喷施送稼药，秧苗期预防秧苗立枯病和高温烧苗。秧苗期采用旱育秧方式的水分管理制度，促进壮苗形成。

毯状秧机插行距为30 cm，株距为14 cm（粳稻）或16 cm（籼稻），秧龄25～30 d，栽插密度在21万～24万穴/hm²，每穴移栽3～5株。掌握机插速度，减少机械损伤，减少漏蔸少苗。在机插后3～5 d内及时查漏补苗，确保头季有效穗在190万～300万穗/hm²，每穗粒数在130～200粒。

4. 头季稻水肥高效管理技术

采用头季控氮（180 kg/hm²以内）增钾（10 kg/hm²）管理措施，利用释放周期为100 d左右的新型控释肥，与插秧同步侧深施肥。在出剑叶时，利用基于光谱快速诊断方法评估作物氮素营养，利用临界氮浓度模型评估作物氮素亏盈情况，酌情补施粒肥。水分管理采用湿润灌溉，及早晒田严格控制群体茎蘖数（375万～400万个/hm²）追求健壮个体，为再生季高产打下基础。

5. 头季机收防碾压技术

为确保再生季抽穗的整齐性，机收控制留茬高度由40 cm降低至25～35 cm。头季稻要掌握成熟度达九成以上（或95%左右）时抢晴收割。做到青秆、活秆收割，保证再生能力。采用后退单边调头机收技术，从大田的一端下田，按"川"字形收割，割幅由2.2 m增加至2.6～2.8 m，沿着田边收割到另一端，然后后退到距起始端5～8 m后，边退边转弯，再收割下一幅。这种直线行走收割方法，可减少稻桩碾损率5%～10%，做到轻仓放粮，就近卸谷。

（二）再生季轻简高效丰产关键技术

1. 再生季抗逆高产高效氮肥精准管理技术

头季稻齐穗后15～20 d，每亩追施尿素12～15 kg、纯钾5 kg攻芽促花，维持再生季有效穗为240万~320万穗/hm²，为再生季高产奠定基础。头季机收3 d内，每亩追施8~10 kg尿素，以起到促花长叶养根作用，确保每穗颖花数为90~110粒。9月中旬齐穗后为防寒露风，可在叶面适度喷施磷酸二氢钾。

2. 再生季抗逆优质高产控制灌溉技术

再生季前期浅水促蘖，中后期干湿交替到成熟收获(图4-1)，9月中旬齐穗后为防寒露风，采用灌深水方式以起到保温护苗作用。

图4-1　再生稻不同时期田间图

三、水稻"一种两收"种植模式应用

(一)杂交粳稻轻简高效丰产再生模式技术示范

安徽宣城郎溪沿江再生稻示范片为19 hm²，品种为杂交粳稻甬优4901。经专家现场测评，再生季平均产量为4528.5 kg/hm²，加上头季稻产量10894.5 kg/hm²，两季产量达到15423 kg/hm²，增产增效显著。

(二)早稻轻简高效丰产再生模式技术示范

安徽芜湖南陵沿江再生稻示范片为6.7 hm²，品种为早稻'17A318'。经专家现场测评，再生季平均产量为6319.5 kg/hm²，加上头季稻平均产量8875.5 kg/hm²，两季产量达到15195.0 kg/hm²，增产增效显著。

(三)中稻轻简高效丰产再生模式技术示范

安徽庐江白湖农场沿江再生稻示范片为13.3 hm²，品种为丰两优香1号。经专家现场测评，再生季平均产量为5841.0 kg/hm²，加上头季稻平均产量9487.5 kg/hm²，两季产量达到15328.5 kg/hm²，增产增效显著。

安徽舒城再生稻技术示范片为13.3 hm²，品种为丰两优香1号。经专家现场测评，再生季平均产量为 5484.0 kg/hm²，加上头季稻平均产量 9945.0 kg/hm²，两季产量达到 15429.0 kg/hm²，增产增效显著。

(四)示范区建设

在桐城、怀宁、贵池、白湖、舒城、郎溪、南陵等地建立示范区 800 hm²，周年平均产量超过 13500 kg/hm²，其中头季稻平均产量超过 9000 kg/hm²，再生季平均产量超过 4500 kg/hm²。该技术模式轻简高效，已在江淮区域沿江适宜稻区积极稳步推广应用。

第二节　节水抗旱稻轻简种植绿色丰产增效技术模式

节水抗旱稻是指一类结合了水稻和旱稻优良特性的新的品种类型，它是在水稻科技进步的基础上，通过整合旱稻的节水、抗旱和耐直播等优良特性而育成的(Luo, 2010)。与传统旱稻相比，节水抗旱稻具有抗旱性和节水性，同时摒弃了传统旱稻产量低、品质差的缺点，兼具高产、优质、抗病、耐高低温、耐盐碱等优良水稻品种的特征。

节水抗旱稻具有较好的广适性，既能在水田进行好氧种植，也可在旱地、山坡地种植(Luo et al., 2019)。

在水田，与传统水田种植不同，若当年降水比较丰富，尤其是在水分敏感期能满足节水抗旱稻水分需求时，则节水抗旱稻全生育期不需淹水种植，可实现直播旱管。这种方式相对于传统水稻种植，可节约淡水资源50%以上，少施化肥30%左右，减少甲烷排放 90%以上，减少面源污染，同时降低种植成本和劳动强度(Zhang et al., 2021)。

在旱地，节水抗旱稻可采用旱直播旱管的种植模式，全生育期土表不留水层，不需要永久排灌设施，仅需在水分关键期进行适当的灌溉。在低畦易受涝旱地，相对于传统的玉米、棉花和大豆等旱作物，种植节水抗旱稻可显著提高经济效益。近年来，淮河流域发展基于节水抗旱稻的"玉改稻"(以节水抗旱稻取代玉米)种植模式，实现了旱涝保收。"玉改稻"优化了农作物种植结构，据调查，其经济效益相对于玉米种植增加75%～114.3%。同时，也可拓展水稻种植空间，实现高质量占补平衡(黎佳佳等, 2022)。2015 年 12 月，农业部正式发布行业标准《节水抗旱稻 术语》(NY/T 2862—2015)，对节水抗旱稻的定义进行规范。

一、节水抗旱稻主要特征特性

如前所述，节水抗旱稻具有水稻的高产、优质、抗病等优良特性，此处不再赘述。同时还具以下独有的特性。

(1)节水性,体现了提高植物水分利用率和增强抗旱性的有效结合,是一种利用较少水分生产较多干物质的能力。节水抗旱稻的节水性主要体现在整个生育期不需要保持水层,大幅度节约灌溉用水的能力。研究表明,种植节水抗旱稻,土壤水势高于–35 kPa 时不需要灌溉。相较于水稻,节水抗旱稻表现出较强的节水特性,籼型节水抗旱稻品种旱优 73 较同类水稻品种 H 优 518 可节水 20%以上,灌溉量为常规灌溉量的 80%时,旱优 73 的水分利用率比 H 优 518 提高 33.3%。在无外来水源的条件下,实际灌溉量为 6951.0 m³/hm² 时产量为 9600 kg/hm²(毕俊国等,2019)。

(2)抗旱性,即节水抗旱稻在一定的干旱条件下仍能正常生长、结实并获得足够产量的能力。抗旱性是避旱性、耐旱性和复原抗旱性的总和。不同节水抗旱稻品种在不同类型的抗旱性上存在差异。在生产上,往往以综合抗旱性,即在干旱胁迫下的经济产量来衡量品种的抗旱能力。其中,避旱性是指作物在干旱的条件下减少失水或维持吸水,从而保持高水势的能力,主要是通过发展强大的根系来吸收水分并转运至地上部分和通过关闭适量气孔或不渗透的角质层来减少水分散失。耐旱性是指作物在叶片水势低的情况下维持代谢的能力,主要是指在干旱条件下,植物通过细胞内渗透调节物质的主动积累,进而增强渗透调节的能力,以维持较高的膨压。复原抗旱性指作物在经过一段时期的干旱后的恢复能力,主要指植株耐干旱、耐脱水及恢复生长的能力(Luo,2010)。

(3)易栽培,在品种自身特性上,节水抗旱稻具有较强的耐直播特性。在种子萌发过程中,位于幼苗胚芽鞘节与胚根基部之间的中胚轴组织的伸长有助于从土壤深处出苗,反映了品种的耐深埋能力。现已育成的大多数节水抗旱稻品种,如旱优 73,在埋土 8 cm 厚的情况下,依靠中胚轴伸长,可达到正常的出苗率。同时,节水抗旱稻根系发达,分泌有机酸的能力较强,有利于分解土壤中被固定的磷素,提高土壤磷肥的利用率。在栽培技术上,节水抗旱稻一般采用直播节水栽培技术,省去了浸种、催芽、育秧和插秧等环节,直接进行干谷播种,相较于传统的插秧栽培简单易行。全生育期不需要水层,此栽培方式可在节省灌溉水 50%、节省肥料 10%的条件下使产量达到 9000 kg/hm² 以上(Luo et al.,2019)。

二、节水抗旱稻主要品种

节水抗旱稻的选育一般采用常规杂交育种。杂交育种是通过不同亲本间的有性杂交实现遗传基因重组,经若干世代的性状分离、选择和鉴定以获得符合育种目标新品种的方法。利用高产优质的水稻品种与抗旱性好的旱稻品种杂交,在不同世代利用不同环境进行穿梭筛选培育而成。近年来,随着生物技术的发展,全基因组选育技术也应用于育种之中,加快了目标性状基因的聚合。至 2022 年,我国选育了包括籼型(常规、杂交)和粳型(常规、杂交)节水抗旱稻品种 30 余个,累计推广面积 133 万 hm² 以上。部分品种信息如下。

(一)籼型常规节水抗旱稻

1. 沪旱 1512

亲本来源：黄华占(♀)粤晶丝苗/WPB03(♂)

特征特性：籼型常规节水抗旱稻品种，已通过上海市审定。在安徽、湖北、湖南和广西可作一季稻种植，全生育期 125.7 d，总叶龄数为 14 叶左右。株高 106.9 cm，穗长 22.6 cm，有效穗数 351.0 万穗/hm²，每穗总粒数 139.4 粒，结实率 89.9%，千粒重 23.5 g，产量为 8904.0 kg/hm²。整精米率 57.8%，长宽比 3.4，垩白粒率 6%，垩白度 1.2%，胶稠度 65 mm，直链淀粉含量 19.0%，综合评级为部标优质 2 级。稻瘟病综合指数为 4.13，穗瘟病损失率最高级 5 级；抗旱性两年综合表现：抗旱指数为 0.86，抗旱性等级为 3 级，中抗。

2. 沪旱 1516

亲本来源：沪旱 1509(♀)//沪旱 1509/(佳辐占×黄华占)(♂)

特征特性：籼型常规水稻品种，2022 年通过国家节水抗旱稻区域试验审定。在长江中下游作一季稻种植，全生育期 114.5 d。株高 103.1 cm，穗长 22.9 cm，有效穗数 349.5 万穗/hm²，每穗总粒数 148.7 粒，结实率 86.9%，千粒重 22.6 g。整精米率 62.7%，粒长 6.1 mm，长宽比 3.2，垩白度 4.3%，透明度 1 级，碱消值 6.1 级，胶稠度 71 mm，直链淀粉含量 16.2%，达到农业行业《食用稻品种品质》标准三级。稻瘟病综合指数 3.5，中感稻瘟病，抗旱性 3 级，中抗。中感白叶枯病，中抗褐飞虱，抽穗期耐热性强。

(二)籼型杂交节水抗旱稻

1. 旱优 3015

亲本来源：沪旱 7A(♀)×旱恢 3015(♂)

特征特性：籼型三系杂交节水抗旱稻，2020 年通过国家节水抗旱稻区域试验审定。在长江中下游稻区种植，全生育期 111.7 d，总叶龄数为 13 叶左右。株高 106.8 cm，有效穗数 318.0 万穗/hm²，穗长 23.2 cm，每穗总粒数 146.2 粒，结实率 85.8%，千粒重 26.2 g。整精米率 51.1%，垩白度 4.8%，碱消值 6.5 级，胶稠度 53 mm，直链淀粉含量 16.6%，长宽比 3.4，垩白粒率 21%。稻瘟病综合指数为 4.5，白叶枯 7 级，褐飞虱 9 级，穗颈瘟损失率最高级 7 级，感稻瘟病，感白叶枯病，高感褐飞虱，抗旱性 3 级，抽穗期耐热性较强。

2. 旱优 73

亲本来源：沪旱 7A（♀）×旱恢 3 号（♂）

特征特性：籼型三系杂交节水抗旱稻，分别于 2013 年在安徽通过旱稻审定，在湖北和广西通过水稻审定，同时在江西、湖南等多个省份进行了引种备案。在安徽沿淮流域、湖北除鄂西北之外区域、广西桂中和桂北等地进行种植。在沿淮流域种植全生育期 123 d 左右，总叶龄为 14 叶左右。株高 120.6 cm，有效穗 334.5 万穗/hm²，穗长 24.5 cm，每穗总粒数 157.8 粒，每穗实粒数 133.2 粒，结实率 84.4%，千粒重 29.5 g。整精米率 41.6%，粒长 7.5 mm，长宽比 3.3，垩白粒率 32%，垩白度 3.5%，透明度 1 级，胶稠度 58 mm，碱消值 7 级，直链淀粉含量 16.8%，蛋白质含量 10.9%。稻瘟病综合指数 3.1，稻瘟损失率最高级 3 级，中抗稻瘟病；白叶枯病 7 级，感白叶枯病；纹枯病 7 级，感纹枯病。抗旱性 2 级，耐热性 3 级，耐冷性 3 级。获得"最喜爱的十大优质稻米品种"和"第二届全国优质稻品种食味品质鉴评金奖"称号。

3. 沪优 549

亲本来源： 沪旱 5A（♀）×旱恢 49（♂）

特征特性：籼型三系杂交节水抗旱稻，已在湖北省通过审定，在安徽南部、湖南和湖北可作为中稻种植，全生育期 138 d 左右，总叶龄为 15 叶左右。株高 134.7 cm，有效穗 256.5 万穗/hm²，穗长 26.3 cm，每穗总粒数 225.8 粒，结实率 72.2%，千粒重 23.92 g。平均产量 9456.0 kg/hm²，比对照丰两优四号增产 0.5%。整精米率 59.8%，垩白粒率 36%，垩白度 10.4%，直链淀粉含量 18.5%，胶稠度 61 mm，碱消值 5.0 级，透明度 2 级，长宽比 3.1。病害鉴定为稻瘟病综合指数 4.3，稻瘟损失率最高级 5 级，中感稻瘟病；白叶枯病 7 级，感白叶枯病；纹枯病 7 级，感纹枯病；稻曲病 9 级，高感稻曲病。耐热性 5 级，耐冷性 5 级。

4. 旱两优 8200

亲本来源：沪旱 82S（♀）×旱恢 8200（♂）

特征特性：籼型两系杂交水稻品种，在长江中下游稻区种植，全生育期 117.2 d，比对照旱优 73 晚熟 2.2 d。株高 116.0 cm，有效穗数 307.5 万穗/hm²，穗长 24.4 cm，每穗总粒数 168.8 粒，结实率 88.4%，千粒重 26.3 g。整精米率 54.5%，垩白度 4.1%，胶稠度 67 mm，直链淀粉含量 16.4%，长宽比 3.4，达到农业行业《食用稻品种品质》标准三级。稻瘟病综合指数两年分别为 3.5、3.7，白叶枯病 3 级，褐飞虱 9 级，高感褐飞虱，感稻瘟病，中抗白叶枯病，穗颈瘟损失率最高级 7 级，抗旱性 3 级，抽穗期耐热性较强。

（三）粳型常规节水抗旱稻

1. WDR48

亲本来源：秀水 134/沪旱 11 号(♀)//沪旱 3 号/武育粳 3 号(♂)

特征特性：粳型节水抗旱稻，在长江中下游种植，全生育期 121.7 d，比鄂晚 17 短 3.8 d。株高 80.3 cm，穗长 13.8 cm，每穗总粒数 126.7 粒，每穗实粒数 107.3 粒，结实率 84.7%，千粒重 26.59 g，产量为 7807.5 kg/hm²。出糙率 85.7%，整精米率 65.6%，垩白粒率 29%，垩白度 6.6%，直链淀粉含量 16.8%，胶稠度 81 mm，长宽比 1.7。病害鉴定为稻瘟病综合指数 3.2，稻瘟损失率最高级 3 级，中抗稻瘟病；白叶枯 5 级，中感白叶枯病，抗旱性 3 级，中抗。

2. 沪旱 61

亲本来源：沪旱 3 号/沪旱 11 号(♀)//武育粳 3 号/秀水 128(♂)

特征特性：粳型常规水稻品种，在上海作单季晚稻种植，全生育期 161.6 d，与对照秀水 128 熟期相当。株高 95.1 cm，有效穗数 321.0 万穗/hm²，穗长 14.3 cm，每穗总粒数 132.7 粒，结实率 90.4%，千粒重 25.8 g。该品种株型紧凑，叶色淡绿，叶片挺拔，长势繁茂，分蘖力强，有效穗多，穗大粒多，结实率高，熟期转色好。整精米率 73.7%，垩白度 1.9%，胶稠度 71 mm，直链淀粉含量 15.0%，垩白粒率 16%，达到国家《优质稻谷》标准 2 级。抗旱性 3 级，中抗。

（四）粳型杂交节水抗旱稻

旱优 8 号

亲本来源：沪旱 2A(♀)×湘晴(♂)

特征特性：粳型三系杂交稻品种，在长江中下游种植，生育期 155 d。株高 100.0 cm，有效穗数 270 万～300 万穗/hm²，穗长 18.5 cm，每穗总粒数为 150～160 粒，结实率 90%左右，千粒重 23～25 g。整精米率 68.9%，垩白度 5.8%，碱消值 6.7 级，胶稠度 72.6 mm，直链淀粉含量 14.7%，长宽比 1.83。稻米品质达到国标 2 级优质米标准。抗病虫性强，稻瘟病综合指数两年分别为 4.2、4.1，穗颈瘟损失率最高级 7 级，抗旱性 3 级。

三、江淮区域节水抗旱稻主要轻简绿色丰产增效技术模式

直播栽培是实现水稻绿色发展、稻作轻简化的重要方向之一。根据灌溉方式差异，直播可分为水直播和旱直播(范红，2018)。水直播是指将催芽萌发的种子

在适当淹水的水田中进行条播或撒播的播种方式,多适用于水资源丰富的地区。旱直播是指针对土壤含水量低的旱地,通过条播或穴播机械等将没有进行过催芽的稻种直接播入大田的种植方式。在灌溉条件不发达的地区,发展旱直播栽培具有重要意义。特别是机械条播方式还具有定行、直行、宽行的优点,可以调整旱直播稻田的生长环境来提高生长中后期的通风透光能力,一般产量可提高 5%~10%,节水 50%以上(万丽,2017)。

为充分发挥节水抗旱稻的品种特性,在高产水田,可采用旱直播旱管或水直播旱管、免耕旱直播等栽培方式。相较于传统水稻浸种、播种、育秧和移栽等环节,大幅减少了工作量,可改变传统种植方式,实现资源节约,环境友好。在旱地,则主要采用旱直播旱管的栽培方式,与棉花、玉米实现轮作,以提高旱地种植的经济效益,可优化调整种植结构,实现农业增效,农民增收。

以下重点介绍节水抗旱稻主要的几种栽培技术。

(一)旱直播旱管

旱直播旱管栽培技术具有促进根系发达、改善田间小气候、减轻病虫害,同时降低人工成本,减少了水稻生产中的浸种、催芽、育秧和移栽等诸多环节,节省工时投入。该技术既适宜在灌溉水分不能保证的丘陵山地、复垦地应用,又适合能精确控制水肥的高标准农田采用(齐国峰,2017)。

1. 品种选择与种子处理

根据茬口不同,在生育期上可差异化选择。在沿淮地区,麦茬稻一般选用生育期相对较短的旱优 73 和旱优 3015 等品种,冬闲田则可选择沪优 549 等生育期相对较长的品种。播种前两天将筛选好的种子摊开晒种 2 h 以上,对于饱满度差的种子可采用种子引发或包衣的方式进行处理回干,然后再进行播种。

2. 整地与播种

在前茬作物收获后田块用深耕犁进行深翻埋草灭茬,犁地深度约 20 cm,用平田机械来平整高低差较大的地块,使地面高度尽量保持在同一水平面上,这样便于机械与农艺融合。

待田块整理完毕,采用机械条播或穴播的方式干谷播种。播种量为 30~37.5 kg/hm^2,行距 28~30 cm,播种深度 2~4 cm。湖北省各地播种日期一般在 5 月 25 日至 6 月 15 日;安徽阜南县在 6 月上旬之前全部播完。出苗后,及时调查出苗率,有少苗、断苗的现象应在稻苗长到 3 叶 1 心时趁降雨进行补苗。

3. 田间管理

1) 水分管理

播种后根据当地土壤墒情，在节水抗旱稻生长的几个关键时期适度灌水，以满足节水抗旱稻正常生长需求。播种后至 3 叶期，土壤水势低于−20 kPa，需灌溉 1 次，标准为全田土壤浸湿即可，无须留水层。3 叶期至有效分蘖临界叶龄期，田间土壤水势低于−35 kPa，需灌溉 3～4 次。无效分蘖期，田间土壤水势高于−50 kPa，无须灌溉。孕穗期和抽穗期是水稻对水分要求最敏感的时期，土壤水势需高于−20 kPa，如果土壤水势低于−20 kPa，则需补灌。灌浆结实期间，不需留水层，一般土壤水势需高于−20 kPa。成熟期一般不进行灌溉，利用自然降水即可。−20 kPa 的简单判断方法为手紧握土壤，土壤成团手掌有水痕，指缝间有水滴。−50 kPa 为手紧握土壤，土壤成团，手掌无明显水痕出现。

2) 肥料管理

旱直播一般以施基肥为主，肥料后施易造成灌浆成熟期出现贪青晚熟现象。推荐施肥量为氮 180 kg/hm², 磷 90 kg/hm², 钾 150 kg/hm²。在分蘖期可根据叶色变化，补施 2～3 kg 尿素，以促进有效分蘖。在灌浆期喷施磷酸二氢钾进行叶面追肥，改善节水抗旱稻生长后期功能叶片的光合作用，促进节水抗旱稻成熟快，籽粒饱满，茎秆强壮，防止倒伏。

3) 草害管理

旱直播旱管前期节水抗旱稻的生长比常规淹水栽培速度慢，再加上干湿交替频繁，导致草相复杂，快速生长。旱直播稻田杂草的防治常采取"一封、二杀、三补"的方法。"一封"：播种后当天或后一天使用 42%丁·噁 EC (2250～3000 mL/hm²) 或 33%施田补 EC (1500～2250 mL/hm²)+10%草克星 WP（150～225 g/hm²）或二甲戊灵 100 mL 兑水 20 kg 进行封闭处理；注意用药后至苗龄 3 叶前，田间始终处于湿润状态(土壤水势大于−20 kPa)。"二杀"：苗龄 4 叶期后化除，在杂草 2～3 叶期用 2250 mL/hm² 韩秋好(100 mL 装 1.5 瓶)，在杂草 2～4 叶期用 3000 mL/hm² 韩秋好(2 瓶)，兑水 300～450 kg/hm² 对杂草茎叶进行喷雾。"三补"：如果在分蘖期仍有部分草，可针对草相不同，配备不同除草剂进行除草。

4) 病虫害防治

稻瘟病、纹枯病、稻纵卷叶螟、稻飞虱、稻蓟马等是旱直播稻田中的主要病虫害。在稻瘟病的防治上，由于节水抗旱稻一般都含有稻瘟病抗性基因，正常条件下不需要特别防治稻瘟病。如遇特殊低温、高湿的天气，特别是在苗期和灌浆期，可喷施 18%～22%三环唑 750～1500 kg/hm² 进行防治；在纹枯病的防治上，分蘖至出穗期的纹枯病喷施 12%～13%井蜡芽 3750 g/hm²；在螟虫的防治上，可选用 17%阿维·毒死蜱乳油 1500 mL/hm²，或 20%哒嗪硫磷乳油 1500 mL/hm²，或

20%氯虫苯甲酰胺悬浮剂 150～225 mL/hm²，或 15%茚虫威乳油 180～225 mL/hm²；施药适期为 1～2 龄幼虫高峰期；施药时田间保持浅水层，无法保持水层的田块，则需保持田间土壤湿润，以利于药效发挥。若发现苗期田间有稻蓟马危害时，可及时用 20～30 mL 10%烯啶虫胺，或选用噻虫胺、噻虫嗪、氟啶虫胺腈等药剂(王震等，2018)，常规用量交替轮换使用，同时兼防灰飞虱，以延缓药剂抗药性。

4. 安徽省明光市旱直播旱管实例

1) 整地和开沟

要求土壤深耕或深松，耕深 20～25 cm。深耕后将土块耙碎，耙细，无明暗坷垃，做到土壤质地均匀一致。耕前粗平，耕后复平，做畦后细平。表土细碎，下无架空，达到上虚下实。对过于疏松的土壤，应进行播前镇压。播前土壤墒情不足的应造墒，坚持足墒播种，保证土壤水势大于-15 kPa。距地边界每 2 m 的距离，开宽 20～30 cm、深 20～30 cm 的浅沟。

2) 选种及晒种

种子质量应符合 GB 4404.1 的规定。选晴朗天气播种，晒 2～3 h，摊薄、勤翻。

3) 播种技术

适期播种：应在平均气温达到 15℃以上播种。

墒情适度：播种时土壤墒情良好，田间土壤水势不低于-20 kPa，土壤相对含水量为 40%～60%。

适量播种：把拌好药剂不催芽的稻种均匀撒播于土壤中，取分蘖发生起始叶龄 4，有效分蘖发生率 60%，计算合理基本苗数为 48.9 万苗/hm²(种子苗)，计算播种量。按种子发芽率 85%、千粒重 28 g、成苗率 50%计算，播种量为 31.5 kg/hm²(干谷)。

播种方式：一般采用机条(穴)播。

覆盖镇压：采用机条(穴)播条件下，播种机器后悬挂镇压器进行镇压；人工撒播条件下，须先用旋耕机轻旋，深度为 1～2 cm，播种后再用悬挂镇压器的拖拉机镇压，压碎土块，沉实土壤，提高土壤的保水能力，有利于出苗整齐。

4) 田间管理

(1) 前期管理(苗期—分蘖期)。

水分管理：播种后至 3 叶期，土壤水势低于-20 kPa，需灌溉 1 次，标准为全田土壤浸湿即可，无须留水层。3 叶期至有效分蘖临界叶龄期，田间土壤水势低于-35 kPa，需灌溉 3～4 次。无效分蘖期，田间土壤水势高于-50 kPa，无须灌溉。

合理施肥：施肥以基蘖肥为主。第一次施肥在播前，每亩用 45%复合肥 20 kg+尿素 5 kg+钾肥 5 kg；第二次在秧苗 3～5 叶期，每公顷施 45%复合肥 10 kg+尿素

5 kg+钾肥 5 kg。

病虫草害防治：对稻纵卷叶螟，可选用 17%阿维·毒死蜱乳油 1500 mL/hm^2 或 5%甲氨基阿维菌素苯甲酸盐水分散粒剂 240～300 g/hm^2，或 20%氯虫苯甲酰胺悬浮剂 150～225 mL/hm^2，兑水 30～40 kg，均匀喷雾；施药适期为 1～2 龄幼虫高峰期；施药时，田间应保持薄水层。

杂草防除：封闭处理——播种后当天或后一天使用 42%丁·噁EC(2250～3000 mL/hm^2)或 33%施田补 EC(1500～2250 mL/hm^2)+10%草克星 WP（150～225 g/hm^2)或二甲戊灵 100 mL 兑水 20 kg 进行封闭处理；注意用药后至苗龄 3 叶前，田间始终处于湿润状态(土壤水势大于-20 kPa)。苗龄 4 叶期后化除，在杂草 2～3 叶期用 2250 mL/hm^2 韩秋好(100 mL 装 1.5 瓶)，在杂草 2～4 叶期用 3000 mL/hm^2 韩秋好(2 瓶)，兑水 300～450 kg/hm^2 对杂草茎叶进行喷雾。

(2)中期管理(拔节孕穗期—抽穗期)。

水浆管理：孕穗期和抽穗期是水稻对水分要求最敏感的时期，土壤水势需高于-20 kPa，如果土壤水势低于-20 kPa，则需补灌。

病虫害防治：对于螟虫，选用 17%阿维·毒死蜱乳油 1500 mL/hm^2，或 20%哒嗪硫磷乳油 1500 mL/hm^2，或 20%氯虫苯甲酰胺悬浮剂 150～225 mL/hm^2，或 15% 茚虫威乳油 180～225 mL/hm^2；施药适期为 1～2 龄幼虫高峰期；施药时田间保持浅水层，无法保持水层的田块，则需保持田间土壤湿润，以利于药效发挥。

对于纹枯病，选用 15%井冈霉素 A 可溶性粉剂 525～750 g/hm^2，或 11%井冈·己唑醇可湿性粉剂 600～900 g/hm^2，或 10%井冈·蜡芽菌悬浮剂 1500～2250 mL/hm^2，或 23%噻呋酰胺悬浮剂 300 mL/hm^2；施药适期为水稻封行至孕穗期；在纹枯病大流行前(病株率 5%)第一次施药，隔 7～10 d 再施一次药；重病田在齐穗后，再补防一次，注意药剂的交替使用。

(3)后期管理(灌浆期—成熟期)。

水浆管理：灌浆结实期间，不需留水层，一般土壤水势需高于-20 kPa；成熟期一般不进行灌溉，利用自然降水即可。

病虫防治：在灌浆结实期间，需防治的病害主要为稻曲病和穗颈瘟。稻曲病和穗颈瘟需防治 2 次，时间点分别在破口前 5～7 d 和始穗期，可选用药剂 43%戊唑醇悬浮剂 180～225 mL/hm^2，加 20%井冈·三环唑可湿性粉剂 100 g，兑水 60 kg 均匀喷雾。

适时收获：稻穗枝粳变黄，95%谷粒呈金黄色为适宜收获期(图 4-2)。

(二) 水直播旱管

水直播技术是水稻轻简化、机械化的一种栽培方式，可降低人工成本，减少育秧和移栽等诸多环节，节省工时投入。该技术既适宜在播种期田间有水的中低

(a) 播种

(b) 苗期

(c) 分蘖期

(d) 成熟期

图 4-2　节水抗旱稻旱直播旱管田间不同生长期图

产田、复垦地使用，又适合有灌溉条件的水田应用。

1. 品种选择与种子处理

在沿淮地区，麦茬稻一般选用生育期相对较短的旱优 73 和旱优 3015 等品种，冬闲田则可选沪优 549 等生育期相对较长的品种。水直播宜进行适当的浸种催芽，在种子处理上，播种前晒种 1～2 d 后，每 5 kg 种子用 25%咪酰胺 EC（施百克）2 mL 加 10%吡虫啉 WP 20 g 兑水 6～7 kg，浸种 24～36 h。浸种完毕，捞出种子晾干，进行催芽。催芽在密封环境内进行，温度控制在 30～32℃，80%露白，即为催芽完成。

2. 整地与播种

在大田整地上要求早翻耕，精细整地，灌水耙平保证泥烂田平，高低落差控制在 3 cm 左右。开沟作畦，畦宽一般在 2～3 m，以不影响播种和田间管理为限。若前茬是小麦、油菜等作物，要于 5 月底前收割结束，如是冬闲田，要及早翻晒，保持田面平整，否则易造成播种深度不一而影响出苗。

在沿淮流域播期一般在 4 月下旬至 6 月上旬。播量一般在 15～22.5 kg/hm²。在水直播方式上，一般为有机穴播、人工撒播、无人机播种等三种方式。根据田块大小、机械化程度，选择适宜播种方式。

3. 田间管理

1) 水分管理

播种至大田后，田间水分在播种之后至 3 叶 1 心期时应保持湿润状态，以保证幼苗生长整齐，待田间出现 1 cm 左右的裂痕时，可采用微喷灌的方式灌溉至土表湿润即可。分蘖期至成熟期的水分管理，可参考旱管分蘖期至成熟期的水分管理方式。

2) 肥料管理

水直播旱管的施肥量与旱直播旱管的施肥量基本一致。以基肥为主，基肥与分蘖肥的氮素比例为 8：2，后期一般不再追施氮肥。灌浆期可补施 75 kg/hm² 左右的钾肥，以提高灌浆结实率。在肥料的种类上，推荐多用有机肥或缓释肥。

3) 草害管理

水直播方式下，杂草早于或与种子萌发同步，不但生长旺盛，密度高，而且草相较移栽更复杂。可结合物理防治与化学防治的综合防治方法进行管理。物理防治即在播种前实施养草灭草、精选稻种等方式，也可采用"一封、一杀、一补"的化学防治。"一封"：在整田结束后，趁泥浆还未沉淀的浑水状态，每亩使用 12% 噁草酮乳油 150～200 mL 甩撒全田；"一杀"：因防除不当造成前期防除效果欠佳的，可在苗后根据田间草相，针对性地选择不同农药进行防除，一般以稗草为主的田块，可采用每亩 50%二氯喹啉酸可湿性粉剂 60 g 兑水 30 kg 进行喷雾处理；"一补"：在分蘖期如果仍有部分草，在杂草 2～5 叶期，可针对草相不同，配备不同除草剂进行除草。一般以阔叶草为主的田块，可采用每亩 13%二甲四氯 150 mL，兑水 40 kg 进行喷雾处理(沈国辉等，2018)。

4) 病虫害防治

在稻瘟病的防治上，由于节水抗旱稻一般都含有稻瘟病抗性基因，正常条件下不需要特别防治稻瘟病。如遇特殊低温、高湿的天气，需要做稻瘟病的防治，防治药剂一般使用三环唑、春雷霉素等。在稻曲病的防治上，稻曲病一般在生长后期发病，若抽穗灌浆期遇连续低温阴雨天气，穗子感染率可达 50%以上，应在水稻破口期和齐穗期施苯甲·丙环唑 300～375 mL/hm²，注意施药要向植株茎叶喷雾。水稻纹枯病在秧苗期至穗期都可能出现，每亩用 5%井冈霉素可溶性粉剂 100～150 g，兑水 40 kg 左右，着重喷施于水稻中下部，每 10 天一次，连续施药 2～3 次。稻飞虱、稻丛卷叶螟和螟虫在水稻分蘖期、拔节期、孕穗期均有出现，可使用康宽 80 mL，兑水约 35 kg 均匀喷雾。

(三)免耕直播栽培技术

免耕直播是指在前季作物收获前一周或收获后将肥料和干种子直接撒播于田间，保持土壤湿润，在3～4叶期进行除草的一种轻简节水抗旱稻栽培技术。该技术是经多年实践探索出来的一套省工、节本、增效的栽培新模式。具体优点：节省农时，利于抢时播种，减轻秋季低温对节水抗旱稻抽穗结实的不利影响，保证其正常成熟；不需预留育秧用地，省去育秧用水和减少大田前期用水，可作为丘陵夏旱区节水抗旱稻避旱栽培途径之一。

1. 品种选择与种子处理

适合进行免耕旱直播的节水抗旱稻品种有旱优73、旱优3015、旱两优8200等。为了保证种子的发芽势和成苗率，可进行种子引发或包衣；播种前选晴朗天气，晒2～3 h，摊薄、勤翻。

2. 播种

麦茬直播在小麦收割前1～2 d，把拌好药剂的稻种不催芽均匀撒播在麦田中。

3. 田间管理

1) 水分管理

沿淮地区一般在小麦收获前一周播种。由于此时小麦没有收获，不能灌水过多，以免影响小麦的收割。在播种时可轻灌一次出苗水，土表湿润即可。在小麦收获前不再进行灌溉。小麦收获后，田间保持湿润状态，以保证幼苗生长整齐，待田间出现1 cm左右的裂痕时，可采用微喷灌的方式灌溉至土表湿润即可。分蘖期至成熟期的水分管理，可参考旱直播旱管分蘖期至成熟期的水分管理方式。

2) 肥料管理

免耕播种时前茬没有收割，不能施基肥，免耕旱直播的施肥大多以苗肥的形式施入。在节水抗旱稻3叶1心时，施用氮素180 kg/hm² 左右。齐穗至乳熟期，追施钾肥75 kg/hm²。注意免耕稻田由于前期渗水较快，肥料易随水流失影响肥效，应在追肥2 d前灌水，待田水渗漏减慢、水层相对稳定后再施肥。

3) 草害管理

免耕直播田不进行封闭除草；水稻长到三片叶后，根据田间草相防治杂草。一般用唑草酮加吡嘧磺隆防治莎草科和阔叶杂草；韩秋好(噁唑酰草胺)防治禾本科杂草，噁唑酰草胺EC对稗草、马唐、牛筋草效果好；氰氟草酯对千金子和低龄稗草效果好，二氯喹啉酸对稗草效果较好，但要严格控制药量，避免药害发生。

4)病虫害防治

在稻瘟病防治上，由于节水抗旱稻一般都含有稻瘟病抗性基因，正常条件下不需要特别防治稻瘟病。如遇特殊低温、高湿的天气，需要做稻瘟病的防治，防治药剂一般使用三环唑、春雷霉素等。在稻曲病的防治上，稻曲病一般在生长后期发病，若抽穗灌浆期遇连续低温阴雨天气，穗子感染率可达 50%以上，应该在水稻破口期和齐穗期施苯甲·丙环唑 300～375 mL/hm²，注意施药要向植株茎叶喷雾。水稻纹枯病在秧苗期至穗期都可能出现，每亩用 5%井冈霉素可溶性粉剂 100～150 g，兑水 40 kg 左右，着重喷施于水稻中下部，每 10 天一次，连续施药 2～3 次。稻飞虱、稻丛卷叶螟和螟虫在水稻分蘖期、拔节期、孕穗期均有出现，可使用康宽 80 mL，兑水约 35 kg 均匀喷雾。

4. 安徽寿县麦套免耕旱直播实例

目标产量及构成：9750 kg/hm²。穗数 283.5 万穗/hm²，每穗总粒数 150 粒，结实率 85%，千粒重 28 g，理论产量 10125 kg/hm²。

1)播前种子处理

在播种前，可用苗势[杀虫剂，世科姆作物科技(无锡)有限公司]3 袋+天丰素[植物生长调节剂，威士莱德(潍坊)农化有限公司]1 袋兑水 250 g，拌种 15 kg 后等药液被稻种吸收后晾干再撒播。作用：可防鼠害、雀害和稻蓟马、灰飞虱，同时提高水稻发芽率、促根壮苗，增加分蘖，返青快。

2)适时播种

5 月 26 日，麦茬直播在小麦收割前 1～2 d，把拌好药剂的稻种不催芽均匀撒播在麦田中，小麦收割之后把麦秸秆均匀摊平。取分蘖发生起始叶龄 4，有效分蘖发生率 60%，计算合理基本苗数为 48.9 万苗/hm²(种子苗)。按种子发芽率 85%、出苗率 50%计算，播种量为 31.5 kg/hm²(干谷)。

3)病虫草害防治

(1)病虫害防治：根据植保部门的病虫情报科学防治病虫害，防治要点如下：螟虫、稻飞虱防治，分蘖至拔节孕穗期常发生二化螟、三化螟、稻飞虱、纹枯病等危害。螟虫用三唑磷加杀虫单防治，稻飞虱用扑虱灵或吡虫啉喷施植株中下部防治。抽穗结实期易受三代三化螟、二代大螟、褐飞虱危害。三化螟可用三唑磷防治，褐飞虱用扑虱灵防治。若遇连续阴雨天气，容易发生稻瘟病，稻瘟病用三环唑可湿性粉剂或 40%富士一号乳剂防治。

(2)草害防除：免耕直播田不进行封闭除草；水稻长到三片叶后，根据田间草相防治杂草。一般用唑草酮加吡嘧磺隆防治莎草科和阔叶杂草；韩秋好(噁唑酰草胺)防治禾本科杂草，噁唑酰草胺 EC 对稗草、马唐、牛筋草效果好；氰氟草酯对千金子和低龄稗草效果好，二氯喹啉酸对稗草效果较好，但要严格控制药量，避免药害发生。注意事项：噁唑酰草胺的使用剂量不能超过 200 mL/亩，否则容易产生药害。

4) 水分管理

免耕直播种子在土壤表层，根系较浅，易倒伏，应将控水搁田、培育健壮根系、防止倒伏的措施贯穿于水稻全生育期。6 月 14 日(3 叶期)土壤湿润即可，控水尽量不灌水，以促进扎根立苗。6 月 14 日至 7 月 5 日出苗后 3 叶期至 8 叶期，遇高温干旱要上跑马水。从 7 月 5 日群体茎蘖数达到预定穗数的 80%(约 226.5 万穗/hm²)时开始，直到叶龄余数 2.5 叶期(7 月 22 日，11.5 叶期)，多次保持田间湿润，土壤水势保持在-35～-10 kPa，低于-35 kPa 应及时灌跑马水。7 月 22 日(叶龄余数 2.5 叶期)到 8 月 12 日(抽穗扬花期)，土壤水势保持在-20～-10 kPa。低于-20 kPa 应灌浅水，以浅水层和湿润为主，保持根系活力。

5) 肥料施用

第一次施肥在秧苗 3～5 叶期，每公顷用 45%复合肥 300 kg+尿素 75 kg+钾肥 75 kg。第二次施肥在拔节初期，每公顷施 45%复合肥 150 kg+尿素 75 kg+钾肥 75 kg。第三次施肥在孕穗期，根据水稻长势情况施肥。氮素穗肥的具体施用时间和数量要根据倒 4 叶与倒 3 叶的叶色差灵活掌握。第一次施穗肥，在倒 4 叶叶色明显浅于倒 3叶时施用。以后的各次穗肥，把握在倒 4 叶叶色稍浅于倒 3 叶时施用。如果穗肥施用时间推迟，施用数量减 10%～20%；相反，增加 10%～20%(图 4-3)。

(a) 苗期

(b) 分蘖期

(c) 分蘖盛期

(d) 成熟期

图 4-3　节水抗旱稻麦套免耕旱直播田间不同生长期图

(四)节水抗旱稻覆膜栽培技术

节水抗旱稻覆膜栽培与常规淹水栽培技术相比,具有"一早、两免、三省、四提高"的显著优点:"一早"指提早 10 天左右成熟;"两免"指免去了传统育秧和插秧步骤;"三省"指节水、省药、省肥;"四提高"指提高产量、品质、肥料利用率、经济效益(赵龙等,2020)。

1. 品种选择与种子处理

覆膜具有积温、保墒的作用,可提前生育期。在品种的选择上,对于麦茬地,播期晚于 6 月 15 日,可选择生育期相对较短的旱优 73、旱两优 8200 和旱优 3015;若播期早于 5 月 25 日,可选择生育期相对较长的沪优 549。播种前两天将筛选好的种子摊开晒种 2 h 以上,对于饱满度差的种子可采用种子引发或包衣的方式进行处理回干,然后再进行播种。

2. 整地

整地时要求做到地表平整、土壤细碎。对于麦茬田,麦秸秆的粉碎要在 2 cm 以内。播期可较正常播期提前 5 d 或推迟 5 d。播种量杂交稻约 30 kg/hm^2,常规稻 60 kg/hm^2。

3. 播种与覆膜

播种与覆膜,一般有两种方式,各有优缺点。一种为打孔,在整地施肥结束后,先将地膜铺于地面,然后根据一定的规格进行打孔,孔的大小一般为直径 2.5 cm,然后将种子播于孔中。目前已经研制出一体化机械。此种方式的优点是对覆膜的要求不高,不需要严格紧贴地面,缺点是草易从开孔处随种子一起长出,削弱了膜的保温保墒效果。另一种为不打孔,在整地施肥结束后,按照一定的规格先播种,然后在播种处浇水后,进行覆膜,将膜紧贴土壤压实。此种方式的优点是膜没有被破坏,保温保墒效果好,防草效果好。

4. 田间管理

水分管理:膜的阻隔性能较强,可阻隔土壤蒸发的水蒸气。当昼夜温度降低时,水蒸气又返回到土壤,保持稻田土壤湿润。同时,覆膜盖压土壤后,全生育期除遇极端干旱天气,一般不需要进行灌溉。肥料管理:根据种植区域稻田墒情合理施肥,常采用"一炮轰"施肥方法,施氮量为 150 kg/hm^2 左右。肥料一般选择有机肥或缓释肥,以延长肥效,满足后期养分需求。

病虫害防治:稻谷播种覆膜后稻田条件发生明显变化,加上覆膜后地表的蒸发基本被阻隔，株间湿度显著降低，稻田病虫害相对减少(图4-4)。

(a) 打孔式播种机播种　　　　　　　　(b) 无孔式播种机播种

(c) 苗期　　　　　　　　(d) 分蘖盛期　　　　　　　　(e) 成熟期

图 4-4　节水抗旱稻覆膜栽培田间不同生长期图

(五)展望

发展节水抗旱稻在缓解水资源危机、保护生态环境、增加粮食面积、降低农业生产成本和保障粮食安全等方面展现出较大潜力。未来节水抗旱稻将有广阔的应用前景。

1. 种植土地类型

(1)在新开垦的土地种植，可拓展水稻种植空间。我国滩涂地在各个流域均有广泛分布，其中淮河干流行洪区的滩涂地达 13 万 hm^2(姜健俊和杨斌，2016)；长江流域仅洞庭湖区滩地面积就达 21.9 万 hm^2(周红灿等，2022)，黄河下游河南、山东两地的黄河滩地面积就有约 38.3 万 hm^2(谢羽倩等，2019)。滩涂及次生盐碱地的面积约 3333.3 万 hm^2，这些土地土壤质地劣，不具备良好的灌溉条件，以往以种植旱地农作物或撂荒为主，现均可种植节水抗旱稻，可大幅度增加水稻种植面积，为我国确保 1.2 亿 hm^2 基本农田的粮食生产面积提供新的途径，保障了粮食安全。

(2)旱地种植，可优化调整种植结构，实现农业利润增加。可与棉花、玉米、大豆等旱地作物进行轮作或替代种植，消除连作障碍，实现粮食面积增加，稳定粮食产量，提高旱地作物的经济效益。

(3)传统水田种植，可改变传统种植方式，实现资源节约，环境友好。节水抗旱稻可采用免耕旱直播栽培，全生育期可不淹水种植。相对于传统水稻种植，可节约淡水资源 50%以上，少施化肥 30%左右，减少面源污染，减少甲烷排放 90%以上，同时降低种植成本和劳动强度。

2. 栽培技术

(1)进行节水抗旱稻精量播种技术的研究，旱直播旱管下，"一播全苗"是后期群体建立的基础。目前仍采用加大播量增加种子基数的办法使其满足够苗要求，这会使生产成本增加。明确旱直播下种子萌发的适宜土壤环境条件，采用引发、包衣等方式促进种子早生快发，配合"印刷播种"和"种绳播种"等技术，可降低用种量，进一步降低节水抗旱稻的种植成本。

(2)明确不同品种的节水特性，依据品种水分需求规律、环境变化，以微喷灌、滴灌等灌溉方式进行精确定量灌溉。阐明不同节水抗旱稻品种的养分需求规律，针对不同品种和基础地力集成精确定量施肥策略。

(3)节水抗旱稻一般采用旱种旱管的种植模式，田间草相复杂，且伴随灌溉和降雨可多次发生。在研究化学除草剂配方的同时，应加大力度研究覆膜栽培技术、除草机械等物理除草技术，减少除草剂的投入使用，实现节水抗旱稻绿色可持续发展。

(4)栽培模式的创新上，加大力度研究免耕旱直播和覆膜旱直播栽培技术，明确不同环境条件下，播量、播期、肥水运筹的变化差异。集成适宜多种应用场景的免耕旱直播和覆膜旱直播栽培技术，提高节水抗旱稻栽培技术的机械化水平，在覆膜、播种、植保等机械的研究上进一步加大力度。

第三节 玉米-大豆带状复合种植抗逆丰产增效技术模式

近年来我国玉米、大豆需求量不断增加，玉米、大豆供需缺口巨大。据《中国统计年鉴 2020》显示，我国玉米进口比例占需求总量的 1.8%，而 83%的大豆依赖进口，大豆常年进口量近亿吨，占进口粮食总量的 75%，巨大的大豆供需缺口是长期困扰国家粮油安全的卡脖子难题。根据目前我国玉米、大豆单产水平，要实现玉米、大豆自给，单作生产方式需要近 15 亿亩耕地，这在我国耕地资源有限的情况下难以做到。大豆为低产作物，而且与玉米同季，因此争地矛盾十分突出，如何保证玉米自给水平、有效提高大豆产能、减少大豆进口量，必须在提高土地产出率上下工夫，玉米-大豆带状复合种植为减少这一矛盾提供了可行路径。

一、玉米-大豆带状复合种植理论基础

玉米-大豆带状复合种植技术是在传统间套作的基础上创新发展而来,可充分利用玉米、大豆各自优势, 提高光能和养分利用率, 实现一季两收, 提高土地产出率的高效栽培技术模式。

(1)高低配置, 发挥边行优势, 提高光能利用率。玉米是高秆作物, 大豆为低秆作物, 通过2~4行玉米带与4~6行大豆带间作, 可扩大大豆空间, 充分发挥玉米边行优势, 减少大豆的边行劣势, 提高两作物的光能利用率。据雍太文和杨文钰(2022)的研究表明, 2 行玉米 4 行大豆带状种植, 玉米光合群体与净作相同, 干物质生产量达到净作的 90%以上; 大豆光合群体为净作的 70%以上, 干物质生产量达到净作的 60%以上, 从而达到玉米不减产、多收一茬豆的目的。2021 年山东肥城带状间作玉米亩产 542.1 kg, 带状间作大豆 114.4 kg。

(2)养分协同, 减少氮素投入, 提高养分利用率。一方面玉米是氮高需求作物, 大豆是豆科作物, 根部根瘤可固氮; 另一方面玉米根系有机酸、异黄酮等分泌物存在差异, 二者带状间作可促进氮素等养分间的交流协同, 增加了根系分泌物的类型和含量, 同时带状间作改善了玉米、大豆冠层光合条件, 增加了光合产物积累, 从而改善根系生态环境, 促进了根系生长、微生物优良种群形成和氮磷养分活化, 提高了养分利用率, 可实现氮磷减量、丰产增效、绿色发展。

(3)玉豆同季, 实施同种机收, 提高劳动生产率。轻简化、机械化是作物高效生产的需求和必然趋势, 玉米、大豆为同季作物, 播种温度和条件相似, 通过机械化可实现同播同管和机械收获, 减少了分播分管和人工收获的劳动强度, 提高了劳动生产率, 能够实现增产增效, 有利于该项技术的推广应用。

二、玉米-大豆带状复合种植关键技术

江淮区域尤其是沿淮淮北地区是玉米主产区, 也是我国优质蛋白大豆的主产区, 发展玉米-大豆带状复合种植是粮食作物生产提质增效、提高土地产出率的重要途径之一。该区域光温资源丰富, 但地处南北过渡带, 生物逆境和非生物逆境突出, 灾害频发重发。因此, 实施玉米-大豆带状复合种植模式, 应抓好以下关键技术。

(一)科学选配品种

(1)玉米品种。

选用株型紧凑、株高适中、耐密、抗逆、宜机收的高产稳产品种。目前江淮区域适宜的玉米品种有 MY73、隆平 638、陕科 6 号、安农 218、中玉 303、农大 372、豫单 9953、安农 591 等。

(2)大豆品种。

选用耐荫性强、密植性好的高产稳产型品种。目前江淮区域适宜的大豆品种有皖黄 506、中黄 39、皖豆 33、宿豆 051、洛豆 1 号、齐黄 34 等。

(二)扩间增光

在确保种植密度的前提下,缩小玉米行距和大豆行距,扩大玉米、大豆间距,优化玉米与大豆带状间作的行比、行距,减少玉米对豆带的遮光面积,改善系统光环境,改善机具通道,一般要保证玉米与大豆行间间距为 60～80 cm。

(三)缩株保密

大幅度缩小玉米株距,株距缩至 8～12 cm,保证玉米种植密度达到品种在该区域的净作种植密度(约 67500 株/hm²);适度缩小大豆株距,株距缩至 7～12 cm,达到净作密度的 70%～80%(约 120000 株/hm²)。

(四)主要配置模式

依据扩间增光、缩株保密技术,江淮区域玉米-大豆带状复合种植模式可采用以下两种主要模式。

1. 4 行玉米 6 行大豆

4 行玉米等行距种植,玉米行距 60 cm;6 行大豆等行距种植,大豆行距 40 cm。玉米、大豆行距为 60 cm,玉米、大豆面积比为 48∶52,田块进行线路规划,选用带有 GPS 定位的拖拉机进行精准作业,播种选用 2 行玉米 3 行大豆一体化播种机进行同播(图 4-5),或选用 4 行玉米播种机、6 行大豆播种机进行分播(图 4-6、图 4-7)。

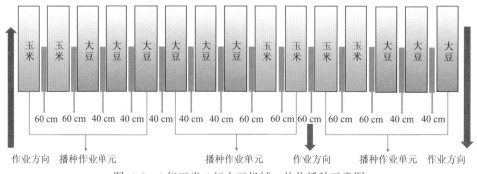

图 4-5　4 行玉米 6 行大豆机械一体化播种示意图

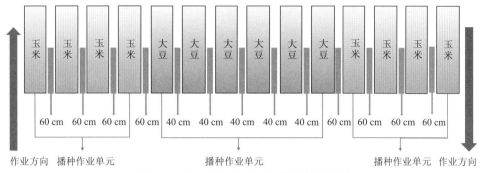

图 4-6 4 行玉米 6 行大豆机械分播示意图

图 4-7 4 行玉米 6 行大豆田间种植图

2. 2 行玉米 4 行大豆

2 行玉米行距 40 cm，4 行大豆等行距 30 cm，玉米大豆行距 70 cm，玉米大豆面积比为 38：62 或 41：59，选用带有 GPS 定位的拖拉机进行精准作业，选用 6 行玉米、大豆一体化播种机进行播种（两边边行为玉米播种器，中间 4 行为大豆播种器，往返间距留 60 cm）（图 4-8、图 4-9）。

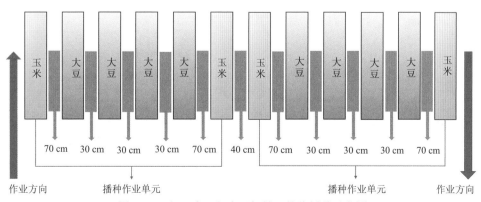

图 4-8 2 行玉米 4 行大豆机械一体化播种示意图

图 4-9　2 行玉米 4 行大豆田间种植图

（五）全程机械化生产

选用大豆、玉米一体化播种机进行种肥分施同播，选用高地隙植保机进行封闭除草，苗期采用双通道分带式植保机进行玉米、大豆定向除草，中后期采用无人飞防植保机进行化控和病虫害防治，收获期选用玉米和大豆专用收割机分别进行籽粒收获，实现生产全程机械化。主要抓好以下几个技术环节。

1. 高质量播种施肥一体化

可选用 2BYFSF-6 型（2 行玉米 4 行大豆，图 4-10）或 2BMFJ-PBJZ6 型（4 行玉米 6 行大豆，图 4-11）玉米-大豆带状间作施肥播种机实施播种施肥一体化，玉米播种深度 5 cm，大豆 4 cm；抢时抢墒精量播种，确保苗齐苗匀。

图 4-10　2BYFSF-6 型一体化播种机　　　　图 4-11　2BMFJ-PBJZ6 型一体化播种机

2. 一次性合理施肥

玉米施纯氮 240～360 kg/hm²，保证单株施用量与净作玉米相同，选用玉米专用控释高氮复合肥，一次性作为种肥在行间施用，种肥同播。大豆可减少氮肥用量，施氮 30～45 kg/hm²，可选用平衡复合肥，播种时种肥同播。后期视玉米-大豆长势补施或叶面追施少量氮磷钾和微肥。

3. 科学防治病虫草害

播后芽前用 96%精异丙甲草胺乳油（金都尔）1200～1500 mL/(kg·hm²)，如阔叶草较多可混加草铵膦[1200～1800 g/(kg·hm²)]进行封闭除草，苗后用玉米、大豆专用除草剂实施茎叶定向除草，带状间作应用物理隔帘将玉米、大豆隔开施药，或采用 GY3WP-600 分带高架喷杆喷雾机实施茎叶定向除草。玉米大喇叭口期或大豆花荚期病虫害发生较集中时，利用高效低毒农药与增效剂，采用植保无人机统一飞防，兼顾大豆、玉米病虫害防治，视病虫发生情况和防治效果决定是否防治第二次。

4. 适期科学机收

根据玉米、大豆成熟顺序和收割机械选择收获模式。先收玉米后收大豆，玉米可用 4YZ-2A 型自走式联合收获机（图 4-12），收获果穗，也可选择当地整机宽度在 1.6～1.8 m 的玉米联合收割机收获果穗或籽粒。先收大豆后收玉米，大豆可用 GY4D-2 型联合收获机（图 4-13）收获脱粒、秸秆还田，也可选择当地整机宽度 1.8～2.2 m 的大豆联合收割机实施收获。

图 4-12　4YZ-2A 型玉米果穗收获

图 4-13　GY4D-2 型大豆籽粒收获机

三、玉米-大豆带状复合种植模式应用

该模式于 2022 年在安徽省宿州、阜阳、亳州、淮北、蚌埠、淮南、滁州、六安等市累计示范推广 4.04 万 hm²。其中，2 行玉米 4 行大豆模式占比约 10%，4 行玉米 6 行大豆模式占比 90%。

以亳州市蒙城县为例，全县 3446.7 hm² 复合种植田块，玉米平均株数为 66750 株/hm²，大豆平均株数为 131400 株/hm²；玉米平均产量为 7614 kg/hm²，大豆平均产量为 1686 kg/hm²。全县净作玉米平均产量为 7654.5 kg/hm²、净作大豆平均产量为 2377.5 kg/hm²，较单一种植相比，玉米-大豆复合种植实现了玉米基本不减产，多增收大豆 1500 kg/hm² 以上，有效提升了土地利用率，有力带动了农民增产增收，农业提质增效。

第四节　稻-稻周年高效抗逆丰产技术模式

在光热资源充裕的地方发展双季稻是提高稻谷产量的重要途径之一。在 20 世纪 70 年代，安徽省早中晚稻各占约 1/3，种植面积均在 66.7 万 hm² 以上，但是随着早晚稻茬口衔接用工强度大且密集，在农村劳动力短缺情况下，早晚稻播种面积大幅缩减，目前安徽省早晚稻种植面积主要集中在沿江稻区，种植面积为 11.7 万 hm² 左右。因此，通过科技攻关解决双季稻生产实际问题，对于稳定和扩大安徽省双季稻种植面积，以及协同提升周年产量与品质潜力具有重要意义。本技术模式主要针对江淮沿江光温资源充沛地区，生产上存在稻-稻茬口衔接紧张现实问题，集成品种配置、双早播收、壮秧培育与周年清洁施肥优质丰产等关键技术与配套技术，构建了全程机械化条件下稻-稻周年抗逆优质高效丰产技术模式，促进双季稻温光资源高效利用、提质增效和农民增收。

一、稻-稻周年模式关键技术与配套技术

稻-稻周年优质高效抗逆丰产技术模式主要包括以下关键技术与配套技术。

(一)关键技术

(1)周年品种优化配置技术：采用早稻优质耐低温籼稻品种+晚稻优质高产粳稻品种布局模式。

(2)早晚稻双早播种资源高效利用技术：适度提前早稻播种时间，延长早稻生育期并适度提早收获，进而确保晚稻早播，延长周年水稻生育期，以实现增产增效目的。早稻由 4 月初提前到 3 月下旬，晚稻季由 6 月下旬播种提前到 6 月中旬，按早稻大播量、晚稻精播种的原则建立适宜的群体起点密度。早稻采用低成本毯状育秧技术、晚稻采用钵苗大苗机育机插技术。

(3)周年清洁施肥优质丰产技术：在秸秆全量还田条件下以配施氮肥技术为关键，主要是基于早晚稻需肥规律的基追精准多次供肥技术或新型肥料采用一次

深施氮肥技术，其周年用氮量为330～360 kg/hm²，其中早晚稻季氮肥运筹比例为5∶6。在季节内，精准基追施肥模式在早稻上采用基肥∶分蘖肥∶穗肥比例按6∶2∶2运筹，晚稻季采用基肥、分蘖肥与穗肥比例按5∶2∶3运筹。

(二)配套技术

(1)控制灌溉提质增效技术：整个生育期内以干湿交替灌溉为主的阶段性控制灌溉模式，减少氮素损失和甲烷排放，促进水稻生长，实现优质高产高效低排目的。

(2)低温和病虫害防控技术：使用早稻苗期和晚稻抽穗防低温技术，以及在生育期内采用"物理防治+生物防治+化学防治"相结合的病虫害绿色防控模式。

(3)机收减损技术：使用加装秸秆粉碎装置的全喂入联合收割机或开启秸秆粉碎装置的半喂入联合收割机进行收割，减少收割的碾压损失率。

(三)技术模式图

集成早稻-晚稻生产关键技术与配套技术，构建了双季稻周年优质高效抗逆丰产技术模式(图4-14)。

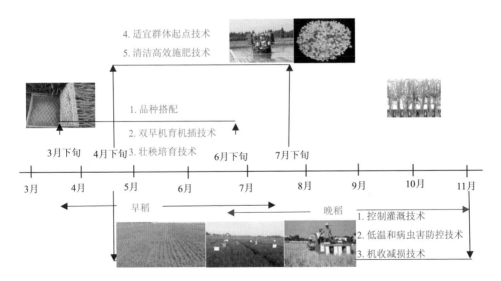

图4-14　双季稻周年优质高效抗逆丰产技术模式

二、稻-稻周年模式技术要点

稻-稻周年优质高效抗逆丰产技术模式的主要技术要点见表4-1。

表 4-1　稻-稻周年优质高效抗逆丰产技术模式

主攻目标		温光氮肥高效利用、抗逆优质高产,促进早-晚稻周年产量、品质、效益协同提升。
良种配置 光温高效		1.早稻:选择对苗期低温钝性的优质高产早熟籼稻品种,生育期为 105~110 d,高产早稻的穗型特征要求每穗粒数为 124~132 粒;千粒重为 25.8~27.0 g。 2.晚稻:选用优质高产抽穗期耐低温中晚熟粳稻品种,生育期为 125~130 d,高产晚稻品种基本群体特征为成熟期干物质积累为 15.2~16.6 t/hm²,日产量为 58.9~64.3 kg/(hm²·d)。
早稻抗逆优质高效丰产技术要点	精播早播 培育壮苗	1.精播早播:播期安排在 3 月 25 日左右,咪酰胺浸种时长 3 d 以上,生长点明显发鼓或催芽至种谷破胸露白 1 mm 摊凉后即可播种,采用机械化播种方式,每盘播种干种子 75~90 g 较为适宜。 2.毯状秧壮苗培育:早稻育秧环境在温室大棚或工厂化育秧基地进行,通过温室增温效应减小苗期低温对早稻苗的不利影响。生育期内采用旱育秧方式促进根系盘结,2 叶期或 1 叶 1 心期喷施多效唑矮壮素控制株高,2 叶喷施断奶肥,移栽前喷施送嫁肥,喷施标准按每公顷尿素 150 kg+KCl 75 kg 配成 1%肥液。
	精准机插 培育健群	1.移栽时间:3~4 叶秧龄小苗移栽,一般 25~28 d 秧龄。 2.移栽密度:株距 10~13 cm,行距采用 23~25 cm 的等行距,每穴 5~6 苗。 3.栽插标准:毯状机插,深度 1.5 cm 左右,漏插率<5%,均匀度>85%。 4.健群要求:每平方米群体总颖花量稳定在 45.2×10³~47.9×10³ 范围内,既有利于促进健壮个体形成,也有利于群体质量发育。
	精确施肥 提质增效	1.平衡施肥:NPK 肥的优化配比为 1:0.45:0.7~0.8。 2.基追精准补氮:氮素需求量为 150~180 kg/hm²,基肥施入总氮肥用量的 60%,分蘖肥和穗肥等追肥基于光谱诊断及构建的籼稻临界氮浓度模型提供精准施肥方案。 3.基肥一次深施:采用 2.1%和 3.0%包膜肥料制作的控释尿素,按 7:3 混合一次机插侧深基施,用量同 2。
	控制灌溉 增产减排	大田泡田旋耕沉实后湿润(薄水)移栽,浅水缓苗,低温下深水护苗,其余生育期内采用以干湿交替灌溉为主的控制灌溉减排技术,早稻收割前 10 d 断水催熟早收晚稻早播栽。
	适时机收 保质增效	7 月上旬至中旬,在蜡熟末期(枝梗 90%转黄)机械收获降低损失;使用低温循环式干燥机快速烘干至 13.5%谷物含水量储藏。
晚稻抗逆优质高效丰产技术要点	精播早播 培育壮苗	1.精播早播:播期安排在 6 月 25 日左右,咪酰胺浸种时长为 1~2 d,生长点明显发鼓或催芽至种谷破胸露白 1 mm 摊凉后即可播种,每盘播种干种子 90~120 g 较为适宜。 2.钵盘秧壮苗培育:在室外或工厂化育秧基地进行壮秧培育,生育期内采用旱育秧方式促进根系盘结,1 叶 1 心期用 6 g 多效唑矮壮素兑水喷施 100 盘,如果长势过旺,在 2 叶 1 心期再次防控 1 次。1 叶 1 心喷施断奶肥,喷施标准按每公顷尿素 150 kg+KCl 75 kg 配成 1%肥液。若苗弱,明显发黄,移栽前二天酌情喷施送嫁肥。
	精准机插 培育健群	1.移栽时间:最晚不超过 5 叶秧龄移栽,一般 18~21 d 秧龄。 2.移栽密度:利用钵盘配套插秧机具机插,株行距为 27~33 cm×12.4 cm,每穴 2~4 株。 3.栽插标准:钵苗机插,深度 1.5 cm 左右,漏插率<5%,均匀度>85%。 4.健群要求:每平方米群体颖花量在 33.8×10³~41.0×10³ 范围内,既有利于促进健壮个体形成,也有利于群体质量发育。
	精准施肥 提质增效	1.平衡施肥:NPK 肥的优化配比为 1:0.45:0.8~0.9。 2.基追多次补氮:氮素需求量为 180~225 kg/hm²,氮肥的基肥、分蘖肥与穗肥比例按 5:2:3 运筹。基肥以有机肥和复合肥为主,分蘖肥和穗肥以尿素等速效肥为主。 3. 基肥一次深施:采用 2.1%和 3.0%包膜肥料制作的控释尿素,按 5:5 混合一次基施,用量同 2。
	控制灌溉 抗逆减排	1.控灌:大田泡田旋耕沉实后湿润(薄水)移栽,浅水缓苗,其余生育期内以干湿交替灌溉为主的控制灌溉减排技术,晚稻收割前 7 d 断水延缓衰老提高稻米产量和质量。 2.防低温:抽穗期低温发生时,外源喷施茉莉酸甲酯,10 mmol/L 的浓度配比进行喷施,喷施以叶片完全饱和为宜。
	适时机收 保质增效	11 月上旬至中旬,在蜡熟末期(枝梗 90%转黄)机械收获降低损失;使用低温循环式干燥机快速烘干至 14%谷物含水量储藏。

该模式通过优化品种配置及采用双早播种的技术措施，延长周年稻-稻生育期，充分利用年季间和季节内的光温资源，通过早毯晚播壮秧培育技术，有效解决了茬口衔接阶段光温资源浪费等问题，采用健群肥料调控和控制灌溉技术，实现周年优质高产高效的双季稻减排绿色生产，基于精准评估最适收获时期技术，显著提高机收损失率，通过集成各项关键技术，最终实现了产量、品质和资源的协同提升。

三、稻-稻周年模式示范应用

通过建立高产攻关田，该模式早稻平均产量可达 10350 kg/hm² 以上；晚稻产量收获在 11250 kg/hm² 以上，周年产量可实现 21000 kg/hm²，显著高于常规双季稻田产量水平。双季稻周年优质高效抗逆丰产技术模式较双季稻常规生产的光能利用率提高 17% 以上，生产效率提高 22% 以上，具有显著的节本增效潜力。此外，该模式在沿江地区安庆、芜湖和宣城等地建立了 3533.3 hm² 试验示范区，2019～2021 年三年累计推广 1.05 万 hm²，增产稻谷 1211.0 万 kg，增产增收 2906.5 万元，新增经济效益 2012.9 万元。该模式在安徽沿江双季稻区得到大面积的辐射推广应用。

第五节 稻-麦周年高效抗逆丰产技术模式

江淮区域是粮食作物稻-麦两熟主要种植区，其中安徽省稻-麦种植面积常年在 120 多万 hm²，约占全国种植面积的 1/4 以上。然而，该地区地处南北气候过渡带，稻-麦两熟种植模式光、温、水资源时空分布不均，季节间和季节内配置不合理，导致水稻光能利用不足，冬小麦不能适期播种，小麦生育期渍害、倒春寒、水稻穗期高温及病虫害频发重发。同时秸秆还田下稻-麦播栽质量欠佳、周年肥料施用不合理、生产机械化和信息化水平较低，严重制约了区域粮食作物周年抗逆丰产优质潜力的提升。针对上述这些问题，以稻-麦周年抗逆丰产增效为主线，集成该区域全程机械化条件下水稻、小麦周年生产关键技术与配套技术，构建了江淮区域稻-麦周年高效抗逆丰产技术模式。

一、稻-麦周年模式关键技术与配套技术

稻-麦周年高效抗逆丰产技术模式主要包括以下关键技术和配套技术。

（一）关键技术

（1）稻-麦周年品种优化配置技术：春性小麦-优质粳稻或弱春性小麦-优质籼稻。

（2）稻-麦抗逆高效机播栽技术：稻茬麦灭茬、旋耕、施肥、作畦、播种、镇

压一体化高畦降渍播种技术+水稻钵苗壮秧机育机插技术。

（3）稻-麦周年优化施肥技术：小麦基肥种肥机械同播+水稻基肥控释肥机插侧深施+光谱快速诊断精准追肥技术；氮肥周年减量，水稻季控释基肥：穗追肥为8：2，小麦基肥：分蘖肥：穗肥为5：2：3的氮肥运筹方式。

（4）水分精确管理技术：小麦抗渍栽培技术+水稻干湿交替灌溉技术。

（二）配套技术

（1）全程机械化栽培技术。

（2）稻-麦周年秸秆全量还田技术。

（3）病虫草害绿色防控技术。

（4）非生物逆境绿色高效防控技术。

（5）适时机收减损技术。

（三）技术模式图

集成早稻-小麦生产关键技术与配套技术，构建了稻-麦周年高效抗逆丰产技术模式（图4-15）。

图4-15　江淮区域稻-麦周年高效抗逆丰产技术模式图

二、稻-麦周年模式技术要点

稻-麦周年优质高效抗逆丰产技术模式的主要技术要点见表4-2。

该技术模式通过品种优化配置提高了江淮地区稻-麦周年光温资源利用率；通过小麦高畦降渍机械化播种技术和水稻播苗机插技术确保了小麦适期播种和壮苗培育及水稻适龄壮秧的培育；通过基于光谱监测的营养诊断与调控技术实现精确施肥；通过全程机械化技术实现节本增效与抗逆丰产，显著提高了江淮地区稻-麦周年抗逆、丰产、高效及全程机械化和信息化的水平。

表 4-2 江淮区域稻-麦周年优质高效抗逆丰产技术模式

主攻目标		资源高效利用、节本增效、抗逆丰产,稻-麦周年产量、品质和效益协同提升。
良种配置 光温高效		沿淮地区:半冬性或半冬偏春性丰产广适型氮高效中筋品种+粳稻或粳糯稻。 江淮丘陵:春性或弱春性丰产广适型弱筋品种+粳稻或籼稻。
稻茬麦抗逆丰产增效技术要点	规范播种 培育壮苗	1.药剂拌种:播种前用专用农药剂对种子进行包衣处理;未经包衣处理的种子使用戊唑醇湿拌种剂或甲柳·酮拌种,晾干即可播种。 2.机械播种:水稻低茬收割粉碎或留高茬粉碎,选用高茬还田施肥开沟高畦播种一体机或改装高畦播种机一次完成灭茬、旋耕、施肥、开沟、作畦、播种作业;播种完成后人工疏通地头沟。 3.精准施肥:基肥在整地播种前,施无害化处理有机肥 2250 kg/hm²、尿素 150 kg/hm²、45%三元复合肥 525~600 kg/hm²、锌肥 15~22.5 kg/hm²。 4.适期播种:沿淮半冬性品种 10 月 10 日~10 月 20 日播种,江淮丘陵春性品种 10 月 20 日~10 月 30 日播种。 5.适量播种:在适期内播种,沿淮半冬性品种播种量为 150~180 kg/hm²;江淮丘陵春性品种播种量为 180~225 kg/hm²。
	优化群体 促根增蘖	控制旺苗:播种偏早、播种量过大,有旺长迹象的田块,冬前可进行深中耕,控制麦苗旺长。
	防灾减灾 减损增效	1.化学除草:越冬前化除在小麦 3~5 叶期,抓住有利的气温、墒情及时开展。返青期杂草发生较重的麦田,抓住有利的气温、墒情及时开展化除。 2.预防春季渍害和倒春寒:及时清理疏通田间沟渠,防止渍害;通过施用尿素、钾肥或叶面喷施生长调节剂等措施预防或减轻倒春寒伤害。 3.病虫害绿色防控:预防春季纹枯病、白粉病和赤霉病,使用农用植保无人机,选用生物农药或高效、低毒、低残留农药,针对病虫施药,提高施药质量。
	促蘖成穗 保花增粒	1.精确施肥:于 3 月中下旬采用光谱监测与营养诊断和调控技术进行精确追肥。 3.根外追肥:叶面喷施 2%~3%的尿素加 0.5%~1.0%磷酸二氢钾溶液,喷施 750~900 kg/hm²。
	丰产丰收	适时收获:小麦蜡熟末期及时收割,秸秆粉碎还田。收获后,籽粒及时晾晒,使水分下降到 12.5%后贮藏。
水稻抗逆丰产增效技术要点	规范播种 培育壮秧	1.播种时间:沿淮地区 5 月中下旬播种,江淮丘陵地区 4 月中下旬播种。 2.育秧方式:采用钵苗机插技术。 3.肥料管理:播种前 15~20 d 施 45%三元复合肥 750 kg/hm²、氯化钾 75 kg/hm²、尿素 150~225 kg/hm²。
	优化肥水 壮秆大穗	1.干湿交替灌溉:水层落干 3~5 d 后补充灌溉至 3 cm。 2.精准追肥:在水稻拔节期,采用光谱监测与诊断技术进行精确施肥。 3.叶面追肥:灌浆期每公顷可用磷酸二氢钾 3750 g 加尿素 7500 g 兑水喷施。
	防灾减灾 减损增效	1.中耕除草:栽后 10 d 左右,结合追肥进行中耕除草,追肥中耕后待自然落干再上水,以提高追肥中耕效果。 2.化学除草:秧苗返青后,针对杂草危害严重的田块,及时精准防治。 3.抗旱防热:针对花后高温干旱采用因地灌水、因苗追肥和叶面喷肥等措施精准防控。 4.防治病虫害:针对二化螟、稻纵卷叶螟、稻飞虱等虫害和纹枯病、稻曲病等病害,使用农用植保无人机,精准用药,绿色综合防控。
	丰产丰收	适时收获:黄熟末期收获,秸秆粉碎还田。收获后,稻谷及时晾晒或烘干,使水分下降到 14.5%(粳稻)后贮藏。

三、稻-麦周年模式示范应用

该模式在沿淮和江淮稻-麦种植区域进行了示范推广，小麦平均产量为 8034 kg/hm², 水稻平均产量为 11728.5 kg/hm², 周年产量为 19762.5 kg/hm², 单产提高 5% 以上。经测算，该模式水肥利用效率提高 11.4%，生产效率提高 20.3%，节本增效 15.5%。该模式已成为沿淮和江淮丘陵区稻-麦生产的主推模式，并大面积推广应用。

第六节　麦-玉周年高效抗逆丰产技术模式

小麦、玉米是江淮区域安徽省主要粮食作物，2020 年小麦、玉米产量分别为 1.67×10^7 t 和 6.63×10^6 t，分别占安徽省粮食总产量的 41.59% 和 16.50%。小麦-玉米两熟制是沿淮淮北地区主要种植模式。针对沿淮淮北地区小麦-玉米周年生产过程光温水资源利用率不高、生物与非生物逆境灾害频发重发、肥药投入大且利用率低、农机农艺农信融合度不高等问题，集成小麦-玉米周年双晚与品种配置、水肥周年优化配置和高效施用、高低温病虫害等绿色高效防控与全程机械化技术等关键技术与配套技术，构建了麦-玉周年高效抗逆丰产技术模式，有力促进了小麦-玉米生产资源高效、提质增效和农民增收。

一、麦-玉周年模式关键技术与配套技术

小麦-玉米周年高效抗逆丰产技术模式主要包括以下关键技术与配套技术。

(一)关键技术

(1)冬小麦-夏玉米周年品种优化配置技术：半冬性优质抗逆小麦品种+中晚熟抗逆耐密宜机收玉米品种。

(2)冬小麦-夏玉米双晚双增资源高效利用技术：季节间以积温为主导，兼顾太阳辐射，根据冬小麦-夏玉米积温分配比例 45∶55，推迟玉米收获期 10~15 d(10 月 5 日左右收获)，增加光热资源利用率，同时推迟小麦播种期 5~10 d(10 月 17 日左右播种)，适当增加播种量。

(3)冬小麦-夏玉米周年优化配置高效施肥技术：在推广秸秆全量还田培肥地力前提下，以秸秆全量还田条件下配施氮肥技术为关键，以玉米氮肥前移和小麦氮肥后移为中心，以氮肥小麦季∶玉米季为 4∶6，磷钾肥小麦季∶玉米季为 6∶4，前轻中重后补氮肥运筹技术和磷钾肥基追并重为重点的小麦-玉米周年优化施肥技术体系。

（二）配套技术

（1）"三精一壮"技术：合理耕作精细整地+精量播种定向调控群体+精准运筹水肥一体+培育壮苗。

（2）小麦、玉米秸秆全量还田改土培肥技术：小麦秸秆全量粉碎匀抛覆盖还田+玉米秸秆全量粉碎翻埋还田。

（3）病虫草害与非生物逆境绿色高效综防技术。

（4）耕播管收全程机械化技术。

（5）籽粒烘干保质增效技术。

（三）技术模式图

集成麦-玉生产关键技术与配套技术，构建了麦-玉周年高效抗逆丰产技术模式（图4-16）。

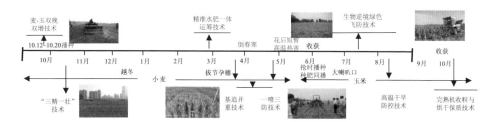

图4-16　麦-玉周年高效抗逆丰产技术模式

二、麦-玉周年模式技术要点

麦-玉周年优质高效抗逆丰产技术模式的主要技术要点见表4-3。

该技术模式通过良种优化配置与双晚技术提高了沿淮淮北地区小麦-玉米光温资源利用率；通过秸秆全量还田和精量机播一体化技术改良培肥砂姜黑土，培育壮苗；通过优化周年施肥和肥水一体及病虫害智能化高效防控技术实现水肥药减量和高效利用；通过全程机械化技术实现抗逆减损和高效生产，显著提升了沿淮淮北地区小麦-玉米生产的现代化水平。

三、麦-玉周年模式示范应用

该模式通过提高播种质量，有利于培育小麦、玉米壮苗，形成合理的群体结构，保证田间通风透光，增强小麦抗寒性、玉米抗热性、抗旱性与抗倒性，实现了小麦、玉米周年产能大幅度提升。温度生产效率[kg/(hm²·℃)]小麦季、玉米季和周年分别增加11.52%、13.61%和12.01%；光能生产效率(g/MJ)小麦季、玉米季

表 4-3 麦-玉周年优质高效抗逆丰产技术模式

主攻目标		资源高效、节本增效、抗逆丰产,冬小麦-夏玉米周年产量、品质、效益协同提升。
良种配置 光温高效		1.冬小麦:选择对年前苗期冻害、拔节孕穗期倒春寒和后期短暂高温热害及病虫害综合抗性强的优质高产半冬性品种。 2.夏玉米:选用高产、优质、耐热抗逆性强、适宜机收籽粒的紧凑型或半紧凑型耐密中晚熟品种。
冬小麦高效抗逆丰产技术要点	精细整地 改土培肥	1.玉米秸秆全量粉碎还田:采用带秸秆还田装置的玉米联合收获机收获与灭茬一体化秸秆全量还田,玉米秸秆粉碎长度≤10 cm,并均匀抛撒。 2.精细整地:使用大功率拖拉机配套的旋耕机或铧式犁进行土地耕整。深耕(深松)可 2~3 年进行一次。铧式犁深耕翻埋秸秆并耙透、镇实、整平。旋耕机旋埋秸秆还田一般作业两遍,两遍作业方向应交叉。
	精量播种 培育壮苗	1.适墒播种:要足墒下种。 2.适时晚播:适宜播期为 10 月 12 日~10 月 17 日。 3.适量播种:播量为 180~195 kg/hm²;晚播一天,播量增加 7.5 kg/hm²。 4.适时播种:选用旋耕、施肥、播种、覆土、镇压"五位一体"小麦旋耕播种机等行距播种方式,行距为 20~22 cm。 5 适深播种:播种深度在 3~5 cm。
	精准施肥 健群防衰	1.平衡施肥:在施商品有机肥2250 kg/hm² 左右的基础上,施纯氮 195~225 kg/hm²、P₂O₅ 90~120 kg/hm²、K₂O 90~120 kg/hm²、硫酸锌 15~22.5 kg/hm²。 2.基追并重:一般田块氮肥基肥与追肥比例为 6∶4,优质强筋小麦氮肥基追比为 5∶5,磷、钾肥基追比为 5∶5;追肥时期为小麦拔节期至孕穗期。
	防灾减灾 减损增效	1.预防春旱与倒春寒:在寒流或低温来临前对干旱麦田灌水,提高土壤墒情,增加田间湿度。灾后立即施速效氮肥,浇水、喷施营养液,促进小麦早分蘖、小蘖赶大蘖、提高分蘖成穗率、保证小麦正常灌浆,提高粒重,减轻灾害损失。 2.防御病虫害和短暂高温热害:将磷酸二氢钾等叶面肥与预防赤霉病、锈病、蚜虫的药剂等混合在一起使用,兑水量应不少于 450 kg/hm²,采用无人机高效防控,喷药时间应掌握在晴天的上午 10 时前或下午 4 时后进行。
	适时机收 保质增效	在小麦蜡熟末期,机械收获,单品种单收单储专用,预防混杂。入仓籽粒含水量控制在 12.5% 以下,以防发生霉变。
夏玉米高效抗逆丰产技术要点	秸秆还田 培肥土壤	应用联合收获机械加装带有秸秆粉碎均匀抛撒装置,确保小麦秸秆全量粉碎覆盖还田。
	免耕直播 培育壮苗	1.抢墒抢时早播:选用玉米免耕精量专用播种机,抢墒抢时免耕机直播,力争 6 月 10 日前播种,实现开沟、施肥、播种、覆土、镇压"五位一体",播后若遇墒情不足应及时补墒,保证密度、均匀度和整齐度。 2.等深、单粒、匀速播种。机速 2~3 m/s 匀速前进,播深 3~5 cm,施肥深度 8~10 cm,种肥距离>4 cm,行距 60 cm,株距 20~25 cm,空段率<5%。
	精准施肥 健群防衰	1.施足底肥:基追比=4∶6,基肥用量:纯 N 150~180 kg/hm²、P₂O₅ 60~75 kg/hm²、K₂O 60~75 kg/hm²,即施用三元复合肥(N-P-K=25-10-10)750 kg/hm²。种肥机械同播。 2.化肥后移:在播后 30 d 左右(主茎展开叶 12 叶),玉米封行前机械深施尿素 225~300 kg/hm²,或追施高氮三元复合肥(N-P-K=25-10-10)375~450 kg/hm²。

续表

夏玉米高效抗逆丰产技术要点	防灾减灾减损增效	1.播后化除：玉米播后苗前趁墒及时喷洒除草剂土壤封闭，或 3～5 片叶时茎叶处理。
		2.预防苗涝：坚持"三沟"配套防苗涝；渍害发生时，及时排水降渍与追肥，追 150 kg/hm² 尿素。
		3 化控防倒：在播后 20 d 左右(拔节初期)视苗情进行适当化控。
		4.防病治虫：在播后 30 d 左右(主茎展开叶 12 叶)，玉米封行前喷洒 20%的康宽 10 mL 加水 40 kg 防治玉米螟、棉铃虫；生育后期应用热雾飞防技术防治后期玉米病虫害。
		5.抗旱防热：遇旱用微喷管进行浇灌补水。浇好三次关键水，即播种后 30～35 d 的拔节水，播后 50～55 d 的开花授粉水，播后 70～75 d 的灌浆水。
	收获灭茬保质增效	1.完熟晚收：抽雄扬花后 50～55 d，"乳线"消失，黑色层出现时收获。
		2.机收灭茬：玉米收获灭茬机械一次完成收获灭茬。
		3.籽粒烘干：机收粒后将籽粒含水量烘干至 13%以下，防霉保质增效。

和周年分别增加 11.87%、10.78%和 12.99%；降雨生产效率(kg/mm)小麦季、玉米季和周年分别增加 5.82%、25.13%和 15.20%。夏玉米 10 月 4 日左右收获加冬小麦 10 月 17 日左右播种周年总产量为 20853 kg/hm²，增产 15.5%，光能、温度和降雨生产效率分别提高 12.01%、12.99%和 15.20%；氮肥利用率提高 23.7%，周年氮肥用量减少 9.4%。该模式已成为沿淮淮北地区小麦-玉米生产的主推模式，并大面积推广应用。

参 考 文 献

毕俊国, 谭金松, 张安宁, 等. 2019. 灌溉量对节水抗旱稻产量及水分利用效率的影响. 上海农业学报, 35(3): 7-10.

范红. 2018. 水稻机械化直播栽培技术的推广与应用. 农业科技与装备, (3): 76-77.

姜健俊, 杨斌. 2016. 淮河干流行洪区调整和建设工程滩地只征不转方式探讨. 治淮, (8): 47-48.

黎佳佳, 王震, 张凤维, 等. 2022. 节水抗旱稻在沿淮地区调整种植结构中的作用初探. 上海农业学报, 38(1): 58-61.

齐国峰. 2017. 水稻直播栽培方式发展现状及存在问题. 北方水稻, 47(4): 61-64.

沈国辉, 梁帝允, 等. 2018. 中国稻田杂草识别与防除. 上海: 上海科学技术出版社.

万丽. 2017. 浅议水稻旱直播机械化栽培技术. 农技服务, 34(2): 55.

王震, 徐爱民, 朱敬乐, 等. 2018. 节水抗旱稻"旱优 73"在蚌埠的示范表现及高产栽培技术. 安徽农学通报, 24(2): 42, 44.

谢羽倩, 程舒鹏, 张燕青, 等. 2019. 黄河下游滩地上地利川/覆盖现状及影响因素分析. 北京大学学报(自然科学版), 55(3): 489-500.

雍太文, 杨文钰. 2022. 玉米大豆带状复合种植技术的优势、成效及发展建议. 中国农民合作社, 3: 20-22.

赵龙, 张友良, 王娟, 等. 2020. 水稻覆膜旱作对土壤环境及水稻生长的影响研究进展. 水资源与水工程学报, 31(5): 255-260.

周红灿, 揭红东, 尹伟丹, 等. 2022. 洞庭湖区滩地及稻田洼地资源分布研究. 热带作物学报: 1-11.

Luo L J. 2010. Breeding for water-saving and drought-resistance rice (WDR) in China. Journal of Experimental Botany, 61(13): 3509-3517.

Luo L J, Mei H W, Yu X Q, et al. 2019. Water-saving and drought-resistance rice: From the concept to practice and theory. Molecular Breeding, 39(145): 1-15.

Zhang X X, Zhou S, Bi J G, et al. 2021. Drought-resistance rice variety with water-saving management reduces greenhouse gas emissions from paddies while maintaining rice yields. Agriculture, Ecosystems and Environment, 320: 107592.

第五章　粮食作物结构优化与产业融合增效技术模式

粮食作物生产对保障国家粮食安全和生态安全具有十分重要的作用。目前我国粮食作物生产主要关注产量，对品质和功能性关注不够，特别是随着人们生活水平提高和加工业的发展需求，供需矛盾突显，主要表现在优质产品少、产品结构不合理、产业融合和产业链延伸不够，导致农民种粮效益低，积极性不高。在江淮区域粮食作物结构不优、产业融合度和效益低的问题更加突出。因此，调整粮食作物种植结构，发展优质专用型市场需求新品种，加强种养结合、种加联动，促进一二三产业融合，提质增效和提高农民收入，并积极推进粮食作物生产固碳减排技术研究与应用，是江淮区域现代粮食作物高效绿色生产和保障国家粮食与生态安全的战略需求。

第一节　玉米结构优化与产业融合增效模式

玉米是重要的粮食作物之一，同时也是重要的工业原料和畜牧业发展的优质饲料，甚至是重要的"水果蔬菜"等，在保障国家粮食安全和主要农产品有效供给中具有重要地位。玉米结构优化调整主要是顺应人们膳食结构调整，市场需求和畜牧业、加工业等其他产业需要，而产业融合增效模式主要依据全产业链发展思维，使经营主体分享产业链增值收益。本节重点对玉米结构优化进行概述，在此基础上，重点就青贮玉米与畜牧业融合和鲜食玉米与农产品加工业、旅游业等融合进行阐述。

一、玉米结构优化概述

相对于常规的籽粒玉米而言，按照特殊用途分类，还包括饲料玉米、甜玉米、糯玉米、高淀粉玉米、高蛋白玉米、高油玉米、笋玉米和爆裂玉米八大类。随着人们健康饮食的需求，以及工业精细化发展和畜牧业、旅游业等产业的快速发展，对玉米结构优化和特用玉米发展的市场需求也在不断扩大。例如，青贮型饲料玉米由于所含生物量高，是奶牛、肉牛和羊等草食畜禽良好的饲料，成为发展草食畜牧业的首选饲料作物；随着人们膳食结构的改变和生活条件的提高，鲜食甜、糯玉米由于口感好、多糖及微量元素含量高，逐步受到市场青睐，已作为"水果蔬菜"型健康食品被开发，而且其秸秆保绿性好、营养丰富，也是重要的青贮饲料原料；高淀粉玉米由于淀粉含量高已经成为工业淀粉的主要来源，玉米淀粉加工已形成重要的工业生产行业，约占淀粉利用的 80%，广泛应用于食品、化工、包装、发酵、医药、纺织、造纸等三十多个领域。因此，玉米种植结构调整与优化，是促进产业融合、实现玉米产业提质增效的新途径。

玉米结构优化调整和产业融合主要突出适应性、种养结合和市场需求。在适应性上，要调减易涝易旱区的籽粒玉米，改种经济价值高、生育期短、避灾减灾性能强的青贮玉米和鲜食玉米；在种养结合上，重点是粮饲兼顾，农牧结合，循环利用，发展青贮玉米，以养定种，全产业链开发，把"粮仓"变为"肉库"和"奶罐"；在市场需求上，建设长三角绿色农产品生产加工供应基地，发挥龙头企业带动作用，实行订单种养、产加销融合、农旅融合，促进玉米产业化高质量发展。因此，玉米优化调整的主要内容包括：一是构建用养结合的种植结构。根据不同区域生态特征，进一步优化种植结构，建立用养结合的农业土地利用方式，促进农业可持续发展。二是构建农牧结合的种养结构。积极推进青贮等饲用玉米生产，形成粮草兼顾、农牧结合、循环发展的新型种养结构，挖掘秸秆饲料化潜力，推广粮改饲和种养结合模式，促进粮经饲三元种植结构协调发展。三是完善农业产业链结构。立足区域特色资源优势，促进鲜食、专用玉米生产与龙头企业、农产品加工园、物流配送营销体系紧密衔接，促进一二三产业融合，着力发展玉米加工、物流和服务业，完善利益联结机制，培育一批产加销一体化的农业产业化企业。四是优化农业质量结构。发展专用、饲用、特种玉米，加大开发力度，将产品质量结构调优调高调安全，满足居民消费升级需求，强化品牌打造和营销模式创新，促进节本增效、提质增效，提升产品的市场竞争力。

江淮区域的安徽省是农业大省，玉米种植主要集中在沿淮淮北地区，种植面积约占全省总面积的 80% 以上，主要以籽粒玉米为主；江淮丘陵和皖南山区等区域玉米种植和结构上更倾向于特用玉米方向。例如，江淮丘陵地区的青贮玉米、高淀粉玉米，江南地区和皖西大别山地区的鲜食玉米等。围绕专用型玉米的生产，相应的配套和联动产业也就孕育而生，如淀粉加工、鲜食玉米棒加工，青贮玉米与畜牧业结合，鲜食玉米与旅游业结合等。安徽地处长三角经济区，该区域是经济发达的高消费区，也是畜牧养殖业和旅游业的重要基地，青贮玉米和鲜食玉米有广阔的市场潜力。

二、青贮玉米产业融合增效模式

随着社会生产发展和人民生活水平的提高，人们对肉、蛋、奶的需求不断增长，未来对动物性产品的需求量会越来越大，促进了我国奶牛业等草食畜牧业的迅猛发展，于是对以青贮玉米为主的饲草需求量剧增，导致青贮玉米产业发展的不平衡与需求量缺口矛盾突出。江淮区域作为长三角一体化发展重要的农产品加工和原料输出基地，有着举足轻重的作用，而且可利用的饲料资源种类多，粮经饲三元种植结构调整的余地大。坚持以市场需求为导向，突出重点作物和优势区域，切实抓好良种与良法的配套完善和示范推广，解决奶牛养殖等饲料短缺问题，并依靠科技支撑建立规模化、优质化生产示范基地，真正实现农业增效、农民增收。因此，发展以青贮玉米为主的饲草种植来促进畜牧业快速发展，从而形成种养结合、对环境友好型现代畜牧业新格局具有重要而深远的战略意义。

（一）青贮玉米全产业链发展关键技术

1. 品种选用

生育期长短、单位面积产草量及品质等是青贮玉米品种选择的重要参考指标。另外，抗病虫害、抗非生物逆境等特性也是非常重要的指标。选择青贮玉米品种的优先次序是：籽粒产量、整株玉米生物产量、抗倒伏性、成熟期、纤维消化性。通过在淮北和江淮地区开展青贮玉米新品种比较试验，豫青贮 23、北农青贮 208、皖农科青贮 8 号、渝青 506 等品种在淮北和江淮中部地区具有较大的适应性和优势。此外，粮饲兼用品种庐玉 9105、安农 876 等的相对产量和品质也较优。

2. 青贮玉米关键技术

青贮玉米的栽培技术与其他玉米相类似，最为关键的是适时收获技术。收获期对青贮玉米干物质含量粗蛋白、粗脂肪、粗纤维等有着很大的影响。青贮玉米最佳收割期在蜡熟中期，乳线 1/3～2/3，干物质含量在 28%～35%。结合江淮中部地区气候特征及青贮玉米品种的示范试验表明，该区域青贮玉米的最佳收获时期为乳熟期和蜡熟期之间，此时秸秆含水量在 60%～70%（干物质含量在 30%～40%），这一时期籽粒和秸秆的营养质量最高，木质素程度较低，适口性好，有利于畜禽的消化吸收。

（1）窖贮技术：窖贮是一种最常见、最理想的青贮方式，应用较为普遍。青贮窖一般宜选择在地下水位较低、地势较高、干燥、土质坚硬、背风向阳、离饲舍较近、制作和取用青贮饲料方便的地方，须远离粪坑及水源，以免造成饲料污染。青贮窖一般为长方形，窖体大小可根据牛羊的数量、饲喂期长短和需要储存的饲草数量等因素进行设计。青贮窖要做到密封好、不漏水、不透气，且有利于饲草的装填压实。窖体底部须有一定坡度，便于排除多余的汁液。一般青贮全株玉米 500～600 kg/m³（刘月等，2019）。

青贮窖准备完成后，另一个环节是对青贮玉米的切割、填装，大型青贮池用切碎机切碎玉米秸秆，长度以 2～3 cm 为宜，小规模青贮池可人工铡碎，玉米全株青贮可采用大型青贮联合收割机直接到玉米地里收割。填装要越快越好，小型池应在 1 d 内完成，中型池 2～3 d，大型池 3～6 d。在装填时，适当添加 0.5%的尿素和 0.3%的食盐，能够显著提高营养价值，日常管理主要做好排水沟开挖，防止雨水渗入池内，以及防漏水漏气，保证青贮质量。玉米青贮发酵完毕大约一个月后，可开窖取用，一般呈现青绿或黄褐色，气味稍带酒香，质地柔软湿润，可看到茎叶上的叶脉和绒毛。取用时，从窖池一端开始，自上而下分层取用，饲料取出后要立即封闭青贮池池口，避免饲料长期与空气接触造成变质。

(2)裹包青贮技术：裹包青贮是将粉碎好的青贮原料用打捆机进行高密度压实打捆，然后通过裹包机用拉伸膜包裹起来，从而创造一个厌氧的发酵环境，最终完成乳酸发酵过程。裹包青贮的制作不受时间、地点的限制，不受存放地点的限制，若能够在棚室内进行加工，也就不受天气的限制。与其他青贮方式相比，裹包青贮过程的封闭性比较好，通过汁液损失的营养物质也较少，而且不存在二次发酵的现象。同时裹包青贮的运输和使用都比较方便，有利于它的商品化。小型机械制作的裹包青贮为圆柱形，直径 55 cm，高 65 cm，重量约 55 kg。大型机械制作的裹包青贮直径 120 cm，高 120 cm，重量约 500 kg。打捆好的草捆可用裹包机紧紧地裹起来，根据裹包质量选择裹包层数，一般 4～6 层。包裹后可以在自然环境下堆放在平整的地上或水泥地上，经过 4～6 周即可完成发酵过程，成为青贮饲料(邓艳芳和徐成体，2019)。

(二)青贮玉米产业融合增效模式

1. 玉米种植青贮公司+养殖场模式

以市场需求为导向，建立青贮玉米种植专业公司，促进青贮饲料种植标准化生产。按照就近连片、规模化种植原则，通过租赁方式把分散的农户土地整合在一起，集中连片种植青贮玉米，然后反包给原土地所有人，发挥规模效益。安徽瑞龙畜牧养殖有限公司借鉴国内外青贮玉米生产加工、贮运等方面的先进技术，购置国外先进的生产、加工设备，采取公司加种粮大户的生产模式，统一采用全程机械化服务、节约化生产全株青贮玉米。例如，2016～2017 年在宿州市埇桥区、泗县，亳州市蒙城和蚌埠市怀远等地建立全株玉米青贮生产基地超过 2000 hm^2，全株玉米裹包青贮生产规模已达 1.5 万 t，产品销售到省内规模化养殖场和省外长三角地区，以及广州、福建等地的大型奶牛场，同时农户收入每公顷提高 3000 元。

2. 养殖场+玉米种植青贮模式

按照"为养而种、草畜平衡、循环利用、控污增效"的原则，规模奶牛(肉牛、肉羊)养殖场转型升级，构建农牧耦合的高效生产模式。例如，蚌埠和平乳业采用"土地流转-规模化种植-机械化收贮-规模化养殖"模式，目前存栏奶牛 4000 头，年产鲜奶 3 万 t 以上。为适应奶牛业迅速发展的需要，和平乳业构建了农牧结合型奶牛优质牧草(青贮玉米)高效种养模式，通过流转和协议种植的青贮玉米用地666.7 hm²，每年收购青贮玉米约 3.5 万 t，资源化利用奶牛粪便每年生产有机肥10000 t，沼气发酵生产的沼渣约 10000 t，沼液和污水约 20000 t，施用到 666.7 hm²奶牛饲料地中，既减少了无机肥使用量，改良了土壤，降低饲料地种植的成本，又解决了奶牛粪便对环境的污染，再利用收获的绿色饲料饲喂奶牛，既保障了奶牛饲料的供应，又为生产优质安全的有机牛奶提供了保障，切实做到种植和养殖相结合，形成良性循环经济的模式。

3. 种养加一体化模式

种养加一体化是典型的一二三产业有机融合，企业在上游通过建立大型青贮玉米等种植示范基地，解决畜牧养殖业的源头饲料问题。通过构建养殖基地、加工基地等，以及养殖和加工基地的畜禽粪便又可作为优质的有机肥反馈给种植基地，从而完成种植与养殖的完整闭环，一方面实现内部循环，提高资源利用率；另一方面对环境保护和土壤质量提升具有重要作用。举例来说，现代牧业蚌埠牧场是全国奶牛存栏数最大的牧场，也是全亚洲规模最大的单体牧场。目前，奶牛总存栏量为 3.8 万头，其中成年泌乳牛 2.5 万头，平均单头奶牛年产奶 9 t，配套液态奶的加工厂日产鲜奶 600 t，下属秋实草业有限公司在牧场周边还配套建有6700 hm² 青贮玉米、饲用燕麦和紫花苜蓿生产基地。现代牧业蚌埠牧场形成种草(青贮玉米、饲用燕麦和紫花苜蓿)-养牛-加工-饲喂完整的产业链，实现了一二三产业的有机融合，还可实现全产业链、各环节零距离无缝连接。此外，配备了完善的粪污处理系统，沼气能发电、沼渣铺牛床、沼液都还田。生产过程无死角可全面监管，解决了过去食品安全、防疫问题、环境污染问题多发等情况。

4. 玉米秸秆青贮模式

利用玉米秸秆青贮发展草食畜牧业，有利于优化农业产业结构，推进玉米秸秆转化综合利用。例如，秋实草业有限公司是一家专业从事饲草规模化、集约化、现代化种植、加工、销售的大型现代农业企业，也是目前中国最大的草产业企业。2017 年 6 月与阜阳市人民政府签订 300 万 t 玉米秸秆饲料化项目合作框架协议，充分利用阜阳丰富的农作物秸秆，投资 16.2 亿元建设年收贮 300 万 t 玉米秸秆饲料化项目，力争收贮玉米秸秆 100 万 t。

(三)青贮玉米效益分析

青贮玉米一般种植密集度高、出产率高，按照在沿淮地区的平均产量来看，每公顷 45 t 左右，市场价格 700 元/t，产值可达 30000 元/hm²。青贮玉米相对其他籽粒玉米而言，种管收等各个环节生产、人工等成本相对较低，而且青贮玉米种植周期也较短，土地利用率较高，进一步降低了土地使用成本。综合来看，种植大户可节本增效 3000～4500 元/hm²，较种植普通玉米农户可提高效益 15%左右。加之生育周期较短，能够每年种植两季，则可进一步提升经济效益空间。若与农户养殖结合起来，种 1 hm² 青贮玉米能解决 5 头牛一年的青饲料，每公顷青贮玉米的饲料量，能增产 6 t 鲜奶，农户可多增收千元以上。作为大型种养一体化企业来说，种植技术和加工技术的标准化、规模化，以及循环利用效率高，其综合利用效益更为显著。上述模式提及的相关企业，除了自身的生产养殖和加工循环外，再通过订单式与种植大户、普通农户合作，经济产投比达到 3 以上。

同时，由于青贮玉米饲料的优质性，是保障与丰富"菜篮子"产品品种、增加优质肉类、增加禽蛋奶产品、满足人民生活的需要。青贮玉米收获指数可达到 90%以上，既提高了资源利用效率，又可避免焚烧秸秆导致的环境污染，提前让茬，同时为畜牧业提供高质量饲料，推动当地草食畜牧业发展。此外，青贮玉米种植过程中，化肥使用量和农药使用量分别减少 20%和 35%，有利于传统的"肥多、药多、膜多、投入多"粗放型农业发展模式向"一控二减三基本"绿色有机发展模式转变，而且青贮玉米还具有节水、培肥和改土等社会和生态效益。

三、鲜食玉米产业融合增效模式

鲜食玉米产业融合增效模式主要涉及两个方向，一是延长产业链，发展鲜食玉米深加工，开发玉米冻棒和真空包装玉米等；二是鲜食玉米与旅游业、休闲体验农业结合，重点是鲜食玉米绿色无公害栽培、简易快速保鲜技术以及旅游新业态的打造等。因此，鲜食玉米产业融合主要涉及与食品加工、旅游业、畜牧业等的交叉与衔接，其增效模式主要体现为产业链的延伸和产业链的拓展，该模式主要涵盖以下几个方面内容。

(一)鲜食玉米品种选用

结合江淮区域气候和土壤条件，在鲜食玉米品种选用上，重点选用甜玉米、甜糯玉米和黑糯玉米三类品种。

1. 甜玉米品种

选用优质高产多抗品种，例如皖甜 2 号等皖甜系列品种和皖玉 15 号等皖玉系列品种。皖甜和皖玉系列品种植株生长势旺，抗性强，适应性广，皮薄，口感香糯嫩甜，品质较好，粗蛋白 14.1%，粗脂肪 4.5%，含糖量 16.5%，水溶性多糖 36.8%，属早中熟超甜玉米品种。

2. 甜糯玉米品种

选用安农甜糯系列品种，包括安农甜糯 1 号、安农甜糯 2 号、皖甜糯 6 号等。安农甜糯系列品种属早熟、半紧凑型甜糯鲜食玉米品种，具有优质、高产、抗病性好等特点。籽粒白色、饱满，又甜又糯，皮薄适口性好，糯粒与甜粒比例为 3∶1，鲜穗产量 900 kg/亩，还原糖含量为 4.86%，粗蛋白 12.25%，支链淀粉占总淀粉的 98.15%，春夏秋均可播种，适宜于安徽、江苏、浙江等地种植。

3. 黑糯玉米品种

选用适宜该区域种植的珍珠糯 18、珍珠糯 28 等珍珠糯系列品种。该系列品种苞叶覆盖好，果穗呈筒形，籽粒和轴均为黑色，富含水溶出花青素，籽粒排列整齐、呈色快、外观品质优、皮渣率低、糯性好、柔嫩性好、口感香糯，适宜鲜食和加工成各种黑糯玉米食品。

(二)鲜食玉米无公害绿色栽培技术

1. 确定适宜的播种技术

鲜食玉米春播地温度应在 10℃以上，早播可采用地膜覆盖。播种深度 2.5～3.5 cm，播种量 15～30 kg/hm^2，3～4 叶期间苗，4～5 叶期定苗，种植密度以 52500～60000 株/hm^2 为宜。

2. 建立合理的施肥管理技术

基肥可施有机肥 22500 kg/hm^2 或施复合肥 450 kg/hm^2。定苗后追肥，尿素 150 kg/hm^2，大喇叭口期追尿素 75 kg/hm^2。在田管上植株封行前进行 3 次除草，出苗后浇水中耕，后 2 次中耕要深，结合培土防倒伏。及时打叉和除去分蘖，留植株上部一个雌穗，除去下部细弱雌穗。为保证结实率和果穗外形质量，应开展人工辅助授粉，可用人工摇茎秆辅助授粉，也可通过采集花粉授粉。

3. 建立病虫害绿色防治技术

选用的系列鲜食玉米品种具有抗大小斑病和玉米螟的特点。在苗期和中期采用低毒低残留农药，注意防治玉米螟，大喇叭口期开始采用生物农药并辅助物理技术诱杀。

4. 形成无公害绿色安全栽培技术规程

无公害绿色安全栽培技术规程包括《无公害食品 鲜食甜玉米栽培技术规程》

(DB34/T 1022—2009)和《无公害鲜食玉米"安农甜糯 1 号"栽培技术规程》(DB34/T 1574—2011)两个地方标准,并作为甜玉米和甜糯玉米品种推广应用的主体技术。

(三)鲜食玉米简易快速保鲜技术

鲜食玉米保鲜主要取决于籽粒的失水程度、内部生理生化变化造成的营养成分转化以及受微生物的侵害程度等。在简易保鲜技术中重点要考虑相关环境因素的影响。一是环境温度对保鲜效果的影响。实验表明,5℃时玉米已出现失水干瘪现象,较高温度不利于保持水分,一般–1～1℃之间为最佳保鲜温度。二是微生物污染对保鲜效果的影响。实验表明,经消毒液处理后的鲜棒不易腐败和霉变,易于贮藏和保存,采用"84"消毒液 0.008%有效氯溶液浸泡 3 min,可保鲜 15 d 左右,而未处理的对照样品只能维持 5 d。三是环境相对湿度对保鲜效果的影响。实验表明,在适宜保存温度的条件下,保持 85%～90%的相对湿度较为有利于鲜食玉米保鲜,过低或过高湿度对保鲜贮藏不利。温度过低易造成失水,过高则易发酵变味,对生理化学变化有不利影响。因此,通过实验可以看出,温度 0～5℃,相对湿度 85%～90%,有利于鲜食玉米保鲜和贮藏(刘夫国等,2012)。

(四)鲜食玉米加工技术及工艺

鲜食玉米青穗采收后由于呼吸消耗和相关酶的作用,会造成品质迅速下降,口感、甜糯度、香味等直观指标都会降低。为解决鲜食玉米一年四季均衡上市的问题,大面积推广应用鲜食玉米就必须要有相关加工技术和工艺。

1. 速冻鲜食玉米

采用整穗速冻方式,工艺流程为玉米采摘→去苞叶→整理→水煮→冷却→挑选→吹干冷却→速冻→包装→贮藏。首先,采摘、去苞叶、整理为速冻玉米准备阶段。采摘应以乳熟中期为佳,去除苞叶后用冷水漂洗,然后去杂去花丝,切掉顶端过嫩部分和穗柄,再按质分级。其次是速冻鲜食玉米的水煮、冷却和速冻,是速冻玉米的核心环节。水煮主要是破坏玉米组织中酶的活性,保证产品品质的稳定性,水煮温度为 92～98℃,时间为 5～10 min;冷却采用喷淋或浸没冷却,防止自然冷却造成籽粒皱缩以及增加微生物繁殖风险等,主要分为 10～15℃的凉水中预冷环节和 0～5℃的冰水中冷却环节;速冻采用流化床式速冻隧道,空气温度为–26～–30℃,玉米棒中心温度在–18℃以下,冻结时间 10～15 min。最后一个阶段是包装和贮藏,速冻后整理装袋,在–18℃环境中贮藏。除整穗速冻加工外,还可进行段状速冻或粒状速冻,工艺流程和技术相似。

2. 真空软包装

鲜食玉米真空软包装是将整穗或切段后，装入复合膜袋中，抽真空、密封和高温杀菌，冷却后贮藏。其工艺流程为玉米采摘→去苞叶→修整、清洗、分级→装袋→真空封口→高温杀菌→风干、擦袋→检验→装箱入库→成品待售。真空软包装过程中的包装材料、生产用水、车间卫生要达到相应国家标准。真空软包装也分为三个阶段，第一阶段为准备阶段，包括鲜食玉米的采收、剥叶去丝、切头去尾，一般采收到加工不超过 6 h，以保证营养不流失；第二阶段为装袋，包装袋应保持洁净，将玉米穗大头向下推入袋内，注意清除袋口玉米浆等杂质，真空封口的真空度为 0.08～0.09 MPa，一般抽真空的时间为 15 s 左右，封口加热时间为4～6 s；第三阶段为高温杀菌，将真空包装果穗送入杀菌罐进行高温杀菌，用时15 min，使杀菌罐内温度达到 120℃，恒温保持 20 min，杀菌锅内压力保持稳定，采用反压冷却，使压力高于杀菌压力 0.02～0.03 MPa，冷却时间为 20 min，使温度降至 40℃，最后是风干、擦袋、检验和装箱入库。

(五)鲜食玉米副产物食用菌基料开发利用技术

鲜食玉米秸秆、玉米芯由于富含较高的蛋白质、糖分等营养成分，可取代木屑、麸皮、稻草等常规食用菌生产基料。鲜食玉米副产物作为食用菌基料有着诸多优势：玉米秸秆、玉米芯的基料可促进食用菌菌丝快速生长；利用玉米秸秆、玉米芯的副产物作为基料，可使香菇菌种污染率相对很低；玉米副产物成本低，经济效益好。因此，利用鲜食玉米秸秆、玉米芯等副产物为材料，通过不同比例的秸秆、玉米芯进行香菇代料栽培。探索合理的鲜食玉米秸秆和玉米芯配比是鲜食玉米副产物食用菌基料开发的关键。

(1)鲜食玉米副产物基料添加量的比例。通过不同处理的菌丝长满菌袋时间、转色时间和出菇时间的对比实验发现，随着甜糯玉米秸秆、玉米芯含量的增加，菌丝满袋时间、转色时间和出菇时间都有适当的减少，当秸秆、玉米芯含量为 35%时，菌丝满袋时间减少 4 d，转色时间减少 3 d，出菇时间减少 1.9 d，菌丝长得最快，菌丝长满天数最短，玉米秸秆的培养料可以使菌丝在整个发菌期既能得到充足的营养，又能获得良好的透气环境。

(2)鲜食玉米副产物基料添加对食用菌产量的影响。通过不同处理香菇产量和生物学效率的比较实验发现，随甜糯玉米秸秆、玉米芯所占代用料比例的不断增加，香菇产量和生物学效率也显著增长，特别是秸秆、玉米芯占代用料 35%时，与其他组都有显著性差异。

(六)鲜食玉米产业农旅融合新业态构建

鲜食玉米产业与旅游业和休闲体验农业融合不仅可以丰富农旅融合新业态，也是提高鲜食玉米附加值的重要途径。实现鲜食玉米产业农旅融合新业态的构建，前提条件是鲜食玉米生产向区域化、优质化、标准化、产业化发展。在此基础上，需要做好以下几个方面内容：一是在具有一定旅游资源的区域，通过建立鲜食玉米生态农场、采摘园，扶持一批农家院、示范农场、生态农场，作为示范、采摘、品尝和宣传的场所，通过采摘节、品尝节等活动，让城市居民在旅游休闲过程中与大自然亲密接触，品尝新鲜的玉米。二是发掘鲜食玉米文化，通过科普宣讲，打造"神奇的玉米"植物文化，从鲜食玉米成分、功能、分类等讲好玉米故事，结合玉米的耕作方式与民间风俗、民俗趣谈，创建玉米的耕作文化、饮食文化、医药保健等，发挥传统文化优势，提高消费者对鲜食玉米的认知，促进鲜食玉米第三产业发展。三是构建"农户+村集体+龙头企业+营销平台"的产业化经营模式，健全各环节利益连接机制，发挥龙头企业的带动作用，加强品牌建设，创建企业品牌。

(七)鲜食玉米产业发展效益分析

与普通玉米和同类型作物相比，鲜食玉米种植及其全产业发展的效益优势明显，尤其是在城郊或旅游区种植鲜食玉米和建立产业化加工种植基地，实现综合利用，可显著提高农民收入。对种植农户而言，种植鲜食玉米每公顷可收鲜棒13500 kg，以 2 元/kg 卖给加工企业，每公顷可获效益 27000 元，若鲜棒直接市场销售效益可达 37500～45000 元/hm²，较种植普通玉米可增加纯收入 4500～6000 元/hm²。同时鲜食玉米秸秆每公顷可收 45000 斤，按照 0.10 元/kg，可增收 2250 元/hm²，因此种植鲜食玉米农民每公顷至少增收 6000 元以上。对加工企业而言，每公顷加工冻棒(冻粒)至少 8250 kg，按目前市场平均价 5500 元/t 计算，每公顷企业产值可达 45375 元，扣除加工和收购成本 31050 元/hm²，纯收入 14325 元/hm²，若以鲜食玉米芯以芯代木培养食用菌可进一步提高效益。

另一个层面上，鲜食玉米生产对促进和带动畜牧业、旅游业、食品加工业等行业的发展具有显著作用，而且绿色无公害生产技术的应用，对保护生态环境、农业水土资源的高效利用、实现农业的可持续发展和生态安全具有重要意义。

第二节 水稻结构优化与产业融合增效模式

水稻是人类重要的粮食作物之一，中国是世界上水稻栽培历史最悠久的国家，在我国粮食安全中水稻具有十分重要的地位。目前常规的水稻大多是籼稻或者粳稻，种植结构为麦-稻、稻-稻、单季稻等周年模式，而且由于籼粳稻本身的加工属性不足，所以稻米基本以满足人们的主食需求为主。随着主食结构的多元化需要和对品质要求的不断提高，以及现代农业对农田土壤单位产出效率的要求不断提高，水稻品种结构的优化和立体种植甚至水稻与水产融合种养等增效模式应运而生。

一、水稻结构优化概述

江淮区域是我国重要的水稻主产区之一，年水稻种植面积稳定在 247 万 hm^2 左右。按照生态适宜、规模生产、商品率高和集中连片的原则，安徽省重点建设沿江、沿淮、江淮之间三大水稻核心主产区以及皖西大别山与皖南山区特色稻区，稻谷种植面积分别达到 71 万 hm^2、74 万 hm^2、87 万 hm^2 和 15 万 hm^2，优先在水稻生产功能区内建设水稻标准化生产基地及大米加工产品。适度推进"籼改粳"，集成推广"早籼晚粳"、单季粳稻发展模式，逐步增加沿淮和沿江平原地区粳稻面积和比重；扩大优质专用水稻生产，发展皖南皖西山区有机稻生产，传统双季稻区恢复双季稻生产，引导农户适当增加常规旱稻种植面积，适宜区域稳步扩大发展再生稻。

"十四五"时期，在稳定水稻种植面积的基础上，挖掘稻谷单产潜力，优化品质结构，改善品质，推行"按图索粮"和订单化生产，增加农民种粮收入。推行良种良法良田粮制粮态相结合，提高装备水平，推广水稻侧位深施等水稻轻简高效生产技术，努力提高单产水平，到 2025 年安徽省水稻种植面积稳定在 250 万 hm^2，产能达到 1655 万 t 以上。

二、糯稻产业融合增效模式

糯稻是稻的黏性变种，其糯米淀粉中支链淀粉占比高达95%～100%，由于糯稻属于小种粮食作物，主要作为食品生产原料和酒类原料。糯米富含蛋白质和脂肪，营养价值较高，是制造粽子、八宝粥和酿造甜米酒的主要原料。安徽省是我国糯稻的重要生产区域，全省年糯稻种植面积 14 万 hm^2 左右，其中怀远县糯稻种植面积达 6 万 hm^2，是全国最大的糯稻生产基地和糯米交易集散地，素有"糯稻产业第一县"之称，2000 年以后铜陵一带开始糯稻规模种植，2010 年后皖南地区开始大力发展糯稻种植。

按照"规模化、标准化、品牌化"发展目标和"提产量、增品质、优加工"发展方针，依据"二产带一产促三产"发展思路，延伸糯稻产业链，提升产品附加值，完善"公司+基地+农户"的产业化发展模式，从贯穿糯稻全产业链视角来看，在优良品种选育与筛选、生产技术创新、生产方式转变、加工能力提升、公用品牌打造上，把糯稻产业每根链条做优做强，促进糯稻规模、品质、产量、产值提升是糯稻产业融合增效模式的重点。

(一)培育糯稻"种芯"，推广应用优质品种

糯稻属于小种粮食作物，新品种培育开发不够，所以带来了品种更新慢等问题。因此，加大优质专用糯稻品种培育力度，选育和引进推广抗逆性强、品质优、产量稳的糯稻新品种，提高优良品种的覆盖率。根据其直链淀粉含量的差异，糯米又细分为粳糯和籼糯，粳糯直链淀粉含量更低，籼糯米粒呈细长形，黏性较小，粳糯米粒呈椭圆形，黏性较大。目前，在以蚌埠为中心向周边辐射的糯稻种植区域，选用的品种主要是两优639、晚粳糯1701以及皖垦糯系列、丰糯1246等晚熟型粳糯稻优良品种，具有品质优、周期长等特点。但是，随着糯稻产业的发展，对优质糯稻产品的需求升级，糯稻品种创新还存在较大距离。利用杂交、分子和辐射育种等多种方法相结合的育种手段，进行品种创新，加大糯稻"精确育种"力度，突出专有用途(糕点、酿酒、保健产品等)品种的选育，并使选育的品种具有优质、高产、高抗等综合特性，是构建糯稻产业融合增效模式的一个重要方面。

另外，应加大对现代种业企业的扶持力度，建立稳定的糯稻原种、大田用种的繁殖生产基地，提高原种、大田用种的质量，降低生产成本；加大良种的广告宣传和糯稻品种的推广力度，提高优良品种的覆盖率，大力推广应用优质糯稻品种。

(二)标准化技术体系应用，传统生产模式改造与升级

在栽培技术和生产环节上，糯稻与普通水稻相似，尤其是以国家和地方实施粮丰工程、水稻产业提升行动和水稻高产创建活动等为抓手，糯稻生产在以蚌埠为核心及其周边的地区生产的标准化得到大力发展，通过多年的技术探索，已经形成较为完整的适宜该区域的糯稻高产、优质、节本生产技术规程，轻简节本高效生产技术得到广泛示范及集成应用，已建成绿色糯稻食品优质原料基地 $3 \times 10^4 \mathrm{hm}^2$，优质率从2005年的60%提高到当前的95%以上。

在耕作方式和生产技术创新上，一般朝着标准化、规模化、绿色化方向发展，在生产环节上，强化与国家、行业标准体系衔接，采取"公司+基地+农户"的生产经营管理模式，通过"订单"将分散的千家万户组织起来，辐射带动优质糯稻标准化生产。按照"新型农业经营主体+专用品牌原粮基地+龙头企业"或托管产业化路径，引导糯稻加工和贸易企业与农业合作社、家庭农场、种植大户等新型农业经营主体签订专用糯稻种植订单，实行绿色优质糯稻专用品牌原粮的订单生产。

(三)糯米精深加工与品牌创建

由于其冻融稳定好、凝沉性弱等特点，糯米变性淀粉适合制作方便食品、冷

冻食品、膨化食品、脂肪替代物等，其产品开发包括糯米糕、糯米粉、糯米酒、糯米粽子、雪媚娘、糯米煎饼、八宝粥、汤圆和各式甜点等系列产品。近年来，随着糯米深加工行业快速发展和精细化程度提高，以糯米为原料开发的系列食品和原料愈发丰富，然而，现代化的糯米产业需要逐步提升，目前是糯米产业结构与消费结构转型的关键时期，应朝着安全放心、营养健康、速食便捷、多元化发展方向迈进。

糯米的精深加工上，一方面是糯米粉加工技术的转型升级，在水磨制粉工艺的基础上，开发新型挫切型湿法微粉技术及装备，促进传统湿磨法提档升级；或者创新半干法制粉技术，以干法、半干法制粉取代磨制粉方式，通过连续润米、水分分散、碾磨破碎等工序实现提质增效的技术要求。另一方面是现代化信息技术的实施使智能化得以实现，为保障糯米粉原料配比的精确性、可控制性和封闭性，将各种不同品质的糯米通过电脑程序控制，配比精确。这对提升糯米加工产品品质、保障安全性具有重要作用；应用现代生物技术可将碎米等转化为抗性淀粉、微孔淀粉、脂肪替代物。因其独特的特性和用途，糯米淀粉在一些具有特别要求的应用领域拥有很好的市场前景。

品牌化是农业现代化的核心标志。结合安徽省启动"绿色皖农"品牌培育计划，依托资源优势、主导产品和核心企业打造一批绿色食品、有机农产品和农产品地理标志品牌。充分发挥安徽省糯米的"白莲坡贡米"和"怀远糯米"公共品牌作用，推进统一设计包装，统一授权使用，发挥品牌效应，不断提升安徽省糯米在国内外消费群体的认知度。推动糯稻"三品一标"农产品有序发展，培育全国知名企业糯米品牌，申报怀远糯稻国家地理标志保护产品和农产品地理标志登记。加强标准化管理和质量检测、监督，建立健全粮油产品质量认证、标识制度和全过程质量控制，杜绝不合格产品进入市场，维护品牌市场信誉。

(四)搭建糯稻产业现代化商业运营模式和基础公共平台

推进糯稻产业化升级发展，构建种植、加工、贸易新型一体化商务关系。通过财政、税收、金融等手段选择性地扶植本土有竞争优势和带动力强的农业产业化龙头企业，尤其是现有的国家级农业产业化龙头企业，促其进一步做大做强。重点发展糯米精深加工，延伸产业链，打造供应链，提升价值链，共享利益链，推进糯稻产业转型升级。积极开展招商引资、招才引智，以沿淮地区例如蚌埠市为中心，建设徽粮产业园(数字农业产业园)、糯稻质量监测中心。依托"三农宝"建设中国(怀远)糯稻网上交易中心，积极发展糯稻交易期货市场。加快推进数字农业产业园建设，实现糯稻烘干、储存、加工、冷链物流、信息共享、网上交易、应急供应、产品展示、农耕文化展览等多业态的经营，推进糯稻产业数字化升级。建立全程可追溯、互联共享的追溯监管信息服务平台。

（五）糯稻产业融合综合效益分析

对比相关的主粮品种，糯稻的收益比较高，这是糯稻种植面积扩大的最主要因素。一般而言，糯稻单产比水稻高出 2250～3000 斤/hm²，达到 9000～10500 kg/hm² 的水平，而种植投入相差无几，价格虽大起大落，但大多在粳籼稻之上，使得部分种植条件优越的地区近年来有"籼、粳改糯"的倾向。其中安徽无为市、怀远县的调查数据显示，"十三五"期间，一般糯稻谷市场价格比常规稻价格高 0.7～0.9 元/kg，按照 2019 年平均出售价格 2.5 元/kg 计算，稻谷产值为 22500 元/hm²。扣除种子、用工、肥料、农药、运费、用电、土地租金等生产成本 13500 元/hm²，实际收益 9000 元/hm²，与常规水稻相比可增收 3000～4500 元/hm²。在价格较高之时，假若其他因素不变，糯稻的净收益将提高 60% 以上，为粳籼稻的 1.6 倍左右，种植效益的比较优势更加突显。企业通过构建"公司+基地+农户"的生产经营管理模式，加工糯稻产品，附加值进一步提高。

三、稻田综合种养产业融合增效模式

稻渔综合种养是在传统农业生产模式基础上发展起来的绿色生态循环生产模式，利用稻田湿地资源开展适当的水禽和水产养殖，实现以稻促牧(渔)、以牧(渔)保稻、一水两用、一田双收、粮渔共赢，是一种具有稳粮、促渔、提质、增效、生态、环保等多种功能的生态循环农业发展模式，是保障农产品安全、提升农产品品质、减少化肥农药物资投入、提高农田产出、农民增产增效的有效途径。从生态学角度，该模式是在稻田生态系统中引进鱼、鳖、虾等水产种群，形成稻-鱼(鳖、虾、鳅、蟹)二元共生的生态系统。

作为一种产出高效、资源节约、环境友好的生态绿色农业生产方式，稻田综合种养在转方式、调结构中作用显著，备受关注。构建"以渔促稻、提质增效、生态环保、保渔增收"的稻田综合种养技术模式也是现代农业融合发展的有效补充。稻渔综合种养主要有稻-鱼、稻-蟹、稻-虾、稻-蛙等模式，因其操作简单、经济效益好等优点，在长江经济带的湖北、湖南、四川、安徽、江苏、浙江等地迅速发展起来，江淮区域是重要的稻田综合种养区之一。

（一）稻田综合种养产业融合增效模式关键技术

1. 稻田综合种养养分需求规律

系统研究稻-草-鱼(鳖、虾、鳅、蟹)中的水稻养分吸收规律、水草养分吸收规律和水产生物营养特征，探究三者养分需求协同与竞争关系，为稻田综合种养新型专用肥料研制提供理论依据。

水稻、水草的干物质积累变化动态是养分需求监测的重要途径，水稻、水草养分吸收变化动态包括养分含量的变化和养分积累变化，植株养分积累量等于干物质量乘以养分含量，由此可以得到每个时期水稻、水草的养分积累以及一季内水稻、水草的氮磷钾需求量。养分平衡方面，以磷为例，磷素的平衡是通过磷输入和磷输出之间差值计算得出的，其中磷输入主要是肥料和饲料投入，磷输出主要是水稻和水产生物体内的磷，也就是将总输入量减去总输出量。磷素平衡值为正，表明输入的磷素中有剩余部分残留在土壤和水体或散发到大气；若平衡值为负，则说明水稻和水产生物带出的磷素来源于土壤和水体。养分利用方面，以磷为例，在不投饲料情况下，水产生物体内的磷来源于环境，水稻中的磷来源于肥料和环境；在投饲料情况下，水产生物内的磷来源于饲料和环境，水稻中的磷来源于饲料、肥料和环境。因此需要对综合种养几者的养分情况做一个评估，从而使品种配置和养分需求规律达到最好。

2. 稻田综合种养系列专用肥料

研发与稻-草-鱼(鳖、虾、鳅、蟹)生产体系养分需求相匹配的有机无机复混肥料、缓释配方肥料、多功能性水溶肥等新型肥料产品，设计稻田综合种养系列专用肥料配方和生产工艺参数，为稻田综合种养体系养分精准管理提供新型专用肥料。

以稻田综合种养养分需求规律及市场稻虾肥为切入点，通过 Meta 分析总结稻田种养对水稻产量、品质等的关系。首先是整合分析配方，通过文献整合分析得出最高产量时 NPK 施入量：氮肥施入量 168.9 kg/hm^2、磷肥施入量 68.08 kg/hm^2、钾肥施入量 141.95 kg/hm^2。其次是针对不同肥力土壤分别进行田间试验，研究区域肥料配方，从而研制高肥力和低肥力土壤专用肥。还有就是依据当地实际生产推荐的氮磷钾施用量，再添加一些中微量等菌类元素，要合理控制有效活菌数和有机质含量，再根据不同综合种养水产动物养分需求进行选择。研制稻田综合种养专用增氧型复混肥，在肥料制作过程中，通过加入过氧化钙提高水稻土的通气性，改善稻田土壤次生潜育化状况，促进水稻生长，这是提高专用肥效益的有效途径。要依据不同体系、不同区域进行相应的前期调研、中期试验、后期研制与反馈，以研发出适合当地的稻田综合种养专用肥。

3. 稻田综合种养养分精准管理技术

集成稻田综合种养体系有机-无机肥料配施技术、速效/缓释肥料配伍技术、多功能水溶肥精准投入技术；建立稻田综合种养体系养分精准管理技术体系，构建稻田综合种养体系养分精准管理技术模式。

在传统的水稻种植施肥实践中，大量使用化肥会污染环境，由于土壤养分本身存在着复杂的空间变异特征，在一个地块上统一使用一种施肥方案，自然会导致地块的某些区域肥料过高或过低，从而在空间上使作物养分需求与土壤养分供应不匹配。而稻田综合种养是水稻、水草、水产生物三者之间的关系体系，这一体系可有效降低化肥施用量，水产生物的粪便可为稻田提供养分，水产动物的觅食活动会扰动土壤，有利于水稻生长，水产生物会吃害虫以及水草，降低水稻的害虫率，依据综合种养科学配置与养分需求规律，集成稻田综合种养专用肥技术，实行精准施肥。精准施肥技术是在考察土壤养分空间变异性的基础上，按照田间每一操作单元的土壤养分条件、作物需肥规律以及水产动物养分需求，采用最适合的施肥时间、施肥方式及施肥量的管理方式，适时适量投肥，最大限度地优化使用养分资源，增加经济效益、减少环境风险。

近年来，以 3S(GIS、GPS 和 RS)技术为核心的精准农业信息技术推动了土壤养分精准管理的研究，在充分掌握土壤类型、土壤质地、土壤养分含量、土壤潜力等指标情况下，利用历史或实验数据与信息考量不同肥料的增产效益、不同作物的施肥模型、历年施肥和产量等，从而构建土壤养分信息化管理系统，因此可以利用 3S 技术更好地配合稻田综合种养进行养分精准管理。构建稻田综合种养养分精准管理技术要以稻田综合种养专用肥和养分需求规律为基础。

(二)不同类型稻田综合种养产业技术要点

目前，在江淮中部，尤其是沿江区域，较为常见的有稻蟹共作、稻虾共作、稻鳅共作、稻鳖共作和稻鱼(常规鱼类)共作五种类型的稻田综合种养模式，结合稻田综合种养产业融合增效模式关键技术，针对不同类型稻田综合种养产业，从田间工程、品种选择、种养技术和田间管理上进行技术要点阐述。

1. 田间工程

一方面，加固夯实稻蟹(虾、鳅、鳖、鱼)田埂，一般需要开挖沟道，不同类型稻田综合种养模式的沟道类型和尺寸有一定的差异，主要由养殖的水产种类特性和特点决定。其中，稻虾为环形沟，稻鳅开挖"十"字形或"田"字形的鱼沟，稻鳖为三种环形沟、条沟或中间沟、鳖坑，稻鱼为养殖沟和洄游沟等；在尺寸上，稻虾共作的沟宽和沟深最大，能够达到沟宽 3～4 m，沟深 1.2～1.5 m，其他类型一般为沟宽 0.8 m 左右，沟深 0.6～0.8 m。另一方面，稻田综合种养模式中一般需要配备防逃装置，也就是俗称的防逃墙，材料采用尼龙薄膜或者聚乙烯网等不易腐烂的栅网栏，防逃网目尺寸以养殖水产不能通过为宜。

2. 品种选择

稻田综合种养模式中对品种的选择尤为关键，包括水稻品种和养殖的水产种类的品种。其中水稻一般选用抗病性强、抗倒伏、耐肥力强、高产、优质的品种，一般以一季稻为主，生育期上稻虾共作选用生育期稍短品种，稻鳅共作选生育期较长品种，其他类型以熟期适中的品种为佳。水产类一般选用检疫合格、规格齐整、活力强的个体作为苗种，其中，蟹可选用生长速度快、成活率高的中华绒螯蟹、大闸蟹或清水蟹；虾苗尽量避免多年自繁自育、近亲繁殖的苗种，优先选择繁养分离且冬季根据天气水温情况适当投饵保肥的苗种；其他类型，如泥鳅、鳖和常规鱼类以选择生长速度适中、品质优良、抗逆性强、能适应多种养法的品种为宜，如台湾泥鳅、鄱阳湖品系中华鳖以及鲤鱼、草鱼等常规鱼种。

3. 种养技术和田间管理

种养技术和田间管理是决定稻田综合种养模式产品产量、质量和效益的重要环节，一般包括水稻田平衡施肥、水肥运筹以及插秧等技术，另一个层面是水产投放与管理技术。

水稻施肥按照"重施基肥、轻施追肥，追肥少量多次"原则，水稻田一般在插秧或者播种前施用腐熟畜禽粪肥、农家肥和有机肥等作为基肥，稻田使用量以 $1500\sim2250\ kg/hm^2$ 为宜，追肥管理上，一般秧苗移栽第 7 天追施分蘖肥尿素 $45\sim75\ kg/hm^2$，孕穗时追施穗肥尿素 $120\sim150\ kg/hm^2$，氯化钾 $150\sim225\ kg/hm^2$，追肥时禁用对苗有害的碳酸氢铵、硝态氮肥(如硝酸铵等)和以硝态氮肥作基肥生产的复(混)合肥。插秧阶段一般在稻田进水 $7\sim10\ d$，薄水移栽，浅水返青，返青后提升水位，以"大垄双行"模式插秧，边行密插，围沟周边加密，以保证不少于常规插秧的苗数，除了稻鳅共作水稻分蘖后晒田 $5\sim7\ d$，晒到田块中间不陷脚、田边表土不裂缝和发白外，其他稻田种养模式不需要晒田、烤田。

水产投放技术环节较为重要。首先在投放时期上，蟹苗在 4 月份进行，早虾宜在 3 月中旬、常规虾在 3 月下旬至 4 月下旬投放苗种，泥鳅待水稻长到幼穗发育、稻田灌水 $6\sim8\ cm$ 时投放，鳖苗投放在大田插秧完成待水稻返青后约半个月进行，常规鱼一般在秧苗返青后 $7\sim10\ d$ 投放鱼种。其次在饲料投饵上，一般分为两个阶段，第一阶段在暂养池中，暂养期间饲料日投饵量为体重的 $3\%\sim5\%$，并根据天气以及饮食情况随时调整投饵量；第二阶段在水稻田中投放，一般初期投喂粗蛋白含量为 $20\%\sim30\%$的专用全价配合饲料，另外，水稻生长进入幼穗分化期至灌浆结实期，水产类一般可在稻田大量摄食天然饵料，可以适当减少人工配合饲料，像泥鳅一般可以不投喂。

田间管理上，对投放的水产苗，在入池前都要进行消毒，不同类型水产运用的消毒方式和消毒液略有差异，一般对种苗下田前用 $3\%\sim5\%$的盐水浸泡消毒 $5\sim20\ min$ 不等。注意对水产活动的观察，包括早晚巡田，水产觅食、脱壳及活动等；定期检查固定设施，包括防逃装置、进排水设施、进排水口拦鱼栅等；日常巡查田间工程，包括有无田埂坍塌漏水，排水是否畅通，有无蛇、田鼠等敌害，及时清除堵塞拦鱼栅的杂物，按时监测水质，做好日志。病害应遵循预防为主、防治结合的原则，采用绿色防控手段，通过设置性诱剂、杀虫灯等进行物理防治、生物防治和生态防治。水稻杜绝使用化肥、农药，保证稻谷达到绿色大米品质，提高经济效益。

(三)稻田综合种养产业融合模式增产增效分析

稻田中鱼类对田间害虫和野草的控制卓有成效，且鱼类粪便等排泄物为水稻提供了养分，促进了水稻增产，水稻产量能够稳定在 6750 kg/hm^2 以上，除田间管理成本相对稍高以外，化肥和农药等生产资料使用量平均减少了 50%以上，更为重要的是稻田综合种养的稻米品质明显优于常规水稻，市场价格平均高出30%以上，总体来看，仅水稻平均节本增效 5%～15%。水稻的生长净化了水质，而且田中杂草和害虫又是水产类优质的食物，水产类的效益成为另一个重要的增长极。

根据水产养殖品种的不同和相关数据统计，各种大宗淡水鱼类产量可达750～1500 kg/hm^2，小龙虾可达 1500～2250 kg/hm^2，鳖甚至可达 4500 kg/hm^2，泥鳅和成蟹产量在 450～750 kg/hm^2。综合水稻生产和养殖业来看，稻田综合种养技术模式不仅提供了优质、绿色的大米产品，更为市场带来了优质水产品，农户综合效益增加了 50%以上。江淮地区及周边区域常年水稻种植面积在 333 万 hm^{2}以上，适宜"稻田综合种养"的稻田约在 40%，按照 1.5%比例保守估算，该地区稻田综合种养面积可达 2 万 hm^2 以上，稻田综合种养发展空间大，综合规模效益显著。

第三节　　小麦结构优化与产业融合增效模式

江淮区域小麦生产在全国的产业区位优势明显，体现在多样的品种和品质类型、较高的机械化率以及较为完备的高产高效生产技术上。小麦的市场需求较大，江淮区域小麦整体优势明显，但也存在三产发展不平衡、产业链水平低且链条短、突破性品种及其高附加值产品和龙头企业缺乏、品牌影响力弱等短板。该区域小麦种植以传统型中筋或强筋小麦品种为主体，而随着人们对小麦为原料的加工食品品质要求的不断提高，专用型小麦，如强(弱)筋、酒用型等需求在不断扩大，因此需要进行结构优化和产业融合增效模式的实践，以促进安徽省小麦产业多元化发展。

一、小麦结构优化概述

江淮区域小麦种植可分为淮北地区旱茬麦、沿淮稻茬麦、江淮丘陵稻茬麦三大优势区，小麦种植面积分别达到 141 万 hm²、87.5 万 hm²、30.8 万 hm²，重点推进绿色高质高效旱茬麦、稻茬麦发展，优先在小麦生产功能区内建设标准化生产基地及产品开发。在淮北北部、中部重点发展优质专用强筋和中筋小麦，中强筋占比稳步提高；在沿淮和江淮丘陵大力提升稻茬麦生产水平，重点发展优质专用弱筋和中筋小麦，形成"北强南弱"的专用小麦生产布局。"十四五"时期，小麦要稳定种植面积，提高单产，提升品质，推行"按图索粮"和订单化生产，让种粮农民有钱挣、得实惠。推行良种良法结合、农机农艺配套，努力提高单产水平，到 2025 年安徽省小麦种植面积稳定在 283 万 hm²，产量达到 5925 kg/hm² 以上，产能达到 1680 万 t 以上。

围绕当前江淮区域安徽小麦产业的发展短板，小麦结构优化可从两方面着手。一是做大做强"三个优势区、二个产业带和一个生产基地"。在三个优势区内根据品质区划形成强筋小麦产业带和弱筋小麦产业带，并形成专用小麦加工和精深加工产业集群。依托省内外大型酿酒企业重点在阜阳、蚌埠以及古井酒厂、口子酒厂附近乡镇集中连片打造软质酿酒小麦生产基地，用于高端白酒企业制曲原料。二是突出抓好"三产三链"。做强一产，稳产提质，积极发展强弱筋、酿酒小麦的订单生产和规模化种植及经营。做优二产，实现从"小麦生产"到"小麦加工-食品生产"的产业链条良性延伸和深度融合。做活三产，将科技创新、电子商务、面点文化、社会化服务、现代金融等融入全产业链。通过以上方式构建一二三产业融合新格局，同时注重产业链、价值链、供应链"三链"协同发展和建设，重构安徽省强、弱筋专用小麦及其产品在全国的异质化竞争优势，反向促进三产深度融合。

二、强(弱)筋小麦产业融合增效模式

安徽省具有发展优质强、弱筋小麦的区位优势，其中淮北地区肥力较高的砂姜黑土等可种植强筋小麦，而沿淮和江淮丘陵地区湿润的气候、良好的热量条件以及肥力较低的砂壤土有利于种植优质弱筋小麦。目前市场上优质小麦的价格高，在产量稳定的基础上，可极大地促进农民增收。按照区位、资源、人力和产业基础、要素成本、配套能力等综合优势，安徽省小麦产业增效模式是在两个小麦产业带上建立专用面粉和主食加工、精深加工等集群，同时打造绿色食品加工和观光旅游产业强镇以延长产业链，促进产业深度融合。

（一）强（弱）筋小麦品种选用

亳州市、淮北市、宿州市及阜阳市北部太和、界首等县市为主的淮北中北部小麦产业带，选用新麦 26、谷神 19、涡麦 19、济麦 44 等优质硬质强筋、中强筋小麦品种，其粗蛋白含量、湿面筋含量、面团稳定时间、拉伸面积均超过国家标准，可加工成面包、饺子、北方馒头、挂面等专用粉和面制品。阜阳、蚌埠、淮南、滁州、合肥、六安等地在内的沿淮、江淮中部小麦产业带，选用安农 0711、荃麦 725、白湖麦 1 号、皖西麦 0638 等中筋、弱筋小麦，可加工成软式面条、南方馒头、蛋糕、饼干等专用小麦粉和面制品，生产出适于长三角及以南地区消费的面粉及面制品。在阜阳、蚌埠等江淮中部地区，还可选用荃麦 725、泛麦 5号、皖垦麦 0901、华成 1688 等软质小麦，这些品种均高产稳产，籽粒饱满，呈白色，硬度指数小于 40，淀粉含量均在 62% 以上，适用于高端白酒企业制曲原料加工。

（二）强（弱）筋小麦高效栽培技术

1. 强筋小麦栽培技术

强筋小麦品种（GB/T 17320—2013）的品质要求籽粒粗蛋白含量（干基）≥14%，湿面筋含量（14%水分基）≥30%，沉降值（Zeleny 法）≥40 mL，面团稳定时间≥7 min。因此其栽培技术以提高籽粒蛋白质和湿面筋含量为目标。栽培技术包括：

（1）选择优质品种。选用强筋专用小麦类型，如新麦 26、谷神 19、涡麦 19、济麦 44 等白皮硬质小麦品种播种。

（2）适时适量播种。安徽省淮北中部地区适宜播期为：弱冬性品种 10 月 5 日～10 月 12 日，半冬性品种 10 月 8 日～10 月 15 日。弱冬性品种播种量应确保基本苗 195 万～225 万苗/hm²，半冬性品种播种量应确保基本苗 210 万～240 万苗/hm²。

（3）科学施肥。施入有机肥范围在 45000～75000 kg/hm²，强筋小麦品种产量可以达到 7500 kg/hm² 以上；使用纯氮范围在 210～270 kg/hm²，且氮肥分施时，效果比较好。拔节期可施入全部施氮量的 40%～50%，以促进籽粒蛋白质含量的积累；磷肥施用范围在 105～150 kg/hm² 时效果最好。当土壤中的含氮量和含磷量保持比例平衡时，在一定范围内施用钾肥也能起到增产和改良品质的作用。

（4）田间管理。强筋小麦的冬前和春季管理与普通小麦相同，但在生长后期管理中要注意控水。过多的灌浆水会影响蛋白质和湿面筋含量。此外还应预防干热风，可以选择喷施磷酸二氢钾、芸苔素内酯等叶面肥，以减缓干热风的危害。及时防治病、虫、草害以提高籽粒品质。

(5)适时收获。强筋小麦可在蜡熟末期进行收获。此时收获不影响产量,也不影响蛋白质和湿面筋含量,且有利于后期加工。优质专用强筋小麦应分类收获,单独贮运。

2. 弱筋小麦栽培技术

弱筋小麦品种(GB/T 17320—2013)的品质要求籽粒粗蛋白含量(干基)≤11.5%,湿面筋含量(14%水分基)≤22%,沉降值(Zeleny 法)≤30 mL,面团稳定时间≤3 min。因此其栽培技术与强筋小麦有很大的差异,高产且低蛋白、低湿面筋是主要生产目标。栽培技术包括:

(1)选择优质品种。宜选用扬麦 15、皖西麦 0638、宁麦 13、白湖麦 1 号等适合江淮地区种植的红皮软质弱筋小麦品种。

(2)整地开沟。播前整地深耕 18～20 cm,打碎土块并细耙以保证土地平整。江淮南部地区因雨水较多,在整地时需要使用机械开三沟。

(3)适时适量播种。淮河以南地区小麦适宜播期为 10 月末至 11 月中旬,春性小麦适宜晚点播种,冬性小麦适宜提早播种。一般播种量 150～180 kg/hm²,保证基本苗在 270 万～300 万苗/hm²。

(4)科学施肥。弱筋小麦应适当减少氮肥的施用且氮肥施用要提前。一般中等肥力的地块,弱筋小麦的全部生育时期需要施用纯氮 150～180 kg/hm²,P₂O₅ 90～105 kg/hm²,K₂O 90～105 kg/hm²。施用氮肥的基肥和追肥比例为 8∶2。氮肥的最晚追肥时期为返青期,拔节期之后尽量不要再追施氮肥。

(5)田间管理。淮河以南地区进入春季之后降雨量明显增多,要及时清理排水沟,防止小麦渍害、湿害的发生。病虫害方面要加强对小麦赤霉病的防治,待麦苗第一次开花时,即开始进行小麦赤霉病的防治,小麦开花后 5～7 d 内再次进行防治,两次防治选用的药品类型应有差异。

(6)适时收获。在 5 月末至 6 月初适时收获,以避开阴雨天气。弱筋小麦应单收单贮,防止品种混合影响其专用品质的稳定性。

(三)强(弱)筋专用小麦加工技术

强(弱)筋专用小麦加工技术包括面粉加工和面食品加工。面粉加工技术与普通小麦相同,包括麦路、粉路以及面粉后处理等环节在内的完整制粉流程。在制粉基础上,强筋粉用于面包加工,弱筋粉用于糕点类加工。

1. 强筋小麦面包加工技术

优质强筋小麦适合制作成面包。目前面包加工技术有直接发酵法、中速发酵法和快速发酵法(无发酵法)三种,其中快速发酵法因时间短、效益高而在企业应用较多。面包是发酵烘焙食品，因此制作面包过程中发酵和烘焙是两个重要的环节。其工艺流程为：①配料和称量。按配方分别称取面粉、即发干酵母、盐、糖、脱脂奶粉、起酥油、水、适量麦芽粉，放在发酵体中拌匀。②和面。加入水后先低速和面约 20 s，然后高速和面，使面团达到面筋充分扩展状态即可。③发酵和揉压。将扩展好的面团从和面缸中取出，用手捏圆面团后进行发酵。在 55 min 和 80 min 时将发酵面团压成长片，对折后再次发酵。发酵总长时为 90 min。④成形。将发酵过的面团压成长片后卷成圆柱形放入面包厅。⑤醒发。成形的面团进行醒发，时间为 45 min。⑥烘烤。醒发 45 min 后送入 210～230℃炉中烘烤，烘烤 15～25 min。

2. 弱筋小麦糕点类加工技术

糕点类分为化学发面和酵母发酵制品，通常用碳酸氢铵和发酵粉作为发面剂，两者都富含糖和油脂等成分，促进烘烤产生二氧化碳气体以保持产品的酥脆或松软。以海绵蛋糕为例，糕点类的加工工艺包括：①配料和称量。按配方分别称取小麦粉（14%湿基）、鲜鸡蛋和绵白糖备用。②蛋糊的制备。将称量好的蛋液和绵白糖放入打蛋机搅拌缸中，以慢速（60 r/min）搅打 1 min 充分混匀，再以快速（200 r/min）搅打 19 min。③面糊的制备。小麦粉过筛并均匀倒入蛋糊中，慢速（60 r/min）搅拌 90 s，再将面糊分别倒入蛋糕模具中。④烘烤。把装入面糊的模具立即放入 190℃炉中烘烤 18～20 min。

(四)强(弱)筋专用小麦副产物综合利用技术

小麦籽粒经过加工得到成品面粉的同时，还有次粉、麸皮以及麦胚等副产物，它们同样含有丰富的营养物质，可再进行深加工和精加工，其产品可应用于酿造、医药、化工、饲料等行业。比如从小麦麸皮中提取膳食纤维产品，或从小麦胚中提取胚芽油和优质蛋白，胚蛋白再经精深加工能进一步分离出球蛋白、谷胱甘肽类等食品配料，从而显著提高了小麦副产品的利用价值。高蛋白含量的强筋专用小麦的副产物还能用于提取小麦白蛋白并作为营养强化饮料广泛用于肉丸、咸水火腿、红肠、汉堡包等食品及高温油炸鱼制品等的配制。而籽粒较软的白皮弱筋小麦可深加工成膨化小麦，是当前国内外流行的早餐食品和休闲小食品(李利民等，2009)。

(五)强(弱)筋专用小麦产业效益分析

随着专用小麦良种良法的实施，强、弱筋优质小麦的生产呈现规模化、订单化的趋势，不同麦区建立了优质专用小麦生产基地，逐渐形成了优质强筋小麦产业集群和软质弱筋小麦产业集群，部分市县已形成"小麦生产"-"小麦加工"-"食品生产"等业态，进一步延伸了产业链条，促进了小麦初级加工与精深加工深度融合发展。就种植户来讲，种植优质专用小麦带来的效益最明显。通过规模化种植，与加工企业深化订单农业合作实施优质优价等，种植户麦地所用的农资、耕种成本降低了 2400 元/hm² 并减少了 20%化肥使用量，通过良种良法产量增加 10%左右，生产出来的优质小麦收购价比普麦和混合麦高 0.2～0.3 元/kg，以 7500 kg/hm² 算，综合收益增加 3000 元/hm² 以上。此外，优质强、弱筋小麦加工成的优质专用面粉及衍生产品的价格是普通面粉的 3～5 倍。可见，专用小麦的综合产业效益比普麦要高得多。

三、酒用小麦产业融合增效模式

酒用小麦是一类用于酿酒制曲的专用软质小麦，也是江淮区域小麦结构调整优化和促进产业融合的重要模式。目前已培育与鉴选酒曲专用小麦新品种 10 余个，研发酒曲专用小麦配套栽培技术和产业融合模式，促进了酒用小麦发展。

（一）安徽酒用小麦生产基本情况

1. 安徽酒用小麦优势产区

安徽省酒用小麦主要分布于沿淮、江淮中弱筋小麦种植区的阜阳、六安、淮南和蚌埠。沿淮主要是软质白麦，其中淮南为软质白麦和软质红麦混合区域，合肥以南及沿江圩区为软质红麦区域。适宜种植土壤为沙壤土，其次为壤土。

2. 安徽酒用小麦主推品种播种面积

安徽酒用小麦主要以订单生产为主。2021～2022 年播种面积：荃麦 725（6.6 万 hm²）、华成 1688（5.7 万 hm²）、泛麦 5 号（3.4 万 hm²）、扬麦 15（3.5 万 hm²）、泛麦 8 号（1.7 万 hm²）、紫麦 19（2.0 万 hm²）、龙科 1109（2393 hm²）、皖垦麦 0901（1600 hm²）、天民 198（1066 hm²）、皖垦麦 9 号（400 hm²），合计 23.5 万 hm²。

（二）酒用小麦优质专用栽培技术要点

（1）选准专用品种。品种应具备耐肥抗倒、抗耐赤霉病较好、不宜穗发芽、不同栽培条件下软质相对稳定等特点。核心指标：籽粒硬度（国标法）≤50 或单籽粒硬度≤40（粉质率≥70%），籽粒容重≥750 g/L，胚乳质地为半角质或粉质。淀粉含量均在 62%以上，淀粉糊化黏度的高峰值在 1700～2400 cP（里泊）间，黏度高。

（2）择优种植区域。沿淮及淮河以北软麦区以软质酒曲白麦为主，产量潜力应具备 6000～8250 kg/hm²，高产地块可达 9000 kg/hm² 左右；淮河以南酒曲软麦区应以软质酒曲红麦为主，产量潜力应具备 5250～6750 kg/hm²，高产地块达到 7500 kg/hm² 左右。

(3)增密控氮提质。为了提升软质酒曲小麦品质，增加播种密度 10%～20%，减少施氮量 10%～20%。生育后期重点防控小麦赤霉病和蚜虫。

(4)氮肥前移增产。为了软质酒曲小麦优质增产，实施重底早追氮肥运筹模式，即底氮比例占 70%左右，小麦 3 叶期左右追施 30%，后期结合防控小麦赤霉病和蚜虫酌情叶面补肥。

(5)单收单储保质。软质酒曲小麦生产一般采用专用化、品牌化、标准化、组织化、规模化订单生产，后期分品种单收单储，确保品质稳定。

(三)酒用小麦种植效益

酿酒小麦价格比普通小麦收购价每千克提高 0.4～0.6 元，酒厂订单集中种植直接收购加价 20%～50%不等，可增收 3000 元/hm² 以上。同时，酒用小麦优质专用种植基地的建立，推动了"公司+基地+农户"的种加产业融合模式的建立与应用，促进了酿酒优质原料供应和酒业发展。除安徽外，酒用小麦在江淮区域江苏、河南的沿淮县区等也积极发展起来，促进了小麦结构调整和产业融合，提质增效。

第四节　玉-羊-草农牧耦合培肥增效技术模式

玉-羊-草农牧耦合培肥增效技术模式是以植物营养体的生产和利用为基础，以玉米生产、饲草生产、草食动物生产、粮草轮作等技术的融合和耦合为一体，因地制宜、科学载畜、划区轮牧、草畜平衡，在确保生态安全的前提下，构建良好的土体，培育肥沃耕作层，提高土壤肥力和生产力，创造高效和高附加值的生产效益和生态效益兼顾的新型技术模式。

玉-羊-草农牧耦合培肥增效技术模式采用粮草轮作的方式，热季种玉米，冷季种草(饲料油菜、黑麦草等)，不仅可以全株利用玉米，不产生玉米秸秆等农业生产副产物，而且通过肉羊养殖，提高土地生产效益。同时通过羊粪肥田，提高土壤有机质，激活土壤微生物活性，改善土壤结构，从而提高土壤的生态效益。该模式运用循环经济理论与生态工程学方法，实现产生较少废弃物的生产和提高资源利用率，是一种环境友好型农业生产和产业融合方式，具有较好的经济、社会和生态效益。

一、玉-羊-草模式培肥增效的理论基础

土壤作为一种不可再生资源，过高的化肥施用量和盲目使用肥料会导致土壤肥力严重退化，给农业生产和社会发展造成巨大的威胁。针对这一突出问题，通过实验研究发现，相较于施用无机化肥，施用羊粪便可以提高土壤肥力和作物生产力。其作用机理主要是通过增加土壤有机质、氮和磷输入，刺激微生物活动和

加速可利用养分循环等过程，以此改善土壤理化性质，从而降低或消除长期过量施无机肥对土壤理化性状和微生物多样性产生的负面影响。采用"粮草轮作、种草养羊、划区轮牧、羊粪肥田"策略，既提高粪污资源化利用率，又修复土壤，改善土壤肥力，实现资源合理利用；同时加强农作物秸秆及其农副产品饲料化利用，从而达到培肥增效的目的(图 5-1)。

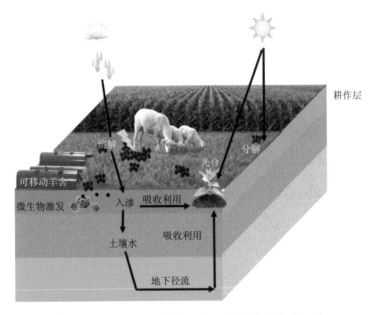

图 5-1　玉-羊-草农牧耦合培肥增效技术模式原理图

(一)提升土壤有机质

土壤有机质是土壤养分的重要指标，可为土壤团聚体的形成提供胶结物质，增强土壤团聚体稳定性，以此改善土壤通透性和理化性质。实验揭示，施用羊粪 22.50 t/hm² 和无机氮肥 300 kg/hm² 后土壤有机质含量分别为(55.78±4.08) g/kg、(12.49±3.20) g/kg，与施用无机肥相比，施用羊粪后土壤有机质提升了 347%，达到显著水平；当使用梯度羊粪 22.50 t/hm²、30.00 t/hm²、37.50 t/hm²、45.00 t/hm² 后，土壤有机质的提升量依次为 375%、490%、546%、658%。因此，这些结果充分说明了羊粪是一种常见的热性肥料，相比于其他畜禽粪便会显著提高土壤有机质，改善土壤理化性质，进而促进农作物的生长。

(二)激发土壤微生物活性

微生物是衡量土壤质量的重要指标，可通过新陈代谢和死亡分解为植物提供养分，促进营养素的循环。研究表明，土壤微生物主要以细菌和真菌为主，是土壤有机质分解和养分动态的主要调节剂。土壤经羊粪处理后，总微生物生物量、原生动物及真菌丰度与对照组相比分别提高了450.9%、508.3%、234.0%，而土壤放线菌丰度显著降低了17.7%。另外，研究发现施加羊粪可改变土壤微生物多样性，改善土壤微生物区系，并与常规施肥处理相比，土壤微生物多样性指数显著提高（李艳春等，2018）。与此同时，研究发现土壤中的线虫可使有机物在养分循环过程中快速腐烂、掺入，并以细菌、真菌和原生动物为食，在天然草地放牧绵羊可使土壤线虫、微生物活性、养分有效性、蚯蚓平均数量和牧草产量增加，从而促进了土壤养分循环和生物量增加。

（三）改善土壤结构

土壤结构是土壤物理性质的重要组成部分，研究表明适当施用羊粪能促进土壤团粒形成，改良土壤结构，降低土壤容重和增加含水率，羊粪施用量以 3000 kg/hm^2、"70%条施＋30%穴施"为宜，并且随着羊粪施用量的增加，深层土壤蓄水能力也增加。此外，研究发现施加羊粪可使土壤黏粒含量增加15.0%，大于 2 mm 的水稳性团聚体增加357.45%，从而提高了土壤孔隙度、土壤通气度。由此可见，施用羊粪可以改善土壤结构，有利于农作物生长。

（四）构建优质耕层

优良的土壤结构是实现作物高产稳产的基础，粮草轮作措施能够直接作用于土壤，改变土壤结构，对耕层土壤温度、含水量、容重、孔隙度及土壤相关酶活性具有十分重要的影响。此外，重金属污染会导致土壤有机物含量、营养物质（氮、钾、磷）水平降低以及其他物理性状异常。研究发现，施加羊粪可以降低苜蓿根和土壤中的镉、铅和锌浓度，同时也发现土壤经二乙烯三胺五乙酸（DTPA）提取的铅、镉和锌浓度降低（Elouear et al.，2016），这可能与土壤中金属与羊粪中有机质之间存在螯合、络合和吸附等作用有关。同时放羊草地羊踩爪动可疏松耕层土壤的表层，有助于耕层土壤改良。玉-羊-草农牧耦合培肥增效技术模式通过粮草轮作和羊粪肥田等措施直接作用于土壤，不仅可以提高耕层土壤有机质，改善耕层土壤结构，还可以降低耕层土壤重金属污染，从而创造良好的耕层环境，促进玉米等粮食作物优质高产。这对江淮区域中低产田改土培肥、提质增效有十分重要的意义。

（五）提高农田效益

玉-羊-草农牧耦合培肥增效技术模式可显著提高农田经济效益。纯种玉米一季收益为 9000～12000 元/hm^2，而采用玉-羊-草农牧耦合培肥增效技术模式可实现 1 hm² 地养 150 只羊、一个人饲喂 1000 只羊的高效生产目标，耕地每公顷收入增加 30000~45000 元。同时可少用或不用化肥、农药和杀虫剂，还会不断改善土壤、周边水系和大气环境的质量，从而实现农业生产与环境保护的协调可持续发展。

二、玉-羊-草模式关键技术

(一)种养单元结构与轮作模式

玉-羊-草农牧耦合标准化种养单元(图 5-2)包含占地 50 亩的肉羊标准化生产单元和 250 亩土地。1 个肉羊标准化生产单元包含 10 栋标准化移动式羊舍、1 栋饲料棚、800 m 自动化饲喂系统及其相关附属设施。

图 5-2 玉-羊-草农牧耦合标准化种养单元示意图

玉-羊-草农牧耦合标准化生产体系采用粮草轮作策略，即热季种玉米、冷季种饲草(饲料油菜、黑麦草等)，为养羊业提供大量的精料、粗料和青绿饲料。同时能改善土壤结构，提高土壤肥力，构建优质耕层。采用玉-羊-草农牧耦合标准化生产体系可改造中低产田，不断改善农业生产条件，提高粮食综合生产能力，实现"藏粮于地、藏粮于技"。其优点如下：①羊群在草地上自由活动，符合其生物学特性，健康状况好；②移动羊舍及附属设施，小气候环境可控，建设投资少；③自动化饲喂系统和清粪装置，节约人工，管理方便，生产效率高；④秸秆等农副产品过腹还田，修复土壤，资源利用合理；⑤种养结合，可以少用或不使用化肥、农药、除草剂、杀虫剂，节水，生态效益好。此外，种植单元可在羊舍区附近轮换，实现大面积中低产农田培肥增产增效。

(二)新型移动式羊舍

新型移动式羊舍是一种结构简单，便于舍内环境控制，只提供羊只休息，且无饲喂设备的羊舍，包括圆弧顶棚、漏缝地板、支撑底架、自动清粪系统、羊舍环境自动调控系统、雨污分离系统、监控系统、太阳能采暖照明系统及附属设施(图 5-3)，可有效调控羊舍小气候环境，改善养殖环境。试验结果显示，羊舍环境温度冬季可提升 5℃左右，夏季羊舍环境可降低 2～3℃。圆弧顶棚由彩钢瓦和棚架组成，彩钢瓦内有隔热塑料泡沫，用于羊舍与外界隔热；漏缝地板缝隙为 2 cm，既保证粪便漏入储粪板又避免羊蹄卡在缝隙里；自动清粪系统采用电机驱动定向移动羊舍，可机械化清理羊舍底部羊粪；羊舍环境自动调控系统可通过各类传感器自动监测羊舍风速、温度、湿度、二氧化碳浓度、氨气浓度，通过控制面板预先设定的参数，自动控制风机、湿帘、门窗的开关以及喷淋降温、消毒、刮粪设施进行舍内环境调节和蚊虫驱赶；雨污分离系统可将雨水和降温用水回收、净化、再利用；监控系统可观察羊舍内外羊的生活情况，实时查看每只羊的数据，同时根据羊舍内的异常情况及时执行相应的控制管理；太阳能采暖照明系统在断电时可提供羔羊采暖、羊舍和生活区照明用电。

图 5-3　新型移动式羊舍

新型移动式羊舍的特点是具有可移动性，通风性能良好，可自动清粪，可在标准化、大规模养殖的同时实现单元化管理，其最大优势是不改变土地性质，所有设施设备均可随时拆卸组装，这一优势在土地资源稀缺的当下尤为重要。新型移动式羊舍清粪方便，清出的羊粪可作为有机肥用于玉米和饲草种植。移动羊舍的研发弥补了传统散养模式生产力低和现代养殖企业舍饲生产模式运营成本高等一系列难题，在尝试了不同于传统模式的肉羊生产方式的基础上，创新性地提出江淮区域和南方肉羊产业生态发展之路。

试验研究表明，移动式羊舍夏季小气候环境明显优于半开放羊舍、有窗封闭羊舍，且移动羊舍羊群增重效果较好、羊群发病率很低、经济效益较高，适用于在中小型养羊企业及广大养羊户推广（陈家宏等，2013）。新型移动式羊舍可依据草地类型、生产季节、饲养对象管理要求等，实现单元化、标准化管理，同时充分利用江淮区域岗地和草地资源，在提高经济效益的同时兼顾提高生态效益的生产目标（黄桠锋等，2014）。新型移动式羊舍现已在江淮区域安徽定远、颍上、六安和贵州麦坪、湖北通州等地进行推广和示范。

（三）放养方式

传统的放牧饲养方式中，放牧羊全年放养于草场中，冬春季进行不同程度的补饲。该饲养方式最大的优点是成本低廉，但易受放牧草地四季牧草营养供应不平衡的限制，使肉羊表现出"夏长、秋肥、冬瘦、春乏"的自然长消规律。与自然放牧方式相比，限时放牧加补饲可显著提高肉羊的生长性能，维持较高的羊肉品质，改善羊肉的脂肪酸组成和含量，也可减轻草地的放牧压力。

基于江淮粮食生产区放牧草地面积限制和生态环境保护的准则，需对传统的全天放牧方式进行变革。研究表明，以划区轮牧为基础，采用舍饲加调控性放牧（4 h）饲养方式（图5-4），既可保持较高的肉羊生长性能，又可实现草地的可持

图5-4　羊群草地放牧

续利用与发展(张子军等,2013;任春环等,2015)。划区轮牧是在划定季节牧场的基础上,根据牧草的生长、草地生产力、羊群的营养需要和寄生虫侵袭动态等,将牧地划分为若干个大小相等的小区,规定每个分区的放牧时间(肉羊在每一小区停留时间一般不超过 7 d),羊群按计划好的顺序在小区内进行轮回放牧。施行有计划的划区轮牧,能合理利用和保护草场,草地可以得到系统的休闲,牧草保持正常的生长发育和丰富的营养价值,同时将羊群控制在小区范围内,减少游走所消耗的热能,利于抓膘,能够控制寄生虫感染,利于肉羊健康生长。通过划区轮牧,在整个放牧季节内,可以保证均衡地供应饲草,维持家畜平衡生产。

(四) 肥田培土

玉米和饲草的合理轮作,可保持土壤对前、后茬作物的养分与水分的平衡供应,防止和减轻因连作引起的某些肥力因素耗竭和土壤病害发生。肉羊采用划区轮牧的方式在草地自由采食,其产出的羊粪既能增加土壤有机质含量和养分贮量,还能改善土壤结构、增强微生物活性,同时经过微生物的活动和分解,还可以使有机肥中的氮素按铵态氮、亚硝态氮、硝态氮的顺序分解,土壤中的微生物则可以吸收无机氮而合成蛋白质。当微生物合成的蛋白质被分解时,所产生的硝态氮又可以作为养分供作物吸收利用。同时,在羊群划区轮牧的过程中,羊群踩踏松土,可以改善土壤的团粒结构,增加土壤的透气性,激发微生物活性,有利于深厚耕作层的建立和土壤的水、气、热状况调节,从而改善土壤肥力,为作物生长创造良好的土壤条件。

三、玉-羊-草模式应用

以肉羊养殖为基础,依据"种草养畜、畜粪肥田"的原理,因地制宜、科学载畜、划区轮牧、过腹还田,使草畜平衡,在确保生态安全的前提下,变"中低产田种粮"为玉-羊-草综合开发利用的产业融合平衡发展模式。针对江淮区域生态特点,研发新型移动羊舍、自动化饲喂系统,筛选出最佳肉羊和牧草品种组合,构建区域性适度规模的玉-羊-草平衡的农牧耦合标准化生产体系。一个玉-羊-草农牧耦合标准化生产体系的标准化生产单元占地面积 20~33 hm^2,其中 3.3 hm^{2}为肉羊标准化生产单元,10 hm^2 为多年生人工混播草地,16.7 hm^2 为"以饲料油菜、一年生黑麦草、毛苕子为主的一年生刈割草地+玉米"轮种模式,并结合裹包青贮和堆贮技术,长期保存饲草料,实现产鲜草 225 t/hm^2,可饲喂羊 150 只/hm^2,羔羊成活率达 95%以上;育肥羊日增重 200 g,生产效率提高 20%,实现一人饲喂千只羊以上,耕地收入增加 30000~45000 元/hm^2;粪污资源化利用率达 100%,羊粪有机肥的化肥替代率达 95%,大幅度减少化肥、农药和杀虫剂等的使用。

该农牧耦合标准化生产体系先后在江淮区域安徽定远、六安、颍上、怀远等多地进行产业化推广应用，现已建成示范基地 8 个，种植人工草地 2 万亩，示范规模 4 万只以上，推广新型移动式清粪羊舍 100 余栋，累计获得经济效益约 2 亿元。目前已成为安徽定远县、颍上县、六安市裕安区等江淮区域粮食作物结构调整和产业融合培肥增效新模式。

第五节　粮食作物生产固碳减排丰产增效技术模式

气候变暖是当代世界需面对的重大科学问题之一，造成全球气候变暖的原因90%以上来自人类活动导致的温室气体排放。三大温室气体分别是二氧化碳（CO_2）、甲烷（CH_4）和氧化亚氮（N_2O），作物生产农田土壤是碳的重要承载体，也是温室气体的排放地，水稻田是 CH_4 的主要排放地，而旱地农田则是 N_2O 的主要排放地。因此，作物生长农田不仅是温室气体的重要排放源，也是固碳增汇的关键贡献者。在粮食作物丰产稳产的基础上，增加耕地土壤碳储存量，减少温室气体排放是加快农业绿色低碳发展和生态文明建设的重要内容，也是实现碳达峰碳中和的有效途径。江淮区域作为我国重要的粮食作物生产基地，研究建立该区域粮食作物生产固碳减排丰产增效技术模式是实现作物绿色低碳高效生产和碳达峰碳中和的重大战略需求。

一、稻-麦轮作稻田甲烷减排技术模式

甲烷是仅次于 CO_2 的第二大温室气体，对全球温室效应的贡献率达 18%。在农业生产中，稻田是重要的 CH_4 来源地，而江淮区域是我国重要的水稻生产区。因此，控制减少稻田 CH_4 排放对保证水稻高产高效和农业碳达峰碳中和有重要意义。

（一）稻田甲烷排放

1. 稻田甲烷产生与传输

稻田 CH_4 排放是土壤 CH_4 产生、氧化以及传输的净效应。在田面水形成的极端厌氧环境下，稻田土壤中的有机肥料、动植物残体、土壤腐殖质以及水稻根系分泌物等有机物，被各类细菌组成的食物链转化成 CO_2、CH_3OH、CH_3COOH、甲胺类等一碳或二碳产 CH_4 前体，进一步在产甲烷菌作用下发酵产生 CH_4。同时，在水土以及根土界面也存在一定的好氧区域，一部分 CH_4 在排放至大气前被氧化，未被氧化的 CH_4 通过水稻植株蒸腾、田面水传输排放入大气层。

1）甲烷产生

淹水稻田土壤 CH_4 的产生包括专性矿质化学营养产 CH_4 菌途径和甲基营养产 CH_4 菌途径。

专性矿质化学营养产 CH_4 菌途径是在产 CH_4 菌参与下，以 H_2 或有机分子作 H 供体，还原 CO_2 或直接利用 HCOOH 和 CO 产生 CH_4：

$$CO_2+4H_2 \longrightarrow CH_4+2H_2O$$

$$4HCOOH \longrightarrow CH_4+3CO_2+2H_2O$$

$$4CO+2H_2O \longrightarrow CH_4+3CO_2$$

甲基营养产 CH_4 菌途径则是在产 CH_4 菌参与下，对乙酸等含甲基化合物脱甲基，即 $RCOOH \longrightarrow RH+CO_2$，其中 R 主要为 CH_3^-，如 $CH_3COOH \longrightarrow CH_4+CO_2$。这是 CH_4 形成的主要途径，占 70% 左右。

2) 氧化与传输

即使在淹水条件下，稻田土壤也可以通过水稻根系获得一定量的 O_2，在根系周围产生氧化层；大气中的 O_2 同样也可以通过田面水层的扩散，在水土界面产生一定的氧化层。这都为甲烷氧化菌的活动提供了所必需的氧化环境。

稻田 CH_4 产生后，主要通过植物通气组织、气泡和液相扩散等通道排入大气，当土壤产生的 CH_4 扩散经过土壤和水土界面的氧化区域时，大量 CH_4 可被氧化，顺利通过氧化区域排入大气层的 CH_4 占产生量的 20%～80%。因此，提高土壤与水土界面氧化区域 CH_4 的氧化能力，是稻田 CH_4 减排的有效途径。

2. 稻田甲烷排放量及其在温室气体控制中的地位

甲烷是仅次于 CO_2 的第二大温室气体，在一百年尺度下，单位质量 CH_4 的全球增温潜势是 CO_2 的 25 倍。在农业生产中，稻田 CH_4 排放量约占全球排放总量的 12%，约占全球温室效应贡献率的 2.2%，是排名靠前的单一温室气体来源，是重点控制的温室气体排放源。水稻是我国第一大口粮作物，水稻生产对于保障粮食安全以及战略储备意义重大，如何在控制稻田 CH_4 排放的前提下，确保稳产高产是农业碳达峰碳中和的关键。

中国是农业大国，有效控制农业源温室气体的排放是应对气候变化、履行国际义务并且树立大国担当的重要举措。在 2009 年哥本哈根世界气候大会上的减排承诺表明了我国的决心，但也面临着巨大的减排压力；在《"十三五"控制温室气体排放工作方案》明确指出，为推动我国二氧化碳排放 2030 年左右达到峰值并争取尽早达峰，大力发展低碳农业，控制农业甲烷排放，应推广低碳减排增效的农田耕作措施。

3. 不同农业措施对稻田甲烷减排的影响

针对稻田 CH_4 排放的研究可分为稻田 CH_4 排放规律及减排措施、CH_4 产生机理与途径两大类型。在淹水形成的严格厌氧环境下，产甲烷菌作用于肥料有机物、水稻根系分泌物等产甲烷基质，是稻田 CH_4 产生的主要途径。根据甲烷的产生过程，减少产甲烷菌的作用底物、破坏产甲烷菌产甲烷所需厌氧环境且促进 CH_4 氧化是稻田甲烷减排的常用思路，水肥运筹、耕作模式、综合种养等农业措施对稻田甲烷减排的影响不同。

(1)施用有机肥。施用有机肥对稻田甲烷排放的作用因其组成成分不同而存在较大差异。以沼气发酵后剩余残渣为主的有机肥对稻田 CH_4 排放的促进作用远小于新鲜有机肥。这是由于在沼气发酵过程中，可以作为产甲烷基质的大量活性有机成分被分解或转化为 CH_4，施入土壤时提供的甲烷基质更少，而氮、磷、钾等营养成分未显著流失。

(2)免耕模式。免耕作为保护生态环境的重要耕作方式，一方面可增强土壤的团聚作用，降低土壤有机质分解速率，提高水分利用率，保证土壤肥力；另一方面能够减少土壤扰动，保护土壤结构，有利于 CH_4 氧化菌活动，从而减少 CH_4 的排放量。稻田免耕克服了传统耕作费工耗时、人工生产成本高、破坏环境等缺点，是一项省工、节约且环保的耕作方式。但需注意的是，稻田长期免耕可能会导致秸秆和根茬过量积累在土壤表面，影响水稻生长。

(3)秸秆还田。随着农业的发展以及粮食产量的提高，中国秸秆大量过剩问题突出，秸秆还田是当前秸秆资源综合利用的主要方式之一，在农业生产中被普遍应用。秸秆还田可增加土地中可利用的碳氮含量，进而提高土地肥力，实现作物的增产。但秸秆直接还田在分解过程中增加了土壤 C、N 含量，为产甲烷菌提供了足量的反应底物，且易于形成厌氧环境，从而显著增加 CH_4 的排放量。因此，从减排稻田甲烷的角度，秸秆还田方式、模式需要深度研究。如前所述，秸秆沼气化是最有碳中和前途的秸秆还田途径。

(4)水分控制。研究发现，烤田是影响稻田 CH_4 排放的重要因素。在实际农业生产中，应考虑水稻生长对水分的要求，确定烤田的时间、次数以及持续时长。最适宜的烤田时期为水稻分蘖期至穗分化前，这一阶段水稻生长旺盛，通气组织发达，是控制稻田 CH_4 排放量的关键时期，并能提高作物产量。

(二)稻-麦轮作稻田在甲烷减排中的地位

1. 区域碳达峰的重要地位

在 2021 年 3 月中央财经委员会第九次会议上，习近平总书记提出"实现碳达峰、碳中和是一场广泛而深刻的经济社会系统性变革，要把碳达峰、碳中和纳入生态文明建设整体布局，拿出抓铁有痕的劲头，如期实现 2030 年前碳达峰、2060 年前碳中和的目标。"这是党中央站在人类命运共同体的高度上，作出的重大战略部署，是应对全球气候变化及《巴黎协定》温控目标的一大重要决策。我国是农业生产大国，同时也是农业碳排放大国，大力发展低碳农业，降低农业生产中甲烷的排放，是确保实现"双碳"目标的重要支撑，也是乡村振兴战略的重要动力。稻田甲烷排放约占农业碳排放的三分之一，因此控制和减少稻田甲烷排放是我国应对气候变化、履行国际义务并且树立大国担当的重大举措。

2. 稻-麦两熟轮作分布区以及碳排放量

稻-麦轮作是我国长江中下游地区常见的种植模式，两熟轮作可充分利用该地区的光温水资源，实现农业生产效益最大化。长江中下游的稻-麦轮作区包括江苏、浙江、安徽、河南以及川北、陕南等地，是中国水稻主产区，稻-麦两熟轮作面积常年维持在 1300 万 hm^2 水平，总产量在 1 亿 t 以上，分别占全国的 52% 和 53%，是我国水稻主产区，也是稻田甲烷排放的主要来源区域，参考省级温室气体清单的推荐排放参数，该区域水稻生产过程中甲烷排放折合二氧化碳当量为 6987 万 t，约占中国水稻种植温室气体排放总当量的 51%。江淮区域的沿江、江淮丘陵和沿淮地区是稻-稻、稻-麦重要两熟区，因此，在稻田甲烷减排中有重要作用。如何协调好江淮区域农业生产中作物产量与生态环境保护之间的关系、实现稻田甲烷减排、推动农业碳达峰碳中和，是该地区农业发展的焦点问题之一。

(三)稻-麦轮作稻田甲烷减排技术模式

如何控制和减少稻田生态系统 CH_4 排放是备受关注的碳减排问题，利用安徽农业大学巢湖长期定位试验基地，从水分管理、施肥管理及耕作方式等着手，研究形成了稻田 CH_4 减排技术模式。

1. 耕作管理技术模式

大田实验表明，耕作方式对于常年淹水稻田的 CH_4 排放具有调控作用，不同耕作方式的调控结果存在较大差异。耕作方式改变了耕层土壤的物理性质、土壤中微生物区域的结构和组成，在一定程度上降低耕作强度或免耕的方法可减少耕层土壤扰动、降低土壤有机质分解速率、增加土壤抗氧化能力，从而减少 CH_4 排放。相对于均匀混施，秸秆表面覆盖的还田方式可促进秸秆的好氧分解，从而减少 CH_4 的排放。

常规耕作(CG)、优化施肥(CY)、优化减量+保护性耕作(CB)、优化减量+秸秆还田(CJ)四种耕作管理模式的稻田三年 CH_4 平均排放量如图 5-5 所示。由图可知，本地主推的高产创建模式三年 CH_4 平均排放量均值为 236 kg/hm^2，这一结果略高于省级温室气体清单推荐的华东地区单季稻排放值，表明地下水位较高的圩区单季稻田甲烷排放量高于一般稻田，是需要重点关注的稻田甲烷排放源。

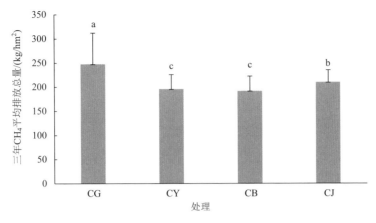

图 5-5　不同耕作方式对 CH_4 累积排放量的影响(三年平均值)

不同小写字母表示在 5%水平差异显著

而采用优化施肥(CY)、优化减量+保护性耕作(CB)、优化减量+秸秆还田(CJ),三年平均排放量分别为 195 kg/hm²、190 kg/hm²、209 kg/hm²,与 CG 相比分别降低了 17.4%、19.5%和 11.4%,且均低于省级温室气体清单推荐的华东地区单季稻排放值,具有一定的减排作用。其中优化施肥(CY)、优化减量+保护性耕作(CB)的三年平均减排量接近,表明肥料运筹对稻田甲烷的减排影响更重要。从稻田 CH_4 减排考虑,推荐在巢湖流域低地圩区采用优化减量+保护性耕作或优化施肥模式进行稻田 CH_4 减排。其中优化减量+保护性耕作(CB)模式主要技术要点为:前茬小麦留高茬(30~40 cm)、秸秆压倒覆盖全量还田,施腐熟剂 30 kg/hm²快腐,水稻氮肥、磷肥、钾肥分别施用 182.25 kg/hm²、54.68 kg/hm²、97.2 kg/hm²。氮肥采用 4∶4∶2 的施用方式;磷肥作基肥一次性施用;钾肥 70%作为基肥,30%作为穗肥施用;水稻间歇浅湿节水灌溉。优化施肥(CY)模式要点为:水稻氮肥、磷肥、钾肥施用量分别为 225.0 kg/hm²、67.5 kg/hm²、120.0 kg/hm²,氮肥采用 4∶4∶2 的施用方式(基肥 40%+分蘖肥 40%+穗肥 20%);磷肥作基肥一次性施用;钾肥 70%作为基肥,30%作为穗肥施用;间歇浅湿节水灌溉。

2. 圩田控水减排技术模式

土壤中产甲烷基质的含量对稻田甲烷的产量具有决定作用。沿江沿淮低地圩区地下水位高、土壤水分含量大、通气性较差,不利于土壤含碳基质的氧化。利用稻-麦轮作的小麦季旱作期开沟控水,通过提高耕层土壤透气性,促进含碳有机质氧化,降低有机质含量,减少水稻季耕层土壤的产甲烷基质,从而实现甲烷减排。项目设置常规施肥+麦季浅沟排水处理(CQ)、常规施肥+麦季深沟排水处理(CS)两种控水模式,并以耕作管理技术模式研究的常规耕作(CG)作为对照

(图 5-6)，研究、集成稻田甲烷的控水减排技术。

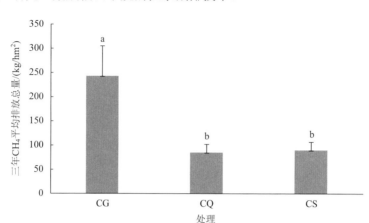

图 5-6　麦季开沟排水对 CH_4 累积排放量的影响(三年平均值)

不同小写字母表示在 5%水平差异显著

两种控水模式技术要点如下。

(1)常规施肥+麦季浅沟排水处理(CQ)：常规施肥，间歇浅湿节水灌溉。麦季采取浅沟排水、高畦种麦，田内"三沟"(腰沟、畦沟、田边沟)深度分别为 0.2 m、0.25 m、0.35 m；田外大沟深 0.6~0.8 m；畦沟间隔 3 m，间隔 50 m 开腰沟；沟与沟相通，通过田边沟与田外大沟相通，方便出现积水时农田及时排水。

(2)常规施肥+麦季深沟排水处理(CS)：常规施肥，间歇浅湿节水灌溉。麦季采取深沟排水、高畦种麦，田内"三沟"(腰沟、畦沟、田边沟)深度分别为 0.3 m、0.4 m、0.45 m；田外大沟深 0.6~0.8 m；畦沟间隔 3 m，间隔 50 m 开腰沟；沟与沟相通，通过田边沟与田外大沟相通，方便出现积水时农田及时排水。

麦季开沟排水对后茬稻田 CH_4 具有显著减排效果(图 5-6)，与 CG 相比，CQ 与 CS 模式的 CH_4 三年平均排放量分别减少了 156 kg/hm²、150 kg/hm²，减排幅度分别达 66%与 64%，且 CS 模式的减排比例略低于 CQ 模式，但差异不显著，表明采用 CQ 模式即可实现较为理想的减排效果。进一步增加控水沟系统深度对减排没有显著正效应，因此单纯从稻田 CH_4 减排的角度，推荐采用常规施肥+麦季浅沟排水技术模式。

3. 适宜于低地圩区的稻田甲烷减排模式

获得农业产量、确保粮食安全是农业生产的根本目标，稻田温室气体减排不能以牺牲水稻产量为代价，碳中和与粮食安全是稻田 CH_4 减排的双重目标。

由图 5-7 对比对照可知，各种技术模式均有一定的增产效应，其中，耕作模式中以优化减量+秸秆还田(CJ)模式增产效果最佳,三年平均较对照增产约 5.2%;冬小麦旱季控水模式的水稻增产效果则优于耕作措施,其中常规施肥+麦季浅沟排水处理(CQ)模式效果最佳,三年平均增产约 7.4%。各技术模式不仅能够实现稻田 CH_4 减排,还能保证稳产甚至增产,是具有推广价值的减排技术模式。

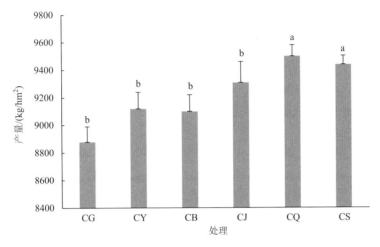

图 5-7　不同处理对两熟制稻田产量的影响

不同小写字母表示在 5%水平差异显著

从产量与减排双重目标考虑,在地下水位较高的低地圩区,推荐使用常规施肥+麦季浅沟排水技术模式,其他地区推荐使用优化减量+保护性耕作或优化施肥技术模式。

江淮区域稻田甲烷减排技术模式对长江中下游地区稻-麦两熟制种植区具有参考价值。如果模式应用到长江中下游稻-麦轮作农田并进行估算,该区域稻-麦轮作农田约 1300 万 hm^2,其中低地圩区稻-麦两熟制种植区面积约 200 万 hm^2,采用常规耕作模式,稻田 CH_4 年排放折合约 7.67×10^7 t CO_2 当量(表 5-1)。

表 5-1　不同技术模式对长江中下游稻-麦两熟制种植区减排情况

模式	类别	面积/万 hm^2	减少 GWP/万 t CO_2 当量
常规栽培 CG	全区域	1300	7670[*]
常规栽培 CG	全区域	1300	6987[**]
常规+麦季浅沟排水 CQ	低地圩区	200	887.7
常规+麦季深沟排水 CS	低地圩区	200	852.3
优化施肥 CY	常规水旱作	1100	1290.2
优化减量+保护性耕作 CB	常规水旱作	1100	1422.3

续表

模式	类别	面积/万 hm²	减少 GWP/万 t CO₂ 当量
优化减量+秸秆还田 CJ	常规水旱作	1100	823.6
减排上限 (CQ+CB)	—	1300	2310.1
减排下限 (CS+CJ)	—	1300	1675.9

注：GWP 为全球增温潜能 (global warming potential)，代表单位某种温室气体与单位二氧化碳在增温潜能上的比值。减排比例：各模式与同等面积常规模式 (CG) 排放减少 GWP 的比例。

*：利用常规栽培试验三年平均值估算；**：参考省级温室气体清单推荐值估算。

在旱季冬小麦开沟控水可显著降低水稻生产季节的 CH_4 排放量，并且就整个稻-麦轮作周期来看，GWP 降低幅度均显著高于各耕作措施处理，CQ、CS 处理每公顷分别减少 4438.56 kg、4261.32 kg CO_2 当量，约为各耕作措施减排效果的 4～6 倍，是圩区农田 CH_4 减排的优势技术模式。与常规模式相比，200 万 hm² 低地圩区稻田采用 CQ 技术模式可减少约 887.7 万 t CO_2 当量；1100 万 hm² 非圩区农田则以 CY 和 CB 效果最佳，分别折合减排量约 1290.2 万 t、1422.3 万 t CO_2 当量。

综合来看，在长江中下游稻-麦两熟制种植区，低地圩区推荐采用常规施肥+麦季浅沟排水处理 (CQ) 模式、非圩区采用优化减量+保护性耕作 (CB) 模式，两者结合，可在长江中下游稻-麦两熟轮作区减少稻田 CH_4 折合 2310.1 万 t GWP，约占排放总量的 30%，虽然尚未达到碳中和目标，但可切实推动碳达峰。以《长三角高质量发展指数报告》上海碳排放配额 (SHEA) 2020 年挂牌交易均价 40.31 元/t 计算，减排价值折合约 9.31 亿元。而采用其他模式结合使用，减排效果将有不同程度降低。

4. 稻-麦轮作稻田甲烷减排技术模式的应用

常规施肥+麦季浅沟排水处理 (CQ) 模式是适用于巢湖低地圩区的稻-麦两熟轮作区的稻田 CH_4 减排模式。2018～2020 年，该技术模式在巢湖市平均年应用约 7500 hm²，根据测算，稻田 CH_4 减排折合约 3 万 t CO_2 当量，取得了较好的生态效益。

二、麦-玉系统有机和无机肥配施固碳减排技术模式

农业温室气体减排和农田土壤固碳是实现碳达峰碳中和的有效途径，有机和无机肥配施技术是提升土壤固碳能力、减少氧化亚氮 (N_2O) 等温室气体排放的重要措施。

(一) 有机和无机肥配施的固碳减排意义

农田是温室气体的重要排放源，也是固碳增汇的关键贡献者。在作物丰产稳产的基础上，增加耕地土壤碳储存量，减少温室气体排放是加快农业生态文明建设的重要内容。N_2O 是三大温室气体之一，其增温潜势是 CO_2 的 298 倍，在大气中存留时间可达 150 年（IPCC, 2007）。此外，它已取代氟利昂成为当前臭氧层最主要的破坏者。大气中 N_2O 浓度已从工业革命前的 270 ppb[①]增加到目前的 330 ppb（IPCC, 2007）。农田尤其旱田被认为是 N_2O 的重要排放源，主要受到活性氮投入的驱动。当前，我国是世界活性氮投入和 N_2O 排放最多的国家，降低作物生产中 N_2O 的排放是推进我国农业绿色低碳发展的有效途径。小麦-玉米一年两熟系统是我国旱地的主要种植模式之一，也是沿淮淮北主要粮食作物种植模式，如何降低该系统的 N_2O 排放，增加土壤碳汇是当前人们关注的热点。

无机肥和有机肥是农田活性氮的主要来源。无机肥具有养分含量高、肥效快和体积小等特点，是目前我国农田的主导肥源。但由于其也同时具有释放快、损失快的特点，释放曲线很难与作物需求曲线相吻合，易导致肥料过量施用，造成土壤和环境一定的负面效应。与无机肥相比，有机肥释放温和且周期长，不易引起施用过量问题。此外，有机肥还有改善土壤结构、增加碳汇、提高土壤保水保肥性能的功能。但有机肥同时也具有养分含量低、释放缓慢的特点，很难满足作物在快速生长时期对养分的大量需求。因此，有机肥和无机肥配合施用，被认为是保障作物产量、培肥地力和保护环境的有效手段。

（二）有机和无机肥配施的固碳减排原理

有机和无机肥配施会通过改变相关土壤微生物过程和土壤理化性状影响 N_2O 的排放。土壤 N_2O 排放主要来自硝化和反硝化两个微生物过程（图 5-8），受到土壤环境条件和底物碳、氮浓度的影响。无机肥投入会增加底物 NH_4^+ 和 NO_3^- 含量，促进硝化过程和反硝化过程中 N_2O 的排放。同时过量的 NO_3^- 还会减弱 N_2O 的还原能力，这在一定程度上也增加了 N_2O 的排放。相对于无机肥，有机肥的投入对 N_2O 排放的影响较为复杂，一般认为集中在六个方面。

第一，有机肥的投入会增加反硝化微生物酶的活性，促进反硝化过程 N_2O 排放。第二，有机肥施用会增加反硝化微生物的能源碳，促进 N_2O 排放。第三，有机肥施用后会降低 O_2 分压，有利于反硝化过程和 N_2O 的释放。第四，高碳氮比的有机肥在分解过程中，会促进无机氮的固定并降低其浓度，减少 N_2O 排放。第五，有机肥投入后会增加土壤微生物可利用有机碳浓度，进而增加了 N_2O 的还原能力，降低 N_2O 的排放。第六，有机肥释放慢可限制土壤无机氮的浓度，有利于 N_2O 还原为 N_2，减少 N_2O 排放。

---

① ppb，浓度单位，即指十亿分之一。

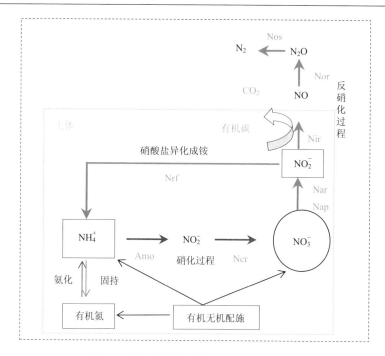

图 5-8 农田土壤氮素转化主要生物学路径

以上分析可以看出，与无机肥不同，有机肥除了有促进 N_2O 的可能，还具备降低 N_2O 排放的潜力。因此，在碳达峰碳中和的背景下，通过有机和无机肥适当调配技术，充分发挥有机肥降低 N_2O 排放的功能，减少麦-玉系统单位产量的 N_2O 排放量，对实现我国粮食作物低碳绿色生产、助力双碳目标的实现具有重要价值。

在旱地麦-玉系统中，硝化过程常被认为是 N_2O 排放的主要过程。研究发现有机肥优化配施处理会显著抑制硝化过程，进而减少该过程中 N_2O 的产生量。硝化过程主要是将 NH_4^+ 氧化为 NO_3^- 的过程，主要包括两个步骤，分别为氨氧化过程和亚硝酸氧化过程。其中氨氧化过程被认为是硝化过程的限速步骤，备受关注。氨氧化过程主要是由氨氧化细菌和氨氧化古菌驱动。在一般旱地耕作土壤中，氨氧化细菌通常扮演着驱动氨氧化过程的主导角色；而氨氧化古菌，常被认为在一些极酸性等逆境土壤中占主导作用。

但我们发现，在一些肥力水平低、黏粒比例大的中性土壤中，氨氧化古菌对硝化过程的贡献也能达到近一半的比重，因此不能被忽略。与传统全施无机肥处理相比，有机肥优化配施处理对氨氧化细菌的丰度影响不显著，但会显著降低氨氧化古菌的丰度及其相关的硝化贡献度。有机肥优化配施处理氨氧化古菌丰度和功能的降低可能与尿素用量的减少有关。一般认为与氨氧化细菌相比，氨氧化古菌具有脲酶基因，能够直接利用尿素进行生长，并可将尿素水解进行氨氧化作用。

有机肥的配施降低了尿素的用量,在一定程度上不利于氨氧化古菌在氨氧化过程中的竞争,因此降低了其丰度和活性。

此外,配施处理可能在一定程度上会降低氧分压,也有利于氨氧化古菌的竞争。这些影响机制可在一定程度上解释有机肥配施处理降低 N_2O 排放的原因。除了氨氧化古菌的影响外,氨氧化细菌对 N_2O 的排放影响也较大,因此如何降低氨氧化细菌源的排放也是减排技术的关键要点。旱地氨氧化细菌活性受到硝化抑制剂 3,4-二甲基吡唑磷酸盐(DMPP)的显著抑制(Meijide et al., 2007),因此在施用基肥时添加 DMPP,可有效降低基肥硝化细菌源 N_2O 的产生量。同时在技术上也通过深耕等措施,减少氨氧化细菌在硝化过程中的贡献度,达到减少 N_2O 排放量的目的。

除了硝化过程产生 N_2O 外,反硝化过程是麦-玉系统耕地土壤 N_2O 的另一关键排放源。通常来说反硝化是异养过程,受到土壤可溶性有机碳的深刻影响。我们发现反硝化潜势与土壤可溶性有机碳显著负相关。与单独施用无机肥处理相比,增加有机肥的施用必然会增加土壤有机碳的含量,因此增加了反硝化过程的 N_2O 产生量。但有机肥增加除了会促进反硝化过程增加 N_2O 产生量外,还会提高 N_2O 还原酶活性,促进 N_2O 还原,进而不增加甚至降低 N_2O 的排放量。土壤可溶性有机碳的含量是影响 N_2O 产生和消耗的关键平衡点,有机肥和无机肥投入比例是否适当是关键。通过多年、多地和多比例试验,我们发现有机肥和无机肥的比例在 1∶2 时,可以在不显著增加反硝化 N_2O 产生量的基础上,增加 N_2O 的还原能力,降低 N_2O 的排放量。

(三)麦-玉系统有机与无机肥配施固碳减排技术

1. 粪肥等低 C/N 有机物料与无机肥配施固碳减排技术

使用粪肥等低 C/N 有机肥与无机肥合理配比和关键过程调控技术,实现降低麦-玉系统固碳减排目标,关键技术要点(图 5-9)如下。

(1)肥料源选择为 C/N 低于 15 的优质有机肥,如羊粪、油菜籽饼肥等。

(2)低 C/N 有机肥与无机肥的合理配比:小麦和玉米季氮肥总施用量均为 240 kg N/hm^2。在基肥施用时,有机肥作为基肥在小麦和玉米播种前用旋耕机翻旋入土壤,化学磷肥、化学钾肥和部分氮肥随有机肥一起用于基肥底施,羊粪与尿素中 N 素的适宜比例为 1∶2。剩余氮肥在小麦的拔节期(基肥∶追肥=7∶3)和玉米的大喇叭口期(基肥∶追肥=5∶5)追肥。

(3)有机肥 pH 调整:生粪不能直接施用,只有腐熟后才能施用。同时腐熟粪肥 pH 需要调成 6.5～7.0 之后施用。

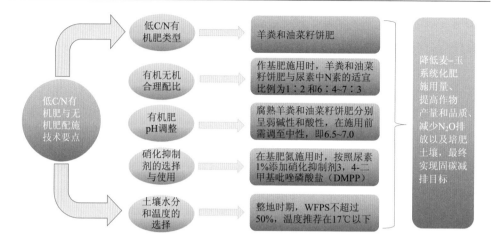

图5-9 低C/N有机物料与无机肥配施固碳减排技术模式图

(4)硝化抑制剂的选择与使用：在基肥氮施用时，按照尿素1%添加硝化抑制剂3,4-二甲基吡唑磷酸盐(DMPP)，用以抑制硝化作用，并降低反硝化底物的形成，减少N_2O排放。

(5)土壤水分和温度的选择：在麦-玉系统中，整地时期土壤空隙含水量(WFPS)不超过50%，播种温度推荐在17℃以下，可有效降低土壤基肥N_2O排放峰。

2. 秸秆等高C/N有机物料与无机肥配施固碳减排技术

考虑到高碳氮比有机肥施用后，造成微生物氮素固持作用，本技术通过改变传统施肥基追比，将氮肥前移，结合小麦季土壤翻耕，并适当增加种植密度和硝化抑制剂的添加，提高氮肥利用率，减少N_2O排放，增加了土壤固碳能力。具体技术流程(图5-10)如下。

(1)小麦季：10月中下旬玉米秸秆粉碎还田后翻耕，总施氮量204 kg N/hm^2，基追比7：3。翻耕时基施氮肥142.8 kg N/hm^2、P_2O_5 90 kg/hm^2、K_2O 180 kg/hm^2，并按照尿素重量1%添加硝化抑制剂3,4-二甲基吡唑磷酸盐(DMPP)。小麦播种量增加至225 kg/hm^2。3月中下旬小麦拔节期追施氮肥61.2 kg N/hm^2。4月下旬到5月上旬早控条锈病，科学预防白粉病和赤霉病，预防红蜘蛛、蚜虫和吸浆虫。

(2)玉米季：6月上中旬小麦收获秸秆还田后，玉米采用板茬种肥机直播，总氮量256 kg N/hm^2，基追比5：5，基施肥料用量氮肥为128 kg N/hm^2、P_2O_5 120 kg/hm^2、K_2O 210 kg/hm^2，在基肥氮施用时，按照尿素重量1%添加硝化抑制剂3,4-二甲基吡唑磷酸盐(DMPP)。玉米播种密度为75000株/hm^2。7月中下旬玉米大喇叭口期追施氮肥128 kg N/hm^2。

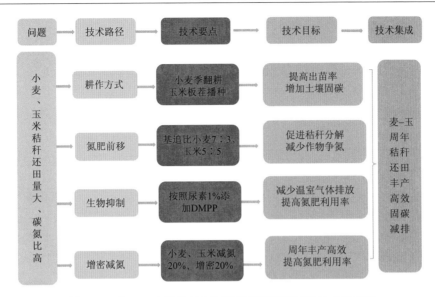

图 5-10　高 C/N 有机物料与无机肥配施固碳减排技术模式图

(四)麦-玉系统有机无机肥配施固碳减排技术应用效果

在皖北砂姜黑土区,与传统全施无机肥处理相比,有机肥和无机肥优化配施技术能显著降低小麦季和玉米季的 N_2O 累积排放量,降低率分别为 27.6%和22.7%(图 5-11 左)。有机肥和无机肥优化配施处理的周年 N_2O 排放也显著低于

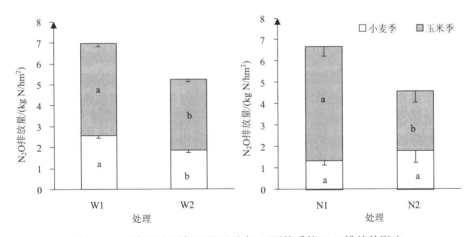

图 5-11　有机肥和无机肥处理对麦-玉两熟系统 N_2O 排放的影响

安徽皖北宿州综合试验站(左图):W1 和 W2 分别代表该站全施化肥处理和有机无机肥优化配施处理。安徽江淮安徽农业大学农翠园试验站(右图):N1 和 N2 分别代表该站全施化肥处理和有机无机肥优化配施处理。图中不同英文字母代表处理间小麦或玉米季 N_2O 排放差异显著,显著水平≤0.05

传统无机肥施用处理，经过优化配施有机肥处理的减排幅度可达 24.5%。在皖中黄褐土区，与传统全施无机肥处理相比，有机肥和无机肥优化配施技术显著降低了玉米季和周年的 N_2O 累积排放量。周年有机肥和无机肥优化配施处理的 N_2O 减排幅度可以达 31.2%（图 5-11 右）。由此可见，在有机肥肥源和土壤类型存在一定差异条件下，有机肥和无机肥优化配施技术也可显著降低麦-玉系统的 N_2O 排放。

在皖北砂姜黑土区，与传统无机肥施用处理相比，有机肥和无机肥优化配施技术不会显著降低小麦和玉米的产量，周年产量还呈现出略微增加的趋势（图 5-12 左）。在皖中黄褐土区，与传统无机肥施用处理相比，有机肥和无机肥优化配施技术也不会显著降低小麦和玉米的产量（图 5-12 右），甚至还有一定的产量增加潜力。可见通过有机肥和无机肥优化配施技术可以在显著降低麦-玉系统周年 N_2O 排放的前提下，保障安徽省麦-玉系统周年丰产要求，实现麦-玉周年绿色低碳生产。

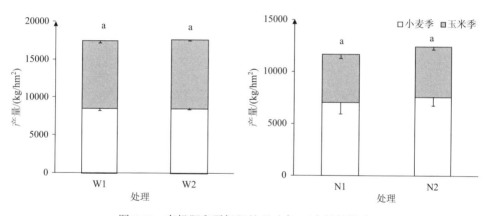

图 5-12　有机肥和无机肥处理对麦-玉产量的影响

安徽皖北宿州综合试验站(左图)：W1 和 W2 分别代表该站全施化肥处理和有机无机肥优化配施处理。安徽江淮安徽农业大学农翠园试验站(右图)：N1 和 N2 分别代表该站全施化肥处理和有机无机肥优化配施处理。图中不同英文字母代表处理间小麦或玉米季 N_2O 排放差异显著，显著水平≤0.05

土壤有机碳含量是估算土壤碳储量的重要指标，也是判断土壤在碳排放过程中起到源或汇功能的重要评价指标。土壤有机碳变化受到土壤自身理化性状、当地气候、种植作物和施肥制度的深刻影响，且其变化需要一定时间尺度才能反映出来。因此，为评估有机碳含量的变化，需要进行较长时间的观测和评估。基于此，我们通过 6 年的研究发现，有机肥和无机肥优化配施技术，可以显著提高土壤有机质含量，年提高率可达到 4.4%。可见，有机肥和无机肥优化配施技术有较强的固碳减排功能。

有机肥和无机肥优化配施技术在麦-玉系统的使用，能在保证作物丰产的基础上，提高土壤固碳能力并降低温室气体 N_2O 的排放。合理配施技术主要通过有效控制硝化过程氨氧化细菌和氨氧化古菌的丰度和活性，降低硝化过程的 N_2O 排放量，并可通过调控土壤可溶性有机碳含量，将反硝化过程的 N_2O 排放量控制在合理范围，进而降低了土壤 N_2O 排放总量，实现理想的减排效果，为该地区麦-玉绿色低碳生产提供有力的科学依据。

三、作物秸秆还田固碳技术模式

农作物秸秆是农业生产中主要的产物之一，也是主要的农业废弃物。秸秆中储存的养分占据了农作物整体一半以上的份额，含有丰富的氮、磷、钾等大量元素以及中微量元素，是一种重要的有机肥资源(柴如山等，2021a)。大量粮食作物秸秆还田是提高土壤有机碳含量最直接有效的方式。因此，研究应用作物秸秆还田固碳技术对提高我国农田土壤有机碳含量具有重要意义。

(一)作物秸秆概况

2020 年我国主要农作物秸秆理论产生总量约达到 6.40×10^8 t，其中玉米、水稻、小麦秸秆理论产量分别占秸秆总量的 42.36%、33.10%和 24.54%。从秸秆种类来看，玉米秸秆主要分布在东北地区、华北地区；水稻秸秆和小麦秸秆主要分布在长江中下游地区和华北地区。

江淮区域的安徽省是国家 13 个粮食主产区之一、5 个粮食净调出省之一，在保障粮食安全方面发挥着举足轻重的作用(柴如山等，2021b)。2020 年安徽省 52个产粮大县的小麦、水稻和玉米秸秆理论产量分别为 1849 万 t、1342 万 t 和 659万 t，3 种粮食作物秸秆理论产量不仅数量悬殊，而且空间分布格局存在明显差异。小麦秸秆主要产自淮北区和江淮区，2020 年两个区域的小麦秸秆产量分别占全省产粮大县小麦秸秆产量的 72.59%和 17.97%，呈现出北高南低的分布规律；水稻秸秆资源南北低中部高，主要分布在江淮区、皖西区和沿江区，占比分别为41.46%、21.86%和 19.71%；玉米秸秆集中分布在淮北区，该区域的玉米秸秆产量占全省产粮大县玉米秸秆总产量的 87.83%。综上，安徽省秸秆产量分布见图 5-13。

(二)秸秆还田固碳原理

土壤作为最重要的碳库之一，其含量是大气碳库的 3 倍，是陆地生物碳库的2.5 倍。同时，由于人类活动及农田管理，耕地土壤也成为陆地生态系统中最活跃的碳库。所以从农业入手，通过合理的手段，能够在较短时间内调节土壤碳库。目前，耕地土壤表层有机碳含量尚未饱和，拥有巨大的固碳潜力，联合国粮食及农业组织(FAO)的报告也指出，农业土壤固碳可能是减少大气中二氧化碳较经济有效的方法之一。因此提高我国农田土壤有机碳含量具有重要意义。

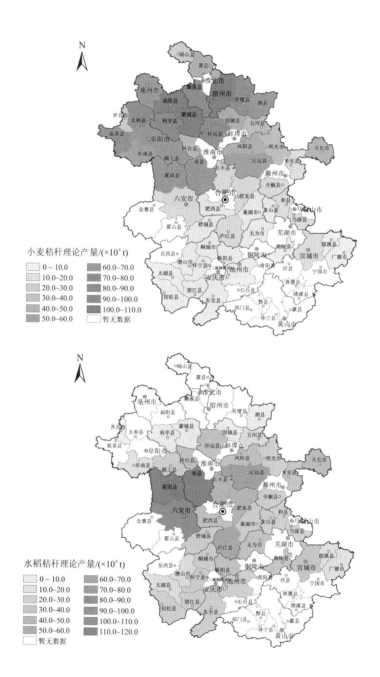

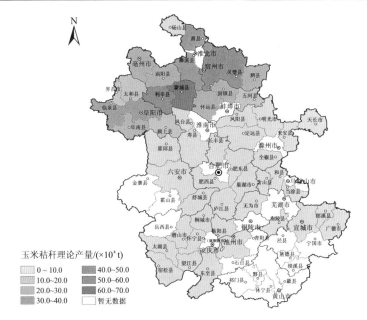

图 5-13 安徽省秸秆理论产量分布图

审图号：GS（2019）1822 号，来源：百度地图

有机物料的投入是提高土壤有机碳含量最直接有效的方式。农业生产中的主要副产品——秸秆，含有丰富的有机碳及其他营养元素，还田后每 100 kg 秸秆能形成约 22 kg 土壤有机碳。全球每年有 0.6～1.2 Pg 碳能通过秸秆还田固定到土壤中（Lal, 2009）。随着秸秆还田量的增加，农田碳库储量也会增加，有研究表明，当中国秸秆还田比例从 15% 提升至 80% 时，农田的碳储量将会达到 175 Tg/a（潘根兴和赵其国，2005）。同时，秸秆在一定条件下腐解能够形成非热解稠环芳香碳，据估算，全球每年农作物降解能够产生 540 万 t 的非热解稠环芳香碳，占土壤稠环芳香碳总量的 3%～12%，对维持土壤碳库稳定也起着重要作用（Chen et al., 2020）。

秸秆还田固碳原理示意图如图 5-14 所示。

秸秆还田后增加其固碳潜力的原理主要分为以下三个方面。

1. 增加外源碳固碳

农田土壤有机碳净固持量取决于有机物料新有机碳的形成量与原有有机碳矿化损失量之间的盈亏平衡。目前我国农田土壤碳库并未饱和，具有很大的固碳潜力。而作物秸秆中含有作物生长发育所需要的大部分中微量元素，其中碳元素含量超过了 40%，还田后增加了外源碳的投入，土壤中有机碳含量增加，提升了土壤的固碳效率，且在一定范围内外源碳投入量与土壤固碳效率呈现显著正相关关

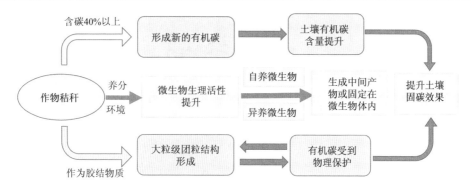

图 5-14 秸秆还田固碳原理模式图

系。秸秆还田后不但有利于固碳,土壤肥力、作物产量及作物品质均能有所提升,
见图 5-15。

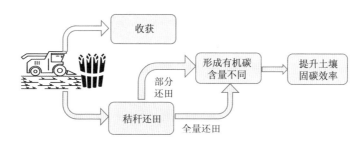

图 5-15 秸秆还田增加外源碳固碳原理模式图

2. 改善土壤结构固碳

秸秆还田能够改善土壤结构,土壤中大团聚体比例及团聚体稳定性大大增加。
这是因为有机碳含有大量极性官能团,可以作为胶结物质参与团聚体的形成,并
且使得形成的团粒结构更为稳定,这部分团聚体形成后又对有机碳提供了物理保
护,避免有机碳被微生物及胞外酶分解,外源碳得以更多地被固定在土壤中。土
壤团聚体对有机碳的物理、化学和生物保护作用是决定有机碳稳定性的重要机制。
外源秸秆碳的投入将促进大团聚体形成,大团聚体内颗粒有机物的增加又推动微
团聚体的形成,随着这些有机物质的分解,大团聚体破碎,微团聚体释放出来。
当新鲜秸秆再次加入时,这些组分将黏结成大团聚体,参与到下一轮团聚体循环
中,见图 5-16。

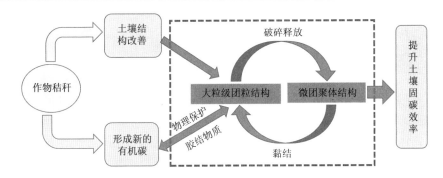

图 5-16　秸秆还田调控土壤结构固碳原理模式图

3. 激活微生物转化有机碳固碳

土壤微生物不仅是有机碳的重要组成部分，也是土壤有机碳输入、分配、稳定等过程的主要驱动力，在推动全球生物化学元素循环过程中起着至关重要的作用。秸秆还田通过提高土壤中的养分含量，以及调控土壤含水量等环境因素，为微生物的生长及有机碳发育提供有利的条件——提高土壤中微生物生理活性，促进其对碳源的固定。虽然土壤中的部分微生物会对土壤有机碳进行矿化，使得土壤有机碳被降解，但土壤中也存在一部分对碳产生固定作用的微生物。微生物对碳的固定主要有自养固定和异养固定。自养固定是指自养微生物利用光能或化学能同化二氧化碳生成中间代谢产物或微生物自身细胞组成的过程；异养固定则是指异养微生物以有机化合物为碳源和能源，在自身的代谢过程中将少量二氧化碳储存在细胞内或接受体分子上，从而影响土壤固碳速率，见图 5-17。

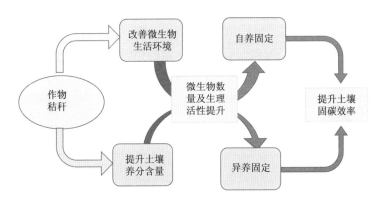

图 5-17　秸秆还田调控土壤微生物群落固碳原理模式图

(三) 秸秆还田固碳技术应用

1. 增加秸秆还田量在固碳技术上的应用

秸秆还田相当于添加了外源碳，还田后促进了土壤中新的有机碳形成，所以土壤对碳的固持作用与秸秆还田量息息相关。目前已有的改变秸秆还田量的秸秆管理方式包括 100%秸秆还田、75%秸秆还田、50%秸秆还田、25%秸秆还田以及秸秆不还田。另外在实际生产中，对于轮作制度，可以进行单季作物秸秆还田和双季作物秸秆全量还田方式。用以上控制秸秆还田量的技术探寻最适合当地的秸秆还田方式，可实现固碳效率最大化。

2. 改进秸秆还田方式在固碳技术上的应用

秸秆还田后土壤中形成了新的有机碳，这部分有机碳可以作为胶结物质促进更大粒级团聚体的形成，改善了土壤结构，但不同的秸秆还田方式对土壤结构的改善效果并不相同。免耕＋秸秆覆盖还田通过减少土壤扰动、增加外源碳，从而促进土壤固碳作用，但秸秆腐解速度较慢，对土壤有机碳的提升效果多体现在 0~10 cm 深度土层。虽然有机碳也会随着水分向下移动，但短时间内并不会引起 10 cm 深度以下土层有机碳含量变化。研究表明，翻耕会加快土壤中有机碳的矿化，加速碳损失，但翻耕与秸秆还田相结合的方式可以弥补这部分损失。还田后秸秆与土壤充分接触，加速秸秆的腐解，同时深翻后秸秆多位于更深(25 cm左右)土层，不仅不会产生分层的情况，还促进了各土层土壤对有机碳的积累。覆盖还田仅增加了表面土层有机碳的积累，而翻耕还田则能提高更深土层的固碳能力。将秸秆碳化后生成秸秆生物炭，因具有较大的孔隙度及比表面积，加入土壤后同样能够改善土壤结构，促进大粒级团聚体的形成。另外，将生物质在无氧或者缺氧条件下热解为含碳量高且化学性质稳定的生物炭把 CO_2 封存起来，抑制生物质的分解，将碳从碳循环中脱离出来，阻止碳向大气中释放，同样也能够提高土壤固碳效率。

3. 秸秆还田配施化肥在固碳技术上的应用

秸秆还田后对土壤中微生物活性及数量产生了一定影响，改变了土壤有机碳的矿化和固定速率，从而对土壤固碳能力有着一定的作用。秸秆还田配施化肥均能显著改变水稻田土壤固碳微生物群落结构数量和多样性。还田后土壤中自养微生物丰度增加，这是因为还田后土壤中有机质和营养元素含量增加，为微生物提供了丰富的能源，微生物生长活性提高。核酮糖-1,5-双磷酸羧化酶/加氧酶(Rubisco)活性是评价生物固碳作用的关键酶，还田后 Rubisco 活性的增加也说明了土壤中生物固碳能力的提升。大量研究表明，氮肥与外源有机物料配合施用有利于固碳。秸秆中 C/N 较高，仅秸秆还田会造成土壤中碳氮比失调，不仅直接影响作物产量及品质，还会因为氮素的缺少，致使微生物增加对土壤有机碳的发掘，加速有机碳的矿化，从而减少土壤中碳的固定。同时，微生物活性降低，使得微生物源碳含量减少，这也是土壤中碳的损失。若土壤中氮素充足，微生物则会减弱对土壤有机碳中氮素的挖掘，减弱对土壤中有机碳的矿化作用，从而减少土壤中有机碳的损失，达到固碳的作用。所以，土壤中氮的含量对土壤固碳作用起着极大的限制作用。因此秸秆还田配合氮肥施用技术对土壤固碳有着至关重要的作用。

（四）秸秆还田技术应用效果

1. 不同秸秆还田量对固碳效果的影响

在一定范围内增加秸秆还田量能够提高农田土壤固碳效率，其增加幅度能够达到 5%～15%，并且土壤有机碳含量与秸秆还田量呈显著的正相关效应。3500 kg/hm^2、7000 kg/hm^2、14000 kg/hm^2 不同秸秆还田量对土壤有机碳含量的影响研究显示，土壤有机碳含量均高于秸秆未还田处理，且在 0～10 cm 深度土层，随着秸秆还田量的增加，土壤有机碳含量均显著提升，随着秸秆还田量的减少，来自作物的碳年平均投入量也有所降低，在相同作物产量下，每减少 25% 的秸秆还田量，来自农作物的碳年平均投入量约减少 1.76 t/hm^2（王永栋等，2022）。

2. 秸秆还田改善土壤结构对固碳效果的影响

土壤中不同粒级土壤对有机碳固持效果不同，其中对有机碳固持的主体是 2～0.25 mm 粒级团聚体，其对有机碳的贡献率占 45%～55%；其次是 0.25～0.053 mm 粒级团聚体，占 20%～30%，＞2 mm 和＜0.053 mm 粒级团聚体对土壤有机碳（SOC）贡献率相对较低。秸秆还田后各粒级团聚体对有机碳的固持均有所提升，其中大团聚体对有机碳的固持比例提升最为明显，特别是＞2 mm 粒级的团聚体。另外在紫色土中的研究（表 5-2）（徐国鑫等，2018）表明，随着团聚体粒径的增大，团聚体有机碳含量呈现先降低后升高再降低的趋势，大体呈"V"形变化，与未还田相比，秸秆还田处理均能显著增加＞2 mm 及＜0.053 mm 粒级团聚体有机碳，其他粒级团聚体有机碳含量虽然也有所增加，但并不显著。耕作方式同样对土壤固碳效率产生很大的影响，叶新新等（2019）对砂姜黑土的研究发现，玉米秸秆免耕覆盖还田＋小麦秸秆深耕还田处理能够在增加小麦-玉米周年生产力的同时提高土壤中 0～30 cm 深度土层活性有机碳含量，影响了土壤固碳效率[A_{soc}（各粒级团聚体对总有机碳的贡献率）=SOCai（第 i 级团聚体有机碳含量，g/kg）·W_i（各粒级团聚体质量分数，%)/SOC(土壤有机碳含量，g/kg)]。

表 5-2 秸秆还田后土壤中不同粒级有机碳含量 (单位：g/kg)

处理	粒级			
	>2 mm	2～0.25 mm	0.25～0.053 mm	<0.053 mm
CK	13.16 ± 0.50 Ba	16.49 ± 1.44 Ab	7.52 ± 0.42 Cb	12.16 ± 1.54 Bb
秸秆还田	15.70 ± 2.70 Aa	16.30 ± 0.90 ABb	8.58 ± 0.40 Cb	19.47 ± 3.43 Aab
秸秆＋促腐剂	16.18 ± 2.64 Aa	16.87 ± 1.03 Ab	9.07 ± 0.82 Bb	17.96 ± 5.44 Ab

注：不同大写字母表示同一处理不同粒级之间 5%水平显著差异；不同小写字母表示同一粒级不同处理之间 5%水平显著差异。

3. 秸秆还田激活微生物对土壤固碳效果的影响

水稻秸秆还田和秸秆生物炭还田后均能增加土壤中微生物生物量碳含量，这表明还田后土壤中微生物数量及活性有所提升，增加了自身固碳量(图 5-18)。在砂姜黑土中进行的秸秆还田对土壤细菌固碳能力的研究表明，秸秆还田均能显著提升土壤固碳细菌的多样性，与对照相比，仅秸秆还田及秸秆还田配施氮磷钾肥处理，香农指数从 0.75 分别提升至 0.88 和 1.37，同时秸秆还田后微生物固碳基因丰度增加，其中秸秆配合氮磷钾肥同时施用下土壤细菌固碳基因丰度最高，约为对照处理的 1.5 倍(王伏伟等，2015)；Zhang 等(2020)的研究表明，秸秆还田与施肥相结合的方式提升了土壤中大部分酶的活性，其根本原因也是由于土壤中微生物活性的增加，土壤中活性有机碳含量与 β-葡萄糖苷酶、锰过氧化物酶都有着正相

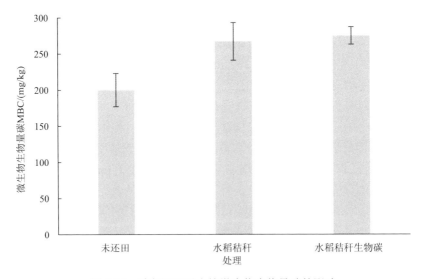

图 5-18 秸秆还田对土壤微生物生物量碳的影响

关关系，其结果表明，该种秸秆还田方式是提升当地土壤固碳效率的有效途径；另外，增加土壤中的氮素能够减少微生物缺氮造成的有机碳的矿化，一般会在秸秆还田的同时增加氮肥施入，而 Chen 等(2022)的研究发现秸秆还田后增加了氮肥在土壤中的固定，并且在有氧条件下，会增加氮素在土壤中的存在形式，其中50%～80%是胺和酰胺，小麦秸秆经过一年的好气腐解后能够形成 1.0 g/kg 左右的稠环芳香碳，这同样也增加了土壤固碳能力。

四、稻-虾综合种养固碳增效技术模式

稻-虾综合种养是一种将水稻种植与克氏原螯虾(俗称小龙虾)养殖相结合的融合产业；一地两用减少了化肥农药的施用，改善了稻田生态环境，饲料、虾壳、虾排泄物等的汇入提高了土壤固碳能力，土地产出率的提高促进了农民增收。

(一)稻-虾综合种养模式简介

"十三五"以来，我国稻渔综合种养产业蓬勃发展，产业规模持续扩大，产业发展质量和效益同步提升。在政府大力推动和业界共同努力下，我国稻渔综合种养发展走出了一条生产高效、产品健康、资源高效利用、环境友好之路，在稳定水稻产量、保障粮食安全、拓展渔业发展空间、促进农业增效农民增收、实施乡村振兴战略和打赢脱贫攻坚战中发挥了重要作用。2020 年，全国稻渔综合种养面积突破 253.3 万 hm²、水产品产量达 325 万 t。"十二五"末，按品种和模式分，生产规模排前三的依次为稻-鱼种养、稻-虾种养和稻-蟹种养。至"十三五"末，稻-虾种养一跃成为第一，面积和水产品产量分别为 126.1 万 hm² 和 206.2 万 t，分别占全国稻渔综合种养面积和水产品产量的 49%和 63%(图 5-19)。到 2021年，全国稻-虾养殖面积约 140 万 hm²，小龙虾产量 220 万 t，小龙虾产业总产值达 3448.5 亿元(曾祥迅等，2021；农业农村部渔业渔政管理局等，2020)。

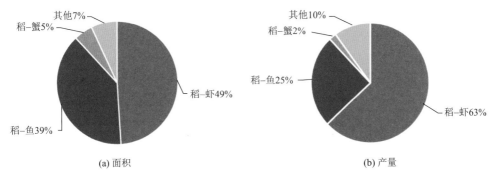

图 5-19 "十三五"末稻-虾、稻-鱼、稻-蟹和其他种养模式

　　稻-虾模式主要分布于长江中下游平原地区，即湖北省、湖南省、安徽省、江西省、江苏省五个省份(图5-20)。该地区属于亚热带季风气候，年降水量在1000 mm以上，年平均气温16～18℃，河网密布、湖泊众多，水资源极其丰富，同时拥有大量低湖田、冷浸田和冬闲田，为稻-虾种养发展提供了得天独厚的资源条件。上述五省稻-虾种养面积约113.3万hm²、产量达190万t，分别占全国稻-虾种养面积和产量的90%和92%。

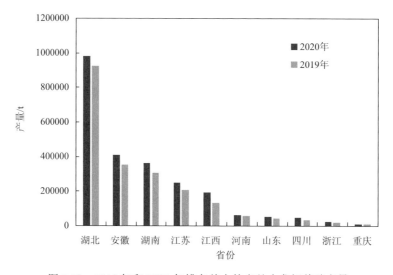

图5-20　2019年和2020年排名前十的省份小龙虾养殖产量

　　江淮区域是我国重要的水稻产区和稻-虾种养区，其中安徽省2020年稻虾种养面积约27.9万hm²、产量达40万t，已成为促进三产融合、农民增收、固碳增效和助力乡村振兴的一种重要模式。

　　(二)稻-虾综合种养固碳增效原理

　　稻-虾综合种养模式是一种以潜育性稻田为条件、种稻为中心、稻草还田养虾为特点的高效人工生态系统，该模式充分利用了稻田的浅水环境和冬闲期，把种植业和养殖业有机结合，达到了水稻和克氏原螯虾双丰收的目的。与传统的中稻单作模式相比，稻-虾共作模式不仅提高了农田资源的利用率，增强了稻田生态系统的稳定性及抗外界冲击的能力，而且促进了系统中物质循环，阻止了稻田能量流的外溢，改善了稻田的生态结构与功能。

1. 稻-虾综合种养固碳原理

　　(1)增加外源碳固碳：土壤有机碳的积累主要取决于外源有机质的输入和土壤

原有碳库中不同类型碳的矿化间的平衡。农田土壤有机碳净固持量取决于有机物料新有机碳的形成量与原有有机碳矿化损失量之间的盈亏平衡(张忠学等,2020)。稻-虾系统中部分投入的肥料、未被利用而残留在稻田中的饲料、小龙虾生长期间蜕下的虾壳，再加上小龙虾取食田间的杂草、藻类、浮游动物等资源后形成粪便还田都是土壤中外源碳的来源，长期积累都促进了土壤有机质的增加，增加了土壤碳库库存(图 5-21)。外源碳投入量与土壤固碳效率呈现显著正相关关系。

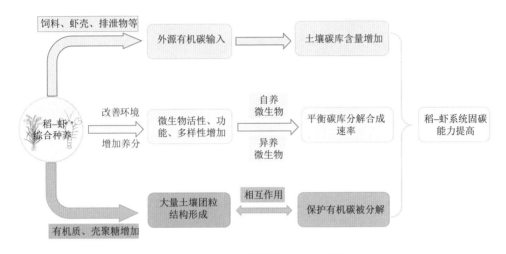

图 5-21 稻-虾系统固碳原理示意图

(2)土壤结构改善：长期稻-虾模式下，小龙虾觅食、打洞、嬉戏等田间活动搅动土壤，可以改善土壤的通气性与孔隙结构。有机碳富含极性官能团，可以作为胶结物质参与团聚体的形成，促进其形成更为稳定的团粒结构(徐国鑫等，2018)；克氏原螯虾的蜕壳中富含壳聚糖，壳聚糖有利于土壤中>0.25 mm 水稳性团粒含量增加，从而增加土壤团聚体数量、增强团聚体的抗蚀能力与稳定性，这部分团聚体又对有机碳提供了物理保护，避免有机碳被微生物及胞外酶分解，形成更为稳定的团粒结构，从而使外源碳被固定在土壤中，因此更有利于土壤有机碳的固持与存储，增强土壤固碳能力(图 5-21)。

(3)激活微生物转化有机碳固碳：土壤微生物不仅是有机碳的重要组成部分，也是土壤有机碳输入、分配、稳定等过程的主要驱动力，在推动全球生物化学元素循环过程中起着至关重要的作用(图 5-21)。稻-虾综合种养模式通过小龙虾掘穴、觅食等生物扰动改变了营养物质、氧气的供应和土壤通气性与孔隙结构，以及调控土壤含水量等环境因素，影响了微生物的群落结构、多样性和功能，为微生物的生长及有机碳发育提供了有利的条件，提高了土壤中微生物生理活性，促进其对碳源的利用。

2. 稻-虾综合种养增效原理

(1)减少化肥农药施用：稻-虾综合种养利用了生物间的互利互惠生态原理，加快了物质循环，提高了资源利用率，残饵及小龙虾粪便等提高了土壤肥力，减少了化学肥料的施用(图 5-22)。小龙虾是杂食性动物，稻田杂草为小龙虾提供食物，促进小龙虾生长；同时小龙虾清除掉杂草，从而减少农药的施用(李文博等，2021)。

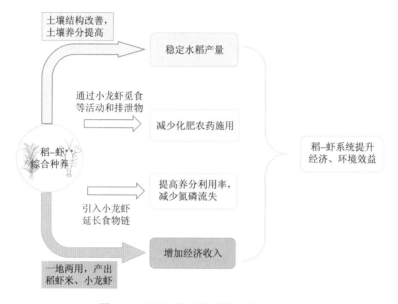

图 5-22　稻-虾综合种养增效原理示意图

(2)稳定水稻产量：虽然稻-虾模式中虾沟占用稻田 10% 左右的面积，减少了水稻种植面积，但小龙虾打洞改善了土壤结构，提高土壤通气性，降低土壤紧实度和容重，增强根系下扎能力，提高水稻养分吸收能力(图 5-22)；同时小龙虾清除掉杂草，减少了水稻的竞争，有利于水稻生长，最终与水稻单作相比，水稻产量基本相同，没有造成减产(张丁月等，2022)。

(3)增加经济收入：与水稻单作相比，稻-虾系统增加了小龙虾的产出，而且小龙虾价格高于稻米价格。此外，稻-虾复合生态系统中稻虾米的价格远高于水稻单种的稻米价格。

(4)改善水质环境：由于稻-虾系统减少了化肥农药的施用，减少了对环境的污染(图 5-22)。同时水稻生长过程中氮磷养分循环利用效率增加，降低了水体氮磷的含量，进而减轻了水体富营养化(刘少君等，2021)。

(三)稻-虾综合种养固碳增效技术

1. 稻-虾共作技术

稻-虾共作技术是在水稻种植期间小龙虾与水稻共同生长，改变过去的稻-虾连作为一稻两虾，延长了小龙虾在稻田的生长期，提高了小龙虾的产量和效益。具体技术流程如下。

(1)田间工程：沿稻田四周开挖 3～4 m 宽环形或"L"形虾沟，沟深 1～1.5 m，坡比 1∶1.5，利用开挖环形沟挖出的泥土加固、加高、加宽田埂，使田埂高于田面 0.8～1.0 m，埂底宽 3～4 m，顶宽 1～2 m。开挖完成后在稻田的两端分别设进出水口，并沿稻田外埂安装高度 40 cm 以上的防逃网。

(2)种养技术：每年 6～8 月中稻收割前投放亲虾，或 10 月、11 月中晚稻收割后投放幼虾，翌年 4 月上旬至 5 月下旬收获成虾，视情况补投放幼虾。6 月整田、插秧，8 月、9 月收获亲虾或商品虾，种一季稻，收两季虾，循环轮替(图 5-23)。

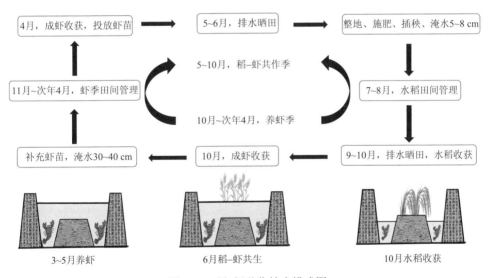

图 5-23　稻-虾共作技术模式图

2. 一稻三虾绿色生产技术

本技术通过外源施用沼渣、堆肥等腐熟有机肥增加外源有机碳的投入，使稻-虾系统中碳的输入增加，增强了土壤固碳能力，同时一稻三虾绿色生产模式下周年稻田能够收获一季水稻和三茬小龙虾(稻前虾和稻中虾各一茬、稻后繁殖虾苗一茬)，实现一水两用、一田多收的目标，提高经济效益(张家宏等，2019)。具体技术操作流程(图 5-24)如下。

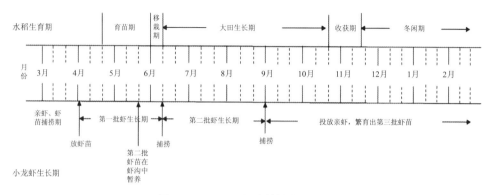

图 5-24　一稻三虾种养技术模式图

(1)田间工程:选取便于一稻三虾全程机械化作业的"三大"(大田块、大虾沟、大畦面)田间工程,建立灌排独立的进出水口;构建防逃、防盗网。

(2)种养技术:江淮地区水稻品种应选择优质、高产、抗逆性强、熟期适中的当地主推品种,如南粳 46、南粳 9108、丰优香占等。4 月初投放 140～160 尾/kg 的较大规格虾苗,放苗密度以 15 万尾/hm² 为宜,于 4 月初投放第一批虾苗,5 月下旬在虾沟中暂养第二批虾苗,待 6 月初第一批成虾捕捞上市后移栽水稻。稻中虾于 9 月初陆续捕捞上市。于 10 月底水稻收获前,稻中虾捕净后,在虾沟中投放经异地配组的雌雄比为 1:1 的亲虾自然越冬,使其在洞穴中交配产仔,最高投放量为 1125 kg/hm²。待翌年 3 月亲虾和仔虾陆续出洞时,及时捕获亲虾上市,以免亲虾捕食虾苗,并适量投放幼虾配投专用饲料。

(3)绿色施肥技术:绿色施肥主要针对稻中虾生育阶段为水稻提供营养元素。基施缓释性复合肥(15-15-15)525 kg/hm²,并施用沼渣、堆肥等腐熟有机肥 15 t/hm² 作基肥,另外,分蘖肥施尿素 105 kg/hm²,穗肥施尿素 75 kg/hm²。该施肥方案可节省化肥施用量达 50%;稻前虾在 3 月初、稻后虾在 12 月初施用适量的 EM 菌(有效微生物群,也叫 EM 益生菌原液,EM 菌是由大约 80 种微生物组成的一种混合菌,一般包括光合菌、酵母菌、乳酸菌等有益菌类)、芽孢杆菌等生物制剂肥水、肥草,并控制青苔的生长和危害。

3. 有机肥+超级杂交稻+小龙虾生产技术

本技术通过外源施加腐熟禽畜粪肥增加外源有机质含量从而增强土壤固碳能力,同时采用超级杂交稻组合,如 Y 两优 911、隆两优 534、隆两优华占等品种,提高水稻产量,增加经济收入(郭夏宇等,2020)。具体技术操作流程(图 5-25)如下。

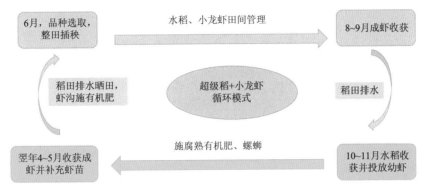

图 5-25 有机肥+超级杂交稻+小龙虾技术模式图

(1)种养技术：每年 6～8 月中稻收割前投放亲虾，或 10 月、11 月中晚稻收割后投放幼虾，翌年 4 月上旬至 5 月下旬收获成虾，视情况补投放幼虾。6 月整田、插秧，8 月、9 月收获亲虾或商品虾，种一季稻，收两季虾，循环轮替。

(2)有机肥施用技术：有机肥为主，水产生物粪便作追肥，在灌水投放亲虾前，保证田沟有 50 cm 左右深度的水层，投放亲虾前 7 d 左右，施腐熟禽畜粪肥 4.50～7.50 kg/hm²、螺蛳 750～1000 kg/hm²，培肥水质，为仔虾培育适口的枝角类、桡足类等小型甲壳动物等天然饵料生物。

(四)稻-虾综合种养固碳增效技术应用效果

稻虾综合种养技术相比于水稻单作和常规稻-虾模式，增加了土壤中有机质、有机碳的含量，增强了土壤固碳能力，减少了化肥农药的施用，稳定了水稻产量，增加小龙虾产量，进而增加了经济收入。与常规稻-虾模式相比，各稻-虾综合种养技术均减少了水体中总氮和总磷的浓度。通过综合考虑各种技术的固碳能力、环境效益和经济效益等方面，一稻三虾模式和超级稻+小龙虾模式的综合效益优于其他模式(表 5-3)。

表 5-3 各技术模式固碳增效效果

技术模式	有机质/(g/kg)	有机碳/(g/kg)	水体总氮/(mg/L)	水体总磷/(mg/L)	化肥减量/%	农药减量/%	水稻产量/(kg/hm²)	龙虾产量/(kg/hm²)	净收入/(元/hm²)
水稻单作	30	13	1.31	0.11	—	—	9420	—	15930
传统稻-虾	42	19	2.66	0.22	20	30	7500	1500	24420
稻-虾共作	43	20	2.13	0.18	20	50	8655	1875	45000
一稻三虾	52	24	2.08	0.19	50	85	8700	6000	90000
有机肥+超级稻+小龙虾	53	25	1.72	0.13	30	80	8685	2610	93000

参 考 文 献

柴如山, 黄晶, 罗来超, 等. 2021a. 我国水稻秸秆磷分布及其还田对土壤磷输入的贡献. 中国生态农业学报, 29(6): 1095-1104.

柴如山, 徐悦, 程启鹏, 等. 2021b. 安徽省主要作物秸秆养分资源量及还田利用潜力. 中国农业科学, 54(1): 95-109.

陈家宏, 郭晓飞, 黄椏锋, 等. 2013. 3 种南方羊舍夏季小气候环境的对比分析. 安徽农业大学学报, 40(5): 710-715.

邓艳芳, 徐成体. 2019. 裹包青贮技术研究与应用现状. 中国草食动物科学, 39(6): 55-57.

郭夏宇, 李建武, 龙继锐. 2020. 南县"超级杂交稻+小龙虾"丰产增效模式示范效果及关键技术. 杂交水稻, 35(5): 52-55.

黄椏锋, 陈俊, 张子军, 等. 2014. 南方草地生态移动牧场设计及其适用性研究. 家畜生态学报, 35(4): 67-73.

李利民, 郑学玲, 孙志. 2009. 小麦深加工及综合利用技术. 现代面粉工业, (2): 45-48.

李文博, 刘少君, 叶新新, 等. 2021. 稻田综合种养模式对土壤生态系统的影响研究进展. 生态与农村环境学报, 37(10): 1292-1300.

李艳春, 李兆伟, 林伟伟, 等. 2018. 施用生物质炭和羊粪对宿根连作茶园根际土壤微生物的影响. 应用生态学报, 29(4): 1273-1282.

刘夫国, 牛丽影, 李大婧, 等. 2012. 鲜食玉米加工利用研究进展. 食品科学, 33(23): 375-379.

刘少君, 李文博, 熊启中, 等. 2021. 稻虾共作磷素平衡特征及生态经济效益研究. 农业环境科学学报, 40(10): 2179-2188.

刘月, 王国良, 吴浩, 等. 2019. 全株青贮玉米品种对其发酵品质及营养价值的影响. 草业学报, 28(6): 148-156.

农业农村部渔业渔政管理局, 全国水产技术推广总站, 中国水产学会. 2020. 中国稻渔综合种养产业发展报告(2020). 中国水产, (10): 12-19.

潘根兴, 赵其国. 2005. 我国农田土壤碳库演变研究: 全球变化和国家粮食安全. 地球科学进展, 20(4): 384-393.

任春环, 黄椏锋, 张彦, 等. 2015. 南方典型栽培草地山羊有效放牧时间研究. 中国草地学报, 37(4): 98-101, 118.

王伏伟, 王晓波, 李金才, 等. 2015. 秸秆还田配施化肥对砂姜黑土固碳细菌的影响. 安徽农业大学学报, 42(5): 818-824.

王永栋, 武均, 蔡立群, 等. 2022. 秸秆还田量对陇中旱作麦田土壤团聚体稳定性和有机碳含量的影响. 干旱地区农业研究, 40(2): 232-239.

徐国鑫, 王子芳, 高明, 等. 2018. 秸秆与生物炭还田对土壤团聚体及固碳特征的影响. 环境科学, 39(1): 355-362.

叶新新, 王冰清, 刘少君, 等. 2019. 耕作方式和秸秆还田对砂姜黑土碳库及玉米小麦产量的影响. 农业工程学报, 35(14): 112-118.

曾祥迅, 潘富春, 朱卫华. 2021. 稻田综合种养模式分析与技术要点. 渔业致富指南, (7): 39-44.

张丁月, 张卫峰, 曹玉贤, 等. 2022. 中国稻渔种养系统水稻产量差及影响因素的整合分析. 江苏农业科学, 50(5): 88-95.

张家宏, 叶浩, 朱凌宇, 等. 2019. 江淮地区"一稻三虾"综合种养绿色生产技术. 湖北农业科学, 58(8): 110-114.

张忠学, 李铁成, 齐智娟, 等. 2020. 水氮耦合对黑土稻田土壤呼吸与碳平衡的影响. 农业机械学报, 51(6): 301-308.

张子军, 黄桠锋, 郭晓飞, 等. 2013. 南方人工草地山羊牧食行为及对牧草生物量的影响. 中国草地学报, 35(3): 67-71.

Chen X, Jin M, Duan P, et al. 2022. Structural composition of immobilized fertilizer N associated with decomposed wheat straw residues using advanced nuclear magnetic resonance spectroscopy combined with ^{13}C and ^{15}N labeling. Geoderma, 398: 115110.

Chen X, Ye X, Chu W, et al. 2020. Formation of char-like, fused-ring aromatic structures from a nonpyrogenic pathway during decomposition of wheat straw. Journal of Agricultural and Food Chemistry, 68(9): 2607-2614.

Elouear Z, Bouhamed F, Boujelben N, et al. 2016. Application of sheep manure and potassium fertilizer to contaminated soil and its effect on zinc, cadmium and lead accumulation by alfalfa plants. Sustainable Environment Research, 26(3): 131-135.

IPCC. 2007. Climate Change 2007: Synthesis Report//Contribution of Working Groups I, II and III to the Fourth Assessment Report of the Intergovernmental Panel on Climate Change. Geneva: IPCC.

Lal R. 2009. Soil quality impacts of residue removal for bioethanol production. Soil and Tillage Research, 102(2): 233-241.

Meijide A, Díez J A, Sánchez-Martín L, et al. 2007. Nitrogen oxide emissions from an irrigated maize crop amended with treated pig slurries and composts in a Mediterranean climate. Agriculture, Ecosystems & Environment, 121: 383-394.

Zhang L, Chen X, Xu Y, et al. 2020. Soil labile organic carbon fractions and soil enzyme activities after 10 years of continuous fertilization and wheat residue incorporation. Scientific Reports, 10(1): 11318.